自 然 文 库
N a t u r e
S e r i e s

BRAIDING SWEETGRASS

Indigenous Wisdom,
Scientific Knowledge
and
the Teachings of Plants

编结茅香

来自印第安文明的古老智慧与植物的启迪

〔美〕罗宾·沃尔·基默尔 著

侯畅 译

Robin Wall Kimmerer

BRAIDING SWEETGRASS:

INDIGENOUS WISDOM, SCIENTIFIC KNOWLEDGE,

AND THE TEACHINGS OF PLANTS

Published by agreement with Milkweed Editions

献给所有的守火者

我的父母

我的女儿

还有我的孙辈

他们将和我们一起分享这个美丽的地方

目 录

采撷茅香

编结茅香

焚烧茅香

前言

伸出你的双手，让我在你的手上放一束新采的茅香*，它松散又顺滑，就像新沐的头发一样。它的上部是金绿色的，闪着光芒，而在接近地面的茎干上泛着紫色和白色。把它放在鼻子下边，你能闻到蜂蜜香草的气息，其间还有河水与黑色泥土的清香，于是你理解了它的学名“*Hierochloe odorata*”，意思就是芳香、神圣的草。在我们的语言中，它叫“维英伽什克”（wiingaashk），意思是大地母亲甜美芬芳的秀发。把头埋在其中，深吸一口气，你将回想起自己在不经意间忘却的事。

预备好一束茅香，把它的末端绑好、分成三绺，就可以开始编结了。在编结茅香的时候，需要编得稍微紧一点，这样它才会光滑、润泽，表现出自己的天赋。每个辫子编得紧紧的小姑娘都会告诉你，你得用点力气去拽头发才行。当然，你可以独自完成这项工作——你可以把茅香的一端绑在椅子上，或是用牙咬着，往身体的反方向编——但是，最美妙的编法却是让另一个人拽住一端，

* 茅香是分布于欧亚大陆北部与北美洲的一种禾本科植物，具有特殊的香气。——译注

而自己轻轻地拉紧另一端，你们会靠得很近，头对着头，一边笑着聊天，一边看着对方的手。一双手牢牢地抓着茅香，而另一双手灵巧地把一绺纤细的草叶搭在另一绺上，依次轮替。你们之间通过茅香相连，有来有往，抓的人和编的人一样关键。在你快编到末尾的时候，茅香变得越来越纤细，最终，你手里将只剩下单片的草叶，于是你可以用它把茅香发辫系起来。

在我编结的时候，你能帮我拽住另一头吗？我们能不能通过草叶携起手来，头抵着头，一起编一条辫子来向大地致敬呢？然后，在你编的时候，我也会帮你拽着的。

我可以把一条茅香编的辫子放在你的手里，它就像我奶奶背上披着的发辫一样粗，一样闪亮。但是，它并不属于我，我没办法给，你也没办法要。维英伽什克只属于它自己。因此，我在这里献上的其实是用故事编结而成的辫子，意在治愈我们与世界的关系。这条辫子也是由三股编成的：原住民的认知方式，科学知识，还有一位努力把它们结合到一起以服务于最重要的事的阿尼什纳比（Anishinaabe）科学家的故事。这是科学、精神与故事的交织，后者当中既有老故事，也有新故事，它们将成为修复我们与大地破裂关系的良药。这是一部药典，里面充满了治愈的故事，让我们得以畅想一种不同的人与土地的关系：我们医治土地，土地也治愈了我们。

种植茅香

茅香最佳的种植方式并不是播种，而是直接把根埋进土里。于是，历经数年，在一代又一代人之间，这株植物从手中传到土里，然后又传到手里。它喜欢的栖息地是阳光明亮、水分充沛的草地。在受到干扰的边缘处，它可以茂盛生长。

下落的天女

在冬季，当绿色的大地躺在积雪的毯子下休息，就到了讲故事的时间了。讲故事的人会先召唤古老的先人，他们的时代要比把故事传给我们的人更久远，因为我们只是传诵者。

最初，是天界。

她像枫树的种子一般落下，踮着脚尖在秋风中旋转。* 一束光线从天界的洞中流泻而下，照亮了她在一片黑暗中的去路。她的下落持续了很长的时间。在恐惧，也可能是希望中，她用手紧紧地抓住了一把东西。

在飞驰向下的过程中，她所能看到的唯有下方黑暗的水。但是在那虚空之中有许多双眼睛向上凝视着突然出现的光柱。它们看到光柱中有一个小小的物体，好似一粒细微的尘埃。随着它越来越近，它们才看清楚那是一个女人：她的双臂向外伸展着，黑色

---

* 改编自口头文学以及谢南多厄和乔治 1988 年的著作。——若无特别说明，本书脚注均为原书注

的长发随着她的旋转向下而在她的身后飞扬。

大雁们彼此点头，然后在鸣声的韵律中一起从水上腾空。她感受到大雁翅膀的拍击，它们飞到她身下，阻止了她的下坠。这里远离她所知的唯一的家园，雁群温柔地带着她向下飞去，而她在柔软羽毛的温暖拥抱中歇了口气。一切就是这样开始的。

大雁并不能驮着这个女人在水面上空待太久，于是它们召集所有动物来开会，决定下一步要做什么。她待在它们的翅膀上，看到了聚集而来的成员：潜鸟，水獭，天鹅，河狸，各种鱼类。它们中间漂浮着一只巨大的龟，这只龟请她到自己的壳上休息。她心怀感激地从大雁的翅膀上下来，踩到带着弧度的龟壳上。其他动物此刻明白了她需要陆地来作为自己的家园，便开始讨论怎样才能满足她的需要。它们中能潜得最深的几种动物听说过水底有泥的存在，并同意去找一些来。

最先下潜的是潜鸟，但是距离实在太长了，它过了很久才无功而返，浮出水面。其他的动物——水獭、河狸、鲟鱼——也一个接一个地潜下去帮着找，但是水太深，水下太黑，压力也太大，即便是最强健的游泳者也寻不到底。它们相继回来透气，脑袋因缺氧而嗡嗡作响。还有的根本没能回来。很快，能下潜的只剩一只小麝鼠了，它是所有动物中最弱的潜水者。虽然大家都表示怀疑，它还是自告奋勇地潜下去了。它一边乱蹬着小腿，一边往下游去，而这一去，就过去了很长时间。

大家等啊，等啊，麝鼠却没有回来。动物们都担心自己这个最弱小的亲属已经遭遇了不测。没过多久，随着一串水泡，麝鼠毫无生气的小小尸体浮了上来。它为了救这个无助的人类牺牲了自己的生命。随后大家却看到，它的爪子紧紧地攥着，它们把它掰开来，发现里边是一小把泥土。龟说："来，把它放在我背上吧，我会驮着它的。"

天女弯下腰来，用手把泥土抹在了整个龟壳上。这份非同寻常的礼物让她满心感激，为了答谢动物们，她唱起了歌，然后开始舞蹈，足尖轻抚着泥土。土地随着她的感恩之舞不断地长大，龟背上的一抹泥土渐渐变成了整个大地。成就这一切的并不仅仅是天女自己，而是所有动物送给她的礼物与她深深的感激。这些东西一起形成了我们今天所知的龟岛，也就是我们的家园。天女就像所有礼貌的客人那样，并没有空着手来。她的手中依然紧紧地握着那一束东西。当她从天界的洞中跌下来时，她伸手抓到了那里生长的一棵生命之树。她握着的是一把枝条，上边有所有植物的果实与种子。她把这些撒到新生成的大地里，并小心地照顾每一棵植物，直到世界从棕色变成绿色。从天界的洞里流泻出的阳光让这些种子得以茁壮生长，野草、花朵、树木和药草很快就长得到处都是。而现在，动物们也有了足够的东西可吃，它们中也有很多来到龟岛上和她一起生活。

我们的故事是这么说的：在所有植物中，茅香是最早种在大地上的种类，它的香气源自天女的手的甜蜜回忆。因此，它也被我的族人尊为四大神圣植物之一。嗅着它的香气，你会开始回想起那些自己在不经意间遗忘的东西。我们的长老说，仪式就是让我们

“记得要去铭记”（remember to remember）的途径，因此茅香是一种能量强大的用于仪式上的植物，受到很多原住民族群的珍视。它还可以用来编织漂亮的篮子。它既是药物，也是我们的亲人，既有实际用途，也有精神价值。

这就像是给你爱的人编辫子那样温柔。编结者与被编结者通过那根细细的辫子连接在一起，二者之间流动着善意和其他的东西。一股股的维英伽什克起伏不定，细长闪耀，仿佛女子刚刚洗过的秀发。我们常说，这就是大地母亲飘拂的头发。我们在编结茅香的时候，就是在给大地母亲编辫子，我们要表达充满爱意的专注，表达我们对她的美丽和健康的关心，表达我们对她赐予我们的一切的感激。从出生起就听到天女的故事的孩子们，从骨子里就知道在人类和大地之间流淌的责任。

这个关于天女的旅程的故事，其含义如此丰富，如此耀眼，我觉得它就像是一个天蓝色的深深的碗，可以从中一遍又一遍地痛饮。它承载着我们的信仰，我们的历史，我们的人际关系。向这个星辰之碗中望去，我能看到各种图像流畅地飞旋着，过去与现在融为了一体。天女的形象不仅述说着我们从哪里来，而且还指引着我们应当如何向前。

我的实验室里有一幅布鲁斯·金（Bruce King）画的天女像，名叫《飞翔的时刻》（*Moment in Flight*）。她手里抓着种子和花朵，一边向地面飘然落下，一边俯视着我的显微镜和数据记录器。这看上去是一对怪异的组合，但对我而言，她就是属于这里的。作为一名作家、一名科学家，以及天女的故事的继承者，我坐在前辈的脚下，听着他们的歌唱。

每周一、三、五的早上9点35分，我都会在大学的阶梯教室里为学生们讲解植物学和生态学——简而言之，就是在努力解释天女的花园，也就是所谓的"全球生态系统"是如何运转的。在一个平平无奇的早上，我给我教授的普通生态学班上的学生做了一份问卷。其中有一道题是让学生们用打分的方式表达自己在"人类对环境的负面作用"这件事上的观点。二百个学生中，几乎所有人都非常确信人类与自然是对立的。这些学生在念大学三年级，并且都已经选择了环境保护作为自己的终身事业，因此，这个答复从某种意义上并不出人意料。他们已经学到了很多，包括气候变化的机制、土壤和泥土中的污染，还有栖息地丧失等问题。而在这份调查问卷的最后还有一道题，问学生们怎样评价自己所知的"人类对环境的积极作用"。大部分学生的回答是"没有"。

我惊呆了。经过了二十年的教育，这些学生怎么可能连一个人类对环境有益的事例都想不起来呢？也许是因为负面的例子实在比比皆是——棕地*、工厂化农场、城郊的扩张——这使得他们再也无力看到人类和地球之间美好的东西了。土地变得越来越贫瘠，他们的视野也变得越来越狭窄。当我们在课下谈到这个话题的时候，我发现他们连自身这个物种和其他物种之间有益的关系可能

* 棕地（brown field）指被弃置的工业或商业用地，这里经常存在有害垃圾或其他污染物。——译注

会是什么样的都想象不出来。如果我们想象不出道路的样子，如果我们压根就无法想象大雁的慷慨，那么我们又该如何朝着生态与文化的可持续发展而出发呢？这些学生并不是听着天女的故事长大的。

在世界的这一边，有这样一群人，他们与生命世界的关系是由天女塑造的，她为一切生物的幸福创造了一个花园。而在世界的另一边，另一个女人也在花园中，身边也有一棵树。但是，只因为她尝了一口果子，她就被逐出了那个花园，大门在她身后永远地关上了。人类之母从此漂泊于荒野之中，要辛苦劳作才能挣得自己的面包，而无法再依靠园中甜美多汁的累累硕果了。要填饱肚子，她必须要征服自己置身其中的荒野。

物种是一样的，地球也是同一个，故事却不相同。就像每个地方都有的创世故事一样，不同民族的宇宙观也造就了各自的身份认同和对待世界的态度。它为我们提供了"我们是谁"这个问题的答案。不论它藏在与我们的意识相距多远的地方，我们都不可避免地受它塑造。一个故事是关于对生命世界的慷慨拥抱，而另一个故事是关于放逐。一个故事中的女主角是园丁，她与大家共同创造了美好的绿色世界，作为她的后代的家园。而另一个故事中，受到惩罚的女主角沿着辛苦的道路穿过一个陌生的世界，最终回到她在天堂里的真正家园。

后来，天女的后代与夏娃的子孙相遇了，我们身边的土地承受了那次相遇带来的伤痕，还有我们的故事的回响。他们说，遭背叛的女人比地狱还要可怕，而我觉得，天女与夏娃之间的对话只能是这样的："姐姐，你太不走运了……"

在五大湖附近的原住民部落都知道天女的故事，在各种教诲所组成的星座中，这个故事是一颗闪亮的恒星。我们把这些教诲叫做"初始的指导"（Original Instructions）。不过，这里的指导并不是指挥的意思，也不是规矩的意思；它们的作用更加类似于指南针：为人们提供了方向，而不是地图。生活的任务是要为自己创造地图。如何实践初始的指导对于每个人、每个时代而言都是不同的。

天女最初的子民是根据他们对"初始的指导"的理解而活的，他们在道德的训诫之下带着敬意进行狩猎，过自己的家庭生活，并参加那些给他们的世界赋予意义的仪式。这些关怀的手段也许已经显得不能适应今日的城市生活了，在这里，"绿色"指的是广告标语，而不是一片草地。野牛不见了，世界继续前行。我不能把鲑鱼放回河里，而如果我在院子里点火来给马鹿*开辟牧场的话，邻居一定会报警。

当大地欢迎第一个人类个体的时候，它还是崭新的。而现在它已经陈旧了，有些人怀疑，我们把"初始的指导"扔在一边，已经耗尽了大地的善意。自从世界生成之初，其他物种就是人类的救生筏。现在，我们必须变成它们的救生筏。但是，那些或许能够

* 原文为 elk，应是指加拿大马鹿，它在北美原住民的信仰中占据重要地位。——译注

指引我们的故事，就算它们还有被讲出来的机会，也在记忆中变得暗淡无光了。它们在今天还有什么意义？我们又该怎样把世界诞生之初的故事翻译成一个它行将终末的此时此刻的版本？大地的面貌已经改变了，故事却留了下来。而在我一遍一遍反复默诵这个故事的时候，天女仿佛在看着我的眼睛，问道：对于这份礼物，这个龟背上的世界，你有什么可以回赠的呢？

应该记住的是，这个最初的女人本身也是个外来移民。她从自己位于天界的家园一路下坠，离开了那些认识她、珍爱她的人们。她再也不能回去了。从 1492 年开始，这里的大多数人也都是外来移民，也许他们在抵达埃利斯岛（Ellis Island）的时候根本没有意识到他们脚下伏着的就是“龟岛”。我的一些祖先是天女的族人，我也是其中一员。而我的另一些祖先则是比较新的那些移民：一个法国毛皮商，一个爱尔兰木匠，一个威尔士农民。我们都来到了同一个地方，来到了龟岛上，努力把这里变成家。在他们的故事中，他们带着空空如也的口袋和满心的希望而来，这也与天女的故事产生了共鸣。她同样什么都没有带来，除了手里的种子和简短的教导：“要把你的所得和梦想用在好的地方。”我们所有人都秉持着同样的教导。她张开双手，从其他生物那里接受礼物，然后以正当的方式使用。她让万物生长，在创造家园的事业中，也把她从天界带来的礼物与大家分享。

也许天女的故事之所以一直流传，是因为我们本身也在不停地下落。我们的生命——不光是我们个人的生命，还有作为集体的生命，都有着和她一样的轨迹。不管我们是跳下来的还是被人推下来的，抑或是我们已知的世界在我们脚下崩塌，我们都在下落，成了某个新的、没有预料到的地方的一部分。虽然我们害怕下落，世界的赠礼却待在我们身边，等着接住我们。

在我们思考这些教导的时候，我们也应该想起，当天女到达这里的时候，她并不是独自一人。她怀着孕。她知道自己的子孙会继承她留下的世界，所以她不仅仅是在为自己这个时代的繁荣而努力。正是通过她与大地之间这种互惠的做法，对大地给予而后索取，这些原初的移民才渐渐变成了原住民。对于我们所有人来说，成为一个地方的原住民意味着你在生活的时候也要为子孙的未来考虑，在对待土地的时候，要想着我们的生活都有赖于它，不论是物质生活还是精神生活。

在公共场合，我听说天女的故事是作为那种花里胡哨的好玩的“民间传说”来讲述的。但是，即便它遭到了误解，讲述的过程还是有力量在里边的。我的大多数学生从来没有听过他们出生的这片土地的起源传说，但是，当我讲述的时候，他们的眼中有什么东西被点亮了。他们，还有我们所有人，是否能理解天女的故事不仅是一个来自过去的产物，而且是对于未来的教诲呢？身在这个由移民组成的国家，人们是否能像她一样，再次变成原住民，把这里建成自己的家呢？

看看可怜的夏娃被驱逐出伊甸园后所留下来的是什么吧：大地显示出一段恶意的关系所造成的伤痕。受伤的不仅仅是大地，更重要的，是我们与大地的关系。就像盖瑞·那邦（Gary Nabhan）写的那样，如果没有“重新讲述故事”（re-story-ation），就不会有真正有意义的治愈和修复（restoration）。换言之，除非我们去倾听它的故事，否则我们与大地的关系很难得到修复。但是，谁来讲述这些故事呢？

在西方的传统中，万物的存在有一套非常明确的等级体系，当然，居于顶点的是人类——进化的巅峰，造物的宠儿——而最底下的是植物。但是，在原住民的认知方式中，人类经常被说成是"造物中的小弟弟"。我们说，人类拥有的生活经验是最少的，因此需要学习的东西是最多的——我们必须在其他物种中寻找老师来获得引导。它们的智慧彰显在它们的生活方式之中。它们用事例来教导我们。它们来到地球上的时间比我们要长得多，而且也拥有更多的时间来把事情理清。它们在大地的上空和深深的地下皆可生活，把天界与大地连在了一起。植物知道如何用光和水来制造食物和药物，然后把它们奉献出去。

我很喜欢想象天女把手里的种子撒遍龟岛的样子，她播下的不仅是身体的养料，同时也是精神、情感和心灵的养料：她把老师留给了我们。植物可以告诉我们她的故事，而我们需要学习和倾听。

碧根果的会议

热浪在草地的上空闪动，沉重的空气白晃晃的，充斥着蝉的鸣叫。这两个男孩整个夏天都没有鞋穿，在他们跑过1895年9月那烈日灼烤的草原时，干燥的草茬还是很扎脚，这让他们的脚踵轻轻提起，就像是在草上舞蹈一样。他们只穿着褪色的工装裤子，赤裸着上身，瘦瘦的棕色胸膛下的肋骨一起一伏。他们一个急转，冲着一片树荫跑了过去，那里的草柔软又凉爽，而这两个在深草中飞奔的少年则手脚轻盈，心里满是男孩子那种不管不顾的调皮劲儿。他们在阴凉中休息了一会儿，然后又开始蹦蹦跳跳，手里藏着用作鱼饵的蚱蜢。

钓竿还在原地，斜靠着一棵老杨树。他们用吊钩从后边钩住蚱蜢，然后把鱼线扔到水里，而溪底沁凉的软泥就从他们的脚趾缝里冒出来。可是，这条溪流不过是在干旱中苟延残喘的小河沟而已，水流几乎静止不动。鱼儿没咬钩，他们倒是被蚊子咬了几个包。过了一会儿，晚上吃鱼的指望便落空了，就像他们用麻绳勒紧的肚子。今晚看来又只能吃肉汁饼*了。他们不想空着手回家而让妈妈失望，不过哪怕是干巴巴的饼也能填填肚子啊。

沿着加拿大河直插进印第安领地的这片土地是一片起伏不定的草原，只在低地上有些树丛。其中大部分从来没有被犁破坏过，因为没人拥有犁。两个小男孩沿着溪水，朝着家的方向从一丛树林跑到了另一丛树林，想找一个足够深的池塘，却什么也没有找到。突然，一个男孩的脚趾踢到了藏在深草中的一个又硬又圆的东西。

一个，又一个，还有一个……这种东西的数量好多，他几乎走不了路了。他从地上捡起一个硬硬的绿球，然后猛地把它向自己的哥哥扔了过去，那东西像棒球手投出的快球一样在树丛间呼啸而过。“是碧根果！咱们把这些带回家吧！”这些坚果正好开始成熟并掉在了如茵的绿草上。孩子们不一会儿就把自己的衣袋装得满满的，然后又把剩下的碧根果堆成了好大的一堆。碧根果好吃却难带，就好像要带一大批网球似的：你捡得越多，地上掉的也就越多。他们绝对不愿意空着手回家，妈妈看到他们带了这些回来一定会很高兴的。但他们也只能带回手里的这些……

随着太阳西落，暮色在低洼的河边降临，暑热也渐渐退去了，夜晚的空气凉爽下来，他们也能跑回家吃晚饭了。妈妈大声喊着这些孩子的名字，他们往家跑去，细细的小腿在地上蹦跶着，白色的

---

* 原文为 biscuits and redeye gravy，是起源于美国南部的一种食物。在美国，biscuits 是一种介于饼干和面包之间的食物；redeye gravy 直译为“红眼肉汁”，又称“穷人的肉汁”，是用咸火腿汁（或者火腿渗出的油）加上咖啡或者可乐调制而成。——译注

裤衩在慢慢暗下去的光线中显得一闪一闪的。每个人都好像在肩膀上戴轭一样地扛着一段分叉的大木头似的。然后他们把“木头”扔在妈妈的脚下，咧开嘴露出了胜利的微笑:原来那是两条旧裤子，裤管在脚踝那里打了结，里边鼓鼓囊囊地装满了碧根果。

其中一个瘦巴巴的小男孩就是我的祖父，他总是饥肠辘辘，只要看到吃的就一定会收集起来。他住在俄克拉何马平原上的一座小棚屋里，当时那里还是“印第安领地”，但很快一切都随风而逝了。就像生活永远不可预测一样，我们离世之后，别人所讲述的故事中把我们说成了什么样子，我们也是完全无法掌握的。他要是知道曾孙女眼中的自己既不是一个被授予了勋章的一战老兵，也不是一个制造新奇汽车的熟练的机械师，而是一个穿着裤衩、扛着塞满了碧根果的裤子、光着脚丫子往家跑的保留地中的小男孩，一定会捧腹大笑的。

碧根果是美国山核桃（*Carya illinoensis*）的果实，这种果实的英文名称“pecan”来自于原住民的语言“piganek”。“pigan”的意思是坚果，任何一种坚果都可以叫“pigan”。核桃、黑胡桃还有我们北方家园中的白胡桃都有它们自己独特的名字。但是，这些树木，还有我们的家园，都已经不再属于我们的族人了。那些殖民者想要获得我们在密歇根湖周围的土地，所以我们只好排成一条长队，被士兵包围着，被枪口指着，沿着那条被称为“死亡之径”的道路远迁。他们把我们带到了一个新的地方，远离我们的湖泊与森林。但就连那块地后来也有人想要，所以我们只能再次卷起行李——而这次的行李已经单薄了好多。在仅仅一代人之间，我的祖先们就被“移除”了三次——从威斯康星到堪萨斯，还有途中的几个地点，然后又到了俄克拉何马。我在想，在他们被迫离开的时候，他们有没有最后回头看一眼那像幻境般闪耀的湖水呢？他们有没有摸一摸那些只存在于自己回忆中的大树呢？这些树木也越来越少，最终只剩下了草地。

在这条漫漫长路上散落和遗失的东西太多太多。一半的族人葬身于此，我们无从寻觅他们的坟墓。语言。知识。名字。我的曾祖母名叫莎诺特（Sha-note），意思是“风儿吹彻”，她被改名叫夏洛特。士兵和传教士不会念的名字是不允许存在的。

来到堪萨斯之后，当他们看到河边也有一丛丛的坚果树时，他们想必是感到如释重负的——这种树他们并不认识，但同样能带来美味又丰盛的食物。这种新的食物他们无以名之，就姑且称之为坚果——也就是“pigan”——这个词后来成了英语里的“pecan”。

我只有在感恩节的时候才做碧根果派，那个时节有很多坚果，可以随便吃。我其实并不特别喜欢它，不过我希望以此向这种树致敬。在大大的餐桌上用它的果实招待客人，这让我想起，当初这些树就是这样用自己的果实招待我们远道而来、举目无亲而又精疲力竭的祖先们的。

两个男孩没钓到鱼就回家了，不过他们带回来的蛋白质也差不多相当于一大串鲇鱼了。坚果就像是森林里的鱼鲜，富含蛋白质，尤其是脂肪——它们是“穷人的肉食”，而他们也确实很穷。今天的我们吃得很讲究，要把坚果去壳，要烘焙了再吃，但在过去，人们会把它煮在粥里。脂肪会像鸡汤一样浮在粥的表面，然后他们会把这层浮油撇去，并把它作为坚果油储存起来：这是优质的过冬粮。坚果油富含卡路里与维生素——维持生命需要的所有营养都在里边了。毕竟，这就是坚果的真正价值：为胚提供开始新生命所需的一切。

白胡桃、黑胡桃与碧根果是同属于胡桃科的近亲。我们的族人不管迁徙到哪里都会带着它们，不过更多的时候是放在篮子里，而不是放在裤子里。如今，碧根果沿着河流遍布整个草原，随着人们的定居在肥沃的河滩洼地繁衍生长。我的豪德诺硕尼*邻居说，他们的祖先特别喜欢白胡桃，所以直到今天，白胡桃都是古村落遗址的标志。当然了，在我家泉水上方的山坡上也有一丛白胡桃树，这在“野生”的森林中可不常见。我每年都会把小树附近的杂草清理干净，并在迟迟没有下雨的时候给它们浇水。我一直把它们记在心上。

俄克拉何马州老家的房子所在的那一小块地上，还有一棵碧根果树，它的树荫遮住了老房子的遗迹。我想象着曾祖母把坚果倒出来准备收拾的样子，一颗坚果滚出来，一直滚到了前院边上一个讨人喜欢的位置。或者，是曾祖母想要回馈碧根果树，就在自家院里找到那个位置种下了它。

---

* 原文为 haudenosaunee，意思是“住在长屋的人”。参见“神圣之物与超级基金”一章。——译注

回到原先的那个故事，让我震惊的是，碧根果树丛里的男孩子把所有能带的坚果都带回家其实是非常明智之举：这些树不是每年都有产出，而是以一种无法预测的周期来结果。某些年份会有一场盛宴，但大多数年份都是饥荒，这种大起大落的盛衰循环叫做“大年结实”（mast fruiting）。水果和浆果会吸引你在它们腐烂之前就把它们赶紧吃掉，而坚果却会用一种坚硬得像石头一样的果壳，还有皮革一样的外皮来保护自己。树可不希望自己的种子当即就被你顺嘴流汁儿地吃掉。它们是为了过冬预备的，你在那个时候需要脂肪与蛋白质，需要大量的卡路里来保持体温。它们是艰难时刻的保险，是生存之胚。因此，丰富的营养是上了两重锁的保险箱内的珍宝。这些东西保护着胚和它的储备粮，但实质上也保证了坚果可以被安全地储藏在其他地方。

要想得到果壳里的东西可要费一番功夫，而坐在开阔的地方啃坚果对于松鼠来说可不是明智之举，因为在这种地方鹰会高高兴兴地攻其不备。坚果是要带到室内去的，要在花鼠的仓库里，或者俄克拉何马一间小屋的地窖里储存起来。不管是怎样的贮藏，某些坚果肯定会被遗忘——于是，一棵新的树就诞生了。

如果想要成功地繁衍出一片森林的话，每棵树都要结出许许多多的坚果，让那些坚果大盗们吃也吃不完。如果一棵树每年都勉勉强强地结出不太多的种子的话，那么这些种子就会被全部吃光，也就没有下一代的碧根果了。然而，这些坚果含有的卡路里实在太高，碧根果承担不起每年都结果的成本——它们需要攒一攒能量才行，就好比一家人需要为了某件特别的事攒钱一样。大年结实的树要花上好几年来制造糖类，而且它们并不把这些糖分零零散散地消耗掉，而是将其集中收好，把能量以淀粉的形式储存在根中。只有在还有盈余的情况下，我的爷爷才有可能带回家好几磅坚果。

对于树木生理学家和演化生物学家而言，这种大起大落的周期依然是各种假说互相角逐的战场。森林生态学研究者认为，大年结实的现象单纯是能量平衡的结果：你只有在承担得起的时候才能结果。这很有道理。不过，树木生长和积攒能量的速率会因其生长的地方而不同。因此，就像那些占据了肥沃农场的殖民者一样，幸运的树木很快就能攒下家底，并频繁地结果；而它们那些处在阴影下的邻居们就得挣扎求生，只在很少的情况下才有盈余，于是好多年才能结一次果。如果这种说法是真的，那么每棵树就都是按照自己的时间表来安排结果的，而这种时间表也可以通过它储存淀粉的丰富程度来加以推测。但事实却不是这样的。如果一棵树结了果实，其他的树也会一起结果——没有谁落单。并不是树丛里的某一棵树，而是整个树丛；并不是森林里的某一处树丛，而是所有的树丛；横跨全郡，乃至于全州。这些树并不是个体，却是某种集体。我们并不知道它们究竟是怎么做到这一点的，但是我们都能看到团结的力量。发生在一个人身上的事会发生在我们全体成员身上。我们一起忍饥挨饿，一起享受盛宴。一切繁荣都是彼此共享的。

1895 年的夏天，印第安领地上每家的地窖里都被碧根果塞得满满当当的，小孩子和松鼠的肚子也被碧根果塞得满满当当的。对于人们来说，这突如其来的盛宴就好像一份厚礼，只要弯下腰就能从地上捡到大量的食物。当然，你的动作得比松鼠快才行。如果不行的话，至少那个冬天炖松鼠汤也是管够的。碧根果树丛一味地给予，然后再给予。这种共同的慷慨也许看上去不那么合乎进化论，因为演化的过程是会激起对个体生存的强烈追求的。但是，这种企图把个体的幸福与整体的健康分开来的想法本身就是巨大的错误。碧根果送给别人的厚礼其实也让自己受益。通过喂饱松鼠和人类，树木也保障了自己的生存。那些促使树木进行大年结实的基因随着演化的浪潮流入了下一代，而那些不去参与的基因就会和它们的种子一起被吃掉，然后走上演化的末路。同样的道理，那些懂得如何去解读坚果的生长并把它们带回家好好保存的人就能在二月的暴风雪中生存下来，并把这种行为传给他们的后代；这不是通过基因的传递，而是通过文化的教育。

研究森林的科学家是用捕食者饱和假说来解释大年结实的慷慨的。整个故事大致是这样的：当树木产生的种子比松鼠能吃掉的更多的时候，有些坚果就会逃过被吃的命运。同样，当松鼠的存粮洞中塞满了坚果的时候，那些肚皮滚圆的松鼠妈妈就会在每一窝中生下更多的宝宝，于是松鼠的种群数量就会一飞冲天。这就意味着鹰妈妈也会生更多宝宝，而狐狸的洞穴也满了。但是，当下一个秋天来到的时候，快乐的日子就结束了，因为树木把制造坚果的流水线关掉了。如今再也没有什么东西能填满松鼠的存粮洞了——松鼠们总是空手而归——因此它们会更频繁地出洞觅食。这个过程将越来越艰难，同时，它们还会暴露在数量更多的目光敏锐的鹰以及饥肠辘辘的狐狸眼中。这种捕食者和猎物的比例绝对不是它们想要的。这样一来，饥饿和捕食就会使得松鼠的数量暴跌，森林也可以安安静静地生长，不受这些吵吵嚷嚷的家伙们打扰了。你可以想象出这样一幅画面——此时，树木彼此低声交谈："现在已经不剩多少松鼠了。是不是该结坚果了？"于是整片大地上都开满了碧根果花，等着成为下一次的盛宴。依靠团结的力量，树木生存下来，并且获得了繁荣。

联邦政府的印第安人迁移政策逼迫许多原住民离开了家园。这项政策把我们和我们的传统智慧、传统的生活方式、祖先的遗骨还有我们赖以为生的植物都分开了，但就算这样，我们的身份认同依然没被抹杀。于是，政府又用了一种新办法，把原住民的孩子和他们的家庭与文化分离开，把他们送去遥远的地方上学，他们希望这距离足够遥远，远得能让孩子们忘了自己从哪里来。

在整个印第安领地中都有这样的记录：印第安事务官把孩子们聚集到一起，送到政府开办的寄宿学校去，并因此得到一大笔赏金。接着，在被赋予假模假式的"选择权"之后，父母必须签署文件，允许他们的孩子"合法地"离开自己。家长如果拒绝的话，就可能面临坐牢的命运。有些父母希望自己的孩子能够拥有更好的未来，不用再在这个沙尘暴肆虐的农场劳作了。有的时候，除非父母签了那份文件，否则联邦政府就会断掉配发的粮食——那些据说能够代替野牛肉的生了象鼻虫的面粉和带着哈喇味的猪油。或许那年碧根果丰收了，暂时把事务官挡在了门外。被送走的威胁肯定能让一个小男孩半光着身子跑回家，裤子里塞满了吃的。又或许，第二年没有碧根果了，而这时印第安事务官又上门来找这些褐色皮肤、瘦骨嶙峋、没有晚饭吃的小孩了——也许我的曾祖母就是在那一年签的文件。

孩子、语言、土地：几乎一切都被夺走了，在你挣扎求生无暇顾及的时候被偷走了。面对着如此惨重的损失，我的族人无法退让的是土地的意义。在殖民者的心目中，土地是财产，是不动产，是资本，或自然资源。但对我的族人而言，它是一切：我们的身份，我们与祖先的联系，我们那些非人类的亲眷们的家园，我们的药房，我们的图书馆，我们一切赖以为生的东西的来源。我们的土地是我们承担对世界的责任的地方，是神圣之所。它属于它自己；它是一种恩赐，而非一件商品，所以它永远也不能用来买卖。人们在被迫离开自己古老的家园、前往新地方的时候，土地的意义并没有改变。不论是他们的家园还是强行分配给他们的新地，土地总是给人以力量；它给了他们为之奋战的意义。因此，在联邦政府的眼中，这种信念是一种威胁。

在数千英里被迫的迁移之后，联邦政府把我的族人安置在了堪萨斯；接着，他们再一次找上门来，让我的族人们再搬一次；这一次去的地方就永远是他们的了，搬完之后就再也不用搬了。此外，族人们还得到了成为美利坚合众国公民的机会，成为这个包围着他们的伟大国家的一部分，并受到它的力量的保护。我们的首领们，其中包括我的曾曾祖父，研究并讨论了相关的事情，并派了代表团到华盛顿去商议。美国宪法显然没有权力保护原住民的家园。

多次迁移已经把这件事表现得明明白白了。但是，宪法却明确地表明它会保护拥有私人财产的公民的土地权。也许这会是一条通往族人们永久家园的道路。

摆在首领们面前的是美国梦，作为个人拥有私人财产的权利，不用受到那朝令夕改的印第安政策的困扰。他们再也不会从自己的土地上被赶走了。尘土飞扬的道路边不会再添新坟了。他们只需要做一件事，那就是交出对共有土地的忠诚而去认同私有的财产。人们怀着沉重的心情讨论了一整个夏天，他们权衡着为数不多的选项，努力做出决定。各家的意见无法统一。是待在堪萨斯的共有土地上，同时冒着失去这块地的风险好呢？还是作为个体的地主，在法律的保护下住进印第安领地好呢？这个决定历史的理事会一整个夏天都在阴凉的地方会面，也就是日后人们所熟知的“碧根果树丛”（Pecan Grove）。

我们一直都知道，植物与动物会有它们自己的回忆，也会有共同的语言。特别是树木，我们把它们看做自己的老师。不过，那一年的夏天，当碧根果树向我们提出建议的时候，似乎并没有人在听：要团结。步调要一致。碧根果已经懂得了团结的力量，树独自结果的话种子就会被吃干净。碧根果的教诲无人听到，也无人在意。

因此，我们族人的各个家庭再一次地把行李装上了车，并向西迁往印第安领地，迁往应许之地，成为波塔瓦托米公民（Citizen Potawatomi）。这些疲惫不堪、灰头土脸但对未来满怀希望的人们，在到达新土地的第一个晚上就找到了一位老朋友：一丛碧根果树。他们把大车推到了碧根果树枝条的阴凉底下，然后再次开始生活。部落的每位成员，甚至我的祖父——当时他是一个尚在怀抱之中的婴儿——都得到了联邦政府分发的一小块地，政府认为这块地用来维持一个农民的生计已经足够了。族人们接受了公民权，就得到了他们的保证，分配的土地是不会被夺走的。当然啦，除非是公民没有交税，或是有个牧场主送来了一桶威士忌和一大笔钱，“公平交易”嘛。没有分配的土地全都被印第安人以外的殖民者们争抢一空，就像饥饿的松鼠把碧根果一扫而光一样。在分配土地的时代，三分之二以上的保留地都落入了别人之手。仅仅过了一代人，那些靠着牺牲共有土地而被转化为私有、从而“得到保障”的土地就消失了大半。

碧根果树和它们的族人们展示了同心协力的行为有多么大的力量，因为目标一致要比每棵树单打独斗强得多。它们多少保证了大家能够团结一致并生存下来。至于它们到底是如何做到这一点的，至今仍是一个谜。有些证据表明，环境的某些特定信号也许会激发结果行为，比如一个特别潮湿的春天或是一个漫长的生长季。这些有利的客观条件会帮助所有树木拥有富余的能量，让它们能够有余力结出坚果。不过，因为每棵碧根果树个体所生长的环境都有很大的差异，所以，单纯的环境因素似乎不能解释它们步调一致的做法。

我们的长老说，在原先，树木是会彼此谈话的。它们会参加属于自己的会议，起草自己的计划。不过，科学家在很久以前就确定了，植物又聋又哑，并被封闭在了没有交流的孤独之中。植物之间对话的可能性就这样被草草地否决掉了。科学给人的印象是完全理性、完全中立，在这个系统之中，观察到的内容与观察者的身份是不相干的。然而，只因植物缺乏动物用来说话的器官就断定它们不可能彼此交流，这样的结论居然也能够存在。这完全是戴着“动物的能力”这副有色眼镜来看待植物的潜能。一直到最近才有人认真地探索植物也能彼此“说话”的可能性。不过，亿万年来，风都忠实地搬运着碧根果树的花粉，这是雄性与乐于接受的雌性之间的交流，所产生的正是坚果。如果可以把繁殖的重任委托给风的话，又为何不能让它传递消息呢？

如今，不可抗拒的证据显示我们的长老是正确的——树木就是在彼此谈话。它们的交流是通过费洛蒙实现的，这是一种类似激素的化合物，飘荡在风中，承载着信息。科学家已经确定了，当一棵树在承受昆虫攻击的压力时，比如舞毒蛾蚕食它的叶片或是小蠹虫钻到了树皮底下，它就会释放出一种特殊的化合物。这棵树送出的是遇险信号：“嗨！大家都还好吗？我遭到袭击了。你们可能需要拉起吊桥，武装好自己，它们要往你们那边去了。”下风处的树捡到了这个漂流瓶，感知到了那些用来示警的分子，嗅到了危险的气味。这给了它们足够的时间来生成防御性化学物质。提前得到了警告，就能提前武装自己。树木彼此提醒，然后赶走了入侵者。每个个体都会因此受益，整片树丛也是一样。树木似乎确实能讨论一同防御的事。它们是不是也能交流关于一起结果的信息呢？我们人类的能力是有限的，有太多的东西是我们感知不到的。树木的对话依然是我们触不可及的领域。

有些关于大年结实的研究认为，让植物步调一致的机制并不通过空气来传播，而是在地下得以实现。森林里的树木一般是通过地下的菌根网络而彼此联系的，而菌根就是栖息在树木根部的真菌菌丝。植物与菌根的共生使得真菌能够找到土壤中的矿物质，把这些养分输送给树木，自己也获得碳水化合物作为报偿。菌根也许会形成树木个体之间的真菌之桥，这样，森林里的所有树木就都连接在一起了。这些真菌网络似乎会在树与树之间重新分配作为财富的碳水化合物。就像罗宾汉劫富济贫一样，最终所有树木都会在同一时间达到相同水平的碳盈余（carbon surplus）。它们织起了一张给予和索取的互助之网。在这种意义上，所有的树木都行动一致是因为真菌把它们联结在了一起。通过团结求得生存。所有的繁荣都是共享的。土壤、真菌、树木、松鼠、小孩——所有这些都受惠于互助。

它们向我们给予食物的时候是多么慷慨，这是真真正正地把自己的生命送给别人，让别人生存。不过，在给予的同时，它们的生命也得到了保障。在这个"以生命创造生命"的轮回中，在这根互相帮助的链条中，我们的索取也让它们受益。在碧根果树丛中，依靠"光荣收获"（Honorable Harvest）这一信条来生活是很容易的——也就是只拿走对方主动赠与的东西，善加利用它，对这份馈赠心怀感激，并回报以礼。作为回报，我们会照顾碧根果树丛，保护它免受侵害，种下它的种子，这样新的树丛就会长成，荫蔽原野并让松鼠果腹。

如今，在两代人之后，在驱逐、分配土地、就读遥远的寄宿学校之后，在大离散之后，我的家族回到了俄克拉何马州，回到了我的祖父分到的那块地所剩下来的部分。在山顶上，你依然能看到沿着河边生长的碧根果树丛。到了晚上，我们在古老的帕瓦场地上跳舞*，用这种古老的仪式来迎接日出。玉米汤的味道和鼓声充盈在空气中，而波塔瓦托米的九支部族，他们来自全国各处，因为历史上遭到驱逐而四散，如今也会每年重新相聚数日，寻找自己的归属。波塔瓦托米民族的聚会重新会合了族人，对于当初用来让我们彼此疏离，并和我们的故土分开的那种分而灭之的策略而言，这就是“解毒剂”。我们聚会的时间是由部族的领导决定的，不过更重要的是，一种像菌根网络一般的东西让我们相聚在一起，那是一种由历史、家族还有对祖先和后代的责任所织成的看不见的网。作为一个民族，我们开始遵循我们的前辈碧根果树的教诲，团结一致，惠及全员。我们开始记住它们所说的话，即所有的繁荣都是相互的。

今年是我们家族的“碧根果大年”。我们都参加了聚会，场地上站满了人，就像是未来的种子。好比得到了养分并被层层石头般的硬壳包裹在里边的胚一样，我们也挺过了艰难的岁月，并一起开出了花朵。我从碧根果树丛中走过，也许这就是当初我的祖父往裤腿里塞满了碧根果的地方。若是看到我们大家都在这里，围成一圈跳着舞，纪念着碧根果，他一定会很惊讶。

---

* 帕瓦（Powwow）是许多北美原住民所举行的仪式。人们身着盛装，相聚在一起，击鼓歌唱并起舞，以纪念祖先并和族人交际。不同的部落对于舞姿有不同的要求。——译注

草莓的礼物

我听说过艾翁·彼得(Evon Peter)，他是一个哥威迅人*，一位父亲，一位丈夫，一位环保活动家，以及极地村——一个位于阿拉斯加东北部的小村庄——的村长，不过他在自我介绍的时候，只说自己是“一个靠着河长大(raised by a river)的孩子”。他的意思仅仅是说自己在河边长大吗?还是说河水也养育了他，教给了他生活所必需的东西呢?河水是不是既哺育了他的身体，也哺育了他的心灵呢?在“靠着河长大”这个描述当中，我觉得这两个意思都有，很难在两者之中只取其一。

从某种意义上来说，我是“靠着草莓”长大的，我们家紧挨着草莓田。我并不是要把纽约北部的枫树、铁杉、北美乔松、一枝黄花(指加拿大一枝黄花)、紫菀、堇菜还有苔藓排除在外，但是，给了我对这个世界的感觉的，让我在其中有了自己的位置的，只有野草莓，在初夏时节藏在带着露水的叶子底下的野草莓。在我家房子后面，有绵延好几英里的老稻草田，被石墙分成了好几块。这

* 哥威迅人(Gwich'in)是居住在加拿大北部与阿拉斯加东北部的原住民。——译注

片田野早就荒废了，无人耕种，但还没有长成丛林。在突突作响的校车把我放在我们家的山坡上之后，我会扔下红格子布书包，趁我妈还没想好让我去干什么杂活之前把衣服换好，然后跳过小溪，到一枝黄花的原野中溜达。孩子的心里有一张地图，上边有所有我们需要的地标：盐麸木下的城堡，石头堆，河流，那棵枝条分布得像梯子一样均匀所以很容易爬到顶的高大乔松，以及草莓田。

白色的花瓣、黄色的花心，草莓花看起来就像小小的野玫瑰。在五月的月圆之夜（waabigwani-giizis），这些花儿星星点点地分布在几英亩的卷曲的草中。我们密切地关注着草莓花，在跑去抓青蛙的路上监视着它们在三片叶底下的进展。当花瓣终于落尽之后，一个绿色的小疙瘩就会出现在花心。随着白昼越来越长、越来越温暖，这个绿色的小疙瘩会长成一颗小小的白色的果子。它们的味道很酸，但我们等不及真正的草莓长成，就不管不顾地把它吃掉了。

你在看到草莓之前就会闻到它的味道，这种香气混杂着潮湿地面上散发的阳光的气息。这是六月的味道，是最后一天上学、马上就要自由了的味道，也是草莓月（ode'mini-giizis）的味道。我会趴在最喜欢的一块田地上，看着草莓果实在叶子底下越长越大、越长越甜。每颗小小的野草莓都比雨滴大不了多少，它们顶着叶子做成的帽子，身上全是种子。从那个有利的角度，我可以只摘红草莓中最红的那些，把粉红色的留到明天。

时至今日，即便已经度过了五十多个草莓月，找到一畦野草莓依然足以让我惊喜而感动。这份不期而至的厚礼带着慷慨和善意，包裹在嫣红翠绿之中，让我既心怀感激，又觉得自己配不上它。“真的？给我的？哦，你真的太客气了。”在五十年后，它们依然在向我提出这个问题：该怎样才能回应它们的慷慨呢？有的时候，这个问题看上去很蠢，因为答案非常简单：吃掉它们就好了。

不过，我也知道，其他人也思考过同样的问题。在我们的创世故事中，草莓的起源是很重要的。已有身孕的天女从天界带来了一个美丽的女儿，她在善良的绿色大地上成长，她爱着万物，万物也爱着她。但是，在这个女孩长大后，悲剧降临到了她身上：在生下自己的双胞胎儿子“燧石”（Flint）和“幼苗”（Sapling）时不幸离世。悲痛欲绝的天女把她挚爱的女儿埋在了土中。草莓便是天女的女儿带给我们的最后的礼物，这是我们最为尊敬的植物，它们从她的身体中生长出来。在波塔瓦托米语中，草莓叫做“ode min”，意思是“心之果”。我们认为它是众果之领袖，是最先结果的植物。

草莓最初塑造了我的世界观，让我把世界看做脚边到处都散落着礼物的地方。礼物的到来不需要你的任何行动，它是免费的，无需招手就会自己来到你的身边。它不是奖励；不是你赚来的，也不是你唤来的，甚至不是你“应得”的。但它会出现在你眼前，你只要睁大双眼，待在那里就好。礼物存在于谦卑和神秘的领域——正如随机的善举一样，我们并不知道它们的来源。

我童年的这些田野在秋天向我们倾泻了草莓、覆盆子、黑莓与碧根果，让我们能够给妈妈带回野花的花束，还让我的家人能够在星期天下午有散步的地方。它是我们的游乐场、避难所、野生动物救护站、生态学教室，而且还是我们学习把锡罐从石墙上射下来的地方。这一切完全免费。至少在我心里是这样的。

在那个时候，我所体验到的世界遵循的是礼物经济学："物品和服务"并不是购买来的，而是作为礼物从大地那里接受的。当然，我的父母想必是在远离这片田野的肆虐的"工资经济学"中拼死拼活地养家糊口，而我对此幸运地一无所知。

在我们家，我们送给彼此的礼物一般都是自己制作的。我觉得这才是礼物的意义：某种你为了别人而制作出来的东西。我们自制了所有的圣诞礼物：用高乐氏清洁剂的瓶子做成的小猪存钱罐，用坏了的晾衣服夹子做成的隔热垫，还有用破袜子做成的布偶。我妈妈说这是因为我们没钱买商店里的礼物。这对我来说算不得什么苦难：它们是特别的东西。

我爸爸喜欢野草莓，所以几乎每个父亲节妈妈都会为他准备草莓酥饼。她会烤好酥脆的饼壳，然后抹上厚厚的一层奶油，负责摘草莓的是我们这些孩子。在节前的那个星期六，我们每个人都会分到一两个旧罐子，然后一整天都待在田野里，不过，罐子是永远也装不满的，因为更多的草莓进了我们自己的嘴巴。最终，我们回到家里，把草莓倒在厨房的桌子上，清理上面的小虫。我知道我们肯定没清理干净，不过爸爸也从来没提起过这些额外的蛋白质。

实际上，他觉得再也没有比草莓酥饼更好的礼物了，或者他让我们相信了他是这样想的。这是一份绝对买不到的礼物。作为靠着草莓长大的孩子，我们很可能没有意识到，这份草莓礼物是来自于田野本身，而不是来自于我们。我们付出的是时间、注意力、关怀还有手指尖染上的红色。心之果，诚然如是。

来自大地或来自彼此的礼物让我们建立了一种特殊的关系：某种施与、索取和回报的责任。田野把礼物送给了我们，我们把礼物送给了爸爸，我们都会努力回报草莓。在草莓季结束之后，这些植物会生出红色、细瘦的匍匐枝来产生新的植物。我对它们在地面上四处游走、寻找好地方扎根的方式很是着迷，于是我在裸露的土地上匍匐枝往下探的地方清理出小块地面。果然，小小的根从匍匐枝上长了出来；到这一季的末尾，这些植物的数量更多了，等待着在下一个草莓月开花。没有人教过我们这些——是草莓展示给我们的。因为它们给过我们礼物，一段持续不断的关系就这样在我们之中展开了。

我们附近的农民也种了许多草莓，并且经常雇小孩去摘草莓。我和我的兄弟姐妹会骑自行车穿过好长一段路，来到克兰达尔农场（Crandall’s farm）摘草莓，好挣点零花钱。每夸脱一毛钱。不过克兰达尔太太是个眼睛里不揉沙子的监工。她穿着连兜围裙站在田边上，指导我们怎么摘草莓，并警告我们一颗果子也不许压坏。她还有别的规矩。“这些果子是我的，”她说，“不是你们的。我不想看到你们这些孩子吃我的草莓。”我知道这当中的差别：在我家后边的田野里，草莓属于它们自己。而在这位女士路边的摊位上，它们是以每夸脱60美分的价格出售的。

这是相当有教益的一堂经济课。如果我们想在车筐里装满草莓回家的话，那我们必须把大部分工资都留下来。当然，这些草莓要比我们的野草莓大多了，但味道可没有那么好。我们不会用这些农场的草莓去制作给爸爸的酥饼，那感觉不对。

很有意思的是，一件东西——比如说草莓或袜子——的本质会随着它来到你手里的方式的不同而发生很大改变：作为一件礼物，或者作为一件商品。我在商店买了一双红灰条纹的羊毛袜，又暖和又舒服。也许我会对产出了羊毛的绵羊还有操纵纺织机的工人心怀感激。但愿吧。不过，我对这些作为商品、作为私人财产的袜子是没有内在责任的。除了和店员出于客气而相互道谢之外，就再也没有什么牵绊了。我已经付了钱，我们的互惠在我把钱交给她的那一刻就结束了。在对等性建立起来的同时，交换也就结束了。一场公平的交易。它们成了我的财产。我是不会给杰西潘尼百货商店写感谢函的。

但如果相同的红灰条纹的袜子是我的祖母亲手织的，并且送给我当做礼物的呢？那一切都不一样了。一件礼物创造了一段持续不断的关系。我会给她写一张表达谢意的字条。我会妥善地保管这双袜子，而且，如果我是一个充满感恩之心的孙辈的话，就算我不喜欢这双袜子，我也会在她来看我的时候穿上它。在她过生日的时候，我肯定也会为她制作一份礼物。就像身兼学者和作家的刘易斯·海德（Lewis Hyde）所注意到的那样："在礼物和商品的交换之间核心的差异是，礼物会建立起两人之间的情感的纽带。"

野草莓符合礼物的定义，但超市里的水果却不行。正是生产者与消费者的关系让一切都变了。作为一个从礼物的角度来思考的人，如果我看到超市里在出售野草莓的话，我会感觉受到了巨大的侮辱。我想把它们都“劫走”。它们是不能用来卖的，只能被给予。海德提醒我们，在礼物经济学中，一个人自由送出的礼物是不能成为另一个人的资产的。我现在能看到明天报纸上的标题了：“女子因在店铺内盗窃农产品而被捕。‘草莓解放阵线’宣布对此事负责”。

出于同样的原因，我们是不会把茅香拿来卖的。因为它是送给我们的礼物，所以它只能被送给别人。我的挚友沃利·梅希高德（Wally Meshigaud）是我们族人在典礼上的圣火看守，他为了大家要用到很多的茅香。有些人会用好的方式采集茅香提供给他，不过即便这样，在大规模集会时，他依然会偶尔不够用。在帕瓦舞会或集市的时候，你能看到我们自己的族人以 10 美元一股的价格出售茅香。当沃利实在需要维英伽什克来准备典礼的时候，他有时也会造访其中一个卖煎面包或串珠的摊位。他会向卖东西的人介绍自己是谁，解释自己想要什么东西，就像他在草原上一样，然后请求对方允许自己拿走一点茅香。他是不能付钱的，不是因为他没钱，而是因为买卖的过程会玷污典礼上的茅香的本质。他希望摊主能够慷慨地送给他一点他所需要的东西，但有的时候他们不会这么做。摆摊的人觉得自己被一个长老勒索了，说道：“嘿，你可不能白拿呀！”不过问题就在于此。一件礼物就是白拿的，只是它的身上也附带着特定的责任罢了。这种植物如果要保持神圣的话，它就不能是买来的。那些不情不愿的生意人可能会从沃利那里得到一顿说教，但他们不会从他那里得到一分钱。

茅香属于大地母亲。摘茅香的人会妥善地、带着敬意地把它们收集起来，留作自用或是满足整个社区的需要。他们会回赠给大地一件礼物，并好好照看维英伽什克。一股股辫子一样的茅香是作为礼物相互赠送的，不论是出于赞颂还是出于感激，是为了治愈对方还是为了让对方更坚强。茅香一直在流转。当沃利把茅香交给火焰的时候，它是一件已经转了很多道手的礼物，每次交换都使它更加光荣，含义更加丰富。

这就是礼物最根本的本质：它们会移动，它们的价值会随着自身的传递而增加。田野为我们准备了草莓作为礼物，而我们又用它做成了送给爸爸的礼物。一件东西被分享得越多，它的价值就更大。这对于一门心思扑在私有财产上的社会而言是一个难以把握的概念，因为在这样的社会中，其他人本身就被排除在分享范围之外了。比如说，给土地安上界桩从而禁止通行这样的做法，在财产经济学中是可以接受并且理所当然的，但是，在把土地看做是送给所有人的礼物的经济学中，这么做是根本不可接受的。

这种差异在刘易斯·海德在他对于所谓“印第安给予者”（Indian giver）一词的考察文中被阐释得非常到位。这种词在今天是贬义的，用来轻蔑地指代那种把东西送给别人然后又想要回来的人。但是，这个词真正的来源是原住民文化和殖民文化之间在交流碰撞时产生的有趣的误会。原住民文化是靠着礼物经济学运转的，而殖民文化依靠的却是私有财产的概念。当原住民把礼物送给新来的殖民者时，接受者认为这些东西是有价值的，而且自己也应该一直保有之。把它们拱手送人将是一种严重的侮辱。

但是在原住民看来，礼物的价值在于有来有往，如果礼物没有返回他们手里的话，那将是严重的侮辱。我们民族的很多古老的教诲都告诉我们，不管我们得到了什么，将来都是要重新送给别人的。

在私有财产经济学的观点来看，“礼物”就应该是“免费”的，因为我们没有付钱、没有支出成本就得到了它。但在礼物经济学中，礼物并不是免费的。礼物的精髓在于它创建了一系列关系。礼物经济学中的货币归根到底而言，就是有来有往。在西方的想法中，私有的土地就意味着“各种权利”，而在礼物经济学中，财产还附带了“各种责任”。

我曾很幸运地在安第斯山脉一带做生态学研究。当时我最喜欢的部分就是当地村庄中的集市日，广场上挤满了小贩。桌子上摆着大蕉，车上装着新鲜的番木瓜，摊位上堆着小山一样的鲜亮的番茄，桶里放着毛茸茸的丝兰根。其他一些小贩在地上铺开毯子，上边有你所需要的各种东西，从人字拖鞋到手编的棕丝帽，应有尽有。一位身穿条纹披肩、戴着海军蓝帽子的妇女蹲在一张红色的毯子之后，毯子上陈列着各种可以入药的植物根部，那些药材就像她本人一样带着美丽的皱纹。这些色彩，飘散其间的炭火烤玉米以及酸橙的味道，还有各种人声汇聚成的交响，都在我的记忆中美好地混合在了一起。有一个摊位是我最喜欢的，摊主艾蒂塔（Edita）每天都会找我。她会好心地教我怎么烹制陌生的食材，还会从桌子底下拿出一个专门为我留的最甜的菠萝。有一次她甚至还有草莓。我知道我其实花的是“外国傻妞”* 的价格，但是那种丰盛和善意的体验依然让每个比索都物超所值。

就在不久前，我还梦到了那个市场，画面非常生动。我在一个个售货摊之间穿行，胳膊上挎着篮子。像往常一样，我直奔艾蒂塔的摊位，去买一束新鲜的芫荽叶。我们又说又笑，而当我拿出钱币的时候，她把它们推掉了，然后一边拍着我的胳膊一边把我送走。这是送你的礼物呀，她说。“太感谢您了，太太。”我用西班牙语回答道。我还去了最喜欢的面包店，店主总是把干净的餐布盖在圆面包上。我挑了几个面包卷，打开钱包，而面包师傅同样比画着让我把钱拿走，好像要付钱反而是种冒犯一样。我困惑地四周张望，这就是我熟悉的集市，但一切都改变了。这不仅是为了我——所有的买家都不付钱了。我带着一种极度的欢欣从集市中飘过。这里唯一接受的货币就是谢意。所有的东西都是礼物。就像是儿时在我的田野中摘草莓一样：这些商贩只是传递大地礼物的中间人。

我看了看自己的篮子：两个绿皮西葫芦，一个洋葱，几个番茄，面包，还有一把芫荽叶。篮子是半空的，不过心里的感觉却是满的。我需要的一切都有了。我看了看卖奶酪的摊子，想着要不要来一些，不过一想到它是送的，而不是卖的，我就决定还是不要了。这很有意思：如果集市上的东西都只不过是价格非常便宜的话，我可能会拼命地扫荡；但如果所有的东西都变成了礼物的话，我却觉

* 原文为 gringa，西班牙和拉丁美洲的当地人用这个词来形容说英语的女人，含贬义。——译注

得应该约束自己。我不想索取太多。而且我已经开始考虑明天我要给摊主带些什么礼物才好了。

当然，梦很快就醒了，不过那种先是狂喜然后又变成自律的感觉依然留在我身上。我经常会想起这种感觉，并意识到，我见证了市场经济学转化为礼物经济学，私有财产转化为公共福利。而且，在这样的转化中，在我拿到食物的过程中，人与人的关系也得到了滋养。在集市的摊位和毯子之中，温暖和同理心在人们的手中流转。大家都在赞美着所有施与者的丰盛。而集市里所有买家的购物篮中都有了一餐饭，所以这一切很公平。

身为一名植物学家，我希望自己能够尽可能直白明确地阐述；但我同时也是个诗人，整个世界是用隐喻来对我说话的。当我讲到草莓的馈赠时，我并不是说，佛州草莓（*Fragaria virginiana*）整宿不睡，就是为了给我准备礼物，兢兢业业地探寻我在一个夏日的早晨会喜欢什么样的东西。据我们所知，这种事是不会发生的，不过作为一名科学家，我也清楚，我们掌握的知识还太少。实际上，这些植物每天晚上都会把蕴含糖分、种子、香气和颜色的小包裹组装到一起，在它这么做的时候，它的演化适应性也增加了。当它成功地吸引到像我这样的动物来为它散播种子的时候，它体内那些用于制造美味的基因就传给了后代。比起那些果实没那么好吃的植物，草莓的优势更大一些。植物产生的果实影响了传播者的行为，并拥有了适应性的成果。

当然，我的意思是，人类与草莓的关系会随着我们选择的视角的不同而发生变化。把世界变成一份馈赠的正是人类的视角。

当我们如此看待世界的时候，不论是草莓还是人类自身都发生了转变。从这里发展出的感恩和回馈的关系，能够让植物和动物的演化适应性都得到增加。用尊重和互惠的眼光来看待自然界的物种和文化，肯定要比那些想着毁灭它的个体更有可能把自己的基因传递给下一代。我们选择什么样的故事来塑造自己的行为，同样是适应的结果。

刘易斯·海德对于礼物经济学做了细致的研究。他发现，“物品在被看做馈赠的情况下会一直充裕”。与大自然的馈赠关系就是一种“正式的施与和索取的关系，它承认我们参与到了大自然的生长之中，并且依赖着这种生长。我们对于大自然的回应就像是对待我们自己人，而不是对待一个陌生人或是一个可以让我们随意剥削的异乡人。礼物的交换是选择的交易，因为在（大自然）生长的过程中与之调和，或参与其中的，正是交易”。

在以前，当人们的生活与土地如此紧密地联系在一起时，把世界理解为馈赠是很容易的。秋天到来，一群群大雁把天空遮得黑压压的，它们鸣叫着：“我们到啦！”这让人们想起了创世的故事，那时大雁们飞来救起了天女。凛冬将至，沼泽中的雁群为饥肠辘辘的人们提供了食物。这是一份礼物，人们带着感恩、爱与尊重把它收下了。

但当食物并不来自于天上的鸟群的时候，当你不能感到手中温暖的羽毛逐渐变冷，也不知道一条生命为了你而付出的时候，当没有谢意作为回应的时候，食物就不能让人满足了。肚子塞得满满当当，精神却空空如也。当食物——一具在有生之年只能待在拥挤的笼子中的动物的尸体——被滑溜溜的保鲜膜包裹在聚苯乙烯材质的托盘中送来的时候，某种东西就断裂了。这不是生命的馈赠，而是盗窃。

在我们现代的世界中，怎样才能找到重新把大地视为一种馈赠的方法呢？怎样才能让我们和世界的关系重新变得神圣呢？我知道我们不能都变成采集狩猎者——生命世界难以承担如此的重负——但是，即便是在市场经济中，我们是否能表现得“仿佛”生命世界是一份馈赠呢？

我们可以从遵循沃利的教导开始。有些人想要卖掉大地的馈赠，但是，就像沃利提到用来出售的茅香时所说：“不要买。”拒绝参与是一种道德选择。水是给所有人的馈赠，不该用来买卖。那就不要买。如果食物是从大地上强行夺走的，并以提高产量的名义掏空土壤并毒杀我们的手足的话，那就不要买。

从物质上而言，草莓只属于它们自己。是我们选择的交换关系决定了我们是把它们作为一件公共的礼物来分享，还是把它们作为私有的财产来出售。这种选择承载了太多东西。在人类历史上的大多数时期，还有在我们今天的世界上的某些地方，公有资源才是人们所遵循的法律。但有些人杜撰出了另一个故事，编造了一种社会结构，让一切都变成买卖的商品。这种市场经济的故事像野火一样蔓延开来，导致了人类福祉的不平等和对于自然世界的破坏。但归根到底，这也不过是我们讲给自己听的故事而已，我们也可以讲另一个故事，来修正旧有的。

一个故事用来维持我们赖以生存的生态系统；一个故事开启

我们的新生活，让我们对世界的丰盛和慷慨心怀感激并且由衷赞叹；还有一个故事要求我们带着善意送出自己的礼物，来庆祝我们与这个世界的亲缘关系。我们可以选择。如果整个世界都是商品的话，我们将变得多么贫穷；如果整个世界都是流转着的礼物的话，我们又将何等富有。

当我在童年的田野中等待草莓成熟的时候，我一度会吃掉那些酸涩的白色草莓，有的时候是因为饿，但更多是因为缺乏耐心。我知道自己短期的贪婪会造成什么样的长期后果，但我还是把它们摘走了。幸运的是，我们自律的能力也会像叶底的草莓一样生长壮大，所以我学会了等待。多少学到了点。我还记得我仰面躺在田野中，看着云朵的游走，然后没过几分钟就翻过身来看看草莓熟了没有。在我小的时候，我觉得改变就是能发生得如此迅速。现在我长大了，我知道，转化的过程是缓慢的。商品经济学已经在龟岛上存在了四百多年，把没长熟的草莓和其他的一切都吞噬殆尽了。但是人们已经逐渐厌倦了口中酸涩的味道。我们心中充满了渴望，渴望再度生活在一个由礼物组成的世界之中。我能闻到它的到来，就像清风中慢慢成熟的草莓的香气一样。

一份供奉

我的民族曾是划独木舟的民族。直到后来他们让我们上岸行走。直到我们河岸边上的小屋被签给别人，变成棚屋和尘土。我的族人曾是一个圆圈，直到我们被驱使着离散。我的族人曾拥有一种共同的语言来感谢白昼，直到他们强迫我们忘记。但我们并没有忘记。没有完全忘记。

在童年的时候，大多数夏日的清晨我都是被屋外门响的声音弄醒的——先是门轴吱呀一声，然后是门关上的闷响。我在绿鹃和鸫鸟那朦胧的歌声和湖水的拍打声中恢复意识，最后听到的是我父亲在科尔曼炉子上烧水的声音。等到我和我的兄弟姐妹从睡袋中出来时，太阳刚好升到了东岸的山顶上，并把湖面上的薄雾蒸干，使之化作袅袅升起的白色螺旋。这时，那个破旧的、因为被火烧了太多次而发黑的、只能装四杯咖啡的铝制小咖啡壶也已经发出了噗噗的声音。我们家在阿迪朗达克（Adirondacks）山区的划艇营地度夏，每一天都是这么开始的。

我还能忆起父亲的样子，他穿着红格子羊毛衫，站在湖边高耸的岩石顶上。当他把咖啡壶从炉子上拎起来的时候，早晨的喧嚣就停了下来；即使无人提醒，我们也知道该集中精神了。他站在营地的边缘，手里拎着咖啡壶，手指隔着折叠的隔热垫握在顶端恰当的位置。他把咖啡倒在地上，形成一道浓郁的棕色细流。

阳光照射着这道细流，把它变成琥珀色、棕色和黑色的带子，它流进泥土，并在早晨清凉的空气中蒸发。父亲的脸冲着朝阳，他一边倒一边在寂静中说："以此献给塔哈乌斯（Tahawus）诸神。"这道细流从光滑的花岗岩上流下，与湖水混为一体，湖水也像咖啡一样是清澈的棕色。我看着它慢慢流淌，沿着一道石缝流下，汇聚了几片颜色暗淡的地衣，又浸透了一小团苔藓，最后到达了水边。苔藓吸饱了液体，向着阳光展开了它的叶子。只有在他完成了这些之后，他才会给站在炉子旁边烙薄饼的母亲还有他自己倒上热气腾腾的咖啡。在北方林子里的每个早晨都是这么开始的：这些话语排在其他一切事项之前。

我相当肯定的是，我认识的其他家庭都不会以这种方式开始一天的生活，但我从没有质疑过这些语句的来源，我的父亲也从来没有解释过。它只不过是我们在湖边生活的一部分而已。但它的节奏让我有了家的感觉，整个仪式也仿佛在我家的周围画了个圈。我们通过这些话语说道，"我们来了"，而且我想象着土地也听到了我们的问候——它喃喃自语道："哦，这些懂得道谢的人来了。"

塔哈乌斯是玛西山（Mount Marcy）在阿尔贡金语中的名字，这是阿迪朗达克山脉中最高的山峰。玛西山这个名字是为了纪念一位总督，他从没踏足过这片荒野。塔哈乌斯的意思是“裂云者”，这才是这座山真正的名字，道出了它真正的本质。我们波塔瓦托米族人有公共的名字，也有真正的名字。真正的名字只有亲密的人以及在仪式中才会用。我的父亲曾登上塔哈乌斯峰顶很多次，对它的熟悉程度足以称呼它的真名了，他在说话的时候带着对这个地方和曾经来过这里的人的深刻了解。当我们用一个地方的真名称呼它的时候，它就从荒野变成了家园。我想象着这个我所钟爱的地方也知道我的真名，虽然我自己都不知道。

有的时候，我的父亲会呼唤叉湖、南池塘或白兰地溪的众神的名字，这要看当晚我们的帐篷扎在什么地方。我渐渐明白了，这里的每一个地方都是有灵的，在我们到来的很久之前或我们离去的很久之后，这里都是其他人的家园。当他呼唤这些名字并供奉一份礼物，也就是当日最新鲜的咖啡时，他潜移默化地教导我们，我们应当尊敬这些“其他”的存在，以及我们应该如何表达我们对夏日清晨的感激。

我知道很久以前我的族人会用晨歌、祷告和圣烟草的供奉来表达自己的谢意。不过在我家的历史上，当时我们是没有圣烟草的，而且我们也不会唱那些歌——在我的祖父踏进寄宿学校的大门的时候，它们就被夺走了。但历史是一个循环，我们又回到了这里，下一代人又回到了祖先们曾居住的满是潜鸟的湖边，又回到了独木舟上。

我的母亲有她更为实际的表示尊敬的仪式：崇敬和意愿转化成了行动。每当我们要划船离开任何一个宿营地的时候，她都会让我们这些孩子做清扫工作，确保干净整洁。不论是烧过的火柴棍还是碎纸片，都逃不过她的眼睛。"这块土地在你走的时候要比你来的时候更好"，她是这么提醒我们的。我们也是这么做的。我们还得给下一家人预备好生火的木头，还有火绒与火种——这两样东西要用白桦树皮小心地包起来，免得被雨淋湿。我总是喜欢想象后一批来划船的人在天黑之后才找到地方，结果发现竟然有一堆已经预备好的燃料，可以生火做晚饭，这时，他们该是多么开心！母亲的仪式同样把我们和他们联系在了一起。

这些供奉只存在于开阔的天空之下，当我们回到居住的城市时就不会再发生了。在星期天，别的孩子都会去教堂，我的长辈则会带我们出去沿着河边寻找苍鹭和麝鼠，到林子里搜寻春花或吃一顿野餐。这些话语一路相伴。若是在冬天去野餐的话，我们会穿着雪鞋走一整个早上，然后用长长的脚印踩出一个大圈，并在中间点上篝火。这一次，锅里盛满了嘟嘟冒泡的番茄汤，而第一碗汤是洒向白雪的。"以此献给塔哈乌斯诸神"——说完之后我们才能用戴着连指手套的手捧起热气腾腾的汤碗。

不过，当我长到青春期的时候，这种供奉开始让我觉得愤怒和悲哀了。那个曾经带给我归属感的圆圈彻底反转了过来。我从那些语句中听出了一个讯息，那就是我们没有归属，因为我们所说的语言乃是被放逐者的语言。这是一种二手的仪式。在某些地方，有知道正确仪式的人，有懂得失落的语言并能说出真正的名字，包括我自己的真名的人。

不过，我每个早晨依然会注视着咖啡消失在疏松的棕色腐殖质里，就仿佛回归了它自身。从岩石上淌过的咖啡细流开启了苔藓的叶子，这是让沉寂之物重新拥有生命的仪式，它同样开启了我的思想，让我对那些我本来知道却又遗忘的东西敞开了自己的心扉。这些话语和咖啡让我们回忆起，这些树林和湖水都是一份馈赠。大大小小的仪式总是拥有这样的力量，让我们把注意力集中到某种特定的生活之道上，它正在世界中苏醒。看得见的东西变得不可见，并与土壤混为了一体。这些仪式也许是二手的，但即便在困惑中，我也意识到，大地已经把它一饮而尽了，就好像是正确的仪式一样。土地是认识你的，即便你自己已经迷失了。

一个民族的故事就像湍流中的独木舟，离起点越来越近了。在我长大之后，我家重新找到了与部落的联系，这种联系曾经被历史变得模糊，但并没有断裂。我们找到了知晓我们真正名字的人们。而当我第一次在俄克拉何马州的日出小屋听到人们向四方致以谢意的时候——供奉是以圣烟草这种古老的语言给出的——我仿佛听到了我父亲的声音。语言是不同的，心却是一样的。

我们的仪式是孤独的，但哺育它的同样是与土地相连的纽带，这条纽带建立于尊重和感恩之上。现在，在我们身边画下的圆圈更大了，重新接纳了我们的那个民族的全部族人都在里边。但供奉时说的依然是“我们来了”，而且我也依然能听到在这番话语结束之后大地的喃喃自语：“哦，这些懂得道谢的人来了。”今天，我父亲已经能用我们的语言祈祷了。不过，在我永远都能听到的声音之中，最先出现的是“以此献给塔哈乌斯诸神”。

正是在参加这种古老的仪式的时候，我理解了我们供奉咖啡的仪式并不是二手货，它就是属于我们的。

我是谁，我做什么工作，这两个问题的答案是与我父亲在湖岸边的供奉密不可分的。每一天依然是从某种版本的“以此献给塔哈乌斯诸神”开始的，这是当天的感恩时间。作为一名生态学者、作家、母亲，作为一个穿梭在科学与传统的认知方式之间的旅行者，我所做的一切都源自这些话语所蕴含的力量。它提醒着我，我们是谁，我们所接受的是怎样的馈赠，以及我们对这些馈赠负有怎样的责任。仪式是归属感的载体——对家庭的归属，对民族的归属，还有对土地的归属。

最后，我觉得我理解了对塔哈乌斯诸神的供奉。于我，它是一件没有被忘却的事，一件不会被历史夺走的事：我们知道自己是属于土地的，知道自己是懂得如何道谢的民族。那些土地、湖泊和神灵为我们所一直坚持的东西，会从我们血脉深处的记忆中浮现。但在多年以后，在我自己的答案已经就位之后，我问父亲：“那个仪式是从哪儿来的啊——你是跟你父亲学的，而他也是跟他父亲学的，是这样吗？它是不是一路从独木舟时代流传下来的啊？”

他想了很久。“没有，我觉得不是。这只不过是我们的做法。好像也挺对的。”也就这样了。

又过了几个星期，我们再次聊天的时候，他说：“我一直都在想咖啡的事，我们一开始是怎么想起来要把它献给大地的呢？你知道，那是用壶煮的咖啡，当时没有过滤器，要是煮的时间长，咖啡渣就会浮起来堵在壶嘴上。所以你倒的第一杯咖啡里肯定全是渣子，不能喝的。我觉得我们一开始就是为了清理壶嘴。”这种感觉就好像他告诉我水并没有变成酒一样——这关于感恩的巨网，这关于记忆的整个故事，其实无非是倒咖啡渣而已吗？

“但是，你知道，”他说，“有的时候也没有咖啡渣。一开始确实是这样，不过后来就变成不一样的东西了。有一种想法在里边。一种尊重，一种感谢吧。在美丽的夏天的清晨，我想你们会觉得这很有意思。”

我想，这就是仪式的力量：它让俗事与神圣结合。水变成了酒，咖啡变成了祈祷。物质和精神就像咖啡渣与泥土一样混合到了一起，并像杯中的蒸汽变成了清晨的雾霭那样得到了转化。

大地拥有一切，你又有什么能献给它呢？除了自己的一部分之外，你又能给它什么呢？一场自家创造的仪式，一场创造家园的仪式。

紫菀与一枝黄花

照片中的女孩举着一块石板，上边用粉笔写着她的名字和“1975 届”，这个女孩的肤色如鹿皮般棕黄，黑色的头发长长的，一双墨一样黑的眼睛直直地看着你，不会躲闪。我还记得那一天。我穿着父母给我的崭新的格子呢衬衫，我觉得这套装束是所有“森林工作者”的标志。当我长大之后再去回头看这张照片的时候，我觉得很困惑。我能想起自己去大学报到时兴奋不已的心情，但这个女孩脸上却完全没有欢乐的迹象。

在我到学校之前，我就把所有新生入学面试的答案全都打好了腹稿。我希望能给对方留下良好的第一印象。那个年代，森林学院很少有女性，更没有像我这样的人。导师从眼镜上方端详着我，然后问道：“所以，你为什么要选择植物学专业呢？”他手中的铅笔停在了登记表上。

我该怎么回答呢？我该怎么告诉他，我生来就是个植物学家，告诉他我的床底下有好几个装满了植物种子的鞋盒，还有一堆一堆的压制好的叶子？告诉他我会骑车骑到一半停下来，在路边辨认新的物种，告诉他是植物让我的梦有了颜色，是植物选择了我？

于是，我告诉了他真相。我对自己精心准备的答案十分自豪，从中谁都能明显地看出这位新生的精明：它能体现出我已经了解一些植物和它们的栖息地了，我已经很深入地思考了它们的本质，并且已经为大学的功课做足了准备。我告诉他，我选择植物学是因为我想研究为什么紫菀和一枝黄花搭配起来那么美。我相信我当时一定是笑着的，穿着红格子呢衬衫微笑着。

但他并没有笑。他放下铅笔，就好像我说的话完全没有必要记下来一样。“沃尔小姐，”他一边说，一边盯着我，面露失望而不失礼貌的微笑，“我不得不告诉你，那并不是科学。植物学家所关心的完全不是这样的事。”不过他保证会纠正我的误解：“我会把你分在普通植物学的班级，你可以学到植物学究竟是什么。”一切就是这样开始的。

我喜欢把紫菀和一枝黄花想象成我最初看到的花朵：还是婴孩的我被母亲背在肩上，粉色的毯子从我脸旁滑落，它们的色彩一下子涌入我的意识之中。我听说，人的早期记忆会让大脑习惯于某些特定的刺激，使之在处理相关信息的时候速度更快、准确性更高，于是这些信息就会得到反复的利用，最终形成我们的记忆。因为初见，所以钟情。它们的光彩透过我新生的眼睛，在我完全清醒的、新生的大脑中形成了最初的“植物学突触”，而我的大脑之前只接触过粉色的脸颊那模糊的温柔。我猜当时所有人的目光都集中在我，一个被彩布包裹着的圆乎乎的小婴儿身上，但我的目光却落在一枝黄花与紫菀身上。我为这些花而生，而它们每年都会在我生日的时候与我重逢，把我迎进我们共同的庆祝仪式中。

人们为了十月的丰收而一群群地来到山丘上，但他们往往会错过九月田野的壮美序章。田野迎来了收获的季节——桃子、葡萄、甜玉米、南瓜——却仿佛还嫌寒酸一般地为大地绣上了一湾湾的金黄和一池池的深紫，这是大师的杰作。

加拿大一枝黄花仿佛是神奇的喷泉，构成那些拱形水流的，是如焰火般光芒夺目的铬黄色菊花。每株一枝黄花那三英尺高的茎上都像间歇泉一样涌出了无数小小的金色雏菊，单个看来，它们每朵都像贵妇般雍容，合在一起，却又无比热情洋溢。当土壤足够湿润的时候，它们就会和自己的完美搭档站在一起，那就是新英格兰紫菀。这些花可不是那些颜色暗淡的二年生植物，呈现有所亏欠的薰衣草紫或者天蓝色，永远只能当做花坛边上的配角；这些花是纯正饱和的帝王紫，能让堇菜开出的花都畏缩羞愧。外缘的雏菊般的紫色花瓣环绕着圆盘状的花心，就像正午的太阳一样耀眼，点缀在附近的一枝黄花丛中，宛若金橙色圆池中的迷人暗影。分开来的时候，它们各自都是植物中的最上品。而在一起的时候，视觉效果更是震撼人心。紫色和金色，是草原上的国王和王后的御用颜色，这是一支由两种互补色形成的皇家仪仗队。我只是想知道，这一切都是因为什么呢？

为什么它们明明可以各自独立生长，却选择了肩并肩站在一起呢？为什么它俩成了一对？有大量的粉色、白色和蓝色点缀在原野上，所以紫色和金色相映成趣的奇观只是偶然吗？爱因斯坦曾经说过："上帝不掷骰子。"这种图案的来源究竟是什么呢？为什么世界如此之美？它完全可以不美的：花朵可以在我们眼中很丑陋，但依然完成它的使命。但它们没有。这个问题对我而言似乎是个很好的问题。

但我的导师却说，“这不是科学”，不是植物学所研究的。我想知道为什么某些植物的茎秆很容易弯，可以编成篮子，但另一些植物就会折断；为什么最大的浆果长在阴影之中；为什么植物能为我们治病；哪些植物可以吃；为什么小小的粉红色的兰花只生长在松树下。“不是科学”，他说道，而他，一个坐在实验室里的、饱学的植物学教授，应该是懂的。“如果你想研究美，你应该去文学院。”他让我想起了自己在选择学院时的考虑。我在当诗人和当植物学家之间犹豫了好久，因为每个人都告诉我两者不可兼得。最终我还是选择了植物。他告诉我科学不是关于美的，不是关于植物和人类的相拥的。

我没有反驳——是我犯了错误。我的内心没有挣扎，只是对我的过错感到难堪。我没有抗议的言辞。他给我安排了班级，然后就把我打发去照证件照了。我当时完全没有思考，但这一幕一次又一次地浮现在我眼前。它就好像我的祖父第一天上学时的情景重演，他被命令把一切抛在身后，包括语言、文化、家庭。这位教授让我对自己从何而来、知道些什么产生了怀疑，他宣称自己的思考方式才是对的。只是他没有剪掉我的头发。

我告别了在林中度过的童年，走进了大学。在这个过程中，我不知不觉地在两种世界观中切换着。一种是凭借经验的博物学领域，在这个领域中，我把植物当做自己的良师益友，我们对彼此都负有责任。而另一种则是科学的领域。科学家们提出的问题并不是“你是谁”，而是“这是什么”；没有人会去问植物：“你能告诉我们什么呢？”基本的问题是：“它是怎么运作的？”人们教给我的植物学是简化论的、机械论的，而且是完全客观的。植物被简化为客体，它们不是主体。植物学构建和教授的方式都没有为一个像我这样思考的人留下太多空间。我唯一能理解它的方式就是得出这样的结论，即我之前一直相信的关于植物的知识一定是错的。

我的第一门专业课堪称一场灾难。我得了一个“C”，勉强及格——我实在提不起热情来背诵植物必需营养元素的浓度。好几次我都想要放弃，但是我学得越多，就越对构成叶片的复杂结构，还有光合作用的“炼金术”感到着迷。没有人提到过紫菀和一枝黄花的伙伴关系，但我可以像背诗一样背出植物的拉丁名，并热切地把“一枝黄花”这个名字抛在一边，换成 *Solidago canadensis*。植物的生态学、演化、解剖学、生理学，还有土壤和真菌，对于我来说就像催眠术一样具有魔力。我身边都是我的良师，那就是植物。我还拥有很棒的指导者，那就是温和而善良的、用发自内心的力量从事着科学研究的教授们，不管他们自己是否承认这一点。他们也是我的老师。但是，还有什么东西一直存在，一直在拍我的肩膀，想要让我回过头去。当我照做之后，我却不知道该如何辨认出站在我背后的究竟是什么。

我天生的倾向是想要看清事物之间的关联，寻找把世界联结在一起的线索，我喜欢合并，而不是区分。但科学却非常严格地让观察者与被观察者分离，也让被观察者与观察者分离。“为什么两种花在一起的时候很美”这个问题违反了客观性所必需的分离。

我很少质疑科学思想的至高无上。沿着科学的道路，我受到的训练是去分离，去区分观念和客观的现实，去把复杂的东西“原子化”，即将其分解成最微小的构成部分，去推崇证据链和逻辑链，去分辨一件事物与其他事物的不同之处，去品味精确带来的愉悦。在这方面我做得越多，我得到的结果就越好，于是我在毕业时成功进入全世界最好的植物学项目之一，成为了一名研究生。当然，我的导师写的推荐信功不可没，上边写着：“作为一名印第安女孩，她做得出乎寻常地好。”

硕士学位，博士学位，然后是一份教职。我对那些被分享给我的知识心怀感激，并且对于利用科学这一强大的工具来作为自己理解世界的方式感到十分荣幸。它把我带到了另一个植物的圈子，远离紫菀和一枝黄花。当我成为一名新入职的教师时，好像终于理解了植物。我也一样开始教学生们学习植物学的机制，有样学样地重复着当初老师教给我的研究方式。

这让我想起了我的朋友霍利·小熊·提贝茨（Holly Youngbear Tibbetts）讲的一个故事。一位带着笔记本和其他装备的植物学家来到雨林进行科学探索，并且雇了提贝茨作为本地向导。这位年轻的向导知道科学家的兴趣所在，就特别留心地指出了有趣的物种。植物学家充满赞许地看着他，并为他的能力感到惊讶。“天哪，天哪，年轻人，你是真的了解好多植物的名字啊。”向导点了点头，并且目光低垂地回答道：“是的，我已经知道了所有这些灌木的名字，不过我还没学会它们的歌唱。”

我教的是植物的名字，而忽视了它们的歌唱。

当我在威斯康星读研究生的时候，我当时的丈夫和我都很幸运地得到了在学校的植物园担任保育员的工作。为了换得草原边上的一栋小房子，我们只能值夜班。我们要先检查一下各处的门和大门是否已经锁好，确保安全后才能放心地把黑夜留给蟋蟀。只有一次，园艺专业车库里的灯忘了关，门也半开着。没出什么事，不过，在我丈夫四处检查的同时，我站在那里，闲散地浏览着布告板。那里有一条新闻剪报，上边有一张壮观的美国榆树的照片，这棵树刚刚被提名为该物种的冠军，它是所有同类中最大的一棵。这棵树有自己的名字：路易·维厄榆（Louis Vieux Elm）。

我的心狂跳起来，我知道我的世界就要改变了，因为我打记事起就知道路易·维厄这个名字，而他的面孔正通过剪报的照片看着我。他是我们波塔瓦托米族的先辈，他一路从威斯康星的森林走到了堪萨斯的草原，我的曾祖母莎诺特也与他一起跋涉。他是全族的领袖，在困苦中照顾着族人们。车库的门半开着，透出灯光，为我照亮了身后回家的路。这是我回归自己族人的漫长而缓慢的道路的起点，向我发出召唤的正是屹立在他们遗骨上的那棵大树。

为了沿着科学的道路前行，我抛弃了原住民的知识之路。但是，世界自有引导你的方法。突然有一天，我收到了原住民长老发来的小规模聚会的邀请信，主题是关于植物的传统知识。有一个人是我绝对不会忘记的——一个纳瓦霍族妇女，一辈子没有受过一天大学的植物学训练，她讲了好几个小时，而我每个字都听得很入迷。她讲述着自己山谷中的植物，一种又一种，一个名字又一个名字。它在哪里生长，它何时开花，它喜欢和谁生长在一起，它的社交圈子如何，谁会吃掉它，谁可以用它的纤维来筑巢，它能赠予我们什么样的药物。她还分享了这些植物的故事，它们的起源神话，它们如何得名，还有它们要对我们说些什么。她讲述的是美。

她的话就像是嗅盐一样，唤醒了我在摘草莓的时候就明白的知识。我意识到了，自己的认知是多么浅薄。她的知识是那样的深刻而广博，涵盖了人类的每一种认知方式。她应该是能够解释紫菀和一枝黄花的关系的。对于一个刚拿到博士学位的人来说，这让人自惭形秽。这件事成了我重新找回另一种了解世界的方式的起点，我之前茫然无助地让科学取代了它。我感觉自己就像一个被邀请来吃大餐的营养不良的难民，每道菜都散发着家园的草药的清香。

我绕了一圈，又回到了起点，回到了关于美的问题。回到了那个科学不会提出的问题，这不是因为这个问题不重要，而是因为科学作为认识世界的方式实在是太过于狭隘，不能承担这项任务。如果我的导师是个更好的学者的话，他会称赞这个问题，而不是贬低它。他告诉我的只有陈词滥调：美只存在于观看者的眼中，而既然科学是把观察者和被观察者区分开来的，那么从本质上来说美就不可能是有效的科学问题。他本来应该告诉我，我的问题太宏大，不是科学所能触及的。

关于美只存在于观看者的眼中这件事，他也算是对的，特别是对于紫色和黄色而言。人类对于颜色的认知依赖于一批特殊的受体细胞，那就是视网膜上的视杆细胞与视锥细胞。视锥细胞的工作是吸收不同波长的光，并将其传入大脑的视觉皮质中，在那里，这些光能够得到解读。可见光的光谱，也就是彩虹的颜色，是很广阔的，因此分辨颜色的最有效的方式并不是让视锥细胞去做万事通，而是让它们去做专家，每个视锥细胞都经过完美的调试，可以吸收特定的波长。人的眼中有三种视锥细胞，一种擅长检测红色与相关波长的光，一种专精于蓝色，而另一种最拿手的本领是辨认两种颜色的光：紫色和黄色。

人类的眼睛拥有察觉这些光线的强大装备，并且能给大脑发送相关的讯号。这并不能解释为什么我会觉得它们很美，但却解释了为什么这个颜色组合能够令我目不转睛地注意到它。我问过学艺术的朋友，为什么紫色和金色有这么强大的力量，他们立刻给我看了色轮：这两者是互补色，它们的本质是截然相反的。在调色盘上，把它们俩放在一起会使得彼此都更鲜明，哪怕只是一点点也能起到这种效果。身兼科学家与诗人身份的歌德在 1890 年的一篇关于色彩认知的论文中写道："彼此正好相对的两种颜色……会在人的眼中相互映衬，相互突出对方。"紫色与黄色就是这么一组相对的颜色。

我们的眼睛对这些波长异常敏感，视锥细胞有时会受到过度的刺激，甚至其他细胞也会受到这满溢而出的影响。一位相识的版画家向我演示，如果你长时间地注视一个黄色的物体，然后猛地把视线转向一张白纸，你会短暂地看到那个物体的形状，不过颜色是紫的。这种现象叫做补色残像（colored afterimage），其原因是在紫色和黄色之间存在能量的相互作用。早在我们弄清楚这一点之前，一枝黄花和紫菀就明白这个道理了。

如果我的导师是正确的话，那么这种能让像我这样的人类感到悦目的视觉效果与花朵就是不相干的了。它们真正想要吸引的是能够传粉的蜜蜂的眼睛。蜜蜂对很多花的认知都与人类不同，因为它们能够看到的光谱更广，比如说紫外线对它们而言就是可见光。不过，事实上，紫菀和一枝黄花在蜜蜂和人类的眼里是很类似的。我们都觉得它们很美。它们生长在一起时，彼此强烈的对比使它们成了整片草原上最为吸引人的目标，是蜜蜂眼里的灯塔。因此，它们在一起的时候要比单独生长时得到更多传粉者的造访。这是一条可以验证的假说；这是一个科学的问题，一个艺术的问题，同样也是美的问题。

为什么它们在一起的时候那么美呢？这种现象既是物质的也是精神的，我们既需要所有波长的光波，也需要深度的理解。当我以科学的眼光注视这个世界太久的时候，我就会看到传统知识的“补色残像”。科学与传统的知识能不能像紫色和黄色一样，像紫菀和一枝黄花一样呢？如果我们同时用这两种视角的话，我们看到的世界也会更完整。

当然，紫菀和一枝黄花的问题不过是我真正想弄懂的问题的一个象征。它是由各种关系、各种我渴望理解的关联搭建而成的。我渴望看懂把它们联结在一起的闪光的丝缕。我也想知道为什么我们爱着这个世界，为什么最普通的一块草地就拥有这样的冲击力，让我们一下子回归到当初的敬畏。

当植物学家在森林和田野中漫步寻找植物的时候，我们会说自己是在“搜集”；而当作家们做同样的事情的时候，我们会称之为采风，即寻找自然赋予的隐喻。这片土地对于两者来说都蕴含着宝藏。这两者也都是我们所需要的。既是科学家又是诗人的杰弗里·伯尔顿·拉塞尔（Jeffrey Burton Russell）写道：“作为更深层的真理的符号，隐喻近乎圣礼。因为现实的广博与丰富无法只靠陈述的直白感来表达。”

印第安学者格雷格·卡耶特（Greg Cajete）写道，在原住民的认知方式里，我们的存在有四个方面——思想、身体、情感和灵魂，要真正理解一件事物，必须把这四个方面全部用上才行。当我开始接受作为一名科学家的训练时，我渐渐明白了，在这四种认知方式中，科学只在两个方面得天独厚：思想和身体。作为一个渴望了解植物的一切的年轻人，我并没有质疑这一点。但唯有找到美的途径，才能成为一个完整的人。

曾经有一段时间，我笨手笨脚、踉踉跄跄地在这两个世界之间蹒跚——一边是科学的世界，另一边是原生态的世界。但之后我学会了飞翔，或至少尝试着飞翔。是蜜蜂教会了我如何在不同的花朵之间盘旋——啜饮花蜜并从两者身上收集花粉。正是这种交叉传粉的舞蹈产生了知识的新物种，产生了存在于世的新方式。

归根结底，并非存在两个世界，只有一片善良的绿色大地。

紫色与金色的“九月组合”是在互助中生活的；它的智慧在于，一方的美要通过另一方的绽放而闪耀。科学与艺术，物质与精神，原住民的知识与西方的科技——它们能成为彼此的一枝黄花与紫菀吗？当我置身于它们之中，它们的美要求我也要懂得互助，成为某件事物的互补色，让它也变得更美。

学习有生命的语法

要想成为一个地方的原住民，我们必须学会说那里的语言。

我来这里是为了聆听，为了在松针铺就的柔软浅坑中依偎在树根的曲线上，为了把我的身体靠在北美乔松的树干上，为了把我脑子中的声音关掉，好听见外边的声音：风吹过松针发出嘘声，水滴滴答答地打在岩石上，鸸在蹦蹦跳跳，花鼠在挖洞，水青冈的果实掉在地上，蚊子在我耳边飞舞，还有那些我们无法用言语形容的东西。我们置身于其他这些无言的存在之中，是它们让我们从不孤独。除了母亲心脏跳动的声音外，这就是我的第一语言。

我可以听上一整天。然后再听一整夜。而在早上，尽管我没有听到，可能会有一个昨天晚上还没有的乳白色的蘑菇从铺着松针的地面上拱出来。它一路向上，突破黑暗，走进光明，身上还因为沾着这一路上的液体而闪闪发亮。Puhpowee。

在野外倾听时，我们就是那些声音的听众，林间的交谈以非人类所用的语言展开。现在的我认为，正是我对于理解林中听到的语言的渴望引导我走上了科学之路，让我经过多年的学习，终于能说一口流利的“植物学语言”。不过顺便一提，这种语言不应该被错当成植物的语言。事实上，我确实学到了另一门科学的语言，这门语言中有细致的观察，有给每个细微的部分命名的详尽的词汇。要想命名和描述，你必须先看见，而科学最看重的就是“看”的天赋。我尊敬我的第二语言的力量。但是，在它丰富的词汇和高超的描述力之外，有些东西却遗失了，那就是你在聆听这个世界的时候那些在你身边和心里涌动的东西。科学是一种关于距离的语言，它把完整的对象减小到某个运作部件；这是客体的语言。科学家们所说的语言，无论多么精确，都建立于彻底错误的语法之上，这是一种忽略，用它来翻译这些湖岸原住民的语言将会造成严重的损失。

我刚刚所说的“Puhpowee”就是我对这种遗失的语言的初次尝试。我是在阿尼什纳比族的民族植物学家凯维迪诺奎（Keewaydinoquay）的一本书里偶然看到这个词的，那篇文章讲的是我的族人对于真菌的传统用法。她解释说，“Puhpowee”这个词翻译过来，就是指“让蘑菇一夜之间从地里冒出的力量”。作为一名生物学家，这种词的存在使我非常惊讶。在西方科学里，一切专有术语的词汇表中都没有这个术语，没有一个词来承载这份神秘。你可能会觉得，在所有人当中，生物学家一定掌握了最多描述生命的词语。不过，在科学语言中，我们的术语是用来界定我们知识的边界的。在我们认知之外的东西依然是没有命名的。

在这个新词的三个音节中，我能看见在林间潮湿的清晨细致观察的整个过程，一套在英语中找不到对应理论的形成过程。这个词的创造者理解由各种“存在”构成的世界，那里充满了看不到的能量，而万物都拥有灵魂。许多年来，我都珍视这个世界，把它当做护身符，而且也渴望着有人能给蘑菇的生命力起一个名字。我想学会那门拥有“Puhpowee”的语言。因此，当我明白了那个代表升起和出现的词来自我的祖先的语言时，它就成了我的路标。

如果历史的走向不同的话，很可能我现在说的语言就是“Bodewadmimwin”，也就是波塔瓦托米语，它是阿尼什纳比语的一种。不过，就像美国的三百五十种原住民语言中的很多成员一样，波塔瓦托米语也面临着消亡，如你所见我也说着英语。同化的力量就是这么强大，我们听到这种语言的机会，已经被政府的寄宿学校从印第安孩子的口中清洗掉了，在学校里是禁止说本族语言的。像我祖父那样的孩子无法学习这种语言——他从家里被带走的时候还是个九岁的小孩。这段历史不仅使我们的语言飘零，也使我们的族人离散。今天，我住的地方离我们的保留地很远，所以即便我会说这门语言，也没有可以与我对话的人了。不过，几年前的一个夏日，在我们一年一度的部落集会中举办了一堂语言课，我也溜进了帐篷中去听。

这堂课引起了热烈的反响，我们部落中每一位能流利地说波塔瓦托米语的族人都当起了老师，这种景象还是头一次。当这些会说古老语言的人受邀来到折叠椅围成的圆圈中落座时，他们走得很慢——有人拄着拐杖，有人推着助行器，还有人坐着轮椅，只有很少几个能完全靠自己的力气行走。我在他们入座的时候数了数，一共九个人。九个能流利地讲波塔瓦托米语的人。全世界就这九个人。我的语言，几千年造就的语言，就坐在这九张椅子上。那赞颂创造、讲述古老的故事，那安抚我的祖先入眠的语言，如今就栖在九个难逃一死的男人和女人的舌头上。他们每个人轮流对这一小群潜在的学生们讲话。

一个梳着长长的花白发辫的男人讲述了他的母亲是如何在印第安事务官上门来带走孩子的时候把他藏起来的。他躲在河岸一块突出的石头下边，逃过了寄宿学校，湍急的水声盖过了他的哭声。其他孩子都被带走了，并且因为"讲肮脏的印第安语言"而被用肥皂水——或别的什么更糟的东西——洗了嘴巴。他独自留在家中，从小到大一直用造物者赋予植物和动物的名字称呼它们，因此，他今天来到了这里，带着这门语言。同化的机器运转良好。这位演讲者眼神灼灼，他告诉我们："我们是道路的尽头了。我们是剩下来的全部了。如果你们年轻人不学的话，这门语言就死了。传教士和美国政府最终就赢了。"

圈中一位曾祖母辈的老太太借助她的助行器靠近了麦克风。她说："消失的不只是词语。语言是我们文化的核心；它承载着我们的思想，我们看待这个世界的方式。它的美丽是没法用英语解释的。" Puhpowee。

吉姆·桑德尔（Jim Thunder）今年75岁，是这些演讲者中最年轻的一位，他身材滚圆，肤色棕黑，态度却十分严肃，他只说波塔瓦托米语。他演讲的开头很庄重，不过随着话题的展开，他的声音飞扬起来，就像白桦树间的清风，然后他的手也开始讲故事了。他越来越激动，站起身来，我们全都凝神屏息地倾听着，尽管大家几乎一个字也听不懂。突然，仿佛故事讲到了高潮，他停顿下来，望着观众们，带着期待眨了眨眼。他身后坐着的一位老奶奶捂着嘴咯咯地笑了起来，而他冷峻的脸突然迸发出灿烂的笑容，就好像熟透了的西瓜咧开大口一样甜美。他笑得前仰后合，老奶奶们笑出了眼泪，而我们剩下的人彼此面面相觑，不知所以。笑声消退之后，他最终用英语开了腔："如果一个笑话再也没人听了，它会怎么样呢？如果这些词语的力量都消失了，它们该是多么寂寞呀。它们能去哪儿呢？只能和那些再也没人讲的故事一起退场了。"

于是，如今我的房子里到处都贴着用另一种语言书写的便签纸，就好像我要为出国做准备一样。但我并不是要远行，我要回家。

"Ni pi je ezhyayen?"我家后门上的一张黄色便利贴写道。我的两只手占着，汽车开着，不过我还是把包换到另一边的胯骨上，想了一会儿才回答道："Odanek nde zhya."意思是我到城里去。确实如此，我要去那里工作、上课、开会、处理银行事务、逛超市。我一整天都在说的——有时候晚上还要写的——都是我生来会说的这种优美的语言，全世界百分之七十的人都会说的这种语言，一种在现代社会最有用而且也拥有最丰富的词汇的语言：英语。但当我夜里回到我安静的房子的时候，在我的衣柜门上贴着一张忠实的便利贴。"Gisken I gbiskewagen!"于是我脱下了大衣。

我做好晚饭，从标注着"emkwanen"和"nagen"的橱柜中拿出了碗碟。我已经成了一个用波塔瓦托米语来称呼家里各种物件的人了。当电话铃响的时候，我甚至不用看便利贴，就知道自己要去“dopnen giktogan”（接听电话）。而打电话的不论是推销员还是友人，他们所讲的都是英语。不过，每周大概都会有一通来自我住在西海岸的姐姐的电话，她说“Bozho, Mokttthewenkwenda”。她哪里需要自报家门呢——还有谁会说波塔瓦托米语呢？所谓“会说”其实也是降低了标准。实际上，我们做的事不过是随口说说错误百出的短语，假装自己在对话一样：你怎么样？我很好。进城去。看见鸟。红的。煎面包好吃。我们听起来就像是好莱坞影片中与独行侠对话的汤头*。“我尝试讲好印第安语。”偶尔，当我们能够把一个半连贯的想法串在一起时，就会随心所欲地拿高中学的西班牙语单词填空，生造出一种我们称之为“西班那瓦特米语”的东西。

每周二和周四，俄克拉何马时间中午十二点一刻，我都会上波塔瓦托米语午间课，课程在部落总部进行，通过网络传送到我们面前。上课的大概有十个人，分布在全国各地。我们在一起学习数字的读法和“把盐递给我”这样的句子。有人问道：“你们是怎么说‘请’把盐递给我的？”我们的老师贾斯汀·尼利（Justin Neely），一个致力于语言复兴的年轻人，向我们解释说，虽然“谢谢”有好几种不同的说法，但没有“请”这个字。食物本来就是要分享的，

* 汤头（Tonto）是美国电影《独行侠》（*The Lone Ranger*）中的角色，他是主角独行侠的美洲原住民搭档，英语说得十分蹩脚。如今，部分原住民认为这个角色带有侮辱性质。——译注

不必再有另外的礼貌用语了；在这门语言中，人们在问这个问题的时候本来就是恭敬有礼的。而传教士把礼貌用语的欠缺当成了原住民行为粗鲁的一项证据。

在很多个晚上，本应在批改论文或支付账单的我却待在电脑旁边，做着波塔瓦托米语练习。几个月后，我已经掌握了幼儿园的词汇，也能充满信心地把动物的图片和它们的名字一一对应起来了。这让我想起了给我的孩子们读绘本时的情景："你来指指小松鼠好不好呀？小兔子在哪里呀？"一直以来，我都在提醒自己我其实没有时间学这些；此外，知道狐狸和獾怎么说也没什么用。我们部落的大流散已经让我们离散于四方之风当中，我还能对谁说这些话呢？

我现在学的简单短语倒是很适合我家的狗。坐下！吃！过来！安静！不过，它对英语的指令基本没什么反应，所以我也不敢奢望能把它训练成"双语人才"。一个学生对此十分仰慕，曾问我是否会说我们原住民的语言。我在诱惑之下，回答道，"哦！会的呀，我们在家里就说波塔瓦托米语"——所谓家里其实就是我，我的狗，还有那些便利贴。我们的老师告诉我们不要气馁，我们每说一句，他就会向我们道谢——感谢我们把生命的气息吹进了这门语言中，哪怕我们只说了一个单词。"可是我没有可以对话的人。"我抱怨道。但他安慰我说："我们每个人都是这样的，但总有一天，我们会找到能够对话的人的。"

所以，我充满疑虑地学习了词汇，但我实在看不出，把床和洗手池翻译成波塔瓦托米语怎么就反映出"我们文化的核心"了。学习名词很容易；毕竟，我已经背了植物学的几千个拉丁学名和专有名词。我寻思在这里不会有太大的不同，无非就是一对一的替换以及背诵罢了。如果是纸上得来的话，这确实没有什么问题，因为你是可以看见那些字母的。而要听别人说这门语言，就大不一样了。我们的字母表中的字母要少得多，所以对于初学者而言，单词与单词之间的区别就显得太细微了。我们的语言中有很多优美的辅音连缀，比如 zh、mb、shwe、kwe 和 mshk，使这种语言听起来就像是松间的清风与石上的流水一样。在过去，我们的耳朵可能也更加精细，与这种声音更加协调，但那都过去了。要重新学习的话，你确实需要好好聆听。

要想真的说一门语言，当然需要动词，而在这里，我熟练叫出物体名称的幼儿园程度的语言能力不再管用了。英语是基于名词的语言，这对于一个如此痴迷于物的文化来讲多少是适宜的。英语单词中，只有大概百分之三十是动词，但在波塔瓦托米语中，动词所占的比例是百分之七十。这意味着百分之七十的词汇都有变位，百分之七十的词汇都有不同的时态和语态要背诵。

欧洲的语言往往会给名词赋予性别，但波塔瓦托米语并不会把世界分成阴性和阳性。名词和动词都分为有生命和无生命。你可以听出来，一个人所对应的词与一架飞机所对应的完全不同。代词、冠词、复数、指示词、动词——所有这些我在高中英语课上没能搞懂的句法的零部件全都出现在波塔瓦托米语中，需要彼此一致才能用来述说有生命的世界和无生命的世界。根据你所说的东西是否有生命，动词形式是不同的，复数形式是不同的，一切都是不同的。

怪不得会说这门语言的人只剩下九个了！我努力了，不过它的复杂让我脑袋疼，我的耳朵也很难分辨清楚那些发音相似而含义却截然不同的单词。有一位老师安慰我们说这些问题在实践中就会解决，不过另一位长老却坦承，这些相似之处是这门语言与生俱来的。就像知识的传承者斯图尔特·金（Stewart King）所提醒我们的那样，造物主希望我们开怀大笑，所以，祂特意把幽默编织进了语法之中。即便是舌尖一个很小的疏漏都会改变句意，比如把"我们需要更多柴火"变成"脱掉你的衣服"。我了解到，那个神秘的词语"Puhpowee"其实不仅可以用来形容蘑菇，还可以用来形容其他某些在夜里神秘地生长出来的东西。

我姐姐在某个圣诞节送给我的礼物是一套冰箱贴，上边写的是欧及布威语（Ojibwe），我们的族人管这种语言叫阿尼什纳比莫温（Anishinaabemowin），这种语言与波塔瓦托米语非常接近。我把它们排列在厨房的桌子上，寻找熟悉的单词，但是我看得越多，心里就越焦虑。在这一百多个冰箱贴中，我认识的单词只有一个："megwech"（谢谢你）。几个月的学习所积攒起的小小成就感在这一刻烟消云散了。

我还记得自己把她寄来的欧及布威语词典从头翻到了尾，想要看懂冰箱贴上写的都是什么，不过单词的拼法并不完全相同，而且词典上的字印得太小了，同一个单词还有各种各样的变形，我感觉这实在是难于上青天。我脑子里的线索像是打结了一样，越是努力，就系得越紧。书页模糊了，而我的视线突然聚焦在了一个单词上——当然啦，是个动词："成为星期六"。这怎么可能！我把书扔下。从几时起星期六也成了动词了？谁都知道它是个名词。我又把书拿起来，多翻了几页，发现许多东西好像都变成动词了："成为一座山"，"成为一张床"，"成为海边上一道长长的沙滩"。然后我的手指停在了"wiikwegamaa"这个词上："成为海湾"。"太荒谬了！"我在脑海中呐喊道，"根本没有理由把它弄得这么复杂嘛！怪不得没人说这种语言了。真是门笨拙的语言，不可能学得会的，而且，它根本就是错的啊。海湾肯定属于人、地方或物品那一类——它是名词而不是动词啊。"我已经决定放弃了。我已经学会了一些单词，完成了自己对这门从我祖父那里被带走的语言的任务。啊，若是寄宿学校的那些传教士的鬼魂看到我这副挫败的样子，一定会幸灾乐祸地搓手吧。"她要投降了！"他们说。

然后，我发誓我听到了神经突触燃烧的噼噼啪啪声。一道电流嗞嗞地沿着我的手臂而下，一直贯通了我的指尖，几乎烤煳了某个单词所在的那一页纸。在那一刻，我闻到了海湾中潮水的味道，看见了海水在岸边拍打的景象，听到了它渗入沙子的声音。只有在水死去的情况下，海湾才是一个名词啊。当海湾是名词的时候，它是由人类定义的，是困在两岸之间，并被收纳进单词之中的。但是，"wiikwegamaa"这个动词——"成为海湾"——却把水从束缚中释放出来，让它得到了生命。"成为海湾"展现了这样的一个奇观：在这一刻，活生生的水决定藏身于岸的中间，与雪松的树根和一群秋沙鸭宝宝谈谈心。它也能做出别的选择——成为溪流、海洋或瀑布，而且这些也有相应的动词。成为一座山、成为一道沙滩、成为星期六，在一个万物都有生命的世界里这些都是动词的候选。水、土地，甚至是一天，皆有生命。这种语言就像一面镜子，映出对世界的灵魂的观照，透过松树，透过鸭，透过蘑菇，生命在万物当中律动着。这就是我在林中听到的语言，让我们得以谈论在我们身边涌动生息之物的语言。此时，寄宿学校的遗存、挥舞着肥皂的传教士们的鬼魂，都挫败地低下了头。

这就是有生命的语法。想象你看到自己的祖母系着围裙站在炉台边上，而你这样说道："看，它在煮汤呢。它长着灰白的头发。"这样的错误会使我们发笑，同时也会让我们厌恶。在英语里，我们绝不会把一位家人，或任何人，称作"它"。这是彻头彻尾的无礼之举。它剥夺了一个人的自我和亲缘关系，把一个人贬低为一件纯粹的物品。在波塔瓦托米语和其他大部分原住民语言中也是如此，我们是用称呼家人的词语来称呼整个有生命的世界的。因为他们就是我们的家人。

我们的语言会把这种有生命的语法延伸到谁的身上呢？植物和动物自然都是有生命的，不过，经过学习，我发现在波塔瓦托米人的理解之中，"有生命"的含义与我们在"基础生物学"这门课上所学到的生物的特征是不同的。在"基础波塔瓦托米语"这门课上，岩石是有生命的，山、水、火与地点都是有生命的。各种存在当中都灌注着灵魂，我们神圣的药物，我们的歌，我们的鼓，甚至故事，一切都是有生命的。没有生命的清单反而短得多，里边大多数是人造的物品。对于没有生命的东西，比如桌子，我们会说："这是什么？"而答案是"Dopwen yewe"，它是桌子。不过对于苹果，我们必须说："这是哪一位？" 而回答是"Mshimin yawe"，这位是苹果。

"Yawe" 就是有生命的"是"。我是，你是，她或他是。要谈论那些拥有生命和灵魂的东西，我们必须用"yawe" 这个词。《旧约》中的耶和华与新世界的"yawe" 都出自虔敬者的口中，其间又有怎样的语言学联系呢？这难道不正是存在的意义所在吗，拥有生命的气息、成为造物的后代？这门语言用它的每一个句子提醒着我们自身与整个生命世界的亲缘关系。

英语并没有给我们太多方式来表达对于"赋予生命" 这件事的敬意。在英语中，你要么是人类，要么就是一件东西。我们的语法把我们框住了，它选择把非人类的存在贬损成"它"，或者不恰当地为之赋予"他" 或"她" 的性别。对于另一个活着的存在，我们的词语在哪里呢？我们的"yawe" 在哪里呢？我的朋友迈克尔·尼尔森（Michael Nelson）是一位在道德包容方面思考良多的伦理学家，他向我讲述了一位他认识的女士的故事。这位女士是一位野外生物学家，她的工作就是要置身于人类以外的存在之中。她的大部分伙伴都不是两条腿的，所以她的语言也发生了改变，以适应她的交际需求。她会跪在地上，沿着小径来察看一串大雁留下的足迹，她会说："看来有人今天早上就走过了这条路。" 她还会一边说着"我的帽子里有人啊"，一边抖出一只鹿虻。有人，不是有东西。

当我带着学生一起来到林中，向他们展示植物的智慧，并教他们如何称呼植物的名字的时候，我会努力注意自己的语言，把科学的术语和有生命的语法结合起来进行双语教学。在他们学习科学的角色与拉丁学名的同时，我希望我同时也教给了他们，要把世界看做与人类以外的住户们共同生活的社区，而为了了解这一点，就像生态神学家托马斯·贝里（Thomas Berry）写的那样："我们必须把宇宙看做主体之间的交流，而不是客体的集合。"

某一天的午后，我和野外生态学专业的学生们一起坐在"wiikwegamaa"边上，并和他们分享了关于有生命的语言的理念。一个名叫安迪的小伙子一边用脚拍打着清澈的海水，一边问了一个关键的问题。"等等！"他仔细地思考了这个问题，然后说，"这不就意味着，用英语说话，用英语思考，多少会让我们心安理得地不尊敬大自然吗？因为我们否定了其他一切生物作为人的权利。如果没有谁是'它'的话，事情会不一样吗？"

他整个人都沉浸在这个理念之中，并说这对于他而言就像是一场觉醒。我觉得，应该更像是回忆。世界是有生命的，这件事我们是已经知道的，只不过有生命的语言正徘徊在灭绝的边缘——不仅对于原住民，对其他人而言也是一样。我们的孩子在蹒跚学步的时候，是会用谈论人的方式来谈论植物和动物的，他们会把自我、意图和共情延伸到这些生灵的身上——直到我们教他们不要这么做。我们迅速地重新训练他们，并让他们忘却了。当我们告诉他们，树不是"谁"，而是一个"它"的时候，我们就把枫树变成了物；我们建起了障壁隔绝彼此，免除了自己的道德责任并打开了剥削之门。这种语言把一片活生生的大地变成了"自然资源"。如果枫树是"它"的话，我们就可以拿起链锯了。但如果枫树是"她"的话，我们就会三思了。

另一个学生反驳了安迪的观点："但我们不能说他或她。这是一种拟人论。"他们都是受过良好教育的生物学家，在他们所受的教育中，绝对不能把人类的特征加于某个研究对象、某个其他的物种，毫不含糊。这是导致客观性丧失的大忌。一位叫卡拉的学生指出："这对于动物也是不尊敬的。我们不能把自己的认知投射到它们身上。它们有自己的方式——它们不是穿着毛绒服装的人类。"安迪说："我们不能把它们当做人类，并不意味着它们不是生灵。如果我们假设自己才是唯一算作'人'的物种，不是更加不敬吗？"英语的傲慢就在于，唯一一种能让生物拥有灵魂、让生物值得尊重和道德关怀的方式，是让它们成为人类。

我认识的一位语言教师解释道，语法不过是语言中我们制定关系的方式。也许它还反映了我们与彼此的关系。也许一种有生命的语法能够引领我们走上一条全新的道路，让我们生活在这样一个世界里：其他物种也是拥有主权的人民，全世界实行物种间的民主，而不是某一个物种的暴政；应对一切存在都负有道德责任，不论是水还是水豚，而且还有一套承认其他物种立场的法律体系。这一切的根源都在代词之中。

安迪说得对。学习有生命的语法很可能有助于遏制我们对土地毫无头脑的开发。不过它的意义不止于此。我仿佛听到我们族中的长老在给出这样的建议："你应该到站立的那一族中间去"或"去跟河狸部族待一会儿吧"。他们提醒了我们其他生灵所拥有的能力，他们是我们的老师，是知识的拥有者，是向导。想象一下，我们穿行在一个熙熙攘攘的世界中，到处都居住着不同的民族：白桦族，熊族，岩石族……我们把这些生灵看成人类，也用谈论人类的方式去谈论他们，他们值得我们的尊重，值得被我们纳入人的世界。我们美国人连我们这个物种所讲的外语都不愿意学，遑论其他物种的语言。不过，请想象一下这种可能性，想象一下我们拥有不同的视角，想象一下我们能够以其他生灵的眼光来看待事物，想象一下围绕着我们的智慧。我们不需要亲自去解决一切：在我们自身之外也有智慧，我们身边都是良师。想象一下，这样一来，世界将减少多少孤单啊！

我学到的每个单词都伴随着对我们部落的长老的感激，是他们让这门语言活了下去，并把它的诗意传递了下去。我依然竭尽全力和动词奋战着，几乎无法张口说，而且我依然只能掌握幼儿园程度的词汇。但是，清晨在草丛边散步的时候，我能用真正的名字来向我的邻居们打招呼了，这让我欣喜。当乌鸦在矮树篱上冲我哇哇大叫的时候，我能够回复一句："Mno gizhget andushukwe！"（早上好啊，乌鸦！）我能一边用手梳理着柔软的青草，一边低语"Bozho mishkos"（你好，小草）。这些都是小事，但我非常开心。

我并不是在鼓吹我们大家只要有能力就都应该去学波塔瓦托米语、霍皮语或塞米诺尔语。来到这些海岸的移民都带着自己的语言，每一种语言都是值得珍视的遗产。不过，如果要成为一个地方的原住民，要在这里生存下去，而且让邻居也能生存下去的话，我们的任务就是学习有生命的语法了，这样我们才能真的安家。

我还记得夏延族长老比尔·高牛（Bill Tall Bull）说的话。

作为一个年轻人，我当时是怀着沉重的心情跟他讲话的，我悲叹自己已经失去了本族的语言，无法再与我深爱的植物和地方谈话了。他说:“他们喜欢听人说老话，这是真的。”“但是，”他又说道，同时用手指着自己的嘴唇，“你不必用这里去说，”然后拍了拍自己的胸膛，“如果你用这里去说的话，他们是会听见的。”

照料茅香

野外草地上的茅香在人的照料下会长得纤长而芬芳。清理并照顾整块栖息地和附近的植物，能促进它们的生长。

枫糖月

当阿尼什纳比的原初人，我们的老师，部分是人、部分是玛尼多[*]的纳纳博卓（Nanabozho）穿行于世界的时候，他留心观察了有谁获得了繁荣，有谁没有，有谁谨记初始的指导，有谁没有。当他来到村子里，发现园子无人照料、渔网无人修补、没有人教导孩子们生活之道的时候，他感到非常失望。他没有看到火堆，也没有看到储藏起来的玉米，却看到了人们躺在枫树[**]下，张着大嘴去接树上慷慨滴落下来的黏稠又甘甜的糖浆。他们变懒了，心安理得地索取造物主的礼物。他们不再举行仪式，也不再照料彼此。纳纳博卓知道自己的责任所在，于是他来到河边，汲了一桶桶的水，然后把水直接倒进了枫树里边，把糖浆冲稀了。今天，枫树里流出的树汁就像水一样，只有淡淡的一点点甜味，提醒着人们机会和责任是并存的。也正因为

* 原文为 manido，意思是灵与原初的生命力量。——译注

** 本章中枫树特指糖槭（sugar maple）。结合上下文语境，翻译时使用“糖枫”或“枫树”指代这种植物。后文“枫之国”一章的译名处理方式亦出自相同考虑。——译注

此，每四十加仑枫树汁才能制造出一加仑枫糖浆。*

叮！三月的午后，冬末的太阳开始渐渐恢复元气，并且每天向北移动一度左右，这个时候，树汁的流动就会变得强劲。叮！我们在纽约州法比乌斯的旧农舍院子里就很幸运地拥有七棵枫树，很大的枫树，大约两百年前就种在这里给房子遮阴了。最大的一棵枫树直径跟我们家的野餐桌长度差不多。

我们一开始搬到这里的时候，我的女儿们酷爱在旧马棚上边的阁楼里探索，这个空间里满是两个世纪以来各家住户留下的各种杂物。有一天，我发现她们在树下用金属的三角小帐篷搭起了一整个村子。“他们要野营啦！”她们说的是帐篷里探头探脑的娃娃和毛绒动物们。阁楼上堆满了这样的“帐篷”，它们以前是用来遮盖树汁桶的，以便在制糖的季节挡住雨雪。孩子们知道了这些小帐篷的用途之后，当然就想自己来制作枫糖浆了。我们擦除桶里的老鼠粪，并为下一个春天做好了准备。

在那个冬天，也就是我来到这里的第一个冬天，我了解了制作枫糖的整个流程。我们有桶也有盖子，但还缺插管，也就是用来插到树里让树汁流出来的那个“壶嘴”。不过，我们住在“枫之国”**，附近还有一家五金店，制作枫糖的所有工具在那里都找得到。各种物件应有尽有：枫叶形状的模子、各种型号的蒸发器、几

---

* 改编自口头文学以及里曾塔勒 1983 年的著作。

** 原文为 Maple Nation，参见“枫之国：公民指南”一章。——编注

英里长的管子、液体比重计、壶、过滤器还有罐子——没有一样是我买得起的。不过，在后边还收着一些老式的插管，这些插管基本上是没人要的。我以每个插管 75 美分的价格买了整整一盒。

这么多年来，制糖业早已发生了改变。那些把小桶倒空、把装满了树汁的大圆桶用雪橇运出满是积雪的丛林的日子已经一去不复返了。在很多制糖工厂里，塑料的长管会从枫树体内直通糖厂。不过，至今仍有一些制糖原教旨主义者，他们非常珍视树汁流到金属桶中发出的叮叮当当的声音，而这，就需要插管了。插管的一端是管子的形状，就像一根吸管插进在树干上钻的洞，而另一端的开口则连着四英寸 * 长的槽。在它的底部有一个称手的钩子，可以用来挂桶。我买了一个干净的大垃圾箱来储存树汁，于是一切都就绪了。我觉得我们应该用不着这么大的容量，不过有所准备总是好的。

在这种冬天会持续六个月的气候里，我们总会殷勤地寻找春天的信号，而在我们决定了要制作枫糖浆之后，我们的热切期待更是前所未有。孩子们每天都会问："我们可以开始了吗？" 但是，我们何时开始完全取决于季节。要想让树汁开始流动，白天必须要温暖，而晚上要能结冰才行。当然，这里的"温暖"是个相对的词，也就是在 35 到 42 度之间 **，这样，阳光才能给树皮解冻，让里边的树汁开始流动。我们看着日历和温度计，我的小女儿拉金（Larkin）问道："树看不到温度计，又是怎么知道时间到了的呢？"

---

* 英制单位换算见"注释"部分。——编注

** 这里的温度单位是华氏度，换算成摄氏度大概是 1 度到 5 度之间。——译注

真的，这样一种没有眼睛、没有鼻子、没有任何神经的生物是怎么知道自己该做什么、要在什么时候去做的呢？它们连能够感知太阳的叶子都还没有长出来，除了芽之外，它们身体的每个部分都包裹在又厚又没有知觉的树皮之中。然而，树却不会被隆冬时节偶尔的解冻所欺骗。

实际上，枫树用来探测春天的系统比我们的感官要复杂得多。在每一个芽中都有数以百计的感光器，这些感光器里充满了能够吸收光的色素，叫做光敏色素。它们的工作就是每天对光线进行测量。每个紧紧包裹在红棕色的壳中的芽都是一条萌芽状态的枫树枝，而每个芽都无比盼望着将来能长成绿意繁茂的枝条，叶子在风中瑟瑟作响，吸收太阳的光线。不过，如果芽萌发得太早，它就会被冻死；萌发得太晚，又会错过春天。因此，芽是要守着日历行事的。但同时，这些嫩芽也需要能量来成长为树枝——就像所有新生儿一样，它们饥肠辘辘。

缺乏复杂感受器的我们就只能去寻找别的信号了。当围绕在树干底部的积雪上出现空洞的时候，我开始觉得时间到了。深色的树皮吸收了太阳不断增强的热力，然后把它辐射出去，慢慢融化了一整个冬天都守在那里的积雪。当赤裸的土地在这一个个圆圈中露出来之时，也就是第一滴树汁从树冠中折断的枝条里扑通一下掉在你的头上的时候了。

于是，我们手拿着钻头，围在树旁，找出了那个恰到好处的位置：离地三英尺高，表面光滑。看哪！那里还有早就愈合了的伤疤，是前人接树汁时留下的，而那正是在我们的阁楼中留下空桶的人。

我们不知道他们的名字、他们的面容，但我们的手指就停留在他们曾经摸过的地方，我们知道在很久以前的那个四月的早晨他们要做的是什么事。我们还知道他们在薄煎饼上浇的是什么。我们的故事被这汩汩流淌的树汁连接在了一起；我们的树认得他们，就像如今认识我们一样。

我们刚把插管钉进去，树汁就滴滴答答地流了下来。最初的几滴啪嗒啪嗒地溅在了桶底。孩子们把帐篷形状的盖子盖了上去，这样一来，回声就更大了。直径这么粗的树可以经得住六个插管而不会受到什么损伤，不过我们没有那么贪心，就只放了三个。等到我们把这些都弄好的时候，第一只桶中的歌声已经变了调，变成了落在半英寸深的液体中的叮当声。叮，叮，当——随着每一滴树汁的掉落，锡桶和帐篷形的盖子都会发出回响，整个院子都在歌唱。这就是春天的音乐，就像北美红雀那持续不断的啼啭声一样。

孩子们看得入迷了。每一滴树汁都像水一样清澈透明，只是稍微黏稠一点，它们映着阳光，在插管的底端停留片刻，越积越多，非常诱人。孩子们伸出舌头啧啧地舔着糖汁，表情无比幸福，而我却突然流出了眼泪。这一幕让我想起了我独自一人喂养她们的场景。如今，她们用年轻结实的双腿站在地上，得到了糖枫的哺育——这是她们最接近于吮吸大地母亲乳汁的一刻了。

一整天下来，几只桶都在慢慢地被填满，到了晚上，树汁快要溢出来了。孩子们和我把这二十一桶树汁拖到了大垃圾箱的旁边，并把它们倒了进去，于是大垃圾箱也几乎满了。我完全没料到会有这么多。孩子们把桶挂了回去，而我生起了火。我们用来蒸发树汁的只有我的一把铁壶，它摆在炉子支架上，而这个支架还是我从仓库里踅摸来的呢，上面满是一块块的煤灰。给一壶树汁加热需要的时间很长，孩子们很快就失去了兴趣。我在房子里进进出出，照看着两边的火。当我在夜里把孩子们塞进被窝的时候，她们都在满心期待着明天早上能有枫糖浆品尝。

我在篝火边踩实了的雪地上支起了一张草坪躺椅，并持续不断地往火堆里投着燃料，好让壶里的树汁在这个滴水成冰的夜里依然能保持沸腾。蒸汽从壶里涌出，干燥而寒冷的夜空中，月亮在白雾中时隐时现。

我尝了尝煮得越来越黏稠的树汁，每过一个小时，它就会明显变得更甜一些。但是，这个四加仑的铁壶的产出顶多能用来润润锅底，浇一个煎薄饼都还嫌少。所以等它快要熬干的时候，我又从大垃圾箱里取来了一些新鲜树汁加到壶里，希望明天早上能做出一杯糖浆。我加了些木头，然后把自己裹进毯子里打起盹来，需要接着加木柴或树汁时再起身。

我不知道自己是什么时候醒的，只知道睁开眼睛时我在躺椅上冻得又冷又僵，篝火燃成了灰烬，树汁已经半温半凉了。我带着挫败感回屋到床上睡去了。

第二天早上，我回来一看，发现大垃圾箱里的树汁已经冻得硬邦邦的了。我在重新生火的时候，突然想起了曾经听说过的我们的祖先制作枫糖的方法。结在表面的冰是纯水，于是，我把它敲碎，然后像扔碎玻璃一样扔到了地上。

早在拥有专门的烧水壶之前，“枫之国”的人们就在制作枫糖了。他们用桦皮桶来收集树汁，然后将其倒进用椴树树干挖成的木槽。这些木槽的表面积很大，深度却很浅，对于冰的形成来说再理想不过了。每天早上，人们都会把结的冰扔掉，留下越来越浓缩的糖溶液，然后再煮沸这些浓缩的溶液，就可以制得糖了，所耗费的燃料要少得多。滴水成冰的寒夜所干的活儿顶得上很多捆木柴，这也提醒着我们万物间优雅的联系：一年之中，只有在这个方法行得通的时候，糖枫树汁才会流动。

日夜燃烧的炭火上放着扁平的石头，石头上放着木制的蒸发皿。在原先，人们会全家出动，搬到“枫糖营地”中去，那里有去年存放的木柴和工具。老祖母和最小的孩子会坐在长雪橇上，穿过越来越软的积雪，被一路拉过去，这样每个人就都能参与这个过程了——制糖需要每个人的头脑和每一双手。最花时间的是搅拌，这也是讲故事的好机会，因为这时分散在冬季营地中的人都聚到了一起。不过有时这个过程也会被激烈的活动打断：当枫糖浆刚好达到合适的黏稠度的时候，就该把它打成合适的样子了，这样它才能以你想要的方式凝结——变成软糕、硬糖或颗粒状的砂糖。妇女会把它收藏在桦树皮制成的、名叫“马卡克斯”（makaks）的盒子里，再用云杉根把盒子紧紧封起来。桦树皮具有天然的杀灭真菌的能力，在它的保护之下，枫糖能够保存好几年。

传说，人类是从松鼠那里学会制作枫糖的。冬末是挨饿的时光，这时藏起来的坚果已经消耗殆尽了，松鼠会跑到糖枫的树顶上啃咬树枝。树皮咬破了，树汁就会从细枝中流出来，松鼠就可以喝了。不过，真正的好东西要到第二天早上才会出现，松鼠会沿着原路回到自己昨天去过的树顶，并舔舐这一夜之间在树皮上形成的枫糖的结晶。寒冷的温度让树汁中的水分升华，只留下像冰糖一样甜甜的结晶硬壳，这就足以让松鼠们度过一年中最为饥饿难熬的日子了。

我的族人把这段时光叫做“Zizibaskwet Giizis”，也就是“枫糖月”，之前的月份叫做“雪壳月”。勉强维持生计的人们也会把它叫做“饥饿月”，这个时候储藏的食物已经快见底了，而猎物稀少。但是糖枫却帮人们渡过了难关，在最需要的时候为人们提供了食物。他们必须信赖大地母亲，在这样的隆冬依然会想办法让他们有东西可吃。不过，母亲就是这样的啊。作为回报，每当树汁开始流动的时候，人们就会举行感恩的仪式。

每年糖枫都会贯彻属于它们的那部分初始的指导，那就是去照顾人们。其实，它们也是在照料自己的生存。那些感受到季节变化的端倪的芽是非常饥饿的。对于这些只有一毫米长的嫩芽来说，要长成丰满的枝叶需要大量的食物。所以，当芽感到春天来临的时候，它们就会发出一种激素信号，这种信号会沿着树干一路向下到达根部，这是一道起床铃，是从光的世界发给地下世界的电报。这些激素会促使淀粉酶开始生成，而后者负责把储藏在根中的大分子的淀粉分解成小分子的糖分。而当根中的糖分浓度开始上升之后，渗透梯度也就随之产生，使得植物开始吸收土壤中的水。于是，糖分就溶解在这从春天的潮湿泥土中汲取来的水里，形成了树汁。树汁会一路往上，去喂饱那些嫩芽。要喂饱嫩芽和人们需要很多糖分，所以，糖枫会用它的边材，也就是木质部，来充当运输通道。一般而言，糖分的运送只限于树皮下薄薄的一层韧皮部。

但是在春天，在长出叶子来制造自己的糖分之前，因为需求太过巨大，所以连木质部也被动员起来了。一年之中的其他时候，糖分都不会以这种方式运动，只有它被额外需要的时候才会如此。在春天的几个星期中，糖分从下向上流动，当芽苞绽放、新叶出现的时候，叶子就可以自己制造糖分了，木质部也就恢复原职，又变成运水的导管了。

成熟的叶片制造的糖分要多于它们自己消耗的份额，这时，糖分就开始以相反的方向流动，也就是通过韧皮部从叶片流向根部。这样一来，当初哺育过芽苞的根就会在整个夏天接受树叶的反哺。糖分再次被转化成淀粉的形式，储藏在原先的“地窖”中。我们冬天倒在薄煎饼上的糖浆其实是夏天的阳光，它化作金色的溪流，倾泻在我们的盘中。

我夜复一夜地守在火边，煮着我们的一小壶树汁。而叮叮当当滴落的树汁则会日复一日地把桶填满，孩子们放学之后就会和我一起把它们倒进收集罐中。糖枫送出树汁的速度要比我煮沸它的速度快得多，所以我们又买了一个大垃圾箱来装剩余的树汁。之后是更多的垃圾箱。最后，为了避免糖分的浪费，我们把插管从树身上拔掉了，不让树汁继续流了。而我最终得到的，其一是我因为在三月的夜里睡在车道边上的躺椅中而染上的严重支气管炎，其二就是三夸脱因为带着少许木屑而稍微有点发灰的糖浆。

我的女儿们直到现在回忆起我们的“枫糖大冒险”时，都会翻着白眼叹气：“那可太费事了。”她们还记得把树枝拖来当木柴时的滋味，还有搬那些笨重的桶时树汁溅到衣服上的麻烦。她们开玩笑地说，我把她们和土地的联系建立在如此繁重的劳动上，真是个倒霉老妈。她们对制糖者的工作如此缺乏热情，不过，她们仍旧记得直接从树里吮吸汁液的奇妙感受。树汁，不是糖浆。纳纳博卓早已确认过，这种工作注定不会太简单。他的教诲让我们铭记，世间真相的一半是大地会把伟大的礼物送给我们，而另一半是这礼物并不是全部。需要承担责任的不仅仅是糖枫，另一半的责任属于我们；我们参与了它的转化。正是我们的工作，我们的感恩，令甜美得到了蒸馏。

我整晚整晚地坐在火旁，孩子们在床上安稳入眠，火堆毕毕剥剥的声音和树汁咕嘟咕嘟的声音就像是催眠曲。我的精力都集中在火堆上，没有注意到天空已经被染成了银色，那轮枫糖月已经从东边升起了。在这样清澈的寒天上，它如此明亮，把枫树的影子投到了房上——孩子们的卧室窗边绣上了粗黑的花纹，那是两棵孪生的枫树的暗影。这两棵树的树围和形状都是完美的双生子，它们就这样并肩站在房前正中的位置，靠近路边，高大的影子框着前门，就像枫树门廊的黑色立柱一样。它们一同矗立，在房檐下边的地方一根树枝也没有，而在屋顶上，树冠却伸展开来，像一把巨伞。它们与这栋房子一起生长，并随着房屋的庇护而成形。

在 19 世纪中叶有一种习俗，就是在庆祝新婚夫妇成家的时候种下两棵孪生的树木。这两棵糖枫站立的位置相距只有 10 英尺，让人回想起当初也曾有一对夫妇并肩携手站在门前的台阶上。这两棵树的树荫把前门的门廊和路对面的仓库都囊括怀中，让一个新的家庭前前后后都笼罩在它们的阴凉下。

我意识到这些最初的房屋主人并没有受益于这片树荫，至少不是以年轻夫妇的身份。树荫一定是留给后来人的。在树荫像拱廊顶一样罩在路上之前，他们两人想必就已经安息在了墓园路的尽头。今天我生活在他们想象中的未来的树荫底下，啜饮着他们伴随着婚礼的誓言种下的树的汁液。他们肯定无法想象到我，我是那么多代以后的人，但是，我却生活在他们的心意所留下来的礼物中。他们能想象到吗？在我的女儿林登（Linden）结婚的时候，她选择了枫糖做的树叶形糖果作为送给婚礼宾客的伴手礼。

作为一个得以来到这里，在这两棵孪生枫树的荫蔽下生活的陌生人，我对于这些人和这两棵树是负有责任的，这让我与他们产生了肉体、情感和精神上的牵绊。我没有办法回报他们。他们送给我的礼物太贵重，远远超出了我回报的能力。这两棵树如此高大挺拔，几乎不需要我的照料，虽然我也会在它们脚下撒些颗粒状的肥料，也会在夏天干旱的时候用水管为它们浇浇水。也许我能做的一切就是爱它们吧。我唯一知道自己能做的就是留下另一份礼物，既是送给它们的，也是送给未来的——也就是今后将要住在这里的下一位陌生人。我曾经听说，毛利人会制作非常美丽的木雕，然后长途跋涉把它们带到森林里送给树当礼物。于是，我种下了黄水仙，熙熙攘攘，好几百株，在枫树下闪着阳光一样的光彩，以此向枫树的美致敬，并聊以回报它们的赠礼。

此时，在树汁从根中向上流去的同时，黄水仙也在脚下向上生长着。

巫婆榛

本章以我女儿的视角叙述。

十一月不是开花的时候，那时的白昼很短，而且寒冷。厚重的乌云让我心情压抑，冻雨就像喃喃低语的诅咒一样把我锁在屋内——我可不想再冒险出门了。当太阳在那个罕见的金黄色的日子里从云中钻出来的时候，我就必须得走了，也许这是下雪前最后一次出太阳了。每年这个时间，林子里一片寂静，没有树叶，也没有鸟鸣，于是，蜜蜂的嗡嗡声显得异常响亮。我感到十分好奇，便跟了上去——在十一月里吸引她出门的究竟是什么呢？她径直向光秃秃的枝条飞去，我仔细一看，那上边竟然缀满了黄色的花朵——是巫婆榛*。这些花是些看上去破破烂烂的玩意儿：五条长长的花瓣挂在树枝上，每一条都像是褪了色的废布条，这些撕烂了的破带子在微风中摇曳。但是，欢迎它们的到来啊，接下来几个月里我们

---

* 其中文正式名是金缕梅，从上下文联系和文字美感考虑，这里直译了英文名 witch hazel。——译注

眼前只有灰色，而它们却带来了一点色彩。这是入冬之前的最后一次欢呼，让我想起了很久以前的一个十一月。

在她走了之后，房子就空了。她贴在高高窗户上的圣诞老人装饰品在夏季强烈的光照下褪色了，桌上的塑料一品红覆盖在了蛛网之下。你可以闻见，老鼠洗劫了食品储藏柜，而圣诞火腿在断电之后在冰箱里化为了一堆霉菌。在门厅外，鹪鹩又在午餐盒里筑了巢，等待着她的归来。耷拉着的晾衣绳上还夹着一件灰色的开襟毛衣，而在晾衣绳底下，紫菀花开得正茂盛。

第一次见到黑泽尔·巴内特（Hazel Barnett，hazel 的意思是“榛”）的时候，我正在和妈妈一起漫步在肯塔基的原野上，寻找着野黑莓。我们正专心致志于采摘，突然，我听到篱笆那边传来了音调高亢的叫声：“你好哇！你好哇！”在篱笆那里站着一个我有生以来见过的最老的女人。我有点害怕，在我们走过去跟她打招呼的时候，我抓住了妈妈的手。她倚靠在篱笆上，身边是粉红色和酒红色的蜀葵花丛。她铁灰色的头发在脖子上方梳成发髻，一缕缕白色的碎发飘着，像太阳的光束一样环绕着她没牙的脸。

“我可喜欢看你们家晚上的灯光呢，”她说，“真有邻居的感觉。我看见你们都出来散步啦，就来打声招呼。”妈妈做了自我介绍，告诉她我们是几个月前搬来的。“这个小开心果是谁呀？”她一边问，一边从带刺的铁丝网上方探过身来，捏了捏我的脸颊。篱笆压在她的家居服那松松垮垮的前襟上，上面印着粉色和紫色的蜀葵一样的花朵，只是因为洗了太多次而褪色了。她在屋外的园子里还穿着卧室拖鞋，我妈妈是从来不允许我这么做的。她把苍老而皱皱巴巴的手放在篱笆上，手背上青筋浮起，手指弯弯曲曲的，左手无名指上还松松垮垮戴着像篱笆上的铁丝一样细的金戒指。我从来没听说过有人居然会以“榛”为名，不过我听说过“巫婆榛”的故事，于是相当确定这个老太太一定就是巫婆本人。我把妈妈的手抓得更紧了。

我觉得，以她和植物一起出现的样子，说不定真的有人曾经管她叫“巫婆”。而这样一种植物，在如此不应季的时候开花，然后把种子——像夜色一样黑的闪闪发亮的黑珍珠——抛撒在 20 英尺外的寂静的秋日树丛中，并发出像小精灵在打橄榄球一样的声音，也是有些特异之处的。

母亲和她不可思议地成了朋友，她们互相交换食谱和园艺窍门。母亲在白天的时候是城里的大学教授，坐在显微镜前，撰写学术论文。到了晚上，春天的暮光会照亮她在花园中的赤脚，她正忙着种豆子，并帮我把被铲子铲断的蚯蚓装到罐子中去。我在鸢尾花下建了个“蚯蚓医院”，我觉得我可以在那里把他们治好。妈妈也鼓励我这样做，她总是说：“爱可以治愈一切伤痛。”

在很多个晚上，我们都会在彻底天黑之前穿过草场，来到篱笆那里与巫婆奶奶（以下称她为“阿榛”）见一面。“我真爱看你们窗户里的亮光，”她说，“再也没有什么能比得上一个好邻居啦。”我在一边听着，而她们就在聊如何把炉灰放在番茄的根部以防治夜蛾，或是妈妈吹嘘我认字的速度有多快。阿榛说道：“老天爷！她学得多快啊！是不是呀，我的小蜜蜂？”有的时候她会在衣兜里装上一点胡椒薄荷送给我，包着这些胡椒薄荷的是赛璐玢纸，又旧又软。

拜访渐渐从篱笆那里过渡到了前厅。我们烤曲奇的时候，就会在她门前的台阶上放上一盘曲奇饼，再加上一点柠檬汁。我一点也不喜欢走进她的房子，里面的旧破烂、垃圾袋还有烟味混杂在一起，让人透不过气。现在我知道了，这就是贫穷的味道。阿榛和她的儿子山姆（Sam）、女儿詹妮（Janie）一起住在一个狭小的盒子房里。用阿榛的话说，詹妮很“单纯”（simple），因为她是阿榛年岁大的时候才出生的，是家中最小的孩子。她很善良，很有爱心，总喜欢用她柔软的胳膊深深地搂住我和我的妹妹。

山姆残疾了，他不能去工作，不过可以拿到退伍军人的抚恤金和煤矿公司的养老金，这便是他们全家赖以糊口的全部收入来源。发下来的赔偿也只够糊口而已。他身体状态好的时候会去钓鱼，他会给我们带来河里钓上来的大鲇鱼。他会像疯了似的咳嗽，但他有一双闪闪发光的蓝眼睛，还有一整个世界的故事，因为他曾在海外打过仗。有一天他还给我们带来了满满一桶黑莓，是他沿着铁路摘的。我妈妈本来不想要这一大桶果子的，因为这份礼物太慷慨了。“怎么啦？可别再说那些客套话啦，”阿榛说，“这也不是我的果子。是老天爷创造了这些好东西让咱们分享呀。”

母亲特别喜欢干活。对她来说，砌石头墙或是清洗毛刷都是很享受的事。有的时候，阿榛会来到我们家，坐在橡树下的草坪躺椅上，而同时，妈妈则忙着堆石头或劈柴。她们就会唠唠家常，阿榛说起漂亮的柴堆是多么让她欢喜，特别是当初她为了多挣点钱而去做些洗刷的活儿的时候，她需要好大一堆柴火来加热洗涤槽。她也曾经在河下游的一个地方当过厨子。她还会一边摇头，一边回忆自己一次能搬多少个大托盘。妈妈则会聊聊自己的学生时代或是曾经做过的旅行，而阿榛对坐飞机上天这件事本身就觉得很惊奇了。

阿榛还会说起，有一次她在暴风雪天被叫去给人接生的事，还有当初人们是怎样来到她家门口讨要治病的草药的。她说曾经有一次，另一位教授女士带着录音机来拜访她，跟她说话，让她讲讲自己所知的各种老办法，还要把她写进书里。但是这位教授再也没有回来过，阿榛也从没见过那本书。我心不在焉地听着她谈论在大树底下采集碧根果，还有把午餐罐带给她在河边的酿酒厂制作大桶的父亲的事，不过，母亲却被阿榛的故事迷住了。

我知道母亲对科学家这个身份很是喜欢，但她经常说，她晚生了好多年。她坚信自己真正的天职是当一名19世纪的农妇。在把番茄塞进罐子里，炖熟桃子，或是用拳头往下打面团做面包的时候，她会唱起歌来，而且她还坚持让我也学学怎么干这些活儿。当我回想起她和阿榛的友情时，我猜测她们对彼此深深的敬意的根源正在于此：她们俩都是把双脚扎在地里的妇女，而且自豪于有一副能帮别人扛起重担的肩膀。

我所听到的她们的大部分谈话都是成年人之间声音低沉的唠唠叨叨，但是有一次，正当母亲抱着一大捆木头从院子里穿过的时候，我看见阿榛把头埋在手掌里哭了起来。她说："我当年在家的时候啊，也能抱起这么一大捆啊！为什么啊，我当初能一手拎起一蒲式耳的桃子*，另一只手抱个娃娃，一点都不费劲。但这些都过去了，随风飘远了。”

阿榛是在肯塔基州的杰萨曼县（Jessamine County）出生和长大的，沿着路一直开就到了。不过，在她嘴里，那却好像有好几百英里那么远。她不会开车，詹妮和山姆也不会，所以对她来说，她的老房子就好像在大分水岭的另一头一样遥不可及了。

当初，是因为山姆在平安夜心脏病发作，她才搬到这里和他一起住的。她喜欢圣诞节——大家都会来，还要做一顿大餐——可是，她把圣诞节的一切都抛在了身后，锁上门，来和她儿子一起住并照料他。从那时起，她就再也没有回过家了，但你能看出来她的心在为那个地方而难过。每当她提起那里的时候，眼睛就会凝望着远方。

母亲明白这种对家的渴望。她曾是个北方女孩，生在阿迪朗达克山的谷地。为了念书和搞研究，她曾在很多地方住过，不过她总想着有一天能够回家去。我还记得，有一年秋天，她因为怀念那红枫叶炽燃的色彩而哭泣。她是被一份好工作和我父亲的事业的力量强行“移植”到肯塔基的，但我知道，她怀念她自己的家人和家乡的林子。她所尝到的背井离乡的滋味并不亚于阿榛。

随着阿榛的岁数越来越大，她越来越悲哀，也越来越多地谈起往事，那些她再也看不见的东西：她的丈夫罗利（Rowley）是多

* 蒲式耳是体积单位，1 蒲式耳约合 35.24 升。1 蒲式耳桃子的重量大概是 22.5 千克。——译注

么高大英俊，她的花园是多么漂亮。有一次母亲说可以带她回去看看老地方，她却摇了摇头。“你真是太好了，可我实在是没办法那样做。不管怎么说，那些都随风飘远啦，”她说，“都没了。”但在一个秋天的午后，当阳光洒下长长的金色，她打来了电话。

“亲爱的，我知道现在你手里都是活，心里都是事，但要是什么时候你合适了，能开车把我送回老家去的话，那可就太感谢你了。我真希望在雪花飞舞之前再看看那里的房顶啊。”妈妈和我载上了她，沿着尼古拉斯维尔路往河边开去。现在那条路都是四车道的了，还有横亘在肯塔基河上的大桥，桥架得可高了，你都感觉不到浑浊的河水就在下边流动。那座老旧的蒸馏酿酒厂如今已经空了，被木板封起来了，而我们就在那里下了公路，开上了一条往河流的反方向弯折过去的小土路。车子一转过弯，阿榛就在后座上哭了起来。

“哦！我的老路呀！”阿榛哭着说，而我轻轻地拍着她的手。我知道应该怎么做，在母亲带着我经过她当初长大的那栋房子的时候，她就是这个样子哭泣的。阿榛给妈妈指路，让她穿过几栋摇摇欲坠的小房子，几辆有炉子的拖车，还有几处谷仓的残迹。我们最终在茂密的黑洋槐树下一处绿草如茵的低洼地跟前停了车。“就是这儿啦，”她说，“我的家，甜蜜的家。”她以这样的语调说话，就好像那栋房子是从书里出来的一样。我们面前是一座老校舍，四周墙上都是长长的教堂窗户，房子正面还有两道门，一道是男孩走的，一道是女孩走的。它整体而言是银灰色的，只是在隔板那里混着几道白漆。

阿榛迫不及待地想要下车，而我则忙着找她的助行器，免得她在高高的草中跌倒。她一边指着冷藏间、老鸡舍都在什么地方，一边带着妈妈和我来到侧门边上，一路走上了门廊。她在自己的大钱包里摸索着钥匙，但手却抖个不停，最后只好请求我来把门开开。我打开了破破烂烂的旧铁纱门，钥匙很容易地插进了挂锁的锁眼。我帮阿榛拉着门，她步履蹒跚地走了进去，然后就停住了。她就停在那里，四处张望。那里静得像教堂一样。屋里的空气很冷，它从我的脸上掠过，消散在外边温暖的十一月的午后空气中。我想继续往里走，但母亲放在我胳膊上的手拦住了我。她脸上的神情仿佛在说："就让她待着吧。"

我们面前的房间就像是一本关于旧时代的画册一样。沿着后墙有一座巨大的柴火炉，上边悬挂着一排铸铁煎锅。洗碗布整齐地挂在干了的水池上方的挂钩上，曾经洁白的窗帘给外边小树林的景色加上了镶边。因为是旧校舍，所以天花板很高，还装饰着蓝色和银色的金属箔做的花环，它们在窗外吹进来的微风中轻轻摇曳，闪闪发光。圣诞贺卡环绕着用泛黄的胶带固定住的门框。整个厨房都是圣诞节的打扮，桌上铺着印有节日花纹的油布，缠着蜘蛛网的塑料一品红插在果酱罐子里，作为餐桌中央的摆花。整张餐桌预备了六个人的位子，盘子上还有留下来的食物呢，椅子摆放的样子正是当时医院传来消息、大餐被迫中止时的样子。

"瞧瞧这场面！"阿榛说，"可得收拾收拾！"她一下子忙了起来，就好像她只是刚吃完晚饭出去走了走，回来看到房子不太符合她这位主妇的标准似的。她把助行器放到一边，开始把盘子从长长的餐桌边收起，搬到水池那里去。母亲想让她悠着点，就问她能不能带我们在这里多逛逛，还说我们可以下次再来清理。阿榛带着我们走进客厅，那里有一棵圣诞树的“骨架”耸立在地上散落的一大堆松针之中。装饰品像孤儿一样伶仃地挂在光秃秃的枝条上。有一个小红鼓，还有几只银色的塑料小鸟，它们身上的颜料已经磨掉了，曾经有尾巴的地方光秃秃的。这曾经是个舒服的房间：有摇椅，也有沙发，还有一张小小的细长腿的桌子和几盏瓦斯灯。一个老橡木餐边柜上边放着一个细瓷罐，还有一个玫瑰图案的盆。一条带着粉色和蓝色手工十字绣图案的桌旗横搭在餐边柜上。“我的老天爷！”她一边说，一边用她家居服的衣角抹着那厚厚的一层灰土，“我可得好好给这儿除除尘啦。”

当她和妈妈一起看餐边柜里漂亮的碟子的时候，我决定溜走去各处“探险”。我推开一扇门，里边有一张没来得及整理的大床，上面堆满了掀开的毯子。在它旁边是看上去很像儿童坐便椅的一个东西，只不过是成人型号的。那里的味道不是很好，我赶紧退了出来，不想让大人抓到我在乱逛。另一扇门通向的卧室里有一条漂亮的拼布被子，梳妆台上方挂着一面镜子，镜子周围装饰着更多的金属箔片做的花环，梳妆台上还放着一盏防风灯，这里的一切都被煤烟糊住了。

我们又到外边的林中空地上转了一圈，阿榛一边靠在母亲的胳膊上，一边给我们指哪棵树是她当年种的，还让我们看她当年整理的花圃，只是现在里边的植物早就长疯了。在房子后边，橡树底下，有一大团光秃秃的灰色枝条，上边就像涌出泡沫一般地开满了细长的黄色花朵。“快看这里，这是我的老药草在跟我打招呼呢。”她一边说，一边伸出手来够那条树枝，好像要跟它握手一样，“我自己种了好些这样的老巫婆榛，人们都上我这儿来要，我家种的可不寻常呢。我在秋天把树皮煮出来，然后整个冬天，哪酸了，哪疼了，哪烫着了，哪起疹子了，都可以用它擦一擦——人人都想要。就没有巫婆榛治不了的伤。”

她还说：“巫婆榛哪，不只对你的外边有用，对你里边也有用。大地庇佑，十一月还有花。善良的造物主把巫婆榛送给我们，是要让我们记住，总还是有好东西的，哪怕似乎已经没有了。它能让你沉重的心轻快起来，这就是它干的事了。”

在这第一次造访之后，阿榛经常会在星期天下午过来问我们说：“你们要去兜兜风吗？”母亲觉得我们这两个小孩也要一起去，这件事很重要。这就像她坚持要我们学习怎么烤面包、怎么种豆子一样——这些事在当时显得无足轻重，但是现在我知道不是那样的。我们会在老房子后边捡碧根果，对着屋外的厕所皱起鼻子，或是在谷仓里寻找宝藏，而妈妈和阿榛会坐在门廊里聊天。门边上的一根钉子上挂着一个金属制的黑色旧午餐盒，它敞着盖，内部垫了一层好像货架垫一样的东西。餐盒里边还有一个鸟巢留下来的痕迹。阿榛曾经带过来一个小塑料袋，里边装着饼干碎屑，她把这些东西撒在门廊的扶手上。

“这只鹪鹩姑娘在罗利走了之后每年都会来这儿安家。这曾经是罗利的午餐盒。可她现在就指望着在我这里找个地方安家呢，我不能拒绝她呀。”在阿榛年轻力壮的时候，指望过她的人肯定很多。在她的指引下我们沿着路行驶，并在差不多每栋房子前边都停下来拜访一下。只有一栋房子例外。“他们不是什么重要的人。”她一边说，一边把目光掉转过去。其他人看上去因为再次见到阿榛而欢喜不已。在妈妈和阿榛拜访邻居们的时候，我和妹妹就会跟着小鸡四处溜达，或是逗弄邻家的猎狗。

这些人和我们在学校或是在大学聚会遇到的人一点都不一样。一位女士伸出手来轻轻地敲了敲我的牙。她说：“你的牙又结实又漂亮！”我从来没想到牙齿还能获得赞美，不过在那之前我也从来没见到过这种不剩几颗牙的人。不过，我印象最深的是他们的善良。有一群在松树下的白色小教堂里唱诗的女士，当年阿榛也是她们中的一员，跟她们从小就认识。她们聊起在河边的舞蹈时哈哈大笑，而在谈起那些长大之后搬走的孩子们的命运的时候，她们又悲哀地摇头。我们每次下午回家的时候，都会带回一篮子新鲜的鸡蛋或是人手一块蛋糕，而阿榛会高兴得满脸放光。

冬天开始之后，我们对老宅的拜访就日渐稀少了，阿榛眼里的光似乎也熄灭了。有一天，她坐在我们的餐桌边，说：“我知道我拥有的这些已经够多了，不应该再向造物主索求什么了，但我是真想再在我的老家过一次圣诞节呀。不过那些日子都没了。随风飘远了。”这种痛是巫婆榛也治不了的。

那年我们不能去北方和我的外公外婆一起过圣诞节，而母亲为此心里很难受。离圣诞节还有几个星期，她的焦躁不断升级，而我和妹妹则在串着爆米花和蔓越莓*。她说她实在是想念家乡的雪

---

* 爆米花和蔓越莓串成的长链常用于装饰圣诞树。——译注

和树脂的芳香，还有她的家人。然后，她心里有了主意。

这将会是一个绝对的惊喜。妈妈从山姆那里拿到了钥匙，然后来到了那座旧校舍，看自己能做些什么。她打通了农村电力合作供应社的电话，然后让他们在这几天里重新给阿榛的房子供电。灯一打开，我们立刻清楚地看到了这里到底有多脏。自来水也没有，于是我们不得不从家里运来一罐罐的水来擦洗各种东西。这项工作不是我们干得完的，所以妈妈从她教的那个班里请来了几位兄弟会的男生帮我们一起做。学校要求他们完成一项社区服务的实践，这正是绝佳的实践：清理那部冰箱的难度完全不亚于任何微生物实验。

我们在阿榛门前的小路上来来回回地开车，而我则跑到她所有的老朋友的家里去送我们亲手制作的邀请信。这里住的人不多，于是妈妈又邀请了大学里的男生们和她自己的朋友。房子里还留着圣诞饰品，但我们用纸巾筒做了更多拉花和蜡烛装饰品。我爸爸砍了一棵树并把它竖立在门廊那里，上边挂着从当初待在那里的那棵骷髅圣诞树身上扒下来的一盒彩灯。我们还买了好几大捆长着刺的北美圆柏枝来装饰桌子，并在树上挂了拐杖糖。柏木和薄荷的香气充盈着整座房子，而几天前这里还是霉菌和老鼠的乐园呢。我妈妈和她的朋友们烤了一盘又一盘的曲奇饼。

在聚会的当天早上，暖气开着，圣诞树上的灯亮着，人们陆续赶来，熙熙攘攘地挤在门廊那里。我和妹妹扮演女主人，而妈妈则开车去迎接贵宾。“嘿，你们有谁想去兜风吗？”妈妈一边说，一边给阿榛裹上暖和的大衣。“怎么啦？我们去哪儿呀？”阿榛问道。而当她走进她的“家”，“甜蜜的家”，发现那里充满光明、到处都是客人的时候，她的脸就像蜡烛被点燃一样焕发出了光彩。母亲还把一枚圣诞胸针别在了阿榛的衣服上，那是一枚她在梳妆台上找到的闪着金光的塑料铃铛。那一天，阿榛就像女王一样在她的房子里巡视。我的父亲和妹妹在客厅拉小提琴，演奏《平安夜》和《普世欢腾》，而我则用长柄勺舀着甜甜的红色潘趣酒。关于那天的聚会，我也不记得更多了，只记得最后阿榛在回家的路上睡着了。

又过了没几年，我们就离开肯塔基州回到北方去了。妈妈很高兴能回家，能再次拥有枫树而不是异乡的橡树，但是，向阿榛道别却让人难过。她把这件事留到了最后。阿榛送给她一份临别礼物——一把摇椅和一个小盒子，里边装着几样她当初的圣诞装饰，包括一面赛璐珞小鼓和一只没了尾羽的银色塑料小鸟。如今母亲每年依然会把它们挂在圣诞树上，并讲述那次聚会的故事，就仿佛那是她度过的最棒的圣诞节一样。我们后来听说，阿榛在我们搬走的几年之后去世了。

"都走了，随风飘走了。"她肯定会这么说的。

有些痛是连巫婆榛也治不了的；对于这些，我们需要彼此。我想，母亲和阿榛这对看上去一点也不像的情同姐妹的朋友从她们钟爱的植物身上学到了很多——她们一起制作了疗愈孤独的药膏，还有缓解思乡之痛的药茶。

如今，当红叶飘零殆尽，雁群也飞走之后，我会去寻找巫婆榛。它总能让我回想起那个圣诞节，想起母亲和阿榛的友情如何治愈了彼此，从不让我失望。在这样的一天，伴着凛冬在我周围渐渐合拢，我便格外珍惜巫婆榛了，它是窗前的一抹亮色，一道光。

母亲的工作

我想当一个好妈妈，也许就像天女一样，仅此而已。不过，不知怎的，这种愿望却让我穿着防水连裤靴踩进了棕色的浊水。本来应该把池水隔绝在外的橡胶靴子如今却装满了水。里面还装着我的腿。还有一只蝌蚪。我还感到另一边的膝盖后面有什么东西在动。原来一共有两只蝌蚪。

当我离开肯塔基，来到纽约州北部的乡野寻找住处的时候，我家的两个小姑娘给我们的新家列了一份详细的心愿单：要有能禁得住树屋的大树，每人一棵；要有一条石子路，旁边种满了三色堇，就像拉金最喜欢的那本书里所画的一样；要有红色的谷仓；要有一个可以下去游泳的池塘；要有一间紫色的卧室。最后一条让我十分欣慰。她们的爸爸最近刚刚换了住处，离开了这个国家——也离开了我们。他说他再也不想过要承担这么多责任的生活了，所以这些责任全都成了我的。让我特别感谢上苍的是，就算其他什么都没有，我至少能把一间卧室漆成紫色的。

整个冬天我都在不停地看房子，然而没有任何一栋能符合我的预算或是实现我的愿望。一条条的不动产信息——“三卧，两卫，加高的地下室，环境优美”——在景观方面提供的信息实在太少了，比如有没有适合做树屋的大树。我承认，我更关心的信息是抵押贷款、学区，还有到头来我会不会住进拖车停车场*。不过，当中介开车把我带到一所旧农舍边上的时候，孩子们的愿望清单又浮现在了我的脑海中，这座房子周围环绕着巨大的糖枫，其中两棵树的低处还长着向四周伸展的树枝，用来做树屋再适合不过了。这里倒是有可能。不过，摇摇欲坠的百叶窗与恨不得半个世纪都没有平整过的门廊都是个问题。好的一方面呢，是这栋房子占地足有七英亩，还附带了一个号称是鳟鱼池的东西，在我去看的时候，那不过是四周有树环绕的一大片光滑的冰而已。那栋房子空荡荡、冷冰冰、没人喜爱，但当我打开一扇房门，往这个散发着霉味的房间里看去的时候，奇迹中的奇迹发生了：这个位于犄角旮旯的卧室竟然是紫色的，如同春天里堇菜开出的花一般。这是天意。这里就是我们像天女一样落向地面的地方。

我们在那年春天就搬进去了。没过多久，孩子们就和我一起在枫树上建好了树屋，一人一个。在积雪融化，露出一条被荒草掩盖的通往前门的石板路的时候，我们如何惊喜万分，也是可想而知的了。我们见了邻居，探索了山顶并在那里野餐，种好了三色堇，并且开始扎下了快乐之根。做一位好母亲，一位足以尽父母两人之职的好母亲这件事，似乎尽在我的掌握之中了。愿望清单上只剩下最后一项——一个能下去游泳的池塘。

---

* 在美国，住在拖车停车场里的一般是穷人。——译注

房产证上描述了一个泉水涌流的很深的池塘，一百年前可能还真有这么个东西。有一户邻居世世代代都住在这里，他告诉我说，这里的池塘曾经是整个山谷里最受人喜爱的。夏天，男孩们割完草，就会找个地方把大车停好，然后爬过山到这个池塘里游泳。他说："我们把衣服一扔，就直接光着身子跳下来。它所在的这个地方呀，是不会有女孩子瞧见我们光屁股的样子的。而且真凉啊！泉水把池塘里的水弄得像冰一样凉，割了一天的草，泡在这水里舒服极了。游完泳之后我们就会躺在草地上，暖一暖身子。"我们的池塘安躺在屋后的山里，周围三面都是斜坡，另一面是一丛矮矮的苹果树，把它彻底从人们的视线中遮蔽起来。在池塘后边是一座石灰岩的峭壁，建造我们的这栋房子所用的石材就是两百多年前从那里开采的。如今，哪怕把脚指头伸进池塘里去都是难以想象的事了。我的女儿们肯定不会这么做。水面被绿色的水华盖了个严严实实，就像窒息了一样，很难分辨出哪里是岸边的杂草，哪里是水面了。

鸭子没有用。往客气了说，它们唯一的作用就是作为主要的营养输入来源。它们在饲料用品店里的样子多么可爱——一团团小小的黄色绒球，配上不成比例的大嘴和橘黄色的大脚，在装满木屑的大箱子里摇摇摆摆地走。当时是春天，快到复活节了，所有让我不要把它们带回家的明智理由都在孩子们的欢喜中烟消云散了。一个好妈妈怎么能不养几只小鸭子呢？池塘不就是用来干这个的么？

我们把小鸭子安置在车库的一个硬纸箱里，装上了加热灯，然后密切地关注它们，保证纸箱和小鸭子都不会被点着。孩子们承担了照顾小鸭子的全部责任，并且尽职尽责地喂它们，给它们洗澡。有一天下午，我下班回来的时候，发现小鸭子浮在厨房的水池里，一边嘎嘎叫着一边戏水，把水珠从它们背上晃下来，而两个小姑娘在旁边笑得脸上都发光了。水池里的状况让我明白了等在我前边的是什么东西。在接下来的几个星期之中，它们不仅吃得香，拉得也一样快。不到一个月，我们就把那一箱油光水滑的大白鸭搬到了池塘边，然后把它们放了。

鸭子们梳理好羽毛，然后扑通扑通地下了水。最初的几天一切都很好，不过，这些鸭子毕竟缺少了自己的好妈妈的保护和教导，它们显然缺乏在箱子外生存所必需的技能。每天都会少一只鸭子；六只变成五只，五只还剩四只，最后，只有三只鸭子用正确的方式抵挡住了在岸边巡视的狐狸、拟鳄龟和白尾鹞。这三只鸭子茁壮成长起来了。它们浮在水面上的样子看上去是那么安详，那么富于田园牧歌的气息，但是，池塘本身却比之前更绿了。

鸭子们本来称得上是完美的宠物，可是冬天来了，它们爱使坏的本性也显露出来了。我们为它们做了一个小屋——一个漂浮的尖顶小屋，四周环绕着门廊；我们还给它们准备了玉米粒，就像婚礼的彩纸屑一样地撒在它们周围，可即便如此，它们却依旧不满足。它们渐渐表现出对狗粮的热爱，还喜欢上了我后院的门廊，因为那里比较暖和。在一月的时候，有时我早上一打开门，就会看到狗食碗全空了，狗在外边瑟缩着，而那三只雪白的鸭子在长椅上一字排开，心满意足地摇着尾巴。

我住的地方开始变得越来越冷。真的冷。鸭子粪会冻成螺旋形的一坨，好像做了一半的陶罐坯，并紧紧地粘在我的门廊地板上。必须得用碎冰锥才能弄得掉。我会把它们喝退，把庭院的门关上，然后用玉米粒在地上撒成一条线，把它们引到池塘边，鸭子们就会排成一条聒噪的队伍跟上来。不过，第二天早上它们又会回到门廊那里。

我脑子里专管怜爱动物的那部分想必是叫凛冬和每天都要铲的鸭粪冻住了，我开始盼着它们去死了。然而不幸的是，我根本就狠不下心来送走它们，而且我这些农村的朋友们中，有谁会在冬末接受这么一份可疑的鸭子礼物呢？就算附赠梅子酱也送不出去。我偷偷地想过往它们身上喷狐狸引诱剂，或是把烤牛肉片绑在它们腿上，引来在峰顶上嗥叫的郊狼。但我是个好妈妈呀；我没有这么做，而是继续喂它们，每天用铲子刮掉门廊地板上的那一层硬壳，然后等待春天的来临。在一个温暖惬意的日子，它们慢悠悠地回到了池塘里，又过了不到一个月，它们就不见了，只剩下了几堆白色的羽毛，就像是冬天的残雪。

鸭子们虽然走了，它们的“遗产”却长存。到了五月，整个池塘就成了绿藻的浓汤。一对加拿大雁在这里安了家，并在柳树下孵出了一窝雏鸟。在一个午后，我走过去想看看雁宝宝们有没有长出纤毛，结果却听到了一阵惊慌失措的嘎嘎声。一只出来游泳的毛茸茸的棕色小雁陷在了漂浮的一团团水藻中。它一边尖声叫着一边拍打着翅膀，想要解脱出来。当我正在想着怎么去解救它的时候，它用力一蹬腿，在水面上探出了身子，然后就在藻类织就的厚厚的毯子上走起路来。

正是这一刻使我下定了决心。在池塘上走路这种事实在不应该发生。这个池塘的作用应该是邀请野生动物，而不是让它们落入陷阱。让这个池塘变得能够让人，甚至让大雁下去游泳的希望即便以最乐观的视角来看也是很渺茫的。但我是一个生态学家，所以我还是满怀信心的，我至少能改善这种状态呀。“生态”（ecology）这个词是从希腊语的“oikos”演变来的，它的本义是“家”。我要用生态学来把这里变成小雁和孩子们的美好的家。

就像很多老旧农场的池塘一样，我的池塘也是富营养化的受害者。富营养化是随着时间流逝营养不断变得丰富的自然过程。一代代生息繁衍的藻类和睡莲叶还有秋天落在池中的树叶和苹果形成了沉积物，层层叠叠地铺在了池底曾经那么整洁的砾石上，形成了一层淤泥。所有的这些营养物质又为新植物的生长提供了养料，而这些新植物又促成了更多新植物的生长，形成了愈演愈烈的循环。这就是许多池塘的经历——池底渐渐被填满，最终整个池塘变成沼泽，也许在未来还会变成草场乃至森林。池塘是会老的，而我也一样会老，不过，我很喜欢生态学对于老化的解释，那是一种不断丰富的过程，而不是损耗的过程。

有的时候，富营养化的过程也会因人类活动而加速：施过肥的土壤或是化粪池都会产生营养源，当它们流失到水体中，就足以引起藻类的指数级增长了。我的池塘没怎么受到这一种影响——它的水源是山上清凉的泉水，而且山坡上的树木也形成了一道过滤器，可以吸收周围牧场流失的氮元素。我的敌人并不是污染，而是时间。让我的池塘变得可以游泳是在让时间逆转。而这正是我想要的。我的女儿们成长得太快了，我作为母亲的时间正在流逝，但我向她们保证的“能游泳的池塘”却还没有实现。

当一个好妈妈就意味着要给我的孩子们修好池塘。一条高产的食物链对于青蛙和苍鹭来说也许是件好事，却不适宜游泳。最适合游泳的湖泊不是富营养化的，而是冰冷、清澈、贫营养的，也就是说水里没有多少营养物质。

我把我小小的单人划艇搬到了池塘里，想以它作为浮动的平台来清除藻类。我本来的想法是，我可以在划艇上用一把长柄的耙子把水藻都捞上来，堆在划艇上，好像它是一条垃圾船一样，等到划艇上堆满了，我就把它划到岸边清理干净，然后就能好好游泳了。不过这个方案唯一可行的只有游泳那部分——而且称不上“好好游泳”。在努力撇去这层浮藻的时候，我发觉它们就像水中透明的绿色帘幕一样。如果你把身子远远地探出这么一条轻便的小舟，想用耙子的另一端捞起一团纠结在一起的沉重的水藻的话，物理学原理会告诉你，你马上就能游泳了。

我想把藻类打捞干净的做法是没有用的。对于这些“浮渣”，我的方法实在是治标不治本。我阅读了一切能找得到的关于池塘修复的资料，并且权衡了可能的选项。要想撤销时间和鸭子带来的影响，我需要把池塘中的养分清除掉，而不是仅仅把浮沫撇去。当我在池塘较浅的一边跋涉的时候，淤泥会挤进我的脚指头缝里，但是我能感到，在它下边就是干净的砾石，是这个池塘最一开始的池底。也许我可以把淤泥挖上来，然后装在桶里运走。但是，等我把自己最宽的雪铲拿来舀这些泥的时候，我才发现，污泥的表面一碰到铲子，就变成了一大团褐色的云雾，萦绕在我的身边，而铲子中只剩下了一小撮土。我站在水里笑出了声。用铲子挖泥就好像用捕虫网捉风一样。

之后，我又用了几扇旧纱窗来当筛子，把池塘里的沉淀物捞起来。不过，污泥的颗粒实在太细了，我的这张临时制作的网也一无所获。这些并不是普通的泥。沉积物中的有机物是以极微小的颗粒的形式存在的，溶解的养分以微粒的形式凝成絮状，每个微粒都小得足以作为浮游动物的点心。显然，我是完全没有能力把这些养分从水中弄出来的。不过幸运的是，植物与我不同。

藻类的垫子其实不过是溶解的磷和氮被光合作用的炼金术固定下来了而已。我是无法用铲子铲走养分的，不过，它们一旦被固定在植物体内，我就能用肱二头肌把它们叉出水面，然后回身放到独轮车上，将它们清理走了。

一般而言，来到农场池塘水体中的磷酸盐在不到两周的时间内就会完成循环，它从水中进入生物的组织内，然后被吃掉或死亡，再分解，之后重新进入循环，滋养另一串藻类。我的计划是打破这无止无休的循环，把植物中的养分截取出来，并且在它们重新变成藻类之前把它们运走。我可以缓慢而坚定地把池塘中循环着的养分储备搬空。

我的职业是植物学家，所以我必然需要弄明白这些藻类都是谁。藻类的种类很可能和树一样多，如果我不了解它们都是谁的话，就有可能伤害到它们的生命或妨碍到我自己的工作。如果你不知道自己要处理的是哪些种类的树的话，你是无法开始复原一片森林的。于是，我从池塘里舀起了一罐绿色的黏液，想送到显微镜下观察，我把盖子拧得紧紧的，免得气味跑出来。

我把这些滑溜溜的绿色黏团理成小片，以便在显微镜下观察。在这小小的一簇植物中，有刚毛藻（*Cladophora*）的长丝，就像缎带一样闪着光。缠绕在刚毛藻周围的是一缕缕透明的水绵（*Spirogyra*），在它的体内，叶绿体就像绿色的螺旋阶梯一样盘旋。整个绿色的视野中没有什么地方是静止不动的，有像闪着虹彩的风滚草一样的团藻（*Volvox*），还有像脉搏一样跳动的眼虫，它们在一串串藻丝中舒展着身体。之前，这滴水看上去就像是罐子里的浮渣一样，而它却包含了这么多的生命。这些就是我在修复池塘时的工作伙伴了。

我只能在每年孩子们参加女童子军集会、点心义卖活动、露营旅行和全职工作之余挤出些时间来修复池塘，所以这项工作的进展很慢。每个妈妈都很珍惜来之不易的独处时光，会以钟爱的方式度过，有的人会蜷缩着身子读书或缝东西，我却总会来到池塘边。我所需要的就是那里的鸟鸣、风吟和寂静。在这个地方，我多少会有一种能把东西收拾好的感觉。在学校，我教授生态学，不过，在孩子们去朋友家玩的星期六的下午，我要开始实践生态学了。

在划艇方案遭遇失败之后，我决定还是站在岸边，用耙子尽量伸出去够那些藻类，这样比较保险。耙子的齿披着纠结在一起的刚毛藻，就好像是梳子在梳通绿色的长发一样。耙子每耙一下，都梳起了池底的另一层藻类，也让岸边的垃圾堆越来越高。这些东西是要从池塘边移走并且搬到山下的，免得它们重新进入水体。如果我把它们留在岸边的话，这堆东西腐败而释放出的养分马上就会回到池塘中。我把这一大团藻类推上了雪橇——也就是我的孩子们平常玩的那架塑料做的小小的红色平底雪橇——然后把它拽上陡峭的岸边，再倒到等在那里的独轮手推车中。

我是真的不想站在这肮脏的淤泥里边，所以我是穿着旧帆布鞋从岸上清理的。我可以探出身子去疏浚那一堆堆的藻类，但是，我够不到的也有好多好多。于是我把帆布鞋换成了威灵顿橡胶靴，这让我的攻击范围变广了，但我立刻明白了，这依然没有用。于是，威灵顿橡胶靴又变成了一直到大腿的涉水裤。不过，涉水裤会给你一种虚假的安全感，没过多久，我去的地方有点太深了，结果冰冷的池水一下子就从涉水裤顶上涌了进来。涉水裤在灌满了水之后重得不行，我感觉自己就像是在淤泥中抛了锚。一位好妈妈是不会溺水的。下一次，我便只穿短裤了。

我完全沉溺于这项工作了。我记住了第一次踏进齐腰深的水中时那种自由的感觉，T 恤衫轻飘飘地浮在我的周围，水在我赤裸的皮肤上打着旋儿。我腿上痒痒的感觉不过是一簇簇的水绵，撞到我身上的东西不过是一条好奇的鲈鱼。如今，我能看到藻类的帷幕在我面前延展，样子比它在我的耙子上纠结成一团时美丽得多。我能够看到刚毛藻是如何从旧的基质上萌生，龙虱又是如何在它们中间游来游去的。

我和淤泥发展出了一种新的关系。我不再想着怎么躲开它了，而是逐渐变得不再介怀于它，只有在我回到房子里，看到头发里沾的一缕缕水藻的时候，或是冲澡时看到水明显地变黄的时候，我才会注意到它的存在。我慢慢明白了泥浆下面鹅卵石铺成的池底踩上去是什么感觉，香蒲是怎样扎根于淤泥，还有浅水区陡然加深的地方的水的冰冷寂静。在河岸边小心翼翼地蹚水是无法带来这些转变的。

在一个春天，我的耙子捞起的那团藻类实在太大了，连竹子做的把手都被压弯了。我控了控上边的水，好减轻一点重量，然后就把它扔到了岸上。我正要接着捞，却突然听到那堆东西中传来了湿漉漉的啪嗒啪嗒的声音，好像是沾满了水的尾巴在不停拍打。一团东西在那一大堆藻类下边疯狂地扭动着身子。我把一绺绺水藻拨去，把那一大团乱麻解开，想看看里边究竟是什么东西在挣扎。我看到了一个褐色的圆滚滚的身体，原来那是一只有我拇指那么大的牛蛙蝌蚪。平时，交错纵横的水藻网悬浮在水中，蝌蚪可以轻松地从网眼中游过；但是，当这张巨网被我的耙子捞起来的时候，它就像围网一样在蝌蚪们身边合拢了。我把这只冰凉滑腻的蝌蚪用拇指和食指拈了起来，然后把他扔回了一直休养生息的池塘，他在水中悬浮了片刻就游走了。我的下一耙捞起的是一大片光滑的、滴答着水的床单一样的藻类，上边密密麻麻地点缀着一大群蝌蚪，就像是一大盘花生糖里嵌的果仁一样。我弯下腰，把他们一个一个地解开了。

这就产生了一个问题。我要捞的东西实在是太多了。我也可以把藻类挖出来，堆成堆，然后就收工。只要不再拣蝌蚪，我就能工作得更快，但蝌蚪不仅置身于乱糟糟的藻类之中，也是纠结的道德困境的核心。我告诉自己，我并无意去伤害他们；我只是想要改善这片栖息地，对他们的伤害是附带损害。我的意图是好的，但是对那些在堆肥中挣扎着死去的蝌蚪而言又有什么用呢？我叹了口气，但是我知道我必须要做的事。我来处理这一大片乱子是基于一种母性的冲动，我要为自己的孩子们弄一个能在里边游泳的池塘出来。在这个过程中，我实在不能牺牲另一位母亲的孩子，毕竟，他们已经拥有了一个能在里边游泳的池塘了。

现在，我不能只用耙子耙了，还要时时把蝌蚪拣出来。我在这藻类的巨网中发现的东西是多么惊人啊：长着黑色锐利大颚的食肉的龙虱、小鱼、水蛋。我把手指插到一团水藻中，想要解救一只不停扭动的小生灵，手指上却传来了一阵蜜蜂蜇了一样的剧痛。我赶紧把手缩了回来，发现手指头上夹着一只螯虾。在我的耙子上摇摇欲坠的足有一整个食物网，而且这些还只是我能看见的动物呢，它们只是食物链的顶端，冰山一角而已。在我的显微镜下，我看到藻类的网中充满了无脊椎动物——桡足动物、水蚤、旋转的轮虫，还有小得多的动物：像线一样的虫子，球形的绿藻，纤毛和谐地鼓动着的原生动物。我知道它们就在那里，但我是不可能把它们拣出来的。我只好和自己谈判，告诉自己这不过是“连带责任”，努力说服自己它们的死是为了实现更高的善。

清理池塘让你的心空闲下来，从而进行哲学思考。在我边捞边拣的时候，我曾经牢不可破的“一切生命都有价值，无论是不是原核动物”的观点也动摇了。在理论上，我坚信这是正确的，但是在实践的层面上，它却变得暧昧含混，精神的一面和实用的一面成了对头。我的每一耙都是在给生命分出三六九等。那些短暂的、单细胞的生命就此死去了，只因我想要一个干净的池塘。我个头儿大，我手里有耙子，所以我就赢了。这种世界观不能让我心悦诚服，但也不会让我夜不能寐，也不会让我停下手中的活儿。我只是承认了自己做出的选择。我能做的只有尊重这些小生命，不让它们白白浪费掉。我尽可能地拣出了所有的动物——不论多么微小——而其他的就只能进废料堆了，归于泥土，重新开始循环。

一开始，我会把刚刚捞出来的新鲜藻类用推车运走，不过我很快就意识到，把好几百磅的水这样费劲地推走实在太费事了。我学会了把藻类堆在岸边，然后看着它里边的水分滴滴答答地流回池塘里。在接下来的几天里，藻类会在阳光下褪色，变成轻盈的、像纸一样的薄片，很容易就可以搬到独轮车里。像水绵和刚毛藻这样纤维状的藻类所含有的营养成分堪比高级的牧草。被我装在手推车里运走的营养相当于好几捆专供奶牛的优质饲料。一堆又一堆的藻类堆成了肥料的小山，等待着变成肥沃的黑色腐殖质。池塘名副其实地哺育了花园，刚毛藻“转世”变成了胡萝卜。我开始看到池塘的不同了。池水的表面开始变得清澈，能维持好多天，不过，那长着绒毛的绿毯子总是会回来。

我开始注意到，除了藻类，还有其他的生命能像海绵一般吸收掉池塘里过量的养分。池塘岸边的一丛柳树把自己毛茸茸的、红色的根伸到了浅水中寻找氮和磷，并把它们拽进自己的根系，变成柳叶和柳条。我带着园艺剪刀在岸上走，把一根根摇摆的柳条剪掉。在拖走一堆堆柳枝的同时，我也是在清走从池底吸上来的养分仓库。在空地上的柳条堆得越来越高，很快就引来了棉尾兔的啃食，没多久，它们就随着兔子的粪便而被散布到了遥远的四方。柳树对剪枝的反应很大，很快就长出了笔直、修长的新枝，只需一个生长季，新的枝杈就会长得比我的头顶还高了。我把远离池水的柳丛留给了兔子和小鸟，而那些长在池边的则被我砍下来、捆成捆，将来用来编篮子。粗壮些的枝干成了院子里菜豆和牵牛花的爬架的基座。我还在岸边采摘了薄荷与其他的草药。这些植物就像柳枝一样，仿佛我摘得越多，它们新长出的就越多。我做的每件事都在让池塘变得更加清澈。每一杯薄荷茶都是清除过多养分的一记重拳。

通过剪柳枝来清理池塘似乎真的起作用了。我带着一种不假思索的节奏挥舞着园艺剪刀，剪得越来越起劲儿——咔！咔！咔！——我在池塘的岸边剪出了整整齐齐的一条断茬，柳树的枝杈纷纷倒在了我的脚边。突然，我眼角的余光好像瞥到了什么东西在动，仿佛是无声的哀求一般，让我停了下来。在最后一丛灌木里有一个小小的美丽的巢，一个用灯芯草和像丝线一样的草根编成的小杯子安然待在树枝分杈的地方，那么精致，建造这样的一个家简直是奇迹。我往巢里一看，三枚棉豆大小的鸟蛋躺在松针铺成的小圈上。我在想要"改善"环境的狂热之中差点毁掉的是什么样的珍宝啊！那位母亲，一只美洲黄林莺，在附近的灌木丛中上下飞动着，发出警戒的叫声。我在做事情的时候动作太快、头脑太简单，竟然忘了先要去看一看。我忘记了自己应该承认，我想给我的孩子造一个家的举动伤害到了其他正在搭自己的小窝的母亲，而她们的心思跟我是没有两样的。

于是我再一次意识到，要想修复一块栖息地，不管你的意图有多么良好，也会不可避免地造成伤亡。我们以善恶的裁判者自居，而我们对于善的标准往往是根据我们狭隘的利益、根据我们的欲望而制定的。我把剪下来的柳枝堆在鸟巢边上，来充当被我毁掉的保护层，然后，我坐到池塘另一边的一块比较隐蔽的大石头上，想看看那只鸟妈妈会不会回家来。当她看着我一点一点靠近，把废弃物丢到她精心营建的家的旁边，威胁着她的孩子们的生命的时候，她在想什么呢？破坏的力量强大而不受约束，在这世界上到处横行，不可阻挡地逼近着她的孩子和我的孩子。在改善人类生存环境的良好意愿下，发展的力量在狂飙突进，威胁到了我给我的孩子们精心挑选的家，就像我的行为威胁到了她的巢一样。一位好妈妈应该怎么做呢？

我继续清理着水藻，让淤泥沉积下去，整个池塘看上去好多了。但当我一个星期之后再回来的时候，看到的却是一大堆泛着泡沫的绿色的东西。这有点像清理厨房：你把所有的东西都归置好了，把每个台子都擦干净了，然而在不知不觉间，到处又都是花生酱和果冻的污渍了，又得从头再来一遍。生活就是这样，积少成多。这也是富营养化。不过，我倒是能够预见到，将来我的厨房会变得过于整洁。我会拥有一个“贫营养化”的厨房。等那两个会把厨房搞乱的孩子不在身边了，我又会多么想念那些盛着剩麦片的脏碗，多么想念这个“富营养化”的厨房啊。这是生活的印迹。

我把红色的平底雪橇拖到了池塘的另一边，并开始在浅水中干起活儿来。突然，我的耙子碰到了一大坨沉重的水草，我慢慢地把它拖到了岸边。这块巨大的垫子的重量和质感与我之前一直在挖的滑溜溜的纤毛藻薄片完全不同。我把它放在草地上，凑近了观察，然后用手指把里边片状的东西铺平，它摊在地面上的样子就像绿色的渔网丝袜一样——水藻彼此连接在一起，网眼细密，就像是水中悬浮的流网。这就是水网藻。

我把它在手指间展开，它的样子闪闪发光，在水流走之后，剩下的藻类几乎没有一点重量。水网藻的形状就像蜂房一样规整，是这样一个像乱炖一样的浑浊池塘里的几何学奇迹。它悬在水中，是一大群全部混在一起的细小的网。

在显微镜下，水网藻是由细小的六边形织成的，每个网眼周围都环绕着彼此相连的柱形绿色细胞。它繁殖得很快，因为它有一种独特的克隆生殖方式。每个细胞都在体内孕育着自己的女儿。这些新的细胞是母亲一模一样的复制品，它们会把自己排列成六边形的网状。为了传播下一代，细胞母亲必须自己先解体，这样才能让它的女儿们释放到水中。这张漂浮的六边形的网又和其他的六边形融合，产生出新的联结，织出新的网。

我注视着在水面下边的水网藻的扩张。我想象着新的细胞是怎样地获得了自由，女儿们是如何自己从母体中创生、脱落的。在哺育的过程结束之后，一位好妈妈又是怎么做的呢？我站在水中，咸涩的泪水从我的眼中满溢而出，掉进了我脚边的淡水里。幸运的是，我的女儿们并不是母亲的克隆体，我也不需要自己解体来放走她们，不过我在想，当水网藻母亲把女儿们释放到水中，在自己身上撕裂出一个大窟窿的时候，它的组织发生了怎样的变化呢？这个窟窿是不是很快就会恢复如初，还是说这个地方会一直这样空荡荡的？而那些细胞女儿们又是如何建立起新的联系的呢？它们又是如何继续编织自己的组织的？

水网藻是个安全的地方，是鱼类和昆虫繁育后代的苗圃，是赖以躲避天敌的庇护所，是池塘中的小生命的安全网。水网藻的学名是“*Hydrodictyon*”——就是“水网”的拉丁语。多么奇妙的东西啊。渔网是捕鱼的，虫网是捕虫的，但“水网”什么也不捕，反而挽救那些无法抓到的东西。母亲的抚育正是如此，这是一张用有生命的丝线织成的网，它带着爱意包容着那些它不可能抓在手里的东西，而最终，这些东西是要穿过它、离它而去的。不过，此时此刻，我的任务是要把演替的过程逆转过来，让时间倒流，使得池水达到能让我的女儿在里边游泳的程度。所以，我擦干眼泪，对水网藻教会我的这一课致以应有的敬意，然后把它捞上了岸。

当我姐姐来拜访的时候，她那在加州气候干燥的山上长大的孩子们全都被水迷住了。他们蹚着水追赶青蛙，快乐得像着了魔一般，把水花踩得高高的，而我则在旁边挖着藻类。我的姐夫在树荫下喊道：“嘿！某人才是最大的孩子哟！”对此我无法否认——我心中那个爱玩泥巴的小孩从来就没有长大。不过，不正是通过玩耍这种方式，我们才能为这世上的任务做好准备吗？我姐姐则为我收拾池塘的事业辩护，提醒说这是“神圣的游戏”

(sacred play)。

在我们波塔瓦托米族人中，妇女是“水的守护者”。我们为仪式带来神圣的水，并代表它而行动。我姐姐说：“妇女与水之间有一种天然的联系，因为我们都是生命的承载者。我们用体内的池来孕育婴儿，然后他们伴着水波来到这世上。为我们所有的亲人把水守护好，是我们的责任。”做一位好妈妈也意味着要把水照顾好。

年复一年，在星期六的早晨和星期天的下午，我都会来到池边独处并开始干活。我试过草鱼和大麦秸秆，每种新的变化都会引起新的反应。这项工作是永无止境的：它只是从一项任务变成了下一项。我想，我在寻求的东西其实是一种平衡，而这是一个不断变化的目标。平衡并不是一个被动的、静止的地方——它需要不断的劳动，需要你在施与和获取之间权衡，在捞出什么和放进什么之间做出选择。

冬天可以滑冰，春天有蛙鸣，夏天在此日光浴，秋天点燃篝火；不论是否可以游泳，这片池塘已经成了我们家里的另一个房间了。我在池塘边种了茅香。孩子们和她们的朋友在岸边平坦的草场上办起了篝火晚会，在帐篷里举行睡衣大会，夏天在野餐桌上吃晚餐，还在阳光灿烂的悠长午后晒日光浴，在苍鹭的翅膀搅动空气的时候用胳膊肘支撑起身体。

我已经数不清自己在这里花费了多少个小时了。几乎在不知不觉中，一个又一个小时就拖成了好多年。我的狗曾经会跟着我在山上跳来跳去，并在我干活的时候沿着池塘岸边来来回回地奔跑。随着池水越来越清澈，他变得越来越老迈无力了，但每次却都会与我同行，去到太阳底下睡觉，在池边喝水。最终，他也就埋葬在池塘附近了。这个池塘锻炼了我的肌肉，编好了我的篮子，荫蔽了我的花园，准备好了我的茶，还为我的牵牛花搭好了棚子。不论是在物质上还是在精神上，我们的生命都交织在了一起。这是一桩有来有往的交换：我在池塘身上做功，而池塘也在我身上做功，我们共同制造了一个美好的家。

我们的这座城市坐落在奥农达加湖（Onondaga Lake）沿岸，在一个春天的星期六，我正在用耙子捞水藻，而市中心有人集会声援对这个湖的清理工作。在世世代代从事捕鱼和采集的奥农达加族人眼中，这个湖泊是神圣的。正是在这里，伟大的豪德诺硕尼（易洛魁）联盟得到了缔结。

如今，奥农达加湖却很可能是全国污染最严重的湖泊之一了。奥农达加湖的问题并不是里边的生命太多了，而是太少了。当我捞起另一耙子沉重的淤泥的时候，我感受到了责任的重量。在一个人短短的一生中，责任又落在什么地方呢？为了改善我这个半亩池塘的水质，我付出了数不清的时间。我站在这里铲着水藻，好让我的孩子们能够在清澈的水中游泳，而另一些人同时也在沉默地支持着奥农达加湖的清理，如今，已经没有人能在那个湖中游泳了。

做一位好妈妈意味着要教你的孩子们关怀这个世界，也正是因此，我向孩子们演示了怎样种好一个花园，怎样给苹果树剪枝。这棵苹果树斜斜地长着，树冠在水面上投下浓荫。在春天，粉白相间的花朵一齐盛开，从山上飘下阵阵香风，在水面洒下场场花雨。如今，我已经见过她四季的样子了，从轻盈的粉色花朵，到花瓣落尽之后渐渐膨胀的子房，再到弹珠般的青涩果实，最后是九月成熟的金黄色苹果。这棵树就是一位优秀的母亲。在大多数年份，她都会从这个世界把能量汇集到自己体内，再把它传递下去，养育出一树丰硕的苹果。然后，她又会给自己的孩子们准备好充足的行装，让他们带上要与这个世界分享的甜美，再把他们送上探索世界的旅程。

我家的姑娘们也在这里成长得又茁壮又美丽，她们像柳树一样扎根，又像柳絮一样远走高飞。现在，在十二年之后，只要你不在乎野草会弄得你的小腿痒痒的，那么池塘就已经差不多可以游泳了。我的大女儿在池塘变得清澈的很久之前就离开家去上大学了。于是我找来小女儿帮我搬来一桶桶细小的砾石，并把它们倒在池塘岸边，给我们自己制作了一个“沙滩”。鉴于我已经和淤泥与蝌蚪建立了如此亲密的关系，我并不会介意胳膊上偶尔缠上来的一缕缕绿色。而如今，这道沙滩造成了一个小小的斜坡，让我能够蹚着水下来然后一头扎进清澈的深水之中，却不会再掀起那褐色的“云”了。在炎热的日子里，泡在冰凉的山泉水中，看着蝌蚪四散逃去，感觉真是非常美妙。当我打着哆嗦从水里出来的时候，我还要把一片片藻类从我湿漉漉的皮肤上拿掉。为了让我开心，孩子们也会进来稍微泡一下，不过事实上，我从没成功地做到让时间逆转。

这一天是劳动节*，同时也是暑假的最后一天。这样的一天是要用来品味宜人阳光的。这是我的小女儿留在家里的最后一个夏天。金黄色的苹果从高悬的树枝上扑通一声掉到水里。熟透的苹果待在池塘黑暗的水面上，圆形的光斑忽明忽暗地舞动着，我感觉好像被催眠了一样。山坡上吹下来的微风让水面动来动去。在一圈从西扩散到东、然后又荡回来的涟漪之中，风儿挑动着池塘，它是如此温柔，要不是苹果的移动，你是不会看得出来的。那些苹果乘着这道波澜，就像一行金黄的木筏一个接一个地排在岸边。它们很快就从苹果树底下漂走，顺着水波来到了榆树下，形成了一道曲线。在风把它们带走的同时，更多的苹果从树上掉了下来，于是整个池塘的表面都印上了一道道游移的黄色弧线，像是有一列黄色的蜡烛照亮了漆黑的夜晚。它们打着旋儿，转呀转呀，扩散成越来越大的环流。

宝拉·冈恩·艾伦（Paula Gunn Allen）在她的著作《光明的祖母》（*Grandmothers of the Light*）中写到了女性在盘旋于生命的不同阶段时，担任的角色也不断变化，就像月亮有圆有缺一样。她说，在我们生命的开始，我们走上的是“女儿之道”。这是学习的时光，是在我们父母的庇护下积累经验的时光。之后，我们渐渐走向自立，在这个年龄段，最重要的任务就是学习你在这个世界上究竟是谁。这条路随后会引导我们走上“母亲之道”。冈恩认为，这是一段“她把心灵的知识与价值观投入在孩子身上”的时光。然后，

---

* 美国的劳动节是每年九月的第一个星期一。——译注

随着孩子们踏上自己的旅途、自己也成为母亲之后，生命的螺旋继续展开，她们的知识和经验越来越丰富，这时她们面前又有了新的任务。艾伦告诉我们，如今，我们的力量就像环形的涟漪，已经扩散到自己的子女之外，而要包含整个社区的福祉了。那张母性之网延展着，越来越大。接着，那一圈涟漪又折返回来，祖母们走上了“教师之路”，成为了年轻女性学习的榜样。艾伦提醒我们，即便是到了成熟圆满的年龄，我们的工作依然没有完成。这个螺旋还会扩大得越来越远，这样，一位有智慧的女性所拥有的那圈涟漪所笼罩的范围要比她自身、她的家庭乃至人类社会更为广博，她拥抱着整个星球，哺育着整个大地。

因此，最终在这个池塘中游泳的是我的孙辈，还有岁月带来的其他人。这个关怀之圈会变得越来越大，对这个小池塘的爱护会满溢而出，变成对其他水体的爱护。我的池塘所排出的水会从山坡上流下，流到我的好邻居的池塘中去。我在这里所做的一切是有意义的。大家都生活在它的下游。我的池塘排出的水汇进小溪，流入小河，最后注入一个伟大而且需要它的湖泊。水系之网联结着我们所有人。曾经，当我想到终有一天，我作为母亲的任务也会迎来尽头的时候，我在池塘旁边掉下了眼泪。但是，池塘却让我看到，创造一个只有我的孩子们能茁壮成长的家并不是好妈妈的全部。一位好妈妈会成长为一个“富营养化”的老妇人，她知道，只有在自己能够创造出一个能让一切生命生长壮大的家园的时候，自己作为母亲的工作才能告终。我还要养育自己的孙辈，还有蝌蚪、雏莺、小雁、树苗和孢子，而我依然希望做一个好妈妈。

睡莲的宽慰

我还没来得及觉察，池塘更没来得及收拾干净，她们就都走了。我的女儿林登选择离开这一方小小的池塘，远离家乡，去到加州红杉郡的一所大学读书，旁边就是大海。我在她离开家之后的第一个学期去探望了她，我们在帕特里克角（Patrick's Point）的玛瑙海滩度过了一个懒洋洋的周日下午，一起欣赏那里的奇石。

在海边散步的时候，我看到一块光滑的绿色卵石，上边点缀着一道道的光玉髓，样子和我在刚刚走过的地方看到的一块卵石一模一样。我走了回去，又把它找了出来。我把这两块卵石凑到一起，让它们并排躺着，两颗石头在阳光下湿漉漉地闪着光，直到潮水再次冲刷过来，把它俩分开，使它们的棱角更光滑、身体更小。对于我来说，整个海滩就像是漂亮卵石的艺术长廊。林登在海滩上走的路却与我不同。她也重新排列石头，不过她是把灰色与黑色的玄武岩摆到一起，或把粉色的圆石放到云杉绿色的圆石旁边。她的眼睛寻找的是新的搭配，而我的眼睛则在搜寻旧的。

我从第一次把她抱在怀里的时候就已经知道这件事迟早要发

生——从那一刻起，她一切的成长都是在渐渐地离我远去。对于为人父母者来说，这就是根本性的不公：我们好好完成了自己的工作，而那些让我们投以最深切牵绊的人最终却会走出门去，只向我们挥一挥手。我们一路走来已经习惯了“放手”。我们学会了说“玩得开心呀，宝贝”，而实际上我们却特别希望能把他们拽回来，安全地留在自己身边。我们还违抗了一切保卫自己基因池的生物本能，把车钥匙交给了他们，还给了他们自由。这是我们的工作，而我想当一个好妈妈。

当然，我为她准备好开始自己的新冒险而高兴，但我却为自己感到悲哀，因想念而起的痛苦一直持续着。我的一些朋友已经经历过这一段了，他们建议我多想想当初孩子们满屋乱跑的光景，这可不是什么令人怀念的事。在大雪封路的夜晚，我再也不用担惊受怕地等着门前车道上直到宵禁前的最后一分钟才响起的轮胎声了。再也不会有做了一半的杂务，也不会有神秘地变空的冰箱了。能从这一切中脱身，我会开心的。

有那么一段日子，我早上一醒来，就被动物们堵在了厨房里。三花猫在她的爬架上嚎：要吃的！长毛猫静静地站在他的碗边，用一种责备的眼神看着我。我的狗兴奋地抱着我的大腿，用一种期待的眼神看着我。要吃的！我也给了他们东西吃。我在一个锅里放上几把燕麦片和蔓越莓，并在另一个锅里搅拌着热巧克力。孩子们睡眼惺忪地走下楼来，她们要找昨天晚上的作业。“要吃的。”她们说。我也给了她们东西吃。我把残渣倒进了堆肥桶，这样明年夏天当番茄的幼苗向我要吃的时，我也有东西喂它了。当我在门前跟孩子们吻别的时候，马儿在篱笆边嘶鸣，提醒我他们的粮桶空了，山雀也在空了的谷粒盘旁边叫唤：要吃的吃的吃的！要吃的吃的吃的！窗边的蕨类垂下了叶片，静静地向我索求属于自己的那份吃的。当我坐到车里，把钥匙插进去打火的时候，车子发出了“滴——”的一声：要加满油！我加了油。我在去学校的路上听着公共广播，谢天谢地，本周不是“考验周”*。

我还记得把刚刚诞生的女儿抱在胸前时的感受，那是我第一次给她们东西吃，她们深深地吸吮着乳汁，汲取着我身体最深处的井，而只要我们彼此对视一眼，那口井就会一遍又一遍地重新满盈，这是母亲和孩子之间的相互作用。我知道我应该庆幸于自己终于从所有这些哺育之劳和担忧之苦中解脱出来，但我也会怀念这一切的。也许我并不是留恋洗衣服的活儿，而是她们曾经近在眼前，我们之间彼此的爱随时可见，这一切让我割舍不下。

我可以理解，我对林登的离去感到悲伤的原因在于，我不知道自己除了“林登的妈妈”之外又能是什么人。对于这个危机我倒是也有一点点缓和的空间，因为我作为“拉金的妈妈”也很出名。不过，这也一样会逝去。

在我的小女儿拉金离家之前，我和她在池塘边最后点了一次篝火，然后注视着星星出现在天上。她悄声说道：“谢谢你做的这一切。”第二天早上，她把车子满满当当地塞上了宿舍的家具和学

---

* 原文为 pledge week，这里可能指的是大学的兄弟会（或姐妹会）接纳新会员时对其进行“考验”的过程。——译注

校要用的杂物。我在她出生之前就为她缝好的被子如今出现在了装必需品的塑料箱子中。当把自己需要的一切塞进后备箱之后，她又帮我把我的东西放上了车顶。

在把东西卸下来、把宿舍装点好之后，我们就像无事发生一样，一起去吃了午饭，我知道，我也该走了。我的工作已经完成，而她的工作才刚刚开始。

我看到很多姑娘摇了摇手就把她们的父母打发了，不过拉金陪着我走到了宿舍外边的停车场上，在那里，众多的小货车仍然在卸货。在故作欢颜的父亲们和一脸紧张的母亲们的注视下，我们再次拥抱了彼此并洒下了几滴微笑中的泪水——我们俩之前都认为眼泪已经流干了。我打开车门，她正要回去，又突然转身冲我喊道："妈，你要是在公路上忍不住哭出来了的话，一定记得先停好车呀！"整个停车场的人都大笑起来，我们都感觉如释重负。

我并不需要面巾纸或紧急停车道。毕竟，我要回的地方已经不是家了。我可以忍住把她留在学校时的痛苦，但我不想回到那个已经变成了一座空房子的家。连马儿都走了。那个春天家里的老狗也死了。那里已经没有我的欢迎团了。

我有自己独特的"悲伤抑制系统"，那是我早就为此做好的准备，此刻，它就绑在我的车顶上。曾经，我的周末不是在田径场上度过，就是在举办孩子们的睡衣晚会，几乎没有时间去独自划船。现在，我要欢欣于我的自由，而不是哀叹于我的损失。你一定听说过，遭遇中年危机的人都喜欢开辆锃亮的雪佛兰科尔维特跑车吧？嗯，我的"科尔维特"就绑在车顶上呢。我一路向前，往拉布拉多池塘（Labrador Pond）* 驶去，然后把我崭新的红色划艇推进了水里。

船头在水面推开了弓形波，只要想起它的声响，那一整天的快乐就能回到我身边。夏末的午后，金色的阳光和池塘周围层层叠叠的群山间青金石色的天空。红翅黑鹂在香蒲中咯咯啼叫。波平如镜的水面没有一丝风的扰动。

开阔的水面在前方闪耀，但我必须先穿过这片布满沼泽的河岸，梭鱼草与睡莲密密层层的，几乎遮盖了整片水面。萍蓬草 ** 长长的叶柄从六英尺下泥泞的湖底一直延伸到水面，缠住了我的桨，仿佛在挽留我，不想让我往前划一样。我把沾在船体上的水草拉到一边的时候，能够看清楚它们断了的茎里边的构造。原来，这里边满是充满了空气的海绵状白色气室，就像发泡胶一样，植物学家把这种东西叫做通气组织。这种气室是浮水植物所独有的，它为叶片提供了浮力，如同内置的救生衣。这种特征给划船的我造成了很大的麻烦，但是它们起的作用可比这大多了。

睡莲是以其叶片表面来获取阳光和空气的，不过，它们同时也以地下茎附着在湖底。这种地下茎大约是手腕粗细，胳膊长短，它位于池塘底部，在那样的深度，是不会有空气的，但是地下茎的存活却少不了氧气。所以，通气组织就形成了彼此缠绕的充满空气的小室，成了叶片表面和池塘深处之间的导管，这样，氧气就能慢慢

---

* 位于纽约州，面积约 41 万平方米。——译注

** 原文为 spatterdock lilies，应是指肋果萍蓬草，又称北美萍蓬草，为睡莲科植物，分布于美国东部和加拿大部分地区。——译注

地扩散到埋在水下的地下茎中了。只要把睡莲叶推到一边，就能看到它们安躺在底下。

既然身陷于各种杂草，我想不妨休息一会儿，环绕着我的有莼菜、香睡莲、灯芯草、水芋，还有一种古怪的花，人们给它起了各种不同的名字：黄睡莲、牛头莲、“*Nuphar luteum*”、萍蓬草，还有白兰地酒瓶。最后这个名字很少见，却说不定是最贴切的描述——黄色的花朵从黑暗的水中竖立起来，散发出甜蜜的酒香。闻见它，我总会希望自己带了瓶酒。

炫目的白兰地酒瓶花一旦完成了吸引传粉者的使命，就会立刻隐居起来。它们弯下腰去在水面下方潜伏好几个星期，这时，它们的子房会膨大起来。待种子成熟之后，茎又会重新直立起来，把果实举出水面。果实的样子也非常有意思——它的形状像是一个酒瓶，上边有一个颜色鲜艳的盖子，就像它的名字一样，仿佛是一个微缩到烈酒杯大小的白兰地酒桶。虽然没有亲眼见过，不过我听说，睡莲的种子会从果实里大量地冒到水面上，这使它获得了另一个别称——“满处溅”（spatterdock）。我身边全是处于各种阶段的睡莲，有的正从水面上立起，有的正在沉入水下，还有的沉下又重新立起，这幅描绘着变化的水景图很难通过，但是我专心致志，让我的红船从这一片绿色中挤了过去。

我一顿猛划，向深水区冲去。我和阻碍着我的植被的重量做着斗争，最终获得了自由。我的双肩力气耗尽了，变得和我的心一样空空荡荡，于是我闭上眼睛，在水面上休息，顺水而漂，任由悲伤袭来。

也许是一阵微风吹过，也许是一道潜流，也许是沿着地轴倾斜的地球想要让这个池塘扰动一下，总之，在某只看不见的手的摆弄下，我的这条小船开始轻轻地摇晃，就好像水面上的一只摇篮。我就这样被群山捧着，被池水摇着，脸颊被微风轻抚着，于是，我把自己毫无保留地交给了这份舒适。

我不知道自己漂了多久，不知不觉中我的小红船就横渡了整个湖泊。船体周围传来了喃喃私语一般的摩擦声，让我从神游之中醒来，而我一睁开眼，首先映入眼帘的就是睡莲与萍蓬草那光滑的绿色叶片。这些扎根于黑暗里、漂浮于光亮中的叶子又在冲我微笑了。我发觉自己置身于心形之中：我被水面上闪闪发光的绿色心形包围了。这些睡莲仿佛在随着光一起搏动，绿色的心仿佛在与我的心一起跳动。水面下方心形的新叶正在向上生长，而水面上方的老叶，则因为一整个夏天的风吹浪打而破损了边缘，当然，我这皮划艇的桨也是原因之一。

之前，科学家曾经认为，氧气从睡莲的叶片表面到其地下茎的运动只不过是一种缓慢而低效的扩散过程，是分子从位于空气中的高浓度区向水下的低浓度区的“漂移”。但是新的研究表明，这种流动相当高效，如果我们能把植物的教诲铭记于心的话，我们本来是能通过直觉了解到这种方式的。

新生的叶片会把氧气吸入它年轻的、正在生长的组织中，吸入那些紧凑的气室里，于是氧气的密度就形成了气压梯度。较老的叶片因为一直被撕扯开来，气室比较松散，这就形成了一个低压区，令其中的氧气可以被释放到大气之中。这样，此处的梯度就对新生叶片所吸入的氧气施加了拉力。因为新叶与老叶是通过充满空气的毛细网络相连的，所以，氧气在从新叶流向老叶的过程中，就一定会经过地下茎，并给它们供氧。年轻的与年老的就是这样做到了"同气连枝"，每一次吸气就有相应的呼气，并且在这个过程中滋养了它们共同赖以为生的根。新叶到老叶，年老的到年轻的，母亲到女儿——相互的关系一直在持续。我从睡莲的教诲中得到了安慰。

相比来时，我轻松自如地划回了岸边，并在渐渐暗淡下去的暮色之中把皮划艇绑回了车顶。筏子里残留的池水流到了我的脑袋上。我对自己的"悲伤抑制系统"付之一笑：根本就没有这种东西。我们渗透到这个世界中，而世界也渗透到我们身体里。

大地这位首屈一指的好妈妈把我们自己所不能提供的东西馈赠给了我们。我并没有来到湖边，问哪里有吃的。但是，在不知不觉之间，我空荡荡的心却得到了哺育。我拥有一位好妈妈。我们不用开口要求，她就会把我们需要的东西送上。我在想，我们的大地母亲啊，她会不会也累了呢？还是说，在馈赠的同时，她自己也得到了满足呢？"谢谢，"我悄悄地说，"谢谢你所做的这一切。"

我到家的时候天几乎完全黑了，不过我的计划里包括了"要让门廊的灯开着"这一项，因为一栋黑乎乎的房子简直是无法承受的伤害。我把救生衣拿进了门廊，然后掏出了房门钥匙，这时我才注意到，那里竟然有一堆礼物，每一件都漂漂亮亮地用颜色鲜艳的薄绵纸包着，就好像有个皮纳塔*在我家门前爆了一样。门槛上

---

* 原文为 piñata，一种内装糖果的动物形状的纸糊容器，在聚会上孩子们可以用杆子将其打破，取出其中的糖果。——译注

还放着一瓶酒和一只玻璃杯。看来朋友们在门廊上举办了一场欢送会，只是拉金没赶上。“她真是个幸运的姑娘，”我想，“她是沐浴在爱中的。”

我仔细地查看了这些礼物，想找找里边有没有标签或卡片，但没有发现。我也不知道是谁这么晚送来了这些东西。包装纸不过是薄绵纸，所以我想找找线索。我把一件礼物外边紧紧裹着的紫色包装纸展平，来读底下的标签。这居然是一罐维克斯达姆药膏*！一张字条从皱了的薄棉纸中掉了出来：“让自己舒服点吧。”我立刻就认出来了，这是我表姐的字迹，我们俩的关系就像亲姐妹一样好，她家离这里有几小时的车程。我的这位神仙教母一共留下了十八份礼物，每一份都有附赠的字条，一份礼物代表我养育拉金的一年。一个指南针的包装上写道：“找到新的前进方向。”一包熏三文鱼上的话语是：“因为它们总会回到家。”钢笔的附言是：“庆祝你终于有时间写作了。”

我们每天都沐浴在礼物之中，但是它们的本意并不是让我们自己保留。它们的生命在于流转，在于我们共同呼吸的吐纳之间。我们的任务与欢乐在于把礼物传递下去，还有相信我们施与这个世界的东西总会回到我们身边。

---

* 原文为 Vicks VapoRub，可涂在喉咙和胸口上，用于止咳。——译注

向感恩之心效忠

就在不久之前，有那么一段时间，我每天早上的晨间仪式是天不亮就起床，开始煮麦片和咖啡，然后再叫醒孩子们。然后我会让她们起床，在上学之前喂马。做完之后，我会给她们装好午餐，找到散落四处的作业，然后在校车突突突地往山上开的时候亲亲她们粉红的小脸蛋，再之后，才是给猫咪和狗狗的碗里装满吃的，给自己找像样的衣服穿，并在开车去学校的路上准备我早上的课。在那些日子里，"反思"这个词是不会经常出现在我的脑海中的。

不过在星期四，我早上没有课，能够盘桓片刻。在这种时候，我会去牧场上漫步，走到山顶上，用真正合适的方式来开始这一天。鸟儿在啼鸣，鞋子浸满了露水，朝阳在谷仓后初升，云朵还没褪去朝霞的粉红，这些是对于我所欠下的感激之情的一份头期款。有一个星期四，我却从旅鸫和嫩叶中分了心——头一天晚上，我那上六年级的女儿的老师给我打了个电话。显然，我的女儿开始拒绝和全班同学一起站起来宣誓效忠了。老师向我保证，她真的没有捣乱，也没有什么不好的行为，只是静静地坐在那里，拒绝参与。几天之后，别的同学也开始效仿，所以老师给我打来电话："因为我觉得您应该愿意了解这些情况。”

我还记得，从幼儿园到高中，我的每一天也是这么开始的。就像是乐队指挥用手里的指挥棒轻轻敲打一样，它能把我们的注意力立刻从喧闹的校车和拥挤的走廊上吸引到这里来。当大喇叭的声音“揪住”我们的衣领时，我们会立刻摆好椅子，并把午餐盒放到格子柜里边去。我们在课桌边站好，面向黑板旁边的杆子上悬挂的国旗，那星条旗仿佛无处不在，就像四处弥漫的地板蜡和手工胶水的味道。

我们把手按在心脏的位置，背诵着效忠誓词*。誓词一直让我迷惑不解，我知道它对于大部分学生也是一样。我连“共和国”具体是什么都搞不太清楚，对于“上帝”也没有什么确定的想法。而且，哪怕你不是一个八岁的印第安小孩，你也会知道，“自由平等全民皆享”是多么可疑的一个前提。

但是，在全校的集会上，在三百个声音汇聚在一起的时候，从白发苍苍的学校护士到幼儿园的小朋友，所有这些字正腔圆、抑扬顿挫的声音，都让我感觉自己是什么东西的一部分。仿佛在那一刻，我们的心灵是合一的。那时的我可以想象，如果我们一起为那难以捉摸的正义发声的话，它也许触手可及。

然而，站在我今天的立场上来看，让学校里的孩子向一个政治体制宣誓效忠这个想法就显得很古怪了。特别是我们清楚地知道，

---

* 宣誓效忠是美国中小学开展的一种爱国主义教育仪式，誓词是：“我谨宣誓效忠美利坚合众国国旗及效忠所代表之共和国，上帝之下的国度，不可分裂，自由平等全民皆享。”——译注

在我们成年之后，在我们差不多到了理性的年龄之后，这种背诵的行为就大抵被抛在脑后了。显然，我的女儿已经到了这样的年纪，而我也不打算去干扰。“妈妈，我不想再站在那里说假话了，”她解释道，“而且，如果是他们强迫你说的，那也就不是自由了，对不对？”

她知道截然不同的晨间仪式，她知道外祖父会把咖啡倒在地上，也知道我会在房子上方的山上迎接晨光，对我来说那就足够了。日出仪式是我们波塔瓦托米人向世界致以感恩之情、承认我们被给予的一切以及献上我们最高的谢意作为报答的方式。全世界的许多原住民，虽说彼此的文化有种种不同，在这一点上却是共通的——我们的文化皆植根于感恩之心。

我们的老农场位于奥农达加族祖先所居的故土之中，他们的保留地就在我屋后的山顶以西几道山岭之外。在那边，校车会像它在我这里所做的一样，放出一大群撒欢儿奔跑的孩子们，哪怕校车上的督导嚷嚷着“好好走！”也无济于事。不过，在奥农达加，大门外飘扬的旗子是紫色和白色的，上边画着海华沙贝壳串珠带（Hiawatha wampum belt），也就是豪德诺硕尼联盟的标志。孩子们背着对他们小小的肩膀而言过大的颜色鲜亮的背包，像小溪一样涌进了漆成传统的豪德诺硕尼紫色的大门中，门上挂着“Nya wenhah Ska: nonh”的字样，这是一句问候语，意思是健康与和平。黑色头发的孩子们围着中庭跑成一个大圈，他们在一束束阳光中穿梭，脚下的石板地面上铭刻着部族的符号。

在这里，宣示学校周（school week）开始和结束的不是宣誓效忠，而是感恩演讲，演讲的内容是犹如部族本身那样古老的词语之河，这份献词在奥农达加语中的名字更为准确："先于其他一切之词"。这种古老的礼仪制度把感恩之心放在最高的位置。这份感恩直接献给了那些与世界分享自己礼物的存在。

所有的班级都一起站在中庭之中，每周都有一个年级负责演讲。他们在一起，用一种比英语更加古老的语言开始了背诵。据说，他们从小接受的教育就是，只要有聚会，无论人数多少，都会首先站起来，献上这些话语，然后再做别的事。在这个仪式中，他们的老师提醒他们，每一天，"当我们的双脚初次踏上大地，从这里开始，我们就向自然界的一切成员送去问候与感谢"。

今天轮到三年级了。他们一共只有 11 个人，这些孩子努力想要做到齐声开始，他们咯咯笑了几声，还用胳膊肘推了推那些只顾盯着地板的同伴们。他们的小脸因为专注而绷得紧紧的，在打磕巴忘词的时候，就向老师那边张望，希望得到一点提示。他们用自己的语言说着自己有生以来几乎每天都会听到的词句：

> 今天我们聚在一起，当我们望着身边的面容时，我们可以看到生命的循环正在继续。我们被赋予了与彼此，还有一切生物和谐平衡地共同生活的责任。所以，现在就让我们把心灵合而为一，作为人来向彼此致以问候和感激。现在，我们的心灵是合一的。*

---

* 感恩演讲的实际措辞会因演讲者而异。此处的文本是广为流传的约翰 · 斯托克斯(John Stokes) 与卡纳瓦辛顿 (Kanawahientun) 1993 年的版本。

伴随着演讲者的停顿，其他孩子们低声嘟囔着表示同意。

我们感谢我们的母亲——大地，她赐给了我们生活所必需的一切。我们在她身上行走，她支撑了我们的双脚。让我们欢欣的是，她从时间之初始就关怀着我们，如今继续关怀着我们。我们把感谢、爱与尊敬献给我们的母亲。现在，我们的心灵是合一的。

孩子们一边倾听，一边坐得笔直。看得出来，他们是在长屋里长大的。

在这里没有宣誓。奥农达加是主权领土（sovereign territory），四面都环绕着“它所代表的共和国”，但不在美国联邦的司法管辖权之内。用感恩演讲作为自己一天的开始是宣告自己的身份认同，也是在行使自己的主权，这不仅是政治上的，也是文化上的。此外，它的含义还有很多，很多。

有的时候，人们会误以为这份献词是祷告，但是，孩子们的头颅是不会低下的。奥农达加的长老教给他们，感恩献词的含义远不止于宣誓和祷告，也不仅仅是一首诗歌。

两个小女孩挽着胳膊，走上前来继续说道：

我们向世界上所有的水致以感谢，它解除了我们的干渴，滋润了所有的生命，并为它们提供了力量。我们知道它的力量有许多种形式——瀑布和雨水、雾霭与小溪、河流与海洋、雪与冰。我们感谢水至今依然存在，依然在履行着它对其他造物的责任。大家是否同意水对于我们的生命非常重要，是否愿意让我们的心灵合而为一，向水致以问候和感谢？现在，我们的心灵是合一的。

我听说，感恩献词的核心是要激发感恩之心，但是，它同时也是物质上的，是自然世界的科学目录。献词的另一个名字是“献给自然界的问候与感谢”。随着它的不断展开，生态系统每个元素的名字和功能都依次得到了提及。这是一堂原住民的科学课。

我们把心思转向水中所有的鱼类生命。它们的任务是清洁和净化水。它们还献身于我们，成为我们的食物。我们感谢它们一直在完成自己的任务，我们向鱼类致以问候和感谢。现在，我们的心灵是合一的。

现在我们转向植物生命的广阔领域。在我们的目光所及之处，植物都在生长，它们创造了许多奇迹。它们维持了许多生命。我们把心灵合在一处，向植物生命致以感谢，并期待我们的子孙后代都能一直看到它们。现在，我们的心灵是合一的。

当我们四下看去，我们可以看到各种浆果还在我们身边，为我们提供美味的食物。浆果中的领袖是草莓，它在春天率先成熟。大家是否同意，我们感谢这世上陪伴着我们的浆果，是否愿意向浆果致以感谢、爱和尊敬？现在，我们的心灵是合一的。

我想，这里会不会有小孩像我女儿一样叛逆，不愿意站起来对大地说谢谢你呢？应该不会有人反驳对于浆果的感激之情吧。

> 我们以合一的心灵，向所有园圃里可以采收并提供给我们食物的植物致以敬意和感谢，特别是用丰盛的食物喂养人们的"三姐妹"*。从时间之初始，谷物、蔬菜、豆类和果子就在帮助人类生存。许多其他的生物也从它们那里获取力量。我们在心灵中把所有植物所产的食物汇聚到一起，并向它们致以问候和感谢。现在，我们的心灵是合一的。

孩子们用心聆听每一段献词，并点头表示同意，特别是有关食物的那段。一个穿着"红鹰队"曲棍球衫的小男孩走了出来，说道：

> 现在我们转向世界上的药用植物。从太初之时，它们的任务就是带走疾病。它们一直在等待，准备治愈我们。我们非常高兴它们如今还和我们在一起，我们之中还有少数特殊的人记得如何用这些植物来治疗。我们以合而为一的心灵，向药物以及守护药物的人致以感谢、爱与尊敬。现在，我们的心灵是合一的。
>
> 我们可以看到各种树木站在我们周围。大地上有那么多树

* "三姐妹"指的是原住民所种植的三种庄稼：玉米、豆子和南瓜。详见"三姐妹"一章。——译注

木的种类，它们各自都有自己的使命和用途。有些提供给我们遮蔽和阴凉，有些把自己的果实与美丽送给我们，还有很多别的有用的礼物。枫树是树木中的领袖，这是为了感谢它在人类最需要的时候送来了枫糖作为礼物。世界上很多人都把树木看做是和平与力量的象征。我们以合而为一的心灵向树木生命致以问候和感谢。现在，我们的心灵是合一的。

这份献词很长，因为它的本质就是向维持我们生命的一切送去问候。不过，它既可以很长，包含充满爱意的细节，也可以是简短的形式。在学校里，它是根据发表演讲的孩子的语言技能来量身定制的。

它的力量在一定程度上就在于它向这么多人送去问候和谢意时所占用的时间。演讲者用自己的言词作为礼物，聆听者则报之以自己的注意力，其间大家的心灵汇聚到一处。你可以被动地让这些词语和时间流淌过去，但是，每次呼吁都要求你做出回应："现在，我们的心灵是合一的。"你不得不集中精神，你不得不投身于聆听。这是需要付出努力的，特别是在这样一个我们已经习惯了信息摘要和即刻满足的时代。

当原住民与非原住民的企业主和政府官员等人召开联合会议，需要完成较长版本的感恩演讲时，后者总是会显得有些坐立不安，特别是律师。他们想要与它和睦相处，而他们的眼睛在屋里飞快地游移，努力克制着看手表的冲动。我自己的学生们宣称，能与原住民分享感恩演讲的体验，这份机会值得珍惜，然而每次结束之后，都总会有那么几个学生评论说它实在是太长了，没有一回例外。“可怜的家伙！”我在心里同情地说道，“真遗憾呐，我们就是有这么多值得感谢的东西。”

> 我们把心灵合在一处，向世界上所有美丽的动物生命致以问候和感谢。他们与我们同行，他们教会了我们人类很多东西。我们感谢他们一直与我们分享自己的生命，并希望一直如此。让我们把心灵合而为一，向动物们表达感谢。现在，我们的心灵是合一的。

想象一下在这样一个把感谢放在第一位的文化中养育孩子是什么样的吧。弗丽达·雅克（Freida Jacques）在奥农达加民族学校任教。她是一位部族主母（clan mother），是一名学校与社区的联络员，同时也是一位慷慨的教师。她向我解释道，感恩演讲是奥农达加人与世界的关系的具体化。造物的每一部分都因为完成了造物主赋予自己对其他人的责任而依次得到了感谢。“它每天都提醒你，你所拥有的已经足够了。”她说，“绰绰有余了。我们赖以为生的每样东西都已经在这里了。当我们每天做这件事的时候，它都引导着我们产生满足感，并对一切造物充满敬意。”

在聆听感恩演讲的时候，很难不产生一种丰盈、富足的感觉。虽说表达感恩之情似乎是一种完全无辜的行为，但它所蕴含的思想却是颠覆性的。在消费主义社会之中，满足就是一种极端立场。一旦我们承认自己所拥有的东西很丰富而不是很匮乏，那么这个依靠创造欲望的饥渴才得以繁荣的经济体制也就动摇了。感恩能培养出充实的伦理，但经济需要的是空虚。这份献词提醒你，你已经拥有自己所需的一切了。感激之心不会送你去购物来获得满足；它是一种礼物而不是一件商品，颠覆了整个经济的基础。这对于土地和人类而言都是一剂良药。

> 我们把自己的心灵合而为一，感谢所有在我们身边和头顶上运动和飞翔的鸟儿。造物主送给了他们美妙的歌喉作为礼物。每天早晨他们都会迎接白昼的到来，并且用他们的歌声来提醒我们要享受和欣赏生活。鹰被选为他们的领袖，在最高处观察着世界。我们向一切鸟儿，从最小的到最大的，献上充满欢乐的问候和感激。现在，我们的心灵是合一的。

这份献词不仅仅是一个经济学模型，它还是一堂公民教育课。弗丽达强调说，每天聆听感恩献词可以为年轻人树立起领袖的榜样：草莓是浆果的领袖，鹰是鸟儿的领袖。“这提醒了他们，他们最终也背负了很多期待。这就是说，成为一位好的领袖意味着，要有远见，要慷慨，要为了人民牺牲自己。就像枫树一样，领袖是要率先拿出自己的礼物的。”这提醒了整个社区的人们，领袖力并不在于力量与权威，而在于奉献与智慧。

> 我们大家都感谢我们称之为“四方之风”的力量。我们在流动的空气中听到它们的声音，它们消除我们的疲劳，净化我们

所呼吸的空气。它们促成季节的变化。它们来自四个方向，为我们带来消息，使我们充满力量。我们以合而为一的心灵，向四方之风致以问候与感谢。现在，我们的心灵是合一的。

正如弗丽达说的："感恩献词听多少遍都不为过，它提醒我们，人类并不掌控这个世界，而是和其他的各种生命一样，受制于相同的力量。"

对我来说，从学生时代一直到成人，宣誓效忠所起到的作用是培养了我的愤世嫉俗，让我感到这个国家的虚伪——而不是它企图灌输的荣誉感。随着我的成长，我渐渐理解了大地的馈赠，所以我根本不明白为什么"热爱国家"竟会忽视对于真正国土的承认。它所寻求的只是对一面旗子的承诺。而对彼此、对土地的承诺又在哪儿呢？

在感恩之中成长，在各物种平等的民主制度中，向自然界讲话，提出相互依存的誓言，是什么样的感受呢？不需要你做出政治忠诚的宣言，只有对一个一遍遍提出的问题的回应："我们是否同意对所有给予我们的东西心怀感激呢？"在感恩献词中，我听到了对我们一切非人类的亲人的敬意，这不是对某个政治实体，而是对一切生命的敬意。当忠诚与不知边界为何物、不能被买卖的风和水同在的时候，民族主义与政治的界限又从何说起呢？

现在我们转向西边，那是我们的祖父雷电生活的地方。他们通过电的闪光与雷的轰鸣带来了雨水，带来了新的生命。我们把心灵汇聚到一起，合而为一，向我们的祖父轰雷者送去问候与感谢。

现在，我们把问候与感谢献给我们的长兄——太阳。他从不懈怠，每天都从东边的天空旅行到西边，带来新的一天的光明。他是一切生命之火的源头。我们以合而为一的心灵，向我们的兄长太阳送去问候与祝福。现在，我们的心灵是合一的。

几个世纪以来，豪德诺硕尼人都有“谈判大师”的称号，他们凭借非凡的政治手腕解决了各种分歧。感恩献词在方方面面都帮助了人们，包括外交方面。几乎每个人都知道，如果一场对话注定是艰难的，如果一场会议注定唇枪舌剑，你会紧张到连下巴都绷得紧紧的。你会不停地整理文件，所要提出的论点像士兵一样在舌尖上严阵以待，一触即发。但这个时候，“先于其他一切之词”开始流淌，而你也开始回答。是的，我们当然都同意要感谢大地母亲。是的，同一轮太阳照耀着我们当中的每个人。是的，我们都一样地尊重树木。当我们开始向月亮祖母致以问候时，严厉的面容也开始在温柔的回忆中变得柔软。逐渐地，感恩献词的韵律开始在分歧的顽石周围打转，慢慢磨去我们之间的障壁的棱角。是的，我们都同意水还在这里。是的，我们可以在对风的感谢中让心灵合而为一。毫不意外的是，豪德诺硕尼人的决策来源于共识，而不是少数服从多数的投票。只有当“我们的心灵是合一的”，我们才会做出决定。在谈判时，这些词语是绝妙的“政治前言”（political preamble)，是缓解狂热的门户之见的一剂良药。请想象一下，如果我们的政府会议也能以感恩演讲来开场，那会是什么样的？如果我们的领导人也能先寻找双方的共同基础，然后再就彼此的分歧而争论，那将会怎样呢？

> 我们把心灵合而为一，感谢我们最老的祖母，月亮，她照亮了夜空。她是全世界女性的领袖，她支配着大海潮汐的运动。我们根据她圆缺不定的面庞来衡量时间，正是月亮看护着每个孩子来到大地上。让我们把对月亮婆婆的谢意聚拢到一起，把感恩之心层层叠叠地堆起来，然后以欢乐之心把一切谢意高高地抛向夜空，这样她就会知道了。我们以合一的心灵，向我们的祖母，月亮，致以问候和谢意。
>
> 我们把谢意献给像宝石一样散落满天的星星。我们在夜晚可以看到它们，它们帮月亮一起照亮黑暗，并给花园和植物带来露水。当我们在夜晚旅行的时候，它们引导我们回家。以合而为一的心灵，我们向所有的星星致以问候和感谢。现在我们的心灵是合一的。

感恩演讲还提醒我们，在原初的状态，世界本该是什么样子的。我们可以把这一系列赐予我们的礼物和它们现在的样子做对比。生态系统的每一部分是不是还存在，而且还在履行着自己的任务呢？水是不是还在滋养着生命呢？所有的鸟儿都还健康吗？当我们身陷于光污染，已经不再看得到星星的时候，感恩演讲应该能唤醒我们，让我们直面自己的损失，并鞭策我们去修复。这些词语就像星星本身一样，能够引导我们回家。

> 我们把心灵合而为一，感谢在各个时代前来帮助我们的博学的老师们。当我们忘记了应该如何和谐相处时，是他们让我们想起了我们当初被教导的，以人的身份生活的方式。我们以合而为一的心灵，向这些关怀着我们的老师们致以问候和感谢。现在，我们的心灵是合一的。

虽说演讲词有明确的结构和递进的顺序，却往往不是被逐字逐句背诵的，不同的演讲者口中的献词也不会完全一致。有时候的献词是喃喃低语，让人几乎听不清楚。有时候的献词近乎歌唱。我喜欢听汤姆·波特（Tom Porter）长老的献词，他在演讲时仿佛把周围的一圈听众都捧在自己的手心里。他让在场的每张面孔都容光焕发，而且不论他的献词有多长，你都会希望他可以继续说下去。他说："让我们把谢意堆起来，就像花篮里的鲜花那样。我们每个人都可以找个地方，然后把这些谢意高高地抛到空中。这样，我们的感谢就会像世界倾倒在我们身上的礼物一样丰沛了。"而我们则一起站在那里，在这场祝福之雨中满心感激。

> 现在，我们把思绪投向造物主，或是伟大之灵，并向造化送给我们的一切礼物致以问候和感谢。我们过上美好生活所需的一切都已经在这里，在大地母亲身上了。为了依然环绕着我们的一切的爱，我们把心灵合而为一，并把我们最美好的问候

和感激的语言献给造物主。现在，我们的心灵是合一的。

这些词语是简单的，但是有一种艺术把它们彼此联结，在这种艺术的作用之下，它们变成了一份主权宣言，一种政治架构，一部责任法案，一个教育模式，一本家谱，一份生态系统服务的科学目录。它是一部强有力的政治文件，一部社会契约，一种存在的方式——是这一切的集大成者。但首要的是，它是一种感恩的文化的信条。

感恩的文化同时也一定是互惠的文化。每个人，不管是不是"人类"，都以一种互惠的关系与彼此联结在一起。正如一切生灵都对我负有责任一样，我对它们也负有责任。如果一只动物牺牲了自己的生命来填饱我的肚子，那么我也有责任善待它的生命。如果我从小溪那里接受了纯净的水作为礼物，那么我也有责任回赠以同样的礼物。如何知晓和履行这些责任是人类教育中不可或缺的部分。

感恩献词提醒我们，责任和天赋是同一枚硬币的两面。鹰被赋予锐利的目光，因此守望我们就成了他们的责任。雨被赋予滋养生命的能力，在降落的时候便完成了自己的责任。人类的责任又是什么呢？如果天赋与责任是一体的，那么"我们的责任是什么"这个问题也就相当于"我们的禀赋是什么"。据说，只有人类拥有感谢的能力。这就是我们的天赋之一。

这件事如此简单，但我们都知道，感恩的力量能够促成互惠的循环。如果我的两个小姑娘拎着午餐跑出家门，却没有对我说一声"谢啦，妈妈！"的话，我承认，我会对自己付出的时间和精力感到有些不值。但是，当我得到了一个感激的拥抱时，我会心甘情愿地熬夜，好让明天的午餐包可以再添几个曲奇。我们知道，感谢孕育了丰饶。为什么这份感情的对象不能是大地母亲呢？她为我们准备了每天的午餐。

作为豪德诺硕尼人的邻居，我听到过很多种不同形式的感恩演讲，朗诵的声音也各不相同，我总会让我的心迎向它，就像我总会抬起脸迎向雨滴一样。但我并不是一个豪德诺硕尼公民，也不是学者——只是一个满怀敬意的邻居与听众罢了。我担心分享自己所听到的东西实属逾越之举，于是我去询问他们是否允许我在文章中写下感恩献词，以及它如何影响了我自己的思考。一遍又一遍，我听到的回应都是：这些词语是豪德诺硕尼人送给世界的礼物。当我向奥农达加的信仰守护者奥伦·莱昂斯（Oren Lyons）问起这件事的时候，他略带困惑地露出了标志性的微笑，然后说："你当然可以写啦。它本来就是用来分享的嘛，不然，它又怎么能起作用呢？我们等了五百年，希望有人来听。如果当时他们就能懂得感恩的话，我们就不会有这些麻烦了。"

豪德诺硕尼人已经把这些献词广泛地发行出来，如今它已经被翻译成40多种语言，响彻了世界各地。为什么这片土地上却没有呢？我试着想象了一下，假如学校改变了早晨的仪式，把类似感恩演讲的内容包括进来，那会是什么样的呢？对于我们城里那些白发苍苍的老兵，那些在国旗经过的时候把手按在心口上，在背诵效忠誓言的时候声音沙哑、眼中充满了泪水的人，我没有不敬的意思。我也爱自己的国家，爱它对自由和公正的追求。但是，我所尊敬的东西却不只是共和国的疆界所限定的这些。让我们与整个生物界一起，为彼此的互助互惠宣誓吧。感恩献词描述了我们作为人类代表在一切物种的民主大会中所宣誓的彼此效忠。如果我们希望人民爱国的话，那么就让我们通过唤醒大地本身来激发出对家园国土的真正的爱。如果我们想培养出优秀的领袖的话，那么就让我们提醒自己的孩子们不要忘了鹰和枫树的启示。如果我们想要教导出好公民的话，那么就让我们教会他们互惠互助。如果我们渴望追求的是全员皆享的平等的话，那么，就让它成为造化的每一员都能享受到的平等吧。

> 现在，我们的献词到了该结束的地方了。我们所提及的一切如果有所疏漏的话，那并不是我们的本意。如果有什么东西被遗忘了，我们把它留给每个人，让他们以自己的方式送去问候和感谢。现在，我们的心灵是合一的。

每一天，人们都以这些词语向大地送去感谢。在这段献词结束后，沉默随之降临。我在沉默中倾听着，期待着我们能听到大地向人们回以感谢的那一天的到来。

采撷茅香

茅香是在仲夏收获的，在这个时候，它的叶片修长而闪耀。人们把这些草叶一片一片地采摘下来，然后放在阴凉的地方干燥，以免褪色。同时，人们往往也会在原地留下礼物作为答谢。

豆子中的示现

在我采摘豆子的时候，忽然发现了幸福的秘密。

我在旋绕的藤蔓间搜索，寻找着里边包藏的一架架菜豆，我撩起暗绿色的叶子，找到了一把把细长青翠、覆盖着一层柔毛的豆角。它们柔弱地两两挂在一起，我把它们撅下来，一口咬下去，我尝到的是八月的味道，不掺一点杂质。这种味道经过“蒸馏”，化为了纯净、甘脆的豆香。这份夏天的丰盈马上就会被收进冷冻室里，它们下次登场将会是在隆冬，那时空气中只有雪的味道。我才刚刚搜寻完一个棚架，手中的篮子就满了。

我走向厨房，想把手中的篮子倒空，一路上走过厚重的南瓜藤，绕过被累累果实的重量坠弯了的番茄株。这些植物在向日葵的脚下蔓延，后者的花盘因为正在成熟的种子的重量而低垂着。我一边举着手中的篮子，一边经过一行马铃薯，这时，我注意到地上的一道沟中露出了几个红色的马铃薯，这是孩子们早上收菜的时候落下来的。我踢了些土在上边，免得它们被太阳晒青。

她们都抱怨园子里的活儿是多么麻烦，孩子们都是这样的。

不过她们一旦开始干，就会被泥土的柔软和白昼的气息所吸引，等到她们回到屋里时，已经是几个小时之后了。当初种出这一篮豆角的种子也是由她们的手指在五月塞到地里的。看着她们播种和收获，我觉得自己能算是个好妈妈了，我教会了自己的孩子如何养活自己。

不过，这些种子却不是我们自己生产的。当天女把她深爱的女儿埋葬入土的时候，植物从她的遗体上生长出来，成为送给人们的特殊礼物。她的头上长出了烟草，秀发中长出了茅香，她的心脏把草莓送给了我们。从她的乳房中长出了玉米，从她的腹部长出了南瓜，而从她的手中，我们看到了一串串修长的手指般的豆角。

在六月的早上，我是如何向我的女儿们表达我爱她们的呢？我会为她们摘来野草莓。在二月的黄昏，我们会一起堆雪人，然后坐在篝火边上。在三月，我们会一起制作枫糖浆。我们会在五月摘堇菜的花，在七月一起游泳。在八月的夜晚，我们会在户外铺上毯子，然后一起看流星雨。在十一月，伟大的老师"柴堆"来到了我们的生活中。这些只是开始。我们是如何向我们的孩子表达我们的爱的呢？我们每个人都会以自己的方式向他们倾泻礼物的甘霖和教诲的雨水。

也许是成熟的番茄散发的香气，也许是拟黄鹂的歌声，又或者是金黄的午后某一束斜照的光线和我身边悬挂得密密匝匝的豆角，有什么东西随着一股如同潮水一般的喜悦涌上了我的心头，让我不禁开怀大笑，惊飞了一群正在啄食葵花子的山雀，于是一阵黑白相间的果壳雨洒落在地上。我带着如同九月阳光那样温暖和澄净的信念明白了这件事，那就是土地也同样爱着我们。她用豆子和番茄爱着我们，用烤玉米和黑莓，还有鸟儿的啼啭爱着我们，用礼物的甘霖和教诲的雨水爱着我们。她养活了我们，还教导我们怎样养活自己。这就是一个好妈妈会做的事。

我环顾菜园，能感受到她在给予我们这些美好食物时的喜悦：覆盆子、南瓜、罗勒、马铃薯、芦笋、莴苣、羽衣甘蓝、甜菜、西蓝花、胡椒、抱子甘蓝、胡萝卜、莳萝、洋葱、韭葱和菠菜……这让我想起了我的两个小姑娘在回答“你有多爱我呀？”这个问题时的答案：“有这——么多哦！”她们一边说一边把双臂张得大大的。这是我让我的女儿们学习园艺的真正原因——即便我走了，她们也能永远拥有一位爱着她们的母亲。

这就是豆子中的示现。我用了很长时间思考我们与土地之间的关系：我们是如何得到这么多的赠与的？而我们又能回赠些什么呢？我想要解出这道关于互利原则与责任的等式，弄清与生态系统建立可持续关系的原因所在。这些东西都在我的脑子里。但突然之间，推论没有了，理性化没有了，有的只是对这满满一篮母爱的纯粹情感。这是最高的互利原则，爱与反过来被爱。

若是坐在我的书桌前、穿着我的衣服、有时还会开走我的车的那位植物学家听到我断言园子就是土地说“我爱你”的一种方式，可能会感到为难。这不就是让人工选择的驯化种的净初级生产力增加的事吗？不就是通过劳力和材料的投入来操纵环境条件，使产量上升的事吗？人们选择了具有适应性的文化行为，这些行为可以带来营养丰富的饮食，提高个体的适应性。爱与这些又有什么关系呢？如果园子欣欣向荣，它就爱你吗？如果园子的状况不好，你就会把马铃薯枯萎病归咎于一段情感的结束吗？没有成熟的胡椒会是关系破裂的信号吗？

有的时候我需要向她做出解释。种园子不仅是物质层面上的工作，同时也是精神层面上的任务。这对于被笛卡尔式二分法充分洗脑的科学家而言，是相当难以把握的概念。“嗯，你怎么知道这是因为爱而不仅仅是因为土比较好？”她问道，“证据在哪里呢？探测到爱意行为的关键因素是什么？”

这很简单。没有人会怀疑我对我的孩子们的爱，即便是搞定量研究的社会心理学家也没法在我的这份爱意行为清单里挑出错来：

- 促进对方的健康和幸福
- 保护对方不受伤害
- 鼓励对方的个人成长与发展
- 有和对方在一起的强烈愿望
- 与对方慷慨地分享资源
- 与对方一起为一个共同的目标而努力
- 信奉共同的价值观
- 彼此依赖
- 为彼此做出牺牲
- 创造美

当我们在人与人之间观察到了这些行为，我们就会说：“她爱这个人。”若是你在一个人和一块精心照料的土地之间发现了这些举动，你也会说：“她爱这个园子。”那么，让我们看看这份清单，难道就不能往前再跨一步，说园子也同样爱着她吗？

植物和人类之间的交流塑造了两者的演化史。农场、果园、葡萄园都塞满了我们驯化的物种。我们对它们的果实的欲望促使我们为了它们去耕作、剪枝、灌溉、施肥和除草。也许它们也驯化了我们。野生的植物变了，它们一行行规规矩矩地站好；野生的人类也变了，他们在田野旁边定居，照料着植物。这是一种相互的驯化。

我们在一个协同进化的循环中彼此相连。桃子越甜美，我们就会越频繁地散布它的种子、培育它的幼苗，并保护它不受伤害。用作食物的植物和人类在彼此的演化道路上都发挥着选择的力量：一方的繁盛是为了另一方利益的最大化。对我而言，这一切听上去就像是爱。

我曾经教过一堂研究生写作课，主题是关于人类和土地的关系。所有的学生都对自然表现出了深深的尊敬和喜爱。他们说，大自然是给他们带来最强烈的归属感和幸福感的地方。他们毫无保留地声称自己热爱大地。而当我问他们：“你觉得大地也同样爱着你吗？”谁也不愿意回答。就好像我把一头长着两个脑袋的豪猪带到了教室里：出人意料，而且尖锐。他们慢慢地退却了。这个房间里满是写作者，而每个人都满怀激情地堕入了对大自然的单相思之中。

所以我把问题转化为假设，并问道：“你们觉得，如果人类能够相信这个疯狂的念头，觉得大地同样爱着他们，那么会怎么样呢？”闸门打开了。他们一下子都想要说话了。我们立刻脱离了困境，朝着世界和平与完美的和谐进发了。

一个学生总结道：“你不会伤害给你爱的人。”

明白自己爱着大地这件事会改变你，这会激励你去捍卫、保护和赞美她。但是，当你感到大地也同样爱着你的时候，这份情感就会把你和大地之间的关系从单行线变成一条神圣的纽带。

我的女儿林登种出的园子是全世界我最喜欢的园子之一。她从她那单薄的山地土壤里种出了各种好吃的，我只有在梦里才见过这些好东西，比如毛酸浆和红辣椒。她制造堆肥，种出花朵，但最棒的地方并不是这些植物。而是有一次她在除草的时候给我打来电话聊天。我们在园中浇水、除草和收获，会像她还是个小女孩时那样开心地在园子里玩耍，只是我们之间已经相隔 3000 英里。林登忙得不可开交，于是我问她为什么要种园子，既然它会占据那么多时间。

她说，自己种园子一是为了食物，二是这些植物能产出如此丰饶的成果，辛勤劳作也就带来了巨大的成就感。而且，当她把手指插进泥土的时候，她会感觉自己回到了家。虽然已经知道了答案，我还是问她：“你爱你的园子吗？”然后，我又试探性地问道：“你觉得你的园子同时也爱你吗？”她沉默了片刻，对于这种事情她一向不善言辞。“我很确定，”她说，“我的园子就像我自己的妈妈一样照顾着我。”在听到答案的那一刻，我觉得自己死而无憾了。

我曾经认识并爱慕一个男人，他这辈子的大部分时间都是在城市中度过的，不过当他被拽到海边或林中的时候，他似乎也非常享受——只要他还能上网。他曾在许多地方生活过，所以我问他对什么地方最有感觉。起先他不太明白这种表达。我解释说，我想知道他在什么地方最能感受到自己得到了滋养和安慰。你最了解的地方是哪里？你最理解它，而它也最能理解你？

他很快就给了我答案。"我的车啊，"他说，"就是车里。它提供了我所需要的一切，我要什么，就有什么。我最喜欢的音乐，可以充分调节的座椅，自动的镜子，两个杯架。在车里我很安全。而且它总会带我去我想去的地方。"几年之后，他企图自杀，在他的车里。

他从来没有和土地发展过一段关系，而是选择了用技术把自己完美地隔离起来。他就像是被遗忘在种子袋最底下的那些干瘪的小种子一样，从来没有触碰过泥土。

我在想，我们社会中的很多苦闷会不会都来源于此呢？我们让自己与大地本身相隔绝，与大地的爱相隔绝。而这种爱是良药，能够医治破碎的大地与空洞的心灵。

拉金曾经不停地抱怨除草的工作。不过现在她一回到家，就会问她能不能去挖土豆。我看着她跪在地上，一边挖掘着红皮土豆和育空金土豆，一边哼着歌。拉金现在读研究生了，她研究食品系统，与城市里的园丁共事，在征收回来的空地上为食品分发处种蔬菜。边缘青少年会在这里做种植、锄地和收获的工作。孩子们都很惊讶他们收上来的食品居然是免费的。之前，他们所得到的所有东西都是要付钱的。他们见识了刚从地里拔上来的胡萝卜，一开始，他们满脸疑惑，但他们尝了一口之后，一切就不一样了。拉金正在传递礼物，而这份转变是深刻的。

当然，很多塞进我们嘴巴的东西是被强行从大地的怀抱中带走的。这种索取对于农民，对于植物，还有不断消失的土壤来说都没有荣誉可言。那些缠在塑料裹尸布中被买卖的食物是很难再被当做礼物的。每个人都知道，你无法买来爱。

在园中，食物是从伙伴情谊中生长出来的。如果我不去清理乱石、拔去杂草，那么我就没有完成我这边的交易条款。我可以通过我长着对握拇指的灵巧双手和使用工具的能力来做到这些事，来铲粪肥。但是，就好像我不能把铅变成黄金一样，我不能凭空创造出一个番茄或是让架子上一下子爬满豆蔓。这是植物的责任和专属于它们的天赋：能让没有生命的东西具有生命。而这里，就是它们的礼物。

人们经常问我，如果要选择一件事来修复人和土地之间的关系，你会推荐什么事？我的答案一直是："种个园子。"这对于土地的健康和人的健康都有利。做园艺的过程就像是一个苗圃，彼此滋养的关系由此而孕育；它也像是土壤，从实践中得来的敬畏由此而生长。它的力量远远超出了园子的大门——你一旦和这一小块土地建立了关系，它本身也就成了一粒种子。

菜园中发生的一些事情是至关重要的。在这个地方，如果你不能大声说出"我爱你"的话，你可以用种子来表达自己的爱。而土地也会回报以爱，用豆子的形式。

三姐妹

来讲故事的应该是她们。玉米的叶子轻轻摩擦，发出像在纸上签字一样的声音，这是她们与彼此和微风的对话。在七月炎热的一天——在这样的日子里玉米每天都能长高六英寸——茎忙着向光芒生长，到处都有拔节的吱吱声。新生的叶片忙着抽身摆脱包裹着自己的叶鞘，发出嘎吱嘎吱的声音。有的时候，在纯然的静默之中，你能听到髓心啪的一声爆裂，这是因为充满水的细胞变得太大、太鼓胀，冲破了茎的限制。这些都是生命的声响，却不是话语声。

豆子发出的声音一定是充满了爱意的，它们以柔软卷曲的茎须尖端缠绕在玉米的茎秆上，发出一种细小的嘶嘶声。植物的表面紧贴在彼此身上，轻巧地颤动着；卷须绕着茎秆搏动着，这些声音只有身边的跳甲能够听到。但这并不是豆子的歌唱。

我曾躺在一大片南瓜秧之中，南瓜的果实正在成熟，遮阳伞般的瓜叶来回摇曳，它们的叶柄被拴在藤蔓上，风儿上上下下地摇晃着叶子的边缘，而我细细聆听着它们相互摩擦的沙沙声。如果在越长越大的南瓜中间的空地放上麦克风的话，就能听到种子胀大时发出的爆裂声，还有水分在柔嫩的橘黄色果肉中渐渐充盈的声音。这些都是声音，但不是故事。植物并不是通过话语来讲述自己的故事的，而是通过行动。

如果你是一名教师，却无法发出声音来传达你的知识，你会怎么做呢？如果你根本没有自己的语言，却有必须要讲述的东西，你会怎么做呢？你难道不会用舞蹈表达它，用行动表达它吗？你难道不会用一切动作来讲述这个故事吗？最后，你会变得如此有说服力，人们只需看你一眼，就会对这一切心领神会了。这些沉默的绿色生命正是如此。一座雕像也只是用锤子和凿子里里外外地敲出了高低起伏的一块岩石而已，但这块岩石却能打开你的心扉，让你在观摩之后有所收获。它不着一字，却传达了自己要表达的讯息。不过，不是每个人都能领会得到——石头所说的语言是很难懂的。岩石说话的时候口齿含混。但植物说的话是每种会呼吸的生命都能理解的。植物的教诲使用的是一种普世的语言：食物。

几年前，一位切罗基族作家阿维亚科塔（Awiakta）把一个小包塞进了我的手里。那个小包用干燥的玉米叶裹得紧紧的，上边系着一根线。她笑着提醒我："到了春天才能打开哦！"在五月，我打开了这个小包裹，看到了里边的礼物：三颗种子。第一颗种子是金色的三角形，上边宽阔，带着一道凹槽，底下渐渐收窄，最终变成一个坚硬的小白尖。第二颗是一粒光滑的豆子，它是棕色的，带有斑点，圆形，内侧的曲线有点向里凹，在它内侧的腹部有一个白色的眼儿，也就是种脐。我把它放在拇指和食指之间滑动，它就像是一颗打磨光滑的石子，却又不是石子。还有一颗则是南瓜的种子，它像是一个椭圆形的瓷碟，边缘的褶皱闭合着，仿佛是被塞满了的馅饼皮。我拿在手里的就是原住民农业的智慧结晶——“三姐妹”。这三种植物——玉米、豆子和南瓜——一起喂养了人民，喂养了土地，还喂养了我们的想象力，告诉我们应该如何生活。

千年以来，从墨西哥到蒙大拿，妇女们都会把土堆起来，并把这三颗种子一起埋在同一平方英尺的土壤中。当马萨诸塞海岸的殖民者第一次看到原住民的园子时，他们认为这些野蛮人根本不懂得如何耕种。在他们心中，只有笔直的一行行相同的作物才叫园子，这种三维的、向各个方向蔓延的丰饶植物群根本算不得园子。然而他们却在这里饱餐，并且还不停地索取，想要得到更多。

玉米的种子一旦种到了五月湿润的泥土中，就会很快开始吸水。它的种皮很薄，里边的淀粉物质——胚乳——也会往种子内吸水。水分促使种皮下的酶把淀粉分解为糖类，为安居在种子尖端的玉米胚的生长提供养料。因此，玉米是率先从地里露头的。玉米芽就像是一根细长的白色钉子，一旦找到阳光，几个小时内就会变绿。一片叶子舒展开来，然后是另一片。在一开始，玉米堪称一枝独秀，而其他两位姐妹还在精心准备呢。

在喝饱了土壤中的水之后，豆子的种子就会膨胀，从她布满斑点的外套中爆开，并把幼根深深地扎入地下。只有在根安安稳稳地扎下去之后，弯曲成钩子形状的茎才会从地里探出身来。豆子可以不慌不忙地寻找阳光，因为她早有准备：她们的第一对叶片已经以两个豆瓣的形式打包在种子之中。现在，这一对肉质的叶片钻透了地面，加入到此时已经有六英寸高的玉米茎身边。

南瓜更加慢条斯理——她们是动作最慢的小妹妹。她们的茎要过几个星期才会冒出地面，而且外边依然包着种皮，直到新叶把这层硬壳撑破并挣脱出来。我听说，我们的祖先在种下南瓜之前，会提前一周把南瓜的种子放在鹿皮袋中，再加上一点水或尿，来让它们萌发得快些。但是，每种植物都有它自己的步调和萌发的次序，有长幼之分，这对它们之间的关系和收成的好坏十分重要。

玉米是长姐，长得笔直挺拔是她为自己设立的目标。她拼命向上拔节，同时长出一片又一片丝带状的叶子。她一定要尽快地长高，拥有茁壮的茎秆。为了她的妹妹豆子，她必须这样做。豆子在只冒出一个头的茎上生出一对心形的叶片，然后是另一对、再一对，所有的叶片都贴着地面。豆子专心于长叶，玉米则致力于长高。但是，在玉米恰好长到膝盖的高度时，豆子却像家里的老二所经常做的那样，突然改变了心意。她不再长叶子了，而是把自己变成了一条长长的藤蔓，变成了一条带着使命的纤细的绿色丝线。在这青春期的阶段，激素让豆苗的尖端四处漫游，在空中划着圈，这个过程叫做回旋转头运动。豆苗尖端每天经过的路程有一米左右，她跳着单脚尖旋转的芭蕾舞，直到找到自己所寻觅的东西——玉米秆或是其他在垂直方向上提供支撑的东西。沿着藤蔓的触觉受体引导着她，让她把自己的身体缠在玉米茎上，形成优雅向上的螺旋形。如今，她暂停长叶，而是委身去拥抱玉米，和对方高度的增长保持步调一致。假如玉米没有早早开始生长的话，豆秧就会把她缠死，但是，只要时序得当，玉米便能轻易地支撑住豆秧。

与此同时，家里最晚熟的小妹妹南瓜正在坚定地在地面上扩张，她渐渐远离了玉米和豆子，在中空的叶柄上撑起了一排像阳伞一样的宽大、浅裂、轻轻摇摆的叶片。这些叶片和藤蔓上长着明显的刚毛，让那些狼吞虎咽的毛毛虫望而却步。随着叶子越长越阔，它们会遮蔽玉米和豆子脚下的土壤，把水分锁在里面，而将其他植物挡在外边。

原住民把这种种植方式叫做“三姐妹”。关于它的来历有很多传说，不过这些故事都把这三种植物看做女性，而且彼此是姐妹。有一些版本的故事是这样说的：那是一个漫长的冬季，人们在饥饿中挣扎。在一个雪夜，三位美丽的女子造访了人们的住处。第一位穿着一袭黄袍，身材高挑，秀发如瀑。第二位身着绿色的衣衫，而第三位的衣裳是橘色的。三位女子进来之后，就靠着火边歇下了。虽然食物短缺，但人们还是竭尽所能，慷慨地招待了三位远客，他们把自己所剩的寥寥无几的食物都拿了出来。三姐妹感激于人们的慷慨，显露了自己的真实身份——玉米、豆子和南瓜，并且把自己的种子送给了人们。从此，人们就再也不用挨饿了。

盛夏之际，白昼漫长而明亮，轰雷者用雨水浸透了大地，“互助”这一课清清楚楚地写在三姐妹的园中。在我看来，她们的茎秆藤蔓所画出的是世界的蓝图，是平衡与和谐的地图。玉米有八英尺高，绿丝带般的叶片像水波一样从茎上向各个方向荡漾开去，以便得到更多阳光。不会有任何一片叶子直接生在另一片上方，这样，每片叶子都能接受到阳光，而不会遮蔽彼此。豆子缠在玉米秆身上，把自己错落地盘绕在对方的叶子之间，绝不打扰她们的工作。在玉米不长叶子的地方，豆秧上会长出一个个芽苞，这些芽苞将成长为一片片向外拓展的叶片和一串串芳香的花朵。豆叶是下垂的，而且紧紧地贴着玉米秆。在玉米和豆子脚下像地毯一样铺开的，是宽大的南瓜叶，她们拦截了落在一棵棵玉米之间的光线。三姐妹不同的分层极为高效地利用了光线这一来自太阳的礼物，没有一点浪费。这些对称的形状有机地组合在一起，构成这个整体；每片叶子的排布方式还有形状的和谐都在述说着她们的启示。彼此尊重，彼此支援，把你的礼物带给世界并接受别人送来的礼物，大家就都能拥有足够的东西了。

到了夏末，豆蔓上沉甸甸地挂起一串串饱满光滑的绿色豆荚，玉米秆上斜伸出一个个在阳光中越来越肥壮的玉米穗，南瓜在你的脚边慢慢变大。如果算每英亩产量的话，三姐妹菜园所结出的成果要比你只种其中一位姐妹来得更高。

你能看出来她们确实是姐妹：一个轻轻松松地缠在另一个身上，搂抱着对方，而可爱的小妹妹懒洋洋地依偎在两个姐姐脚边，亲近，却不会过度——她们彼此合作，而不是彼此竞争。我在人类的家庭中，在姐妹之间的相互影响中也见到过相似的东西。毕竟，我家也有姐妹三人。头胎出生的姑娘知道自己肯定是要挑重担的：她身材高挑，性格爽朗，为人正直而讲究效率，为其他所有的孩子树立了榜样。这就是玉米大姐。一家之中很难容得下两个玉米性格的女子，所以二姐就要选一条不同的路线了。豆子姑娘处世更加灵活，更善于适应，她能想办法绕过主导的结构，以获得自己所需的阳光。性格甜美的小妹妹不用再去满足别人的期待了，于是她可以选择一条完全不同的道路。一切基础都已经为她打好，她不需要去证明自己，而是找到了属于她自己的道路，而这条路也对大家的福祉有贡献。

如果没有玉米的支撑，豆秧就会变成地上的一堆乱糟糟的藤蔓，面对爱吃豆秧的掠食者毫无防备之力。这样说来，似乎她在园子里不劳而获，白占了玉米的高度和南瓜的遮阴这两大便宜，但是，在互利原则之下，没有谁能够只索取不付出。玉米为大家争取到了更多阳光，南瓜减少了杂草。那么豆子呢？她奉献的礼物深藏于地下。

在地上，三姐妹的合作体现在她们叶子的排布上，每个人都小心地避开了别人的空间。地底下的情况也是一样。玉米属于单子叶植物，它基本上就是一株长得特别高的草，它的根也是细弱的纤维状的。如果把泥土都去掉的话，整棵玉米的样子就像是一个拖把，茎是拖把杆，根就是杆上一条条线组成的拖把头。这些根须完全不会扎到很深的地方去；它们在很浅的地方织成一张网，优先享用降落的雨水。在它们喝饱之后，雨滴就落到了玉米根须无法触及的地方。雨水渗得越来越深，而豆子的直根就稳扎在那里等着将其吸收。南瓜也有自己的策略，她离开姐姐们，向远处蔓延。只要南瓜的茎触碰到土壤，就能够生出一丛不定根，并以此来获取离玉米根和豆根很远的水分。她们分享土壤的技巧也和分享阳光一样，为每个人都留出了足够的资源。

但是有一样东西是大家都需要用到而且一直不够丰富的：氮元素。缺氮为何成了限制植物生长的因素？这是生态学上的吊诡之处：大气之中 78% 的成分都是氮气。问题在于，绝大多数植物都无法利用空气中的氮。它们需要的是矿物质中的氮元素，也就是硝酸盐或铵盐。对植物而言，大气中的氮气就好像是被锁起来的食物，眼睁睁地看着却无法得到。不过，氮气是能够转化为可利用的形式的，而最佳的转化途径就是借助豆类。

豆子是豆科的成员，这一科植物都拥有一项非凡的本领：能摄取大气中的氮，并把它转化为可以吸收的养分。不过，它们并不是独自完成这项伟业的。我的学生经常会拿着一把他们挖出来的豆根，跑过来问我上边挂着的一串白色小球是什么。“是不是生病了？”他们问道，“这些根是不是出事了？”而我回答说，是出事了，实际上，出的是好事。

这些白色的小球是根瘤菌（*Rhizobium*）的家，而根瘤菌就是固氮者。只有在特殊的环境下，根瘤菌才能把氮气转化为养分。它体内起催化作用的酶无法在有氧的条件下工作。然而，平均而言，土壤中超过 50% 的空间都被空气占据着，所以根瘤菌需要一个避难所来完成它的工作。豆子则高高兴兴地伸出了援手。当豆根在地下遇到了微小的棒状的根瘤菌之后，两者就会发生交流，交换彼此的化学物质，于是交易就达成了。豆子会长出隔绝氧气的根瘤来作为细菌的家园，而细菌则会把它固定下来的氮送给植物作为回报。它们携手创造了氮肥，而这些氮肥进入土壤之后也会促进玉米和南瓜的生长。在三姐妹的园中，互帮互助在各个层面上都有展现：在豆子与根瘤菌之间，在玉米与豆子之间，还有南瓜与玉米之间，而最终，还有植物与人类之间。认为这三者有意合作的想法确实很吸引人，而且也许她们确实如此。但是，伙伴关系的美妙在于每种植物做这些事都是为了自己的生长，而当它们这样做的时候，在每个个体茁壮生长的同时，整体也变得繁盛。

三姐妹处世的方式让我想起了我的族人的一条基本教诲。我们每个人最重要的事，就是要了解自己独特的天赋，以及如何把它运用于世界。每个人的个性都得到了珍视和培养，因为要想达成整体的繁荣，我们每个人都要坚定地知道自己是谁，并且以强大的信念践行自己的天赋，这样才能与别人分享自己的礼物。三姐妹生动地展示了如果一个社区之中的每位成员都理解并分享自己的天赋，那么整个社区会变成什么样子。在互助精神之下，我们的灵魂和肚子都能得到满足。

多年以来，我在讲授普通植物学这门课的时候，一直在阶梯教室里用幻灯片、图表和关于植物的故事来点燃这些18岁的孩子们对光合作用这一奇迹的激情，我觉得我的这些手段是不会失败的。他们在听了我的讲述以后，怎能不开开心心地学习根是如何在土壤中穿行，怎能不从座椅上探出身来，兴奋地想了解更多关于花粉的知识呢？但是，台下茫然的面孔汇成的海洋却表明，在大多数学生心中这些内容的有趣程度跟盯着草生长差不多。当我天花乱坠地讲述春天豆苗生长的优雅姿态的时候，只有第一排的人会热切地点头和举手发言，而班里的其他同学都睡着了。

在沮丧之余，我问道："有多少同学自己种过什么吗？请举起手来。"第一排的所有人都举手了，后边也有几个人犹犹豫豫地举了手，他们在小时候看过母亲种非洲堇，后来还枯死了。我一下子就理解了为什么他们会觉得无聊。我的讲述来自于记忆，引用的是我多年来见证过的植物生命的形象。我本来以为这些绿色的形象是人所共知的，但实际上，他们的脑海中并没有这些图像，因为菜园早已被超市取代了。第一排的学生们和我一样，都见过这些东西，并且想要了解这些每天都在发生的奇迹究竟是怎么来的。但是班里的大多数人完全没有体验过种子和泥土，从来没有见过一朵花是如何把自己变成苹果的。他们需要的是一位新老师。

于是，每年的秋季课程我改在园子里开展，在那里有我所知的最好的老师来教他们，那就是美丽的三姐妹。在整个九月的下午学生们都坐在三姐妹身边。他们测量作物的收成和生长，并且学着了解喂养了他们的植物的解剖结构。我告诉他们要先去看。他们观察并描绘了这三者共同生活的方式。一位学生是个画家，她越观察就越兴奋，她说："你看这构图！就像是我们老师今天在工作室里给我们讲的设计元素组合一样。它们是一个整体，是平衡的，还有颜色。太完美了。"我看了看她笔记本里的速写，她把这一切看成是一幅画。叶子形状不同，长的和圆的，浅裂的和光滑的；色彩也多种多样，黄色，橘色，深深浅浅的绿色之中的棕褐色。"快看它们是怎么做到的！玉米是垂直方向的元素，南瓜是水平方向的元素，而这一切都由这些曲线状的藤蔓，也就是豆藤组合在一起。真是迷人！"她神采飞扬地说。

有一个姑娘打扮得很有魅力，这在舞厅里可能行得通，但在植物学实地考察中就不行了。到目前为止，她都远远地避开了与泥土的一切接触。为了让她放松下来参加劳动，我建议她去干比较干净的活，只要顺着南瓜藤，从一端一直捋到另一端，然后测量花的直径就好了。在南瓜藤最嫩的尖端开着一朵朵橘黄色的南瓜花，就像她的裙子一样明艳，一样满是精致的褶皱。我指出了花朵得到授粉之后膨大的子房。这是一次成功的诱惑所留下的结果。她穿着高跟鞋，小心翼翼地踩着小碎步，追溯着南瓜藤的源头；先前的花朵已经凋谢了，小小的南瓜出现在了花朵雌蕊的位置。离它越近的地方，南瓜就长得越大，从还顶着花的一美分硬币那么大的小疙瘩，到完全成熟的十英寸的南瓜。这就像观察怀孕的过程一样。我们一起摘下了一个成熟的南瓜，然后把它切开，这样她就能看到里边的空腔中的种子了。

“你是说，每个南瓜都来自于一朵花？”她看着南瓜藤上一字排开的南瓜发育过程，难以置信地问道，“我很喜欢感恩节时看到的这种南瓜。”

“是呀，”我告诉她说，“这就是第一朵花的成熟的子房。”

她震惊地睁大了双眼：“你是说这么多年来我一直都在吃卵巢*？太恶心了——我再也不会吃南瓜了。”

园子里有一种质朴的性欲，而大多数学生也迷上了显露真容的果实。我让他们小心地打开一个玉米穗，而不要伤到它顶端飘拂的玉米须。粗糙的外皮最先被打开，然后是一层层内部的叶子，每一层都变得更薄，直到最后一层暴露出来，它是那样轻薄，却又那样紧密地包裹着玉米穗，透过它，每一颗玉米粒都历历可见。

---

* 动物的卵巢与植物的子房在英语里都是 ovary。——译注

当我们把这最后一层也剥去的时候，清甜的奶香就从玉米穗上散发开来，一排排圆形的金黄玉米粒也显露出真身。我们近距离地观察了每一缕玉米须并搞清楚了它来自哪里。玉米须在外壳以外是褐色而卷曲的，但是在里边的部分却是无色而脆嫩的，仿佛里边充满了水。每根纤细的玉米须都将玉米皮里的一颗玉米粒和外边的世界连接起来。

玉米穗轴是一种独具匠心的花，玉米须就是花中大大延长了的雌蕊。它的一端在微风中摇摆，以便获取花粉，而另一端则附着在子房上。花粉粒在被玉米须抓到之后会释放出精子，而玉米须则为精子提供了一根充满水分的导管。玉米的精子会沿着这根丝质的管道游向乳白色的玉米粒，也就是子房。玉米粒只有在受精之后才会长得饱满而金黄。一根玉米穗轴就是几百颗玉米粒的母亲，孩子们的父亲可能各不相同。怪不得她被叫做“玉米母亲”* 呢！

豆子也像子宫里的婴儿一样生长。学生们心满意足地大嚼着新鲜的菜豆。我让他们先打开一个狭长的豆荚，看看自己在吃的究竟是什么。一个叫杰德（Jed）的学生用拇指的指甲在豆荚上掐出一道缝隙，然后把它打开了。里边是排成一列的十个豆子宝宝。每粒小小的豆子都通过一根娇嫩的绿色纽带附着在豆荚上，这就是珠柄。它只有几毫米长，就像人类的脐带一样。植物的母体正是通过

---

* “玉米母亲”（Corn Mother）的说法源自北美洲某些原住民部落关于玉米的传说，有许多版本。——译注

这根纽带来哺育她正在成长的后代的。学生们全都围过来观察。杰德问道："这是不是意味着豆子也有肚脐？"大家都笑了，不过他的想法是正确的。每颗豆子在珠柄的位置都有一块小小的疤痕，种皮上也有一个小点的颜色不一样，这个地方就是种脐。每颗豆子都有肚脐。这些植物妈妈哺育了我们，并把她们的孩子以种子的形式留了下来，一遍又一遍地哺育着我们。

在八月，我很喜欢和大家一起享用"三姐妹百乐宴"。我在枫树下的餐桌上铺好桌布，采来野花塞到罐子里作为花束，然后摆到每一张餐桌上。朋友们陆续到来，每个人都带着一个盘子或是篮子。桌上满是一盘盘金色的玉米饼，三种豆子做的混合沙拉，圆圆的棕色豆糕，辣味炖黑豆，还有砂锅西葫芦*。我的朋友李（Lee）带来了一大盘小南瓜盅，里边盛满了奶酪玉米糊；以及一锅热气腾腾的三姐妹汤，黄绿相间，还有几片西葫芦漂浮在汤中。

等到大家都来齐之后，还要举行另一项仪式。仿佛桌上的盛宴还不够吃似的，我们会来到园中再摘些新鲜的菜。玉米穗填满了一蒲式耳那么大的篮子。年龄大些的孩子开开心心地剥着玉米，他们的父母把新结的绿色豆角装在碗里，而最小的孩子则在扎人的叶子底下寻找着南瓜花。我们把奶酪玉米糊小心地填到每朵花那橙色的咽喉中，把花瓣合上，然后把这些花炸得酥脆。这道菜刚上桌，就被一抢而空了。

---

* 原文为 summer squash，直译为夏南瓜。西葫芦是南瓜属植物。——译注

三姐妹的天才之处并不仅仅在于它们在生长过程中的协调，这三种植物在餐桌上也是一样互补。它们搭配起来很美味，并且形成了营养的“铁三角”，对人体大有好处。在层层包装之下的玉米，其实是淀粉的优质来源。在整个夏天，玉米都在把阳光转化为碳水化合物，因此在整个冬天，人们就能从食物中获取能量了。但是人类不能只靠玉米来维生；它的营养并不全面。就像在园中豆子能与玉米相互补充，在食品中，豆类也是玉米的好帮手。凭借固氮的能力，豆类的蛋白质含量很高，因此能够补全玉米在营养方面的不足。一个人可以靠吃玉米和豆类活得很好，而单吃其中任何一种都不够。可是，无论是豆类还是玉米，都不能像南瓜那富含胡萝卜素的果肉一样提供各种维生素。它们再一次证明了三个人的力量要远远胜过单打独斗。

在晚餐之后，我们都撑得吃不下甜点了。桌上有一盘印第安布丁和枫糖玉米饼在等着我们，但我们只是坐着，眺望山谷，而孩子们在身边跑来跑去。房屋下边的土地大多种满了玉米，一块块长方形的农田紧挨着林地。在下午的阳光中，一行行的玉米在彼此身上投下阴影，同时也描画出山坡的轮廓。远远望去，它们就仿佛是书页上的一行行词句，在山坡上写下长长的一道道绿色的文字。我们与土壤的真正关系就写在大地上，这些绿色的文字比书里的任何章节都更清晰。我在漫山遍野的书里读到了一个故事，在这个故事中，人们看重整齐划一和它所产生的效率，于是土地遭到分割，来适应机械和市场的需求。 原住民的农业理念是要改变植物来适应土地。因此，我们祖先驯化的玉米有许许多多不同的种类，它们都是因地制宜的。拥有巨大引擎与化石燃料的现代农业采取的则是相反的手段：改变土地来适应植物，而这些植物都是相似到令人恐怖的克隆体。

一旦你知道了玉米是一位姐妹，就很难再去忽略这一点了。但是，一般的田野中那长长的一行行玉米却仿佛是完全不一样的存在。她们彼此间的关系消失了，每个个体都湮没在没有名姓的海洋之中。在这样一片整齐划一的人群之中，你再也无法辨认出你心爱的那张面容了。这些田地有自己的美，但是在见识过三姐妹园中的友谊之后，我总在想，这些玉米会不会觉得孤独呢？

在那边一定有好几百万株玉米，它们肩并肩站着，在触目可及之处，不仅没有豆子、没有南瓜，甚至连一根杂草都没有。这些是我邻居家的田地，上边有很多拖拉机来往的痕迹，把土地变得如此"整洁"。拖拉机上的罐装喷雾器里装好了化肥；在春天，它会飘过田地，你可以闻到它的味道。一剂硝酸铵取代了豆子的陪伴。此外，拖拉机还会喷洒除草剂来代替南瓜叶的作用。

在这些山谷曾经是三姐妹园的时候，虫子和杂草肯定也是有的，但当时的园子却可以长得很好，不必依赖杀虫剂。比起单一种植，混合种植的田地更不容易遭到虫害爆发的危害。多种形态的植物为各种各样的昆虫提供了栖息地。其中有一些想要吃掉庄稼，比如谷实夜蛾、豆甲和南瓜蔓吉丁虫。但是，多样的植物同样为害虫的天敌提供了栖息地。与整个园子共存的捕食性甲虫和寄生蜂会把吃庄稼的害虫控制住。这个园子不仅能养活人类，其他生命也能吃得饱饱的。

“三姐妹”为我们提供了一个新的比喻，说明了原住民的知识与西方科学之间正在形成的关系。这两者都植根于土地。我认为，玉米就像是传统的生态知识，它搭起了物质和精神上的框架，引导着科学这颗渴求新知的豆子萌发生长，豆秧像双螺旋一样盘绕向上。南瓜则创造了一片伦理学的栖息地，让大家都能够共存共荣。我希望有朝一日能看到，今天单一种植着科学的智慧之田变成各种互补的知识共同繁荣的混合种植之田。这样，大家就都能饱足了。

弗兰（Fran）为印第安布丁带来了一碗掼奶油。我们用勺子舀起富含糖蜜和玉米糊的柔软奶黄，然后望着午后的阳光渐渐消逝在田野中。桌上还有南瓜派。通过这顿盛宴，我希望三姐妹知道，我们已经听到了她们的故事。好好利用你们的天赋，彼此照顾，一起合作，大家就都能得到饱足，她们说道。

她们都为这张餐桌带来了自己的礼物，但是她们并不是独自完成这一切的。她们提醒着我们，在整个互利共生的关系中，还有另一位成员。她正坐在餐桌旁，或是山谷对面的农舍之中。她就是注意到每个物种的特色，并设想她们会如何在一起相处的人。也许，我们应该把这个园子称为“四姐妹园”，因为种植者本人也是一位重要的伙伴。是她翻了土，赶走了乌鸦，并把种子塞进土壤。我们就是种植者，我们清理了土地，拔掉了杂草，捉走了害虫；我们保存种子过冬并在来年春天把它们种到土里。她们的礼物是由我们“接生”的。我们的生存离不开她们，但同时，她们的生存也离不开我们。玉米、豆类和南瓜都经过了完全的驯化，她们依赖我们来为她们的生长创造条件。我们同样是这种互助关系中的一方。除非我们履行自己的责任，否则她们是无法成事的。

在我生命中遇到的所有睿智的导师中，再也没有谁比她们更有说服力了，她们用自己的叶片和藤蔓无言地体现了关系的知识。单独的豆子不过是一条藤蔓，南瓜不过是一片长得过大的叶子。只有她们和玉米站在一起的时候，一个超越了个体的整体才会显现出来。在她们携手成长的时候，每个人的天赋都要比独自一人的时候展现得更加淋漓尽致。在成熟的玉米穗和饱满的豆荚与南瓜中，她们对我们提出忠告，那就是一切天赋都能凭借良好的人际关系得到倍增。世界就是这样运转的。

黑梣木篮子

"咚，咚，咚。"一阵静默。"咚，咚，咚。"

斧头背击打在原木上边，敲出空洞的音乐。每当它在同一个地方敲上三下，约翰的目光就会顺着木头往下挪一点，然后继续敲击。"咚，咚，咚。"他把斧子举过头顶，向上挥动的时候，两只手会分开一点，而在向下敲击的时候，双手就又合到一起。随着一下下的敲击，他裹在格子衫里的肩膀一次次绷紧，脑后的辫子一下下跳动。他在整根原木上用斧头背的撞击敲出了一组组三连音。

他跨坐在原木的一端，把手指放到一个切口下边的裂缝里，再一发力，就又慢又稳地剥出了一根像斧头一般宽的厚缎带般的木条。他又拿起斧子，向下敲了几英尺。"咚，咚，咚。"然后他再一次捏住木条的底端，把它沿着自己敲过的线剥下来。就这样，那根木条逐渐增长。在敲完最后几英尺时，他已经剥下来八英尺长的一整根闪着光泽的白色木条了。他把它拿到鼻子前边，呼吸着新鲜木头的芳香，然后把它传给我们大家来看。接着，约翰把它利落地卷成一卷，扎紧，并挂到附近的一根树枝上。"该你们了。"他一边说一边递来了斧子。

在这个温暖的夏日，我的老师是约翰·皮金（John Pigeon），他是庞大而负有盛名的皮金家族的成员，这个家族代代都是编织波塔瓦托米木篮的手艺人。很庆幸，我能和这个大家族的好几代成员一起坐在课堂里，从敲木头的第一课开始学习黑梣木篮的编织。我身边的同学们——斯蒂夫、基特、艾德、斯蒂芬妮、珀尔、安吉*还有其他人——是皮金家族的儿孙。人人手里都拿着木条，他们都是很有天赋的编篮匠，同时也是文化的传承者和慷慨的老师。原木本身也是一位优秀的老师。

要让斧子以均匀的节奏沿着木头一路敲下去——这事看起来容易做起来难。在一个点上施加的力太大会破坏那里的纤维；力太小又会导致木条在那个点上依旧粘连着，揭不下来。我们这些初学者干活的样子五花八门，有的人把斧子举过头顶，往下使劲一劈；有的人像敲钉子似的一下下地砸下去。大家发出的声音也异彩纷呈：有的像大雁鸣叫一样高亢，有的像受惊郊狼的吠叫一样尖厉，还有的像松鸡鼓翼一样沉闷。

在约翰小的时候，敲木头的声音响彻了整个邻里。在放学回家的路上，他能通过敲木头的声音辨别在外边干活的人是谁。切斯特叔叔的声音是坚定而急促的咔咔声。刚一穿过树篱，他就能听到贝尔奶奶缓慢的砰砰声，她每敲一下，就要缓一缓，喘口气。不过，如今的村子变得越来越寂静，岁数大的人还在继续，孩子们

* 人名英文依次是 Steve，Kitt，Ed，Stephanie，Pearl，Angie。——译注

却似乎更喜欢打游戏，没人愿意在沼泽里跋涉了。于是，只要有人愿意来学，约翰·皮金都乐意去教，从而把他从长老和树木那里学到的东西传承下去。

约翰既是编篮子的大师，也是传统的传承者。史密森尼博物馆和全世界其他很多博物馆和美术馆都收藏了皮金家族的篮子。而这些篮子在这里也有，就在波塔瓦托米一年一度的各族聚会上，在他们的家族货摊上。他们的桌子上摆满了色彩缤纷的篮子，没有哪两只是雷同的。有像鸟巢一样大的精巧的篮子，有菜篮，有土豆篮，还有洗玉米的篮子。他们全家都编篮子，而只要是参加了聚会的人，就不可能不带一个皮金家的篮子回家的。我每年都会留一个。

就像他们家的其他成员一样，约翰也是一位杰出的老师，他致力于把之前代代流传的东西分享出来。当初他得到了这些东西，如今他回馈给人们。我参加过的某些篮子编织课是从一堆整整齐齐码放在干净桌面上的材料开始的。不过，约翰可不会用现成的材料教人怎么编织篮子——他教的是怎么制作篮子，这是从一棵活生生的树开始的。

黑梣（*Fraxinus nigra*）喜欢把脚泡在水里。它生长在泛滥平原的森林里和沼泽的岸边，与红花槭、榆树和柳树混在一起。黑梣在哪里都不是最常见的树，只有在一些零散的小块土地上才能找到它的身影。所以，有的时候要在脚都拔不出来的泥泞土地上跋涉一整天才能找到一棵合适的树。在巡视一座湿漉漉的森林时，你得通过树皮来挑出黑梣树。有一片片灰色龟裂的是枫树，有一条条纠缠纵棱的是榆树，有一道道深沟的是柳树，这些树都不要碰，你要找的黑梣树皮上有纹路细碎而彼此交错的棱，同时还有疣状的凸起。用指尖摁上去的话，这些凸起有种海绵般的触感。沼泽里还生长着另外一种梣树，所以最好再检查一下头顶的树叶。所有的梣树——包括美国红梣、美国白梣、蓝梣、深梣，还有黑梣——都会在粗短柔软的小枝上长着彼此对生的复叶。

除此之外，单单找到一棵黑梣也是不够的，还必须是正确的那棵——得是准备好了成为篮子的树才行。理想的做篮子的黑梣需要长得挺拔，树干整洁，低处没有树枝。树枝会在木头上留下小疙瘩，影响木条笔直的纹理。一棵好树的直径大概是一个手掌的宽度，树冠丰满而生机勃勃，它应该是一棵健康的树。直接向着太阳生长的树会拥有笔直而细腻的纹理，而那些需要绕点弯才能找到阳光的树，木纹中也会有弯弯绕。有些编篮匠只挑选矗立在沼泽里的小丘上的树，而另一些匠人则会避开长在雪松旁边的黑梣。

树苗时代会影响树的一生，就像童年时代会影响人的一生一样。一棵树的历史反映在它的年轮中。年景好的时候年轮就宽，年景差的时候年轮就窄，而年轮的纹理对于制造篮子的过程来讲是至关重要的。

年轮是季节的轮替所形成的，在荣枯的循环中，树皮和新生的木头之间那薄薄的一层细胞——形成层——也在苏醒和休眠间轮替。把树皮剥去之后，你就能摸到一层潮湿滑腻的东西，那就是形成层。形成层的细胞一直处在胚的状态，它们会不停地分化，使得整棵树越来越粗。在春天，芽苞感知到了白昼的增长，树汁开始向上流动，形成层也生长出了专为这欢宴之日准备的细胞，也就是张开了大嘴的粗导管，它能向叶子输送充足的水分。你在年轮上数到的能代表这棵树年龄的线就是这些大型导管所组成的。这时导管生长得很快，所以细胞壁很薄。树木科学家把年轮的这一部分称为"春材"或"早材"。随着春天结束，夏天到来，养分和水变得稀少，形成层也会因为苦日子的到来而产生直径更小、细胞壁较厚的细胞。这些紧紧地挤在一起的细胞叫做"夏材"或"晚材"。当白昼变短、树叶飘零的时候，形成层就会安顿下来，准备进入冬天的休眠，不再分化了。但是，只要春天开始崭露头角，形成层就会再次被激活，开始制造硕大的春材细胞。去年由小细胞组成的晚材和今年春天的早材之间的剧烈转变就会显现出一道清晰的分界线，也就是一圈年轮。

对于这种事，约翰的眼光已经磨练得十分老到了。不过有的时候，为了再确认一下，他也会拔出刀子在树上削出一个豁口，看看里边的年轮。约翰最喜欢的是拥有三十到四十道年轮的树，每道年轮大概像五美分硬币的厚度那么宽。找到了正确的树之后，他就该开始采伐了。不过，他的采伐工具与其说是锯子，不如说是与树的交谈。

传统的采伐者会尊重每棵树的个性，把它当做一位非人类的森林中的居民。树木不是被带走，而是被请走了。砍树的人会充满尊重地解释自己的目的，请求树木允许自己的采伐。有的时候，他得到的答复是"不行"。有时拒绝的答案来自树木周边，比如枝上的一个绿鹃巢，有时则是树皮对探寻的刀子的强烈抵抗——这些都意味着这棵树不愿意，又或许，是某种难以言说的认知令伐木者转过了身。如果树木给出了许可，伐木者就会先进行祷告，然后留下一些烟草作为给树的回礼。在把树放倒的时候要格外小心，不要伤害到树本身，也不要伤害到其他生命。有时，采伐者会用云杉枝搭起一张床，用来垫住倒下的树。完事之后，约翰和他的儿子就会把这棵树扛在肩上，踏上漫长的回家路。

约翰和家族里的其他人制作了很多篮子。他的母亲喜欢自己来敲木头，虽然在她受到关节炎困扰的时候，约翰和孩子们也经常代劳。他们全年都会编织，不过只有特定的季节才最适合采伐。最好在采伐之后趁木头还湿润的时候就抓紧把它敲出来，但约翰说，你也可以把木头埋在壕沟里，上边盖上潮湿的泥土来保持木头的新鲜。他最喜欢的季节是春天，在这个时候，“树汁会往上走，大地的精气都在往树里边流”，此外还有秋天，“这时候精气又流回了地里”。

今天，约翰剥掉了会让斧子的力道方向发生改变的疏松的树皮，然后开始干活。当他拉起第一道木条的边缘时，你就能清楚地看到里边是怎么回事了：在敲击之下，木头里细胞壁较薄的早材碎裂了，于是它们与晚材脱离开来。木头在春材与夏材的分界线那里断裂开，这样，年轮之间的木头就能一条一条地剥下来了。

每棵树都有自己的生长史，它们年轮的纹理各不相同，有的时候一根木条上呈现出树在五年里的生长，有的时候则是一年。每棵树都是不同的，但是编篮匠敲击和剥离的过程让时光倒流。树的生命在他的手中层层退去。地上一圈圈的木条越来越多，木头也变得越来越小，几个小时之后，就只剩一根纤细的光杆了。“看！”约翰把它拿给我们，“我们一直往回剥到了它还是棵树苗的时候。”他朝我们积攒下的那一大堆木条比画了一下，说道：“千万别忘了，你们堆在那里的，是那棵树全部的生命啊。”

这些长长的木条厚度并不一样，而下一步就是把木条劈成一层一层的，把年轮进一步分开来。厚的木条可以用来编成大洗衣篮或猎人的背篓。而最精致的装饰篮子所用到的丝带状木条，只会来自生长期不到一年的树木。约翰从他崭新的白色皮卡车后边拿出了自己的拆分器：那是用一个夹子固定好的两块木头，看起来就像一个特大号的衣服夹。他坐在椅子的边缘，把这个拆分器固定在两膝之间，让它张开的两条腿杵在地上，最高处的尖端从他的大腿上露出来。然后，他把一根足有八英尺长的木条往上穿过夹子，在上边露出一英寸左右的头，并把它固定好。接着，他弹开自己的小刀，把刀刃揳入木条露出来的部分，沿着年轮的那条线割了下去，把木条分成两半。他棕色的大手一边一个地抓住了木条的两半，以流畅的动作把它们彼此撕开，木条就这样被分成了光滑而均匀的两半，就像两片修长的草叶。

“就是这样。”他说。不过在他与我对视的时候，他的眼睛里有分明的笑意。我把木条穿了过来，努力让拆分器在我的大腿间站稳，然后切开了可以从那里撕开的裂口。我很快就发现，你需要用腿把拆分器夹紧——这件事我几乎应付不来。“对喽！”约翰笑着说，“‘练腿神器’（thigh master）可是印第安人早年间的一项发明！”在我弄完后，那根木条的一头就像被花栗鼠啃过了似的。约翰是一位很有耐心的老师，但他不会为我代劳。他只是微笑着，巧妙地把我弄成锯齿状的那一截削掉了，然后说：“再试试！”最终，我总算搞出了可以用来撕拽的木条，不过它们的宽度完全不一样。我扯了半天，只得到一段12英寸长的木条，而且这段木条一边厚一边薄。约翰在我们之中巡视，鼓励我们。他记得住每个人的名字，也能对我们每个人提出各自最需要的意见。他会善意地调侃某些人孱弱的肱二头肌，也会温柔地拍拍某些人的肩膀。对于那些感到沮丧的人，他会轻轻坐在你身边，然后说：“别跟它较劲了，不要勉强自己。”对于其他人，他有时会把木条扯好，然后交给他们。他看人的眼光就像看树一样准。

“这棵树是位好老师，”他说，“这就是我们一直在学的一课。作为人类的工作就是找到平衡，制作木条会让你不要忘了这一点。”

在你上手之后，木条就能均匀地分开了，它内侧的那一面美得出人意料：它光亮而温暖，就像奶白色的缎带一样反射着光线。外侧的那一面就没有这么平整了，上边有断裂的线头一样的毛刺。

“你们现在需要一把非常锋利的刀子，”他说，“我每天都要磨一磨刀。这件事特别容易伤到你自己。”约翰给我们每人发了从旧牛仔裤上剪下来的一条裤腿，并向我们演示了怎样把这块两层厚的丹宁布铺到左腿上。他说：“如果你手头有的话，最好用的绝对是鹿皮。不过牛仔布也不错啦。可一定要小心。”他挨个坐在我们身边，手把手教我们怎样找到那个合适的微妙的角度，手指要施加怎样的压力才能大功告成，而不是割伤手指。他把木条横放在自己的膝盖上，粗糙的那面朝上，并把刀刃压在上边。然后，他用另一只手从刀子下边把木条抽了出来，动作流畅，就像滑冰鞋的冰刀在冰面上掠过一样。随着木条被抽走，木屑积累在了刀刃的位置，得到的结果是一道光洁的表面。这个过程在他手底下同样看起来很容易。我也曾见过基特·皮金像从线轴上抽缎带一样抽出缎子般的木条。不过，在我自己手底下，刀子却像是被什么东西绊住了似的。我划出了几道沟，没能让它一顺到底。我的刀子和木条之间的角度太陡了，而且我垂直地切了下去，最终把修长漂亮的木条变成了几段碎木片。

“你都快报销一块面包了。”当约翰看到我又弄坏了一片木条时，他摇着头说，“我妈看到我们把木条弄坏的时候就会这么说。”制作篮子曾是，现在也依然是皮金家族赖以为生的手艺。在他们的祖辈那个年代，湖泊、树林和园子为他们提供了大部分的食物和必需品，但有的时候，他们也需要商店里的东西，而篮子就是能为他们买来面包、桃子罐头和学生鞋的“经济作物”。弄坏的木条就像是扔掉的食物。黑梣木篮的价格取决于它的尺寸大小和设计的精巧程度，有些可以卖到很高的价格。约翰说：“人们看到价格的时候总会有点抓狂。他们觉得这‘不就是’编个篮子的事吗？但其实百分之八十的工作都是你在动手编织之前就要完成的。算上找树、敲木头、收拾木条等工作，你赚的钱和最低工资也差不多了。”

等到木条终于准备好了，我们都摩拳擦掌地想要编织了——

我们一度错误地以为这就是制作篮子的真正工作——约翰却阻止了班上的同学。他温柔的声音带上了严肃的棱角："你们忘了最重要的事了。往周围看看。"我们照办了，大家张望着森林、营地还有彼此。"看地上！"他说。每个新手身边都堆了一圈废弃的碎片。"先停下手，想想你们拿在手里的是什么东西。这棵梣树在沼泽边上长了三十年了，它长出叶子、落下叶子，然后再长出更多叶子。它曾经被鹿啃过，被风吹过，但是它还是一年又一年地生长下去，这才在木头里积攒了这么多年轮。地上掉的每根木条，都是这棵树一整年的生命，你们就打算这样踩上去，把它折断，把它碾成尘土吗？这棵树用自己的生命荣耀了你。把分割木条搞砸了没啥丢人的——你们还在学习嘛。不过不管你们在干什么，你都有尊重这棵树的责任，千万不要把它浪费了。"然后，他指导我们怎么给我们制造出来的"破烂儿"分类。短木条放一堆，它们依然可以用来编小篮子或用来做成装饰品。那些杂七杂八的碎片和刮下来的木屑被扔到一个盒子里，晒干之后用作火绒。约翰保持着光荣收获的传统：只索取你需要的东西，并且把你索取的一切都用光。

他的话语呼应着我经常在我的亲人那里听到的话。他们是在大萧条时代成长起来的，那时的要求就是"不要浪费"，而且当时也肯定不会有人把东西扔在地上。不过，"用到完；穿到坏；东西要有用，不然就别要"这样的信条在经济学和生态学这两方面都很有道理。把木条浪费掉的做法不仅亵渎了树木，同时也抬高了家庭的预算。

我们用的每件东西都几乎来自于其他生物的生命，但是，我们的社会很少会承认这个简单的事实。我们制作出来的梣木卷差不多就像一张纸那么薄。据统计，这个国家的废物流（waste stream）主要就是废纸构成的。就像梣木条一样，纸张也来自于树木的生命，同时还有制造过程中的水、能量和有毒的副产品。但我们在用纸的时候，这一切却仿佛都不存在。信箱和垃圾箱之间的距离如此之短就很说明问题了。但是我在想，如果我们能看到制造堆积如山的垃圾信件的树木的话，事情会不会有所不同呢？如果那里也有一个像约翰一样的人在提醒着我们它们生命的价值，事情会不会有所不同呢？

在这座山脉的某些地方，编篮匠观察到了黑梣的数量在下降。他们担心，过度采伐是这种现象的元凶，人们对市场上卖的篮子关注得太多，却对森林里的树木关注得太少。我和我的研究生汤姆·图谢（Tom Touchet）打算去调查一下。我们先是分析了纽约州（即我们身边的）黑梣树的种群结构，来了解树木到底是在生命的哪个阶段出了问题。我们每到一个池塘，就会清点那里所有黑梣的数量，并在它们周围缠上胶带来测量它们的大小。汤姆在每个地点都给几棵树钻了孔，以测量它们的年龄。在各个地点，汤姆都发现了老树和刚刚发芽的幼苗，但处于这两个阶段之间的树几乎没有——人口普查的结果中出现了一个巨大的窟窿。他找到了足够的种子、足够的幼苗，但是，作为下一个年龄阶段的小树才是森林的未来，而这一阶段的树不是死了，就是消失了。

他只在两个地方找到了足够多的小树。一处是遭到过疫病或风暴侵袭的林冠层，在老树被放倒之后，阳光就能够穿透下来。

很有意思的是，他发现当荷兰榆树病杀死榆树之后，黑梣树就会取而代之，两个物种此消彼长，维持着一种平衡。要让幼苗变成一棵树，年轻的黑梣树需要开阔的空间。如果完全笼罩在阴影之下的话，它们就会死去。

另一个能让小树苗壮成长的地方是编篮匠的社区附近。在编织黑梣木篮的传统依然存活和繁荣的地方，树也能生长壮大起来。我们的假设是，梣树的数量明显下降并不是由于过度采伐，而是因为采伐不足。社区里回荡着“咚，咚，咚”的声音，就意味着林子里有足够的编篮匠人，这时才会有足够的阳光照到幼苗身上，小树才能长到森林的冠层高度，成为大树。如果编篮匠人消失了，或是寥寥无几的话，森林就会过密，无法让黑梣树苗壮成长。

编篮匠人与黑梣树，这对采伐者与采伐对象也是互利共生关系中的一对伙伴：梣树依赖着人们，而人们也依赖着梣树。二者的命运息息相关。

皮金家族对于这份关联的教诲是方兴未艾的传统编篮技艺复兴运动的一部分，它与原住民的土地、语言、文化和哲学的复兴紧密相连。在整个龟岛上，原住民都在引领传统知识和生活方式的复苏，而这些东西在新来者的压力下已经濒临消失。不过，在梣木篮编织技艺重新获得了力量的同时，它也正在受到另一个入侵物种的威胁。

约翰让我们去休息一下，喝杯冷饮，舒展一下疲劳的手指。“下一步你得脑子清楚才行。”他说道。在我们四处乱转，活动着酸疼的脖子和双手的时候，约翰给我们每个人发了一份美国农业部印制的小宣传册，它的封面上有一张闪闪发亮的绿色甲虫的照片。他说：“如果你关心梣树的话，你可要注意了：它们正在遭到攻击。”

原产于亚洲的白蜡窄吉丁会在树干上产卵。幼虫孵化后便啃食树木的形成层，直到化蛹，羽化后的成虫会咬穿树木，破孔而出，然后飞去寻找新的适于产卵的温床。不论它降落在哪里，被感染的树木都难逃一死。对于五大湖区与新英格兰的人们来说，不幸的是，这种甲虫最喜欢的宿主就是梣树。今天，为了控制它们的扩散，被砍伐的树木和薪柴在运输后需要先隔离。但是，这种昆虫移动的速度比科学家预计的还快。

“所以，可一定要当心啊，”约翰说，“我们必须要保护我们的树木，这是我们的工作。”他和家人在秋天采伐树木的时候，会格外留意去收集地上掉落的种子，并把它们一路撒在湿地上。他提醒我们道：“就像其他的事情一样，你不能只索取，不回报。这棵树照顾了我们，所以我们也要照顾它。”

目前，密歇根的大片梣树林已经枯死了；人们心爱的“木篮原料地”如今变成了没有树皮的树木的坟场。人和树的关系能一直追溯到记忆的尽头，而如今这条链子却断裂了。安吉·皮金写道：“我们的树都没了。我不知道将来还会不会有篮子。”对于大多数人而言，一个入侵物种意味着一种风景的消失，空出来的空间会被别的东西占满。但是，对于那些负有责任去传承一段古老关系的人而言，生态位的空缺意味着两手空空，共同的心灵也被捅了一个大窟窿。

在那么多的树木倒下、传承了那么多代的传统难以为继的今天，皮金家族致力于保护树木和传统的手艺。他们与森林学家合作，以抵抗这种昆虫的威胁，并适应它带来的后果。我们之中也有重新从事编织的人。

在保护黑梣树的道路上，约翰和他的家族并不孤单。在阿克维萨斯尼（Akwesasne），一块横跨纽约州与加拿大边界的莫霍克族（Mohawk）保留地，黑梣树还有更多守护者。在过去的三十年间，莱斯·贝内迪克特（Les Benedict）、理查德·戴维（Richard David）还有麦克·布里津（Mike Bridgen）都在致力于使用传统的生态知识和科学工具来守护黑梣树。他们种下了数千株黑梣树的幼苗，并把它们分发给整个区域内的各个原住民社区。莱斯甚至说服了纽约州树木苗圃，把它们种在学校和超级基金场址*。目前，在复生的森林和复兴的社区中，人们已经种下了几千棵黑梣树，而吉丁虫也出现在了我们的海岸边。

每年秋天，入侵的危机都会拍着翅膀向黑梣的家园逼近。莱斯和他的同事们则会团结起来，收集他们能找到的最好的种子，把它们储藏起来作为对未来的承诺。在这一波侵袭的潮流过去之后，他们再重新种出森林。每个物种都需要自己的莱斯·贝内迪克特，需要自己的皮金家族，需要自己的盟友和保护人。我们的传统教诲中有很多内容都承认特定的物种是我们的帮手和向导。初始的指导提醒我们一定要回报这份善意。成为其他物种的守护者是

* 原文为 Superfund sites。超级基金是美国国家环境保护局所设立的项目，旨在调查和清理含有有害物质的场地。目前，全美大约有四万个这样的场址。——译注

一种光荣——这份光荣我们每个人都能拥有，而我们却常常忘记。黑梣木篮是一件礼物，它提醒着我们其他生灵送给我们的东西是多么珍贵，而我们也能满怀感激地通过倡导和照料来回报它们。

约翰把我们叫了回来，大家围成一圈学习下一个步骤：组装篮子的底部。我们做的是传统的圆底篮，所以最初的两道要彼此成直角，对称交叉。简单。“现在，看看你们完成的东西。”约翰说，“你们已经开启了面前的四个方向。这是你们要编织的篮子的核心。其他所有的东西都是基于它而构建的。”我们的族人尊敬这四个神圣的方向和它们所蕴含的力量。当两根编篮子的木条十字交叉的时候，四个方向的交会点由此诞生，我们人类的立足点也正在于此，我们的任务就是努力寻求它们之间的平衡。“看这里，”约翰说，“我们在生命中所做的每件事都是神圣的。这四个方向就是我们立身的基础。这就是为什么我们会这样开始。”

等到用最细的木条做起的八根辐条都各就各位、搭成框架之后，大家手里的篮子就开始“长大”了。我们望向约翰，想得到下一步的指导，但指导却没有了。他说：“现在就看你们自己的了。怎么设计篮子由你自己定。别人没法告诉你们该怎么创造。”我们手上都有或厚或薄的木条作为原料，约翰还抖搂出了一大袋染成各种鲜艳颜色的木条。这一大团就好像是帕瓦舞会上男子衣衫上飘逸的彩色条带。“在你们开始之前，先想想那棵树，还有它这么多年所经历的不易。”他说道，“这个篮子是它献出来的生命，所以你们都知道自己的责任了吧。要做出点漂亮的东西来报答它啊。”

想到对树的责任，大家在动手前不由得暂停了一下。有的时候，我在面对着一张白纸时也有同样的感受。对于我而言，写作就是一项与世界有来有往的举动；凭借着它，我才能把世界赠与我的东西回馈给世界。如今，写作还要肩负起另一层责任，我是在一棵树的薄薄的身体上写作，我的文字是否能不负于它的馈赠呢？这样的想法总会让人搁笔。

篮子最初的两圈是最难的。在编第一圈的时候，木条仿佛有自己的意志，总想从这一圈上、下、上、下的节奏中开小差。它抗拒这种模式，并且看上去松松散散、歪歪扭扭的。这时候就要约翰来帮忙了，他有时会鼓励我们，有时会施以援手，牢牢地固定住乱跑的木条。第二圈也差不多同样令人崩溃；木条彼此间的距离就是搞不好，而且你必须用夹子把它固定在那里。即便如此，有的时候木条还是会弹出来，湿乎乎的那头打到你的脸上。约翰只是笑笑。这些东西是一大堆零乱的散件，完全不是一个整体。不过，还有第三圈呢——这是我最喜欢的步骤。到了这个时候，上边的拉力和下边的拉力就获得了平衡，对面的力也加入进来。这种有来有往、相互支撑的力量开始占上风，局部也开始化为一个整体。木条会服帖地就位，编织也变得容易了。秩序与稳定开始从混乱中浮现出来。

在编织大地与人类的福祉的时候，我们也要记住这三圈木条给我们的启示。生态的健康与自然的法则永远排在第一行。如果没有它们，“丰裕之篮”就无从谈起。只有在第一圈就位之后，我们才能开始编第二圈。第二圈就是物质上的富足，也就是人类生存的需要。经济是建立在生态之上的。但是，如果只有这两圈的话，篮子依然有散架的风险。只有在第三圈到来之后，前两圈才能紧密地结合在一起。这就是生态、经济和心灵交织在一起的地方。我们在使用原材料的时候要把它们当成馈赠，在使用的时候物尽其用，来答复这份馈赠，这样，我们就能找到平衡。我想，第三圈可以有很多种名字，它可以叫做尊重，叫做互惠，叫做我们之间一切的关系。我认为它是心灵之圈。无论它叫什么名字，第三圈都代表着我们要承认我们的生命是彼此依存的，在这个必须装下一切的篮子中，人类的需求只是其中一圈。在彼此的关联之中，分离的木条变成了一个完整的篮子，它结实又有韧性，足以承载着我们进入未来。

在我们干活的时候，一群小朋友跑来观看。四处都有人在叫约翰去帮忙，然而他停了下来，把全部的注意力都给了孩子们。他们还太小，没法参与进来，不过他们还是想待在这里，于是，约翰从我们留下的碎片中抓了一把短木条。现在，他的双手细致又缓慢地弯折和旋转着木条，几分钟后，一匹玩具小马就出现在了他的手掌上。他给了孩子们一些残片，一个模型，还有波塔瓦托米语的几句话，不过他并没有告诉他们怎样制作一匹小马。孩子们已经习惯了这种方式的教导，也没有问问题。他们看了又看，然后自己动手，找出答案。没过多久，一群小马就在桌上奔腾起来，孩子们又开始观看篮子的生长了。

下午快要结束了，影子变得越来越长，工作台上渐渐摆满了做好的篮子。约翰帮我们在小篮子上加上了一些传统的卷曲作为装饰。黑梣木带的弹性极佳，你可以在篮子的表面用它“绣上”带着闪亮光泽的圆圈和螺旋。我们制作了浅口的圆托盘，瘦高的花瓶，还有胖乎乎的苹果篮，颜色和纹理各不相同。“这就是最后一步了，”他一边说，一边把三福牌马克笔递给我们，“你们要在篮子上签上名字。要为你做的东西自豪。篮子可不是凭空自己变出来的。不管是错误还是别的，都要认下来。”他让我们排成一行，手里拿着篮子照张合影。他容光焕发，就像个骄傲的父亲：“这是个特别的场合，看看你们今天都学到了什么。我希望大家看看篮子向你们展现的东西。它们每一个都那么美。每一个都不一样，但每一个都是从同一棵树上来的。它们都是由同样的东西做的，然而每一个都是独一无二的。我们人也是这样的，大家都是一样的东西做的，但每个人都有自己的美。”

从那天晚上开始，我看待帕瓦舞会的眼光不同以往了。我注意到，遮着鼓的雪松木是用面朝四个方向的杆子撑着的。鼓声和心跳声召唤着我们去跳舞。鼓点是一样的，但每位舞者的步子都不一样：足尖点地的模仿小草的舞者，俯着身子模仿野牛的舞者，身着华丽披肩旋转的舞者，踩着高跟鞋、衣裙叮当作响的姑娘们，步履威严的传统女舞者。每个男人，每个女人，每个孩子，所有人都穿着他们梦中的颜色，飘带飞舞，流苏摇曳，每个人都那么美，每个人都在随着自己心跳的节拍起舞。我们整夜都在围绕着圆圈跳舞，一同编织着篮子。

今天，我的房子里已经堆满了各种篮子，而我最喜欢的还是皮金家族编的那些。我能在这些篮子中听到约翰的声音，听到“咚，咚，咚”的敲木头声，还能嗅到沼泽的味道。它们提醒着我，我捧在手里的东西作为树木所经历的岁月。我在想，如果我们对那些献给我们的生命随时都有这份高度的敏感性，事情将会怎么样呢？如果我们会想到舒洁纸巾中的树，会想到牙膏中的海藻，会想到地板中的橡树，会想到红酒中的葡萄，事情将会怎么样呢？如果我们追溯生活中一切物品的生命之线，然后向它们致以敬意的话，事情将会怎么样呢？你一旦启动这个过程，就很难再停止了，然后你就会开始觉得自己沉浸在了礼物中。

我打开了碗橱，我想这是个用来放礼物的好地方。“向你问候，果酱罐。你的玻璃曾经是海边的沙子，经历过潮起潮落，沐浴过泡沫，听到过海鸥的鸣叫，而你如今变成了玻璃，直到你重返大海的那天。而你，浆果们，你们丰满的身体中充盈着六月的味道，而如今你们待在我二月的储藏室中。还有你，白糖，你的故乡在遥远的加勒比——谢谢你跑了这么远。”

当我带着这样的意识再去看桌上的物品，看那些篮子、蜡烛、纸张的时候，我也会开心地追溯它们的来源，一直追溯到土地。我的手指间转动着铅笔——一枝用北美翠柏加工成的魔杖。阿司匹林里边有柳树皮。甚至我的台灯里的金属都请我考虑一下它在地层里的家乡。不过我也注意到，自己的目光和思绪飞快地跳过了桌上的塑料制品。我几乎没看电脑第二眼。我完全没办法提起精神来思考塑料的来源。它与自然世界离得太远了。我在想，当我们无法再轻易看到物品中的生命的时候，是不是断裂也就开始发生，尊重也就开始丧失了呢?

不过，对于那些两亿年前的硅藻和海洋中的无脊椎生物，我没有任何不敬的意思。它们兴旺地生活过，死后落入远古的海底，在沧海桑田的剧变所带来的高压之下变为石油，然后又从地下被抽出来，送到炼油厂，在那里分解又聚合，最后成为了我的电脑的外壳和阿司匹林药瓶的盖子……我只是一想到超工业化制品的巨大网络就会忍不住地头疼。我们本来就难以应付这种不间断的觉察状态。我们还有自己的工作。

不过，每当我们蓦然意识到自己手中的篮子、桃子或铅笔的来源时，我们的思想和心灵在那一刻都会向万物的联系敞开，向一切生命和我们所肩的物尽其用的责任敞开。而就在那一刻，我可以听到约翰·皮金的声音："且慢——你手里拿的是这棵树三十年的生命。你不觉得自己需要为它思考几分钟，想想自己应该怎么对待它吗?"

来自草的教诲

Ⅰ.引言

夏日，你会在看到茅香草地之前先闻到它的香气。这种芬芳在微风中若隐若现，让你像狗儿一样抽动着鼻子努力去嗅，然后又消失了，只剩潮湿的土地上那沼泽一样的泥腥味。接着它又再次回来，那甜甜的香草一样的气息在召唤着你。

Ⅱ.文献综述

不过，莉娜（Lena）可没那么容易被糊弄过去。这位身材矮小、头发花白的老人在草丛中穿梭，腰部以下都没在草中。多年的经验让她步履坚定，草在她的身边分开。她的目光掠过其他所有的物种，直直地望向一小块乍看上去与别处并没有什么不同的草地。在她褐色的、满是皱纹的手中，丝带状的草叶在拇指和食指间穿过。“你看这光泽多亮啊！它可以躲在别的东西之间，让你看不见。不过它想让你找着，所以才会这么闪光的。”不过，她只是走过那块地，让草叶从自己的指间滑过。她遵守着祖先的教诲，从不摘走自己所见的第一株植物。

我跟在她后边，看着她用双手充满爱意地抚过泽兰与一枝黄花。当她捕捉到草地上的一缕闪光，脚下的步伐便加快了。“啊！Bozho！”她说。意思是“你好”。她从旧尼龙外套的兜里拿出一个边缘镶着红色珠子的鹿皮小袋子，并往手掌上倒了一点烟草。她闭上眼睛，一边喃喃低语，一边向四个方向依次举起手，然后就把烟草撒在地上。“你知道的吧？”她说道，眉毛就像个问号，“永远要记得给植物留下点礼物，要先问问它们同不同意让我们摘走。要是不问就摘的话，可就太粗鲁了。”这些都做完之后，莉娜才会弯下腰来，从草茎的底部把它掐断，她的动作很小心，不会伤害到根。她拨开附近的草丛，找到了一棵又一棵茅香，最后，她的手里抓着满满一大把闪亮的草茎。草丛的顶端因为她的通过而向两边开启，一条蜿蜒的小道显示了她前行的轨迹。

她从很多片茂密的草丛中穿行而过，不取分毫，把茅香留在身后，让它们在微风中摇曳。她说：“这就是我们的做法，需要的东西才拿。他们总是告诉我说，你绝对不能把一半以上都拿走。”有的时候她什么也不摘，只是过来查看一下草地的情况，看看这些植物怎么样了。她说：“我们的教诲可是很强大的。如果没有用的话，它根本就不会流传下来。我奶奶经常说：‘要是我们怀着敬意来使用植物的话，它就会长得很好。要是我们不理它的话，它就不见了。如果我们不尊敬它的话，它就会离开我们。’这是我们要记在心里的最重要的事。”植物本身也向我们昭示了这一点，这就是来自草的教诲——mishkos kenomagwen。当我们离开草地，回到了那条穿过树林的小路，莉娜将一把猫尾草松松地绾成结，放在路边。“这就是告诉别的人我已经来过了，”她说，“这样他们就知道不能再摘了。自从我们正确地照顾这块地以来，它总能给我们很好的茅香。但在其他地方，茅香就很难找得着了。我觉着他们摘的方法不对。有些人太着急，把整棵茅香都揪出来了。连根都拔了。可从没有人这么教过我。”

我也遇到过这样摘茅香的人，他们把茅香猛地一拽，把草皮都揪秃一块，拔下来的草茎上还连着扯断的根须。他们也会献上烟草，也只拿一半，而且他们还向我保证说他们摘茅香的方法才是正确的。他们不承认自己的采摘会让茅香绝种。我问莉娜怎么看，她只是耸了耸肩。

Ⅲ. 假设

在很多地方，茅香正在从历史上它的生长地中消失。因此，编篮匠向植物学家请求帮助：看看是不是不同的采摘方式导致了茅香的离去。

我愿意帮忙，但我有一点担心。茅香对我来说不是实验单元，而是一件礼物。在科学与传统的知识之间有一道语言和意义的障碍，认知的方式不同，沟通的方式也不同。我也不知道自己愿不愿意把来自草的教诲硬塞进学术界要求的科学思维和技术写作的紧巴巴的白大褂里，重复着千篇一律的引言、文献综述、假设、研究方法、结果、讨论、结论、致谢和参考文献。不过，既然这份请求是为了茅香，我也知道自己的责任所在。

要想让人听见你说的话，你就必须使用对方的语言。因此，我在回到学校之后，就向我的研究生劳里（Laurie）提出建议，不妨用这个想法来作为她的论文课题。她并不满足于纯粹的学术问题，不希望自己研究的内容被完全地束之高阁，用她自己的话说，她想找些“对具体的人有具体的意义”的课题。

Ⅳ. 研究方法

劳里很想尽快开始，但她之前还没见过茅香。“这是一种会教你东西的草，”我建议道，“所以你得跟它先认识一下。”我带她来到了我们存储茅香的草地，而劳里堪称是一“嗅”钟情。她很快就认得了茅香。就好像这种植物是有心让她找到自己一样。

我们一起设计了实验，来比较编篮匠所解释的两种不同的收割方式的效果。劳里迄今为止接受的教育都充满了科学的方法，不过，我希望这次她的研究风格能够稍微有所不同。对于我来说，一次实验就是一场与植物的对话：我有问题想问它们，只是语言不通，所以我不能直接问它们，它们也没有办法开口回答我。然而植物的身体和行为却是辩才无碍的。它们用自己的生活方式、自己对外界变化的反应来回答我的问题；你只需学习如何提问就好。每当听到我的同事说“我发现了什么”的时候，我都不禁莞尔。这就好像哥伦布宣称自己发现了美洲一样。它从一开始就在这里，只不过他对此一无所知罢了。实验并不是发现，而是倾听和翻译其他生灵所拥有的知识。

作为科学家，我的同事们可能会对编篮匠的见解付之一笑，不过在我看来，当莉娜和她的女儿们摘走百分之五十的茅香，而后观察结果，评估自己的发现，并且创造出自己的管理指南时，她们很大程度上就是在做实验了。世世代代积累的数据和验证建立起了一套久经考验的理论。

我们学校和其他很多学校一样，研究生需要把自己的课题思路呈报给教师委员会。劳里出色地概述了她想进行的实验，干练地描述了多个研究样点、多次重复实验和密集采样技术。但当她讲完时，会议室里却有种令人不安的沉默。一位教授翻了翻研究计划书，然后就把它轻蔑地推到了一边。“我看不出这在科学上有任何创新之处。”他说，“连理论框架都没有。”

“理论”这个词在科学家口中的含义和它普遍的用法是相当不一样的，它指的是某种推测的或未经验证的东西。一套科学理论就是一套完善的知识体系，一种通行的解释方式，能够在一系列情景下预估未知的情况。就好比这一个。我们的研究相当清楚地建立于来自原住民的传统生态知识的理论之上——主要是莉娜的理论：要是我们怀着敬意来使用植物的话，它就会长得很好；要是我们不理它的话，它就不见了。这套理论产生于人们千年以来对植物如何应对收割的观察，它经历了一代又一代编篮匠与草药师的同行评议。然而，这个事实的分量却很难让委员会的专家们克制住翻白眼的冲动。

院长的眼镜从鼻梁上滑了下来，他从那上方直勾勾地盯着劳里，并用余光看向我，说道：“谁都知道对植物的采摘会破坏其种群数量。你们是在浪费时间。而且，对于这一整套传统知识什么的，我恐怕不敢苟同。”劳里曾经是学校里的教师，她就像自己当年那样，在进一步阐述的时候毫不懈怠地保持着温文和蔼，不过她的目光却坚硬如铁。

然而没过多久，她的眼眶里就盈满了泪水。我也是一样。在早年间，不论你准备得多么充分，这份傲慢的态度，这份来自学术权威的语言打压，都几乎是女科学家的必经之路，尤其是你竟然大胆地把自己工作的基础建立在一个很可能连高中都没上完、会跟植物对话的老太太的个人观察之上。

说服科学家去考虑原住民知识的有效性，就像在冰冷刺骨的溪水中逆流游泳。他们是如此地习惯于质疑，如果一条理论没有他们想要的图表或者等式去证明的话，哪怕最硬的硬数据也很难让他们的思维扭转过来去接受它。此外他们还坚信，科学垄断了真理的市场，没有什么讨论的空间。

我们没有被吓倒，坚持了下来。编篮匠们已经为我们提供了科学研究方法所需的一切先决条件：观察、模式和可以验证的假说。对我而言，这就很像是科学了。于是，我们开始了。第一步是在草地里设立试验田，以便向植物提问："这两种不同的采摘方式会造成你们数量的减少吗？"然后，我们就要努力获取它们的回答。我们选择的是茂密的、种群数量已经恢复的茅香地，而不是受到活跃的采摘者影响而达不到标准的草地。

劳里以令人难以置信的耐心对每一块地的茅香种群进行了调查，以获得采摘之前的确切的种群密度数据。她甚至在每株草茎上都用彩色的塑料条做了标记来追踪它们。当一切都登记在册之后，她就开始采摘了。

这几块地将分别接受编篮匠所描述的两种不同的采摘方式。劳里在每块地上都摘走一半的茅香。在某些地里，她会把它们从底部小心地掐断；而在另一些地里，她会把它们连根拔起，草皮上都豁开一道口子。当然，实验需要对照组，因此她留出了同样数目的田地，完全不采摘任何的茅香。草地上悬挂着粉红色的小旗子，标志着她的研究区域。

有一天，在田野里，我们坐在阳光下讨论她的方法是否真的能模拟传统的采摘方式。劳里说："我知道不行，因为我根本就没能复制这段关系。我不会和植物说话或是献上供奉。"她一直在努力解决这个问题，但最后却决定不去想了："我很尊敬这种传统的关系，但是我没办法把它作为实验的一部分来实行啊。从哪个层面上说都不行——这增加了我不了解而且科学也不会企图去测量的变量。另外，我也没有与茅香对话的资格。"之后，她承认在自己的研究之中很难保持中立，也很难避免对植物的喜爱；在与它们共处了这么多天、学习和倾听它们之后，中立性就是不可能的了。最终，她只是小心地向它们表现出自己经过深思熟虑后的全部尊重，让这份关怀也始终不变，这样，她就不会以这样或那样的方式影响实验结果了。她所采摘上来的茅香得到了清点、称重，然后就分发给了编篮匠们。

每隔几个月，劳里就会清点并标记地里所有的茅香：死了的，活着的，还有刚从地里探出头的新长出来的嫩芽。她把所有草茎的出生、死亡和繁殖情况都绘制成了图表。当第二个七月慢慢流逝的时候，她又进行了一次采摘，就像印第安妇女在本地的草地上所做的一样。两年来，她和一个实习生团队一起采摘茅香并测量了它们对此做出的反应。一开始，当学生们听说自己的工作就是观察草的生长时，招募到帮手可不是件容易的事。

V. 结果

劳里仔细地观察，并在她的笔记本里写满了测量数据，给每块试验田的活力绘制了图表。她有些担心，对照组的那几块地看上去有点病病歪歪的。她依赖于这些对照组，也就是未经收割的田地作为参考，来对比其他田地的收割所造成的影响。我们希望这几块田地能随着春天的到来而焕发生机。

到了第二年，劳里要迎来她的第一个孩子了。青草一天天成长，她的肚子也渐渐变大。弯腰和下蹲变得有些吃力，更不用说趴在草丛里读植物上的标签了。不过，她对自己的植物却矢志不渝，她每天都会来到它们身边，坐在泥土地上清点和标记它们。她说，田野工作的安静，还有坐在繁花点点的草地中呼吸着茅香的芬芳所带来的宁静，对于婴儿来说是美好的开始。我觉得她说得对。

夏天渐渐消磨，我们必须和时间赛跑，赶在孩子降生之前完成研究。离预产期只剩几个星期了，研究变成了团队协作。每当劳里完成一块地的野外工作之后，她都会叫她的团队成员来帮忙把自己扶起来。这同样是女性野外生物学家必经的仪式。

随着宝宝在肚子里一天天长大，劳里越来越认同那些编篮匠的话了。她承认，那些长久以来与植物及其栖息地关系密切的妇女们的观察是很有价值的，虽然西方科学往往并不认同这一点。这些原住民妇女与她分享了许多自己的教诲，还帮她编了很多顶婴儿帽。

小宝宝西莉亚在初秋降生，她的婴儿床上方挂着一绺茅香。当西莉亚在旁边睡觉的时候，劳里会把数据输入电脑，并开始对比不同的收割方法会造成什么样的影响。通过每根草茎上的标签，劳里可以把样地里茅香的出生和死亡数据制成图表。有些地里满是茁壮生长着的幼苗，标志着种群的欣欣向荣，但有些地里却不是这样。

她的统计分析透彻而且全面，不过，几乎用不着图表就足以说明问题了。只要在田野里走一圈就能看出差别：有些地里闪耀着金绿色的光彩，有些地里却是一片沉闷的棕黄。委员会的批评在她的脑海里回荡："谁都知道对植物的采摘会破坏其种群数量。"

令人惊讶的是，衰退了的田地并不像我们预期的那样是遭到采摘的那些，而是未经采摘的对照组。对照组的茅香从未遭到任何的收割或打扰，却堵满了枯死的草茎，受到采摘的田地却一片生机盎然。虽然每年都有半数的草茎遭到收割，茅香却很快地长了回来，完全地弥补上了之前被采集的那些，事实上，这里的茅香所产生的嫩苗要比收割之前的更多。采摘的过程似乎真的能刺激茅香的生长。在第一年的采摘中，长得最好的植物是那些被一把拔起来的。不过，无论它们是被一根一根地捏起来，还是整丛整丛地拽起来的，最终的结果都基本是一样的：似乎对这些草而言，采摘的方式并不重要，但得到采摘这件事本身很重要。

劳里的研究生委员会从最一开始就否认了这种可能性。他们接受的教育就是收割会导致种群数量的减少。然而茅香本身却毫不含糊地提出了异议。在研究计划受到质疑后，你也许觉得劳里会为自己的论文答辩担忧吧。不过，她所拥有的一样东西是持怀疑态度的科学家最看重的，那就是数据。当西莉亚在她骄傲的父亲的臂弯中安睡的时候，劳里展示出她的图表，说明了茅香在得到收割时生长茂盛，反之则数量减少。质疑她的院长这下无话可说了。而编篮匠们则微微一笑。

Ⅵ. 讨论

我们都是自己世界观的产物，即便宣称自己绝对客观的科学家们也是如此。他们对茅香长势的预测与他们的西方科学世界观是一致的。这种世界观把人类划到了“自然”之外，而且还认为人类和其他物种的互动很大程度上具有负面效应。他们接受的教育就是，保护某个正在减少的物种的最佳方式就是不要去管它，让人类远离它。但是，这些草地却告诉我们，对于茅香而言，人类就是生态系统的一部分，而且是生命攸关的一部分。劳里的发现也许会让生态学家们感到惊讶，但它却和我们的祖先所传下的理论是一致的：“要是我们怀着敬意来使用植物的话，它就会长得很好。要是我们不理它的话，它就不见了。如果我们不尊敬它的话，它就会离开我们。”

“看起来，你的实验反映出收割造成了显著效果，”院长说，“但你怎么解释它呢？难道你在暗示没有得到采摘的草因为被忽视所以内心受伤了吗？造成这一切的机制是什么？”

劳里承认，科学文献中并没有编篮匠和茅香之间的关系的解释，因为通常这样的问题被认为不值得科学去关注。她转而去寻找关于草对其他因素，比如火或者放牧作何反应的研究。她发现，自己观察到的植物受刺激而生长的现象是研究牧场的科学家所熟知的。毕竟，各种草都已经出色地适应了干扰——这正是我们种草坪的原因。当我们割草的时候，它们就会加倍地生长。草的生长点就位于土壤表面之下，因此，当它们的叶子丧于割草机的刀刃、食草动物的唇齿或野火的烈焰时，它们很快就能复原。

她解释道，采摘的过程使种群密度下降了，这就让剩下的草芽能够拥有更多的空间和阳光，进而做出反应，迅速繁殖。就连拔草的动作都是有好处的。与草芽相连的地下茎上点缀着芽苞。当它被温柔地拔起来的时候，草茎会折断，所有这些芽苞就会形成茁壮的幼苗来填补空隙。

许多草类会经历一种叫做补偿性生长的生理变化，在这种变化中，植物会通过快速生长出更多叶片来弥补损失。这种过程看似违反直觉，但是当一大片新鲜的草叶被一群野牛吃光的时候，青草实际上就是通过更快的生长来回应的。这种机制会帮助植物尽快恢复茂盛，但同时也是在邀请野牛在这个生长季再回来吃一茬。科学家们甚至发现，野牛的唾液中含有一种酶，可以促进草的生长。更不必提牛群在经过草地时产生的肥料了。青草馈赠野牛，野牛也回报了青草。

这个系统拥有绝妙的平衡，但前提是兽群要怀着敬意来食用植物。无拘无束的野牛吃完草就走了，在很多个月中都不会回到同一个地方。它们就这样遵循着“过半不取”的原则，不会出现过度放牧的情形。那么，人和茅香的关系为什么不能是这样呢？比起野牛，我们受到同样的自然法则的支配，程度不多也不少。

自从很久很久以前，茅香就具有重要的文化用途，很明显，它已经依赖于人类为自己创造“干扰”来激发补偿性生长了。人类是这段互利共生关系中的参与方，茅香把它芬芳的草叶送给人类，而人类通过采摘的过程为茅香创造了茂盛生长的条件。

我们产生了一种有趣的想法：某些地区茅香数量减少的原因会不会并不是采摘过量，而是采摘不足？劳里和我仔细地研究了之前的一位学生丹妮拉·舍比茨（Daniela Shebitz）所绘制的茅香在历史上的分布图。在这张地图上，蓝色的点表示这里曾经有过茅香的分布，但现在已经消失了。红色的点寥寥无几，它们表示在那里过去就有茅香，而且现在依然在茁壮地生长着。这样的地方。这些红点并不是随机散落各处的，它们在某些地方更加密集，那就是原住民的社区附近，特别是那些会用茅香来编篮子的社区。茅香在它能够得到使用的地方茁壮生长，而在其他地方消失了。

科学与传统知识也许会问不同的问题，讲不同的语言，但是，当它们都真正地聆听了植物的声音时，它们或许会有交集。不过，要想把祖先告诉我们的故事与房间里的学术工作联系起来，我们需要使用科学的解释，用反映个中机制和客观性的语言来表达：“在移除百分之五十的植物生物量时，植物的茎就会从资源竞争中解脱出来。对于补偿性生长的刺激导致了种群密度和植物活力的增加。当干扰不存在时，资源的枯竭和对资源的竞争就会使得活力消减，死亡率增加。”

科学家们为劳里送上了一轮热烈的掌声。她说的是他们的语言，并且提出了一个具有说服力的案例，阐述了采集者所具有的刺激效应，证明了采集者和茅香之间的互利关系。一位学者甚至撤回了自己一开始说这项研究“没为科学添加任何新的东西”的批评。坐在桌边的编篮匠们只是点头表示赞同。这不就是长老们一直说的东西吗？

问题在于，我们应该如何表达敬意呢？在我们的实验过程中，茅香已经给出了答案：可持续的采摘就可以看做是怀着敬意对待植物，我们只要心怀敬意地收下它们的馈赠就好。

也许，用茅香来讲述这个故事并不是什么巧合。维英伽什克是天女在龟岛上种下的第一株植物。这种草把它芬芳的身体送给了我们，我们也满怀感激地收下。而采摘者接受礼物的这个动作本身就已经是回报：这个动作打开了更多空间，让阳光得以照射进来；随着温柔的一拽，休眠的芽苞激活了，长出了新的草。所谓的互利，就是通过可以自我维持的施与和接受的循环，让礼物一直处于流转之中。

族中的长老教导我们，植物和人类之间的关系必须是平衡的。有的时候，人类索取得太多，超过了植物的能力，它们就没办法继续把自己分享给人类了。这种声音来自痛苦的经验，与“过半不取”的教诲产生共鸣。而另一方面，他们也同样教导我们，有的时候我们拿走的太少了。如果我们让传统消亡了，让人和植物之间的关系褪色了，整个大地都会因此受伤。这些法则产生于痛苦的经验，产生于过去的错误。另外，不是所有的植物都完全相同，每种植物都有各自的再生方式。有些植物和茅香不一样，很容易就会因采摘而受到伤害。莉娜会说，关键就是要足够了解它们，并且尊重它们的不同。

Ⅶ. 结论

我的族人通过烟草和感谢对茅香说了“我需要你”，而茅香也在被采摘之后通过自己的更新对人们说了“我也需要你”。

Mishkos kenomagwen。这不正是茅香带来的草的教诲吗？礼物在互利中得到了补充。我们的一切繁荣都是相互的。

Ⅷ. 致谢

在深深的草丛中，有这样一种只有清风做伴的语言，它超越了科学与传统认知，超越了数据与祷告。风轻轻吹过，把草的歌声带到四方。对我来说，这声响就好像“教诲”这个词的发音“mishhhhkos”，它久久地回荡在草浪之中。在接受了它的一切教诲之后，我想说，谢谢你。

Ⅸ. 参考资料

维英伽什克，野牛，莉娜，祖先们。

枫之国：公民指南

我的社区里边只有一处加油站。它就在红绿灯那里，而且这也是唯一的红绿灯。你应该明白这是什么样的地方了。我知道它肯定有个官方的名字，不过我们都管它叫“庞培商场”。咖啡、牛奶、冰、狗粮，你能在这个商场里买到几乎所有的生活必需品：从把东西绑到一起的布胶带，到把胶渍清除干净的 WD-40*。商场里还有一听听去年生产的枫糖浆，我可不会在这些东西前面停留，因为我正在去制糖屋的路上，那里有新的枫糖在等待着我。主顾们开的车大多是皮卡，偶尔也有一辆丰田普锐斯。今天一辆雪地车也没有，因为雪在不久前化掉了。

这里是唯一能够加油的地方，所以门前的队总是排得很长。今天，人们纷纷从车里出来，靠在车旁一边享受春天的阳光一边等待。人们彼此间的对话就像加油站里面的货架一样，充斥着“必需品”——油价啦，枫树的树汁流得怎么样啦，有谁交了税啦。在这

---

* WD-40 是一种具有广泛用途的防锈石油制剂。它最初是用于火箭的隔水抗锈剂，但现在普遍用作清洁剂、除胶剂等。——译注

一带，制作枫糖的季节与交税的季节是重叠的。

“这该死的油价和收税的！我的血都快给抽干了！”科尔姆（Kerm）一边抱怨着，一边换好喷嘴，把手在油腻腻的卡哈特冲锋衣上擦了擦，“现在他们还想为学校里的风车收个税？说是因为什么全球变暖。一个子儿我都不出！”我们镇里的一位官员排在我前面。她是个丰满的女子，原先是学校里教社会研究的老师，也会在开玩笑的时候习惯性地摇摇手指。科尔姆很可能还是她班上的学生。她回应道：“你不乐意啊？如果你都不出场那就别抱怨！开那该死的会的时候你可一定要来啊！”

在树下还是有些积雪，仿佛在灰色的树干和绯红的枫树芽底下铺了条颜色明亮的毯子。昨晚，一钩纤细的银色月亮挂在早春深蓝色的天幕上。伴着这弯新月，阿尼什纳比人迎来了自己的新年——Zizibaskwet Giizis，也就是“枫糖月”。这是大地从她应得的休息中醒来，并向人们送上新的礼物的时候。为了庆祝这一切，我要去制作枫糖。

今天我收到了自己的人口普查表；在我开车进山去往枫林的时候，它就放在我旁边的副驾驶座位上。如果对这个小镇做一次能把所有生物居民都包含进来的“人口”普查，你就会发现，这里枫树的数量要比人类多一百倍。在我们阿尼什纳比人看来，树也是人民，是“站立的一族”。虽然政府定义下的镇民只包括人类，但无可否认，我们就生活在枫树的国度中。

某个致力于恢复古代饮食传统的组织绘制了一幅关于生物区域的美丽地图。在这幅地图上，州与州之间的界线消失了，取而代之的是生态学的分区，它是依照各地最主要的居民来界定的，也就是塑造了整个区域的风貌、影响了我们的日常生活、为我们提供了物质和精神食粮的标志性物种。这张地图上标出了西北太平洋沿岸的鲑鱼之国，西南部的矮松之国，等等。我们身处于东北部，身边环绕的是枫之国。

我在想，宣称自己是枫之国的公民意味着什么呢？也许科尔姆会愤愤不平地用两个字来回答：交税。他说得对，成为一位公民确实意味着要为了你的社区而提供支持、做出分享。

就这样，交税日即将到来，这是我的人类朋友们准备好为整个社区的福祉而做贡献的日子，但枫树终其一年都在奉献。它们贡献出了枝条上的木材，让我那买不起油的老邻居凯勒先生的房子整个冬天都暖暖和和的。志愿消防局和救护车队每月的枫糖煎饼早餐，还有更新引擎时的募捐也有赖于枫树的贡献。这些树通过自己的树冠提供阴凉，让学校的电费开支省了一大笔钱，而且拜这些巨大的树冠所赐，我认识的人中没有谁需要在空调上花一分钱。不用你开口求它们，它们就会为每年阵亡将士纪念日的游行提供阴凉。如果没有枫树的防风能力，公路局清理雪堆的频率恐怕就要加倍。

我的父母多年以来都活跃于当地的镇政府之中，所以我也得以目睹社区管理是如何进行的。我爸爸说："好的社区可不是天上掉下来的，我们要感谢很多人，而且我们也要做好自己分内的事，让它得以为继。"他刚从镇长的位置上退休。我妈妈是区域规划局的成员。从他们身上，我明白了镇政府对于绝大多数公民来说是看不见的，这正是它应有的样子——必要的服务会顺理成章地提供给大家，人们对此已经习以为常。路会修，水会一直干净，公园会一直漂亮，新的老年活动中心最终会得到建立，一切都没有什么大张旗鼓的仪式。大部分人对此漠不关心，除非他们的个人利益受到了威胁。还有一些人则会长年累月地抱怨，不停地打电话抗议征税，又在收不上来税的时候抗议减税。

幸运的是，每个组织里总会有那么几个人了解自己的责任，而且仿佛能在履行责任的过程中得到满足一样。这种人数量虽少，却是整个组织的无价之宝。把事情做好的就是他们。这些人是我们大家依赖的对象，是照顾其他人的人，是沉默的领袖。

我的奥农达加族邻居们把枫树称为树中的领袖。树木组成了环境质量委员会——它们二十四小时不间断地进行着空气与水的净化工作。每个任务小组中都有它们的身影，从文物保护协会到公路管理处、教育委员会和图书馆。在城市美化方面，它们仅凭一己之力就创造出了绯红的深秋，却从来没有什么人感激它们。

更不必提它们为鸣禽创造了栖息地，为野生动物创造了遮风挡雨之所，提供了金色的落叶让人可以在上面漫步，提供了枝条让人可以建造树堡和秋千。几百年来它们的落叶化作泥土，让现在的人们可以种植草莓、苹果、甜玉米和稻草。我们的山谷中有多少氧气是来自我们的枫树呢？多少大气中的碳被储存了起来？这一切正是生态学家称为“生态系统服务”的过程，正是自然界得以使各种生命成为可能的结构和功能。我们为枫树的木材或每加仑枫糖浆定下经济价值，相比之下，这些生态系统服务要珍贵得多。但是，人类的经济学却没有把这些服务计算在内。就像基层政府的工作一样，除非它没了，否则我们是不会去考虑它的。与铲雪和学校课本不同的是，官方的税收体系不会为这些工作来买单。我们是无偿获得这些服务的，一切都是枫树林自愿捐赠的。它们已经为我们完成了自己的任务。所以问题来了：为了它们，我们做得又有多好呢？

当我来到制糖屋的时候，那里的人已经把锅里的树汁完全煮开了。一团蒸汽在通风口有力地翻滚着，让道路那头甚至山谷那边的人都能看到今天他们在煮枫糖浆。我在那里等候的时候，人们络绎不绝地来到这里，来说说话，同时也带上一加仑新熬好的枫糖浆。当他们走进小屋的时候，每个人都会在门前驻足；他们的眼镜起了雾，煮树汁的甜蜜芳香让他们不禁停下脚步。我喜欢在这里来回来去地进进出出，只为享受香气扑面而来的感觉。

制糖屋本身是一栋粗糙的木质建筑，屋脊上边有一座极具特色的带开口的穹顶舱，让蒸汽可以从里边冒出来。蒸汽呼呼地冒着，飞旋着融入了柔软的春日天空中毛茸茸的白云。

新鲜的树汁从开着口的蒸发器一端流进来，由于水分被蒸走了，树汁变得越来越黏稠沉重，并在不断增加的重力作用下从管道中流过。在开始的地方，树汁沸腾得十分剧烈，冒着巨大的泡泡，而到了终点的位置，树汁也因其浓稠而显得平静多了，它从一开始的清澈液体逐渐变成了最终的深焦糖色。你得在恰好的时机，在恰好的浓度时把糖浆释放出来。如果让它沸腾太久的话，树汁就会结晶，变成美味的糖砖。

这种工作可不容易，两位伙计从今天的大清早就一直在盯着它、检测它了。我带了一个馅饼，这样他们也能在干活的间隙时不时地来上几块。在我们一起注视着枫糖浆煮沸的时候，我问了他们这个问题：成为枫之国的一位好公民意味着什么呢？

拉里（Larry）是看炉子的。他每十分钟就要穿上齐肘的长手套，戴上面罩，然后打开炉门看看火。当他抱来另一堆三英尺长的木柴，把它们一根根扔进炉子里的时候，热气扑面而来。“你得让火烧得旺旺的，”他说，“我们用的是老办法。有些人已经开始改用燃油或燃气炉了，不过我还是希望我们一直用木头。这个感觉才对。”

柴堆很容易就堆得像制糖屋本身一样大了，一捆捆干裂的木柴摞了有十英尺高，梣木、桦木，当然还有优良的硬枫木。这些木柴中的一大部分是林业专业的学生弄来的，他们沿着林中所有的小路砍伐死去的树木并收集木柴。“你看，这样效果很好。要让枫林多产糖，我们就要把过多的竞争对手处理掉，这样我们的枫树就能长出漂亮的大树冠了。这也是好公民的一种表现嘛，对不对？你要好好照顾树，它们也会好好待你的。”我想，会经营自己的糖枫林的大学没有几所，令我感激的是，我们的大学正是其中之一。

坐在灌装槽边上的巴特（Bart）插话道：“我们应该把油省下来，用在该用的地方。这个活儿还是烧木头比较好——而且，它还是碳平衡的呢。我们做糖浆烧木头释放的碳从一开始就来自把它吸收掉的树。它还会被这些树再次吸收掉，净增长是零。”他继续解释道，这些森林也是大学实现完全碳平衡计划的一部分：“实际上，保护这片林子能为我们免去一些税收，这样它就能继续吸收二氧化碳了。”

我认为，成为同一个国家的成员就意味着大家要使用一样的货币。在枫之国中，大家所共同使用的货币就是碳。从大气到树木，随后是甲虫和啄木鸟，再到真菌，到倒木，成为木柴、回归大气，再到树木，这个社区中所有成员之间的贸易交换，它们以物易物时所使用的基本要素就是碳。大家分享财富，获得平衡，互惠互利，不浪费一点东西。哪里还需要更好的经济可持续发展的模型呢？

成为枫之国的公民意味着什么？我向马克（Mark）提出这个问题。他操纵着蒸发器的末端，那里有一个巨大的桨叶和液体比重计，可以检测糖的浓度。“这是个好问题啊。”他一边说，一边在沸腾的枫糖浆里倒了几滴奶油来消除泡沫。他没有回答，而是打开了完成盘（finishing pan）底部的龙头，让新做的枫糖浆流满了一桶。当枫糖浆稍稍冷却下来之后，他把这温暖的金色液体给我们每个人都倒了一杯，然后像祝酒一样举起自己的杯子。“我觉得这就是你们要做的事啊，”他说，“你们制造糖浆。你们享用糖浆。你收下送给你的礼物，然后好好对待它。”

喝下枫糖浆后，人就一下子有了活力。而这也是成为枫之国公民的意义，你的血管中流淌着枫树的汁液，骨骼中有来自枫树的力量。每一勺金色的来自枫树的碳都变成了人体中的碳。我们祖先的说法是对的：枫树就是人，人就是枫树。

在我们阿尼什纳比语中，枫树这个词是“anenemik”，意思就是“人树”。马克说：“我老婆会做枫糖蛋糕，而且我们每年圣诞节都会送别人枫叶糖。”拉里最喜欢的吃法就是把枫糖浇在香草冰激凌上。我九十六岁的祖母每次心情不好的时候，总会来上一勺纯净的枫糖。她管它叫做“维生素M”。下个月，学校就要在这里举行煎饼早餐会了，学校的教职员工和家属要一起庆祝自己作为枫之国一员的身份，庆祝自己的手指因为枫糖浆而变得黏糊糊的，庆祝我们与这片土地还保持着彼此之间的联系。成为公民，也意味着拥有共同的节庆。

盘中的液体越来越浅了，于是我和拉里一起沿路来到糖枫林中，那里有一个巨大的水槽，新鲜的树汁正一滴一滴地往里流去。我们一起在林中四处走了走，同时注意躲开管子形成的巨网，那些管子像溪流一样汩汩作响，把树汁汇集到收集槽中。这与旧时树汁桶里叮咚作响的音乐完全不同，但是，它却能让两个人干完二十个人的活儿。

这片林子与之前的无数个春天并没有什么不同：枫之国的公民们开始渐渐醒来。鹿脚印的小水坑里布满了雪蚤。苔藓随着融化的积雪一点一点地出现在树底下。大雁飞过，它们归乡心切，人字形的队伍都散乱了。

在我们带着装满的水槽开车往回返时，拉里说：“当然，每年的制糖都是一场赌博。你没有办法控制树汁会怎么流。有的年景好，有的就不行。你只能接受眼前的一切并心存感激。一切都取决于温度，那不是我们能控制的。”不过，这种说法也算不得完全正确了。我们对化石燃料的痴迷和如今的能源政策，使二氧化碳的排放每年都在加速，这毫无疑问导致了全球温度的升高。比起仅仅二十年前，如今的春天要早来一个星期。

我不想离去，但我不得不回到书桌边。在开车回家的路上，我一直在想关于公民身份的事。我的孩子们在上学的时候必须要背诵人权法案，但如果允许我斗胆猜测的话，我想枫树苗从小学习的应该是责任法案。

回到家后，我查阅了一下各个人类国家的公民宣誓。它们有很多共同点。有些宣誓要求国民对某位领袖效忠，大多数则是一份效忠宣誓，是一种对共同信念的表达，同时也是遵守这片土地上的法律的誓言。美国很少允许双重国籍的情况——你必须做出选择。那么，我们应该基于什么样的理念来选择将自己的忠诚投予何方呢？如果我不得不做出取舍的话，我会选择枫之国。如果说公民身份意味着对某种信条的赞同的话，那么我信仰的是物种间的民主。如果说公民身份意味着对某位领袖宣誓效忠的话，那么我选择树木的领袖。如果说好公民都支持遵守国家的法律的话，那么我选择的是自然的规则，是互利、再生、共同繁荣的定律。

美国的公民宣誓规定，公民在受到召唤的时候，要对抗国家的一切敌人，为保卫美国而拿起武器。如果枫之国也有同样的誓词的话，那么整片山林里应该都在回荡着军号声。美国的枫树正面对着一个可怕的敌人。根据最具可信度的模型的预测，在五十年内，新英格兰的气候就会变得不适宜糖枫生长。温度的升高会令枫树苗难以长成，这样，枫林的更新换代就会显现出疲态。事实上，这一过程已经开始了。接下来是虫害，然后橡树就会取而代之。谁能想象得出没有枫树的新英格兰！秋天不再有满山红遍、仿佛燃烧一般的盛景，而是一片棕褐色。制糖屋被贴上了封条。不再有香甜的蒸汽云霭。到了那时，我们还能认出自己的家园吗？我们能承受得住这样的心痛吗？

左翼或右翼人士都有可能发出这样的威胁："如果事情不发生改变的话，我就移民去加拿大。"对于枫树而言，事情可能就是这样。就像因海平面上涨而被迫逃离家乡的孟加拉农民一样，枫树也要变成"气候难民"了。为了生存，它们必须向北迁徙，在北极圈的边缘建立新的家园。是我们的能源政策把它们逼走的。它们被低廉的燃油价格赶出了自己的家园。

我们不会在加油站的油泵旁边为气候变化而付钱，不会为枫树和其他动植物提供的生态系统服务的损失付钱。是选择眼下的低油价还是下一代的枫树？我很支持用税收来解决这个问题，即便说我疯了也没关系。

比我睿智得多的人说过，我们值得拥有什么样的政府，就能拥有什么样的政府*。这也许是对的。但是枫树，我们最慷慨的恩人与最负责任的公民，却不该拥有我们这样的政府。它们值得你我为它们发声。借用我们镇议会那位女士所说的话："开那该死的会的时候你可一定要来啊！"政治行动，公民参与——这些都是与这片土地互相帮助的有力行动。枫之国的责任法案要求我们为"站立的一族"站出来，用枫树的智慧来领导大家。

---

* 这句话是法国思想家约瑟夫·德·迈斯特（Joseph de Maistre）于 1811 年说的，原话是："每个国家都得到了它应得的政府。"——译注

光荣收获

乌鸦看到我穿过田野走来，彼此大声议论着这个挎着篮子的女人是从哪里来的。我脚下的土壤坚硬而又光秃秃的，除了被犁掀起来的几块零散的石头和去年的玉米秆之外一无所有。它们残余的支柱根蹲伏在地上，就像是褪了色的蜘蛛腿。多年的除草剂和从不间断的玉米种植让这块地寸草不生。即便是在雨量充沛的四月，这里依然没有任何一片绿色的草叶露出身影。到了八月，这里又要种起一行行签了卖身契一般的玉米了。不过现在，它是我穿过乡村去往林地的必经之途。

我身边围绕的乌鸦在我到达石墙的时候飞走了，这面墙是用冰川沉积砾石松松垮垮地搭起来的，它斜倚在田地边，标志出它的界线。在墙的另一边，脚下的土地是松软的，铺着积攒了几个世纪的柔软的腐叶土。林中的地面上满是株形小巧、开着粉红色花的佛州春美草和一丛丛毛叶黄花堇菜，腐殖质上遍布着猪牙花，延龄草做好了准备，要从冬天那褐色的落叶毯子中钻出来。一只棕林鸫在枫树那依然光秃秃的枝条上鸣啭着，歌声如银铃般清脆。一片片茂密的阔叶葱是春天最早出现的植物之一，它们身上的绿色是那么生机勃勃，显眼得仿佛霓虹灯广告牌，似乎在说："来摘我呀！"

我本来是想立刻响应的，但是我忍住了这种渴望，而是用我一直以来学到的方式向植物打了招呼：虽然我们多年以来都会像这样见面，但我还是向它们做了自我介绍，免得它们忘了我。我向它们解释了自己为何而来，并请求它们允许我的采摘，我礼貌地询问它们愿不愿意分享。

春天的阔叶葱特别滋补，模糊了膳食和药物的界限。它将身体从冬天的懒散中唤醒，加速了血液的流动。不过我还有另一项需求，这项需求只有那片林子中的阔叶葱才可以满足。这个周末，我的两个女儿都会从她们生活的遥远地方回到家来。我请求这些阔叶葱帮忙重新缔结这片土地和我的孩子们之间的关系，让家乡的物产化作她们骨骼中的矿物质，永远被她们带在身边。

有些阔叶葱的叶子已经长开了，面向太阳伸展着身体，而其他的叶子仍然紧紧地卷成矛尖的形状，从半腐质层中戳了出来。我把泥铲插进这一丛植物的边缘，但是它们的根实在太深，又在地里扎得太牢，抗拒着我的努力。这把泥铲太小，我的手一冬天没干过活，变得柔嫩了，现在磨得生疼。不过我最终还是撬出了一团，然后抖落了上面黑色的泥土。

我满心期待着一串丰满的白色球茎，但那里只有几个破破烂烂、像纸一样又干又薄的鞘子一样的东西，枯萎而干瘪，就好像里边所有的汁水都已经被吸干了一样。事实也正是如此。如果你请求人家的许可，就得听从人家的答复。我把它们填回了泥土中就回家了。在石墙边上，接骨木的新芽已经绽开，新生的幼叶伸了出来，就像套了紫色手套的小手一样。

在这样的日子里，在这个蕨菜的嫩芽静静舒展、空气像花瓣一样柔软的日子里，我的心却浸泡在求之不得的渴望之中。我知道，“不可贪图邻人的叶绿体”是条金玉良言*，但我必须承认的是，我妒忌得眼睛都快变成叶绿素那么绿了。有的时候，我真心希望自己也能进行光合作用，只要站在草地的边缘或是懒洋洋地漂在池塘的表面，安安静静地沐浴着阳光，就能做完世上的一切工作。幽暗的铁杉和摇曳的小草都是如此，它们一边倾听鸟儿的啼鸣，一边望着水面上阳光的舞蹈，同时制造糖类分子并把它塞到饥饿的嘴巴中去。

为别人的幸福提供帮助是那么令人满足——就仿佛再次成为了母亲，仿佛受人需要一样。树荫、药物、野果、根部，这一切没有尽头。作为一棵植物，我可以点燃篝火、托住鸟巢、治愈伤口、填满咕嘟冒泡的锅。

但是，这份慷慨超出了我的能力范围，我不过是个异养生物，只能依靠其他生命转化的碳来维生。为了生存，我必须消费。世界就是这样运转的，以命换命，我的身体和世界的身体之间存在着无休止的循环。如果必须选择的话，我得承认我其实很喜欢自己作为异养生物的角色。另外，如果我能进行光合作用的话，我就无法享用阔叶葱了。

---

* 作者套用的句子是“不可贪图邻人的房产”，出自《旧约·出埃及记》。——译注

所以，我只能间接地依靠其他生命的光合作用来维生。我不是林中土地上生机盎然的新叶——我是一个挎着篮子的女性，怎样装满这个篮子才是问题所在。如果我们对此有清晰的认知，我们就会发现这里存在着一个道德问题，那就是我们在为了自己的生命剥夺身边其他的生命。无论我们是挖掘野阔叶葱还是去商场，都要面对这个问题：我们在消费的时候怎样才能以一种公平的方式对待那些被我们剥夺的生命呢?

族人最古老的故事提醒我们，这是一个我们的祖先所深刻关心的问题。既然我们深深地依赖着其他的生命，保护它们就成了当务之急。我们的祖先拥有的物质财富如此之少，却对这个问题投入了巨大的关注，我们这些被财富所淹没的人反而很少会念及此。文化的面貌可能已经发生了改变，这道难题却依然如故——一方面是尊重我们身边的生命，一方面是为了生存必须夺取其他的生命，解决这两者之间无法回避的矛盾是我们生而为人的一部分。

几个星期之后，我再次拿上自己的篮子穿过农田，这里依然光秃秃的，但石墙那边的地上已经开满了白色的延龄草花，仿佛迟来的积雪。我在一丛丛精致的马裤花、长出神秘的蓝色嫩芽的升麻、一片片血根草、绽放出新绿的三叶天南星和从叶间冒出来的北美桃儿七之间穿行，我想自己踮起脚尖旋转身体的样子一定像个芭蕾舞者。我与它们一一打了招呼，并且觉得它们仿佛也很高兴看到我。

我们从小就被教育着，只有人家给的你才能拿，而上一次我来到这里的时候，阔叶葱什么也没有给我。球茎保存着留给下一代的能量，就像银行里的存款一样。去年秋天的球茎长得饱满光滑，然而，在开春的头几天，这个储蓄账户却几乎见底了，因为根把自己储藏的能量都输送给了正在生长的叶子，让它们得以从泥土中来到阳光下。叶子在刚刚长出的几天中是纯粹的消费者，只会从根中索取，让球茎干瘪下去，而不会回馈任何东西。但是，等到它们舒展开之后，就会化身为强力的太阳能电池板，能够反过来为根充电。短短几周之内，阔叶葱就能实现消费与生产的礼尚往来。

今天的阔叶葱是我第一次来看时的两倍大了，在鹿把叶子弄破的地方有一股浓烈的洋葱的香味。我穿过第一丛阔叶葱，并在第二丛那里跪了下来，并再一次静静地祈求着它们的许可。

祈求植物的许可反映了对其人格的尊重，这同时也是对种群健康程度的评估。因此，在倾听它们的回答的时候，我必须同时调动大脑的两个半球才行。负责分析的左脑来解读实际的迹象，判断种群是否足够大、足够健康，能禁得起采摘，判断它是否有足够的东西可以分享。负责直觉的右脑用来解读其他的一些东西，那或是一种慷慨的感觉、一种乐于分享的光芒，这样的植物在说着“把我拿走吧”；抑或是一种沉默的抗拒，让我收回自己的泥铲。我很难解释，但这种认知对我而言就像“禁止擅闯”的标志一样不可违抗。这次，当我把泥铲插到泥土深处的时候，我挖出来的是一大串肥白闪光的球茎，饱满、光滑、香气袭人。我听到了那句“好的”，于是我从兜里柔软的旧烟草袋中拈出一小撮烟草当做回礼，然后开始了挖掘。

阔叶葱是无性生殖的植物，靠分株来繁殖，它会一片片地扩散开来，占领越来越广阔的土地。于是，它们会在这片土地的中央变得越来越密集，所以我也打算在那里采摘。这样，我的索取就让它们变得稀疏，从而帮助剩下的植物生长。从糠百合的球茎到茅香，从蓝莓到柳树，我们的祖先找到了能给植物和人类带来长期利益的收获方式。

虽然锐利的铁锹能让我在挖掘的时候更有效率，不过事实却是，它会让这项工作操之过急。如果我需要的所有阔叶葱在五分钟内就全部到手的话，我就会失去跪在地上观察野姜旺盛生长、聆听刚刚回巢的橙腹拟鹂歌唱的机会。这确实是所谓"慢食"的选择。此外，这项技术上的小小改变还会让人很容易就切断附近的植物或索取太多。全国的森林都在失去自己的阔叶葱，因为采摘者爱它们爱到了令其绝种。如果挖掘的过程比较困难，就可以有效地限制这种掠夺了。不是什么事都是越便利越好。

原住民采集者的传统生态知识十分注重可持续性，因此有许许多多的准则。这些准则出现在原住民的科学与哲学中，体现在他们的生活方式与行为里，不过最能体现它们的则是各种故事。故事的讲述能帮助人们重新取得平衡，能让我们再次找到自己在万物中的位置。

阿尼什纳比长老巴西尔·约翰斯顿（Basil Johnston）讲了这样一个故事：曾经有一次，我们的老师纳纳博卓像往常一样在湖边用钓钩和细线钓鱼做晚餐。尖喙如长矛般的苍鹭迈开修长的双腿，穿过芦苇丛来到了他的身边。苍鹭是位优秀的渔夫，也是个乐于分享的朋友，他教给了纳纳博卓新的捕鱼方式，让后者的生活变得轻松多了。同时，苍鹭也提醒他一定要小心，不要捕太多的鱼，但纳纳博卓的内心已经完全被丰盛的美食所占据了。第二天，他早早地来到了湖边，没过多久，他的篮子就装满了鱼，多得他拿都拿不动、吃也吃不完。于是，他把鱼清理干净，晾在了小屋外的架子上。翌日，虽然他的肚子依然是饱的，他还是来到了湖边，用苍鹭教他的方法捕鱼。“啊哈！”他在回家路上暗自想着，“这个冬天我可有的吃了！”

他日复一日地狼吞虎咽，湖水渐渐变得空空荡荡，他的晾鱼架子却变得越来越满，鱼肉的香味飘进了森林，馋得狐狸直舔嘴唇。一天，他洋洋自得地再次来到湖边。但这一次，他的网空空如也，而当苍鹭飞过湖面的时候，也带着责备的目光俯视着他。当纳纳博卓回到家里的小屋的时候，他学到了关键的规则——绝对不要索取超出自身需要的东西。晾鱼的架子倒在了尘土之中，上边一口也没剩。

在原住民文化中，关于过度索取带来恶果的故事比比皆是，但在英语文化中，却很难找到哪怕一个这样的故事。或许这也多少解释了为什么我们会落入过度消费的陷阱，它不仅害了我们，也害了被我们消费的东西。

原住民在以生命交换生命这方面的理论和实践的集大成者就是“光荣收获”（Honorable Harvest）。它代表各种各样的规则，这些规则支配着我们对大自然的索取，塑造着我们与自然界的关系，并且控制着我们消费的倾向——这样，这个世界也许就能在七代人之后依然像我们今天这样丰饶。“光荣收获”的细节会因文化和生态系统的不同而高度特化，但是，基本的法则在与土地有紧密联系的各个民族中却几乎是共通的。

我是以这种方式思考的学生，而不是学者。作为一个不能进行光合作用的人类，我必须努力参与到“光荣收获”中来。所以，我仔细地观察和倾听那些远比我更有智慧的人。他们分享给我的东西，我也原封不动地在此分享，这些是从他们集体智慧的田野上收集来的几粒种子，是显露出来的一点表面，是他们知识山峰上的苔藓。我感激于他们的教导，并且有责任把这些教诲尽我所能地传下去。

我有一位朋友是阿迪朗达克山间一个小村落的办事员。每逢夏秋两季，人们都会在她的门外排起长队，等着申领捕鱼和狩猎执照。她在颁发每张薄薄的卡片的同时，也会发给人们一份“猎获规章”，这是一本新闻纸印制的口袋书，大体上是黑白的，只是插入了真实猎物的光面照片，以防有人不知道自己要打的是什么。确实有这种事。每年都有类似的段子，比如有些猎鹿人得意而归，却被公路上的人拦下了，这时他们才明白自己在保险杠上捆的其实是一头娟姗牛*。

我的另一位朋友曾在松鸡狩猎季期间在一个狩猎检查站工作

---

* 原文为 Jersey Calf，一种原产英国泽西岛（又译娟姗岛）的小型奶牛，皮毛一般呈黄褐色。——译注

过。一个人开着一辆很大的白色奥兹莫比尔车来到门前，并得意洋洋地打开后备箱，让工作人员检查他的猎物。鸟儿都整整齐齐地码在一张帆布单子上，呈一字排开，羽毛都没怎么弄乱——好多只北扑翅䴕。

依靠土地来养家的传统民族同样有收获的守则：人们设计出了详细的规章以维持野生动植物种群的健康与活力。就像各州法律一样，这些制度的建立同样基于精深的生态知识和对种群数量的长期监控。它们的目标同样在于保护狩猎管理员所谓的"资源"，守护和维持这些资源既是为了动植物本身，也是为了子孙后代。

龟岛上的早期殖民者惊讶于自己在此地发现的丰盛物产，并把这份富饶归于大自然的慷慨。五大湖地区的移居者（settlers）在自己的笔记中提到过原住民收获的野稻谷是多么异乎寻常地丰富：在短短几天之内，他们的独木舟里就能装上足以维持一整年之需的稻谷。但是，移居者们却对接下来的一个事实大惑不解，正如有人写下的那样："野蛮人在稻谷远没有收尽的情况下就停了下来。"这位移居者观察发现："稻谷的收获开始于一场感恩的仪式，人们会祈祷在接下来四天能有好的天气。他们会在这四天之中收稻子，从破晓忙到日暮，然后就停下来，这时往往还会有很多稻子留在原地没割。他们说，这些稻子不属于他们，而是属于雷霆之神的。没有什么能迫使他们继续，所以很多稻谷都浪费了。"移居者们把这当做是异教徒懒惰和缺乏勤勉精神的证据。他们不明白，正是原住民照顾土地的这种做法，促成了他们所见的财富。

我曾经遇到过一位来自欧洲的工科学生，他兴奋地给我讲了自己和一位欧及布威族朋友的家人一起在明尼苏达州收稻子的事。他非常渴望体验一下美国原住民的文化。他们从清晨开始泛舟于湖面上，撑着长篙穿梭在一片片稻田之间。“没过多久就收了不少，”他说，“不过效率并不高。至少一半的稻谷就那样掉在水里了，他们好像也不太在乎。都浪费了。”为了向主人——这户传统的种稻人家——表达谢意，他自告奋勇设计了一款可以安装在独木舟船舷上的谷粒收集系统。他画了草图，向他们展示了自己的技术如何能让收获的稻谷增加百分之八十五。他的主人恭敬地听完之后却说：“是的，这样我们的确能多收一些稻子。不过，也得让稻子为明年留种啊。而且我们剩下的那些也没有浪费。你要知道，喜欢稻子的可不只是我们。你想啊，要是我们全收走的话，野鸭又怎么会来我们这里呢？”我们得到的教诲是：过半不取。

当我的篮子里装了足够一餐的阔叶葱后，我便掉头回家了。在穿过花丛的时候，我发现了一整片紫茎泽兰在舒展着闪亮的叶子。这让我想起了我认识的一位草药师给我讲的一个故事，她告诉我，采摘植物最基本的规矩之一就是“不要取走你发现的第一株植物，因为它可能是唯一一株；而且，这样的话第一株植物还可以为你在她的同类面前说说好话”。如果你面对的是铺满了整条河岸的款冬，在第一株之后还有第三、第四株的话，那么，遵守这条规矩并不是什么难事；但是，如果你面前的植物太少，而心中的欲望又太多的话，恪守戒律就不那么容易了。

这位草药师向我回忆道：“有一回，我做梦都想要一株紫茎泽兰，好在第二天的旅行中把它带在身上。我能感到自己有这个需要，但又说不清到底是为了什么。但当时还不到收紫茎泽兰的时候。还要再过一个多星期叶子才会长出来。不过也说不定在哪里——比如说向阳的地方——就有生得早的呢。所以我就上我平时采药的地方去了。”血根草已经长出来了，佛州春美草也长出来了。她跟它们打了声招呼就从它们身边走过。然而，她寻找的那种植物却始终不见踪影。她把步子放得更慢，放开了全部身心去感知，让自己完全沉浸于周边视觉的光晕之中。在东南边，紫茎泽兰在枫树底下依偎着，用一大团深绿色的叶子展露出自己的身姿。她跪下身来，微笑着向紫茎泽兰轻声诉说了自己的来意。她想了想自己即将踏上的旅途，兜里空空如也的袋子，然后忍着膝盖因年老而带来的僵硬，慢慢地站起身来走了。她克制住了自己，没有采走第一株。

她穿过树林，欣赏着刚刚探出头来的延龄草。还有阔叶葱。但是紫茎泽兰却再也没有出现过。“于是我就明白，我只好这样上路了。我在回家的半路上突然发现我的小铲子没拿，就是我一直用来挖药材的那把。所以我必须得回去找啊。哦，当时我一下子就找着了——它的把手是红色的，特别容易找。你猜怎么着，它从我兜里正好就掉在一片紫茎泽兰的叶子上了。我便跟这些植物说话，把它们当做在你需要的时候伸出援手的人一样，然后它就把自己身体的一部分送给了我。当我抵达目的地之后，那里果然有一个女人需要紫茎泽兰来治病，而我也可以把这份礼物传递下去了。那种植物提醒我，只要我们带着尊重来获取它们，植物就会帮我们的忙。”

“光荣收获”并没有一份书面的准则，甚至没有人把它系统地讲述出来——它是通过日常生活的一点一滴不断得到强化的。不过，如果你把这些守则罗列出来，看上去大概就是这样：

要明白别人是怎么照顾你的，这样你也能去照顾他们。

要自我介绍。作为请求别人付出生命的人，要负责任。

在索取之前要先问问对方是否同意。要遵从对方的答复。

第一个不取。最后一个不取。

只取自己所需。

只取对方所予。

过半不取。要为别人留一些。

要用伤害最低的方式来收获。

在使用时要心怀敬意。不要浪费你从别人那里索取的东西。

要分享。

要对别人送给你的东西表达感激。

要留下一份礼物，对于你索取的东西要礼尚往来。

对于那些维持了你生命的存在，你也要维持他们的生命，这样大地才能永存。

有关采集狩猎的州法的确立完全基于生物物理领域，而光荣收获的规矩则是基于人类对物质和形而上这两个世界所负有的责任。如果你把自己收获的对象看做“人”，看做人类以外的有意识、有智慧、有灵魂，而且还有等他回来的家人的“人”的话，为了维持自己的生命而收割别的生命就成了一件格外意义重大的事。杀死某个“他”或“她”所需要的东西和杀死某个“它”完全不同。当你把这些人类以外的“人”看做自己的亲族时，就会建立起超越数量限制和法定季节的另一套猎获守则了。

总的来说，州政府制定的法规是一套违法行为的清单：“保留从嘴到后鳍的长度不超过十二英寸的虹鳟鱼是非法的。”触犯这些法律的后果有明文规定，在一位亲切友善的自然保护官员拜访过你之后，还会有财务交易。

与州法不同，光荣收获并不是强加于人的法律政策，而是一项人与人之间，特别是消费者与供应者之间的协议，而供应者拥有更大的发言权。是鹿、鲟鱼、浆果和阔叶葱说道：“如果你们同意这些规定，我们就会继续把自己的生命送给你们，以延续你们的生命。”

想象力是我们最有力的工具之一。我们能想象到的，就是我们所能成为的。我喜欢想象，假如光荣收获能够像过去一样，成为今天大地上通行的法则的话，世界将会是什么样子呢？试想一下，寻找地皮来建商场的开发商不得不先请求一枝黄花、草地鹨和君主斑蝶允许自己拿走它们的家园的场景。如果他必须遵从它们的回复，会是什么样子呢？为什么不呢？

我喜欢想象，光荣收获的规定被印在塑封卡上，就像我那位办事员朋友发放的狩猎或捕鱼牌照一样。每个人都会遵守同样的法律，这些法律乃是真正的政府所颁布，那就是物种间的民主，自然母亲的法律。

当我询问长老我们的族人是如何生活才使得世界完整而健康的，我听到的答案是“只取自己所需”这条诫命。但是，我们作为人类，作为纳纳博卓的后代，会像他一样对自我约束产生抗拒。当你的需求与你的欲望如此难解难分的时候，“只取自己所需”的训诫留下的解释空间实在太大了。

因此，这个灰色地带产生了一条比诫命更为基本的规则，它深深地扎根于感恩的文化之中。如今这条古老的教诲几乎已经被遗忘在工业和技术的喧嚣之中了。它说的不仅是“只取自己所需”，更是“只取对方所予”。

在人际交往的层面上，我们已经在践行这条法则了。我们就是这样教育自己的孩子的。假如你去奶奶家探望，慈祥的奶奶用她最喜欢的瓷盘装了亲手做的饼干给你，你是知道自己该怎么做的。你会一边接过盘子一边说“谢谢”，并且珍惜彼此间伴着肉桂和白糖的情谊。你会满怀感恩地取走送给你的东西。但你绝不会有闯进她的厨房、不请自来地拿走所有的饼干、顺便还抢走她的瓷盘的想法。至少，这种做法是对礼仪的违反、对彼此亲情的背叛。另外，你奶奶也会感到痛心，短时间之内再也不想为你烤饼干了。

但作为一种文化，我们却没能把这种优良的礼仪延伸到自然界。“可耻的收获”（dishonorable harvest）成为了一种生活方式——我们索取着不属于自己的东西，并把它糟蹋到无法修复的程度：奥农达加湖，阿尔伯塔省的油砂，马来西亚的雨林……这份清单是无止无尽的。这些都是我们亲爱的地球奶奶送给我们的礼物，而我们却不请求一声就拿走了。我们怎样才能回归光荣收获的做法呢？

如果我们是在摘野莓或是收集坚果的话，“只取对方所予”就会显得很有道理。它们献出自己的身体，而通过采摘的举动，我们也尽了回馈的责任。毕竟，植物在结果的时候就带着明确的目的，让我们把它们摘走、散播并种出新的植物。在我们把它们的礼物用掉的过程中，双方都能变得繁盛，生命得到了壮大。但是，如果我们索取的时候并没有一条通向共同利益的大道，某一方必定有所损失的话，又该怎么办呢？

我们怎样才能辨别出，哪些东西是大地给予我们的，而哪些不是呢？从什么时候开始，索取变成了彻头彻尾的盗窃呢？我想，族中的长老会告诫我们，并没有一条明显的辨别途径，每个人都要找到自己的道路。当我带着这个问题漫步的时候，我既看到过死胡同，也发现了清晰的出路。辨清这一切的含义就像在一片茂密的灌木丛中穿梭一样。偶尔，我也能模糊地瞥见深林中的鹿迹。

那是在狩猎季，雾蒙蒙的十月的一天，我们坐在奥农达加的一间户外厨房的门廊中，听人们讲述自己的故事。如烟雾般金色的树叶不时地随风飘落。头发上扎着一条红色印花手帕的杰克（Jake）讲了个关于他的儿子学火鸡叫的故事，把大家逗得哈哈大笑。肯特（Kent）把黑色的发辫搭在椅子背上，同时把脚放在栏杆上，讲了自己如何在新雪上发现了一道血迹，从而跟踪一头熊，最终又如何让它逃脱了的故事。他们中的大部分都是想要建立声名的年轻人，而在这些年轻人中，还有一位老者。

奥伦头戴一顶写着“第七代”的棒球帽，花白的头发扎成细细的马尾辫。他那天的故事让我们身临其境。我们紧随他的讲述，一起穿过灌木丛，走下山谷，来到了他最喜欢的狩猎点。他面带微笑地回忆道：“那天我看见的鹿肯定得有十只，可我只能开一枪。”他把椅子向后仰去，一边眺望着远处的山坡一边回忆。年轻人一边聆听，一边盯着门廊的地板。“第一只鹿把落叶踩得吱嘎作响，但在它迂回下山的时候却被矮树丛挡住了。它根本就没看见我坐在那儿。接着，一只年轻的公鹿从上风处走近了我，然后踱着步子走到一块大圆石后边去了。我当时可以追上去然后跟着它跨过溪水，但我知道自己的目标不是这一只。”鹿一只只地来了又去，他细数着那天的邂逅，而他甚至一次也没有举起自己的步枪：水边的母鹿，躲在椴树后边只露出臀部的三叉角公鹿。“我身上只带了一发子弹。”他说道。

穿着 T 恤的小伙子们在长椅上向他探过身子来仔细听着。“然后，有一只鹿就这样完全无法解释地来到了空地上，注视着你的眼睛。他完全知道你在那儿，也知道你在做什么。然后，他向你暴露出了自己的侧面，等待着干脆利落的一枪。我等的就是这一只。他把自己送给了我。这就是我学到的：只取对方所予，然后带着敬意对待它。”奥伦提醒他的听众，“这就是为什么我们感谢这只鹿，称它是这群鹿中的领袖。它拥有舍身喂养人类的慷慨。承认那些支撑我们存活的生命，并且用一种能够表达我们感激之情的方式生活，这是一种维持世界运转的力量。”

光荣收获并不会要求我们去进行光合作用，它并没有叫我们不要去索取，而是为我们应该索取什么提供灵感和范例。它并不是一连串的“不要怎么做”，更多的是“要怎么做”。要吃光荣收获来的食物，并珍惜每一口；要使用把伤害减到最低限度的技术；要拿走送给你的东西。这种哲学不仅指引着我们，教会我们如何索取食物，以及如何取走大地母亲的各种礼物——空气、水还有大地的身体本身：岩石、土壤和化石燃料。

要索取埋在大地深处的煤炭，我们就必然会造成无法修复的破坏，这种行为违背了法典中的每一条规定。不管怎么拓展想象力，也无法认为煤炭是“送给”我们的。我们必须伤害土地和水，才能把它从大地母亲的怀中挖掘出来。如果一家煤炭公司正计划着在阿巴拉契亚山脉古老的褶皱地带把山头铲平，但法律却强制要求它只能取走对方所给予的，事情会怎么样呢？你会不会想要把许可证递给他们，并宣布规则已经变了呢？

这并不意味着我们不能消费我们需要的能源，但它确实意味着我们只能光荣地索取对方所给予的。风每天都会吹拂，太阳每天都会照耀，潮水每天都会拍打海岸，我们脚下的大地也会变得温热。我们可以认为这些可再生能源是送给我们的，因为它们从这颗星球诞生之日时就一直在为星球上的生命提供能量。我们对它们的利用并不需要毁掉大地。对于太阳能、风能、地热能和潮汐能这些所谓“清洁能源”的收获，在我看来，如果它们得到了合理使用，便是符合光荣收获之古老规则的。

另外，这套法典会向任何的收获，包括能源收获提出质询，我们的收获是否配得上对方的付出呢？奥伦射中的那头鹿被用来制作莫卡辛皮鞋，还让三个家庭吃得饱饱的。我们要把收获的能源用在什么地方呢？

我曾经在一所规模很小、每年学费将近四万美元的私立大学做了一次题为“感恩的文化”的演讲。在安排给我的五十五分钟里，我谈到了豪德诺硕尼人的感恩演讲，西北太平洋海岸地区的“赠礼宴”* 传统，还有波利尼西亚的礼物经济。然后，我讲了一个传统的故事：有几年玉米的收获特别丰富，每座谷仓都堆得满满的。田野慷慨至极，村民们几乎不用劳作了。所以他们也就真的停止了劳动。锄头闲靠在树边，人们懒惰得连玉米节的仪式都没有举行，没有献上哪怕一首感恩的歌。三姐妹把玉米作为神圣的食物送给人类，而他们却开始把玉米用在三姐妹绝不希望看到的地方。他们把玉米作为燃料烧掉，这样就省得去砍木柴；狗把玉米从乱糟糟的谷堆上拖出来，弄得到处都是，因为人们已经懒得再把它收进安全的谷仓中；当孩子们把玉米棒踢来踢去地做游戏时，也没有人来制止。

玉米之灵被这种不敬伤透了心，于是决定离开村民们，到她能够得到感激的地方去。一开始，人们甚至没有意识到她不在了。但到了第二年，玉米地里除了杂草什么都没有。人们的储藏几乎空了，

---

* 原文为 potlatch，亦可译作散财宴、夸富宴等。在赠礼宴中，主人会将礼物送给客人们，以此显示自己的财富和权威。赠礼宴是当地原住民礼物经济最主要的体现，意义极为重大。——译注

那些没有妥善存放的粮食不是长了霉就是被老鼠啃坏了。吃的没有了。人们绝望地坐着，变得日渐消瘦。当他们抛弃了感恩之心的时候，礼物也抛弃了他们。

一个小孩走到了村外，在饥饿中徘徊了几天。突然，他发现玉米之灵就坐在林中一块洒满阳光的空地上。他乞求她回到族人身边。她对他温柔地笑了笑，然后指导他要把早已被遗忘的感激与尊敬重新教给他的族人。只有这样她才会回来。他照着她所说的做了，于是，在没有玉米可吃的严酷的一冬足以让人们铭记代价之后，她在第二年的春天回来了。*

我的听众里有几个学生打起了呵欠。他们无法想象这种事。超市的货架上永远摆得满满的。在之后的接待环节中，学生在泡沫塑料盘子里装满了平常的食物。我们一边往塑料杯中倒潘趣酒一边探讨问题。学生们大嚼着奶酪和饼干，享用各种切好的蔬菜，旁边还有一桶桶的蘸酱。这些食物足以在一个小村庄里举行盛宴了。垃圾桶就放在每张桌子旁边，方便人们把所有的残羹剩菜直接扫进去。

一个用头巾扎住黑发的美丽的年轻姑娘在讨论的时候徘徊不前，而是在一边等着，希望轮到自己发言。在几乎所有人都走了之后，她来到我面前。看着桌上遭到浪费的剩菜，她露出歉疚的笑容："我希望您不要觉得自己讲的东西没人理解。我听懂了。您就像我

---

* 这个故事从美国西南部到东北部都广为人知。其中一个版本是由约瑟夫·布鲁查克（Joseph Bruchac）所讲述的，收录于卡杜托（Caduto）与布鲁查克的著作《生命的守护者》（*Keepers of Life*）。

远在土耳其农村的祖母一样。我会告诉她，她在美国也有位姐妹。光荣收获同样是她的处世之道。在她家，我们学到了我们放进嘴里的一切，我们赖以为生的一切，都是其他生命的赠礼。我还记得晚上我们一起躺在床上的时候，奶奶让我们感谢房子里的木椽，还有我们盖在身上的羊毛毯。我奶奶从不允许我们遗忘这些礼物，这也是为什么你要善待每样东西，那是在向其他生命致敬。在我奶奶家里，她教我们亲吻米饭粒。如果一粒米掉到地上的话，我们就要把它捡起来并亲吻它，显示我们并不是故意浪费，对它不敬的。"这位学生告诉我，她来到美国之后所经历的最大的文化冲击并不是语言、食物或科技，而是浪费。

"我从来没跟别人说过，"她说，"其实我在自助餐厅里会觉得很难受，人们对待食物的方式实在让我不舒服。在这里人们一顿午饭扔掉的食物就够我们全村人吃上好几天了。这件事我没办法跟任何人讲，因为其他人不会理解亲吻饭粒的做法。"我感谢她给我讲的故事，她说："请把它当做礼物收下吧，然后再分享给其他人。"

我听说在有些时候，谢意就足以回报大地的礼物了。表达感谢是我们人类独一无二的天赋，因为我们有意识，也有集体记忆来铭记，世界也完全可能是另一个样子，远不像现在这么慷慨。但是，我认为我们的使命是建立超越感恩的文化，再一次建立互惠的文化。

我在一次关于原住民可持续发展模式的会议上认识了阿尔冈昆族生态学家卡罗尔·克罗（Carol Crowe）。她讲述了一个关于向部落委员会申请资金以参加这次会议的故事。他们问她:“这个‘可持续’的观念，都是关于什么的啊？他们在说什么啊？”她给了他们可持续发展的标准定义的总结，包括“以这样一种方式来进行自然资源以及社会制度的管理，以确保现在以及后代人类的需要得到实现和持续的满足”。他们沉默着思考了一会儿，最终，一位长老说:“在我看来，这个‘可持续发展’就好像是他们想要永远索取下去，就像他们一直以来做的那样。永远是索取。你去那里，然后告诉他们，在我们这里，我们的第一个想法并不是‘我们能索取什么？’，而是‘我们能给大地母亲什么？’。事情应该是这样的。”

光荣收获要求我们要对自己所得到的东西做出回馈，要懂得互惠。互惠的原则能帮我们解决索取生命的道德困境，我们可以通过回馈有价值的东西来报答那些支持我们生存的生命。作为人类，我们的责任之一就是为这个不只包含人类的世界找到通往互惠的道路。我们可以通过感恩、通过仪式、通过土地管理工作、通过科学和艺术，还有日常实际行为中的尊敬来做到这一点。

我必须承认，我在见到他之前就在思想上把他拒之门外了。一个毛皮猎人不可能说出什么我想听的话。野莓、坚果、阔叶葱都是光荣收获的一部分，那只望着你的眼睛的鹿可能也算，但是，为雪白的白鼬和脚爪柔软的猞猁设下套子来装点贵妇人的行当，是很难有理由开脱的。然而我还是会尊重他，倾听他的意见。

莱昂内尔（Lionel）在北方的密林中长大，他打猎、捕鱼、做向导，在一座偏远的小木屋里靠着土地讨生活，延续着森林猎人*的传统。他的祖父是印第安人，建立陷阱线**的技术享有盛名，他也正是从祖父那里学会了设陷阱。要想捉住一只貂，你必须学会像貂一样思考。他祖父之所以能成为一名成功的猎人，正是因为他对动物知识有深深的敬意，知道它们往何处去，如何狩猎，以及天气恶劣时会在哪里挖洞躲起来。他可以用白鼬的眼睛来看待这个世界，并以此来养活自己的家人。

“我喜欢住在林子里，”莱昂内尔说，“我也喜欢动物们。”捕鱼和狩猎给了这家人吃的东西；树木给了他们温暖；在对温暖的帽子和手套的需求得到满足之后，他们每年卖掉动物毛皮所带来的钞票换来了煤油、咖啡、豆子还有校服。大家都以为他会继承家里的生意，但这个年轻人拒绝了。在当时，那种夹住腿部的兽夹才是主流，而他一点也不想再接触这种东西了。兽夹是相当残酷的工具。他见过动物为了逃命把自己被夹的脚活生生咬断的事情。“为了我们的生存，动物们确实不得不去死，但它们并不是非得受罪。”他说。

为了继续待在林子里，他也试着干过伐木。他用的是老办法：在冬天积雪的毯子保护着土地的时候砍树，然后沿着结冰的路面

---

* 原文为法语 *coureurs des bois*，意为“跑林子的”，指的是深入加拿大说法语地区的贸易者，他们深入原住民地区，一般用欧洲产的商品交易动物皮毛等。这个词也可以指深入密林设陷阱捕捉毛皮兽的猎人。——译注

** 毛皮猎人会沿着自己特定的路线一个个地设好陷阱，这条路线就是陷阱线。之后，他们也会沿着这条路线来一个个检查陷阱，收走被套住的动物。如何建立陷阱线非常考验猎人对当地生态的熟悉程度。——译注

把树木用雪橇拖走。但这种对环境影响小的老办法已经被大机器取代了，后者会把森林硬扯下来，把动物们需要的土地破坏掉。幽暗的森林变成了破破烂烂的木桩，清澈的溪流变成了泥泞的沟渠。他也努力尝试过坐在卡特彼勒 D9 推土机和伐木归堆联合机的驾驶舱内工作，机器一开，什么都剩不下。但他就是做不到。

之后，莱昂内尔就离开了林子，去了地下工作，他来到了安大略省萨德伯里（Sudbury）的矿里，天天从地里挖掘镍矿，填进熔炉的巨口之中。二氧化硫和重金属粉末从大烟囱滚滚流出，造成的酸雨毒杀了方圆几英里内的一切生命，在大地上制造出一道巨大的烧痕。植被没有了，土壤很快也流失殆尽，只剩像月球表面一样光秃秃的一块地，简直能让 NASA（美国国家航空航天局）用来测试月球车了。萨德伯里的金属冶炼厂把整个大地都困在了兽夹之中，森林在缓慢而痛苦地死去。在伤害已经造成之后，萨德伯里被清洁空气的立法当做了典型，但一切都为时太晚了。

为了养家糊口而在镍矿里工作没什么丢人的——你用你的辛勤劳动换来了食物和安身之地——但你还是希望自己的辛劳能够有更多的意义。每天晚上开车驶过自己的劳动所创造出来的“月球表面”时，他都感到自己的手上沾满鲜血，于是他离职了。

如今，每个冬季莱昂内尔都会在白天穿着雪鞋沿着陷阱线行走，晚上准备皮草。不像工厂里使用刺激性化学品处理兽皮，莱昂内尔是用动物脑子完成鞣制的。这样做出来的才是最柔软、最耐用的皮子。他一边把一张柔软的驼鹿皮放在大腿上，一边带着赞叹的语气说道：“每头动物的脑子都刚好能用来鞣制它自己的皮。”

他自己的脑子和心灵带领他回到了密林深处的家。

莱昂内尔是梅蒂族人*，他自称“一个蓝眼睛的印第安人”，旋律优美的口音也表明了他生长在魁北克北部的密林深处。他的语言中常常带着讨人喜欢的“Oui, oui, madame”（法语，意为“好的，好的，夫人”），我甚至觉得他随时都会低头吻我的手。他自己的手很能说明问题：林中汉子的手要足够宽大强壮，能搞得了陷阱、用得了链锯，但同时也要足够敏感，要能做到只要轻轻地抚过一张皮子就知道它的厚度。在我们说话的时候，夹腿的兽夹已经在加拿大禁止使用了，只有夹住身体、能让动物当即死亡的夹子才允许投放。他展示了一个这样的夹子：唯有非常强健的双臂才能把它打开并放好，而它强力的一夹足以瞬间折断动物的脖子。

如今，毛皮猎人在土地上度过的时间是超过其他任何人的，而且他们对自己的猎获保持着详细的记录。莱昂内尔的马甲口袋里有一本用铅笔写得密密麻麻的笔记本；他把它拿出来挥了挥，说道：“想不想看看我的新黑莓手机？我刚把资料下载到我林子里的电脑中了，是烧丙烷给它供电的，想不到吧。”

他的陷阱线能套住河狸、猞猁、郊狼、渔貂、水鼬和白鼬。他用手掌抚过兽皮，向我讲解动物冬天长出的下层绒毛和长长的针毛，还有该怎样从动物的毛皮判断它的健康状况。当他讲到美洲貂的时候停了一下，这种动物的皮毛堪称传奇一般的存在：不仅颜

---

* 原文为 Métis，加拿大的一个原住民族群，主要是原住民与早期法裔加拿大人的混血后代。——译注

色美丽，而且像羽毛一样轻盈，拥有如丝绸般柔软的奢华质感。

在这里，貂是莱昂内尔生活的一部分——它们是他的邻居，他也庆幸于它们已从濒临灭绝的状态恢复过来。像他这样的猎人处在监测野生动物种群数量和健康状况的第一线。他们有责任好好照顾这些他们赖以为生的物种，而每看一次陷阱线都能产生新的数据，让猎人做出不同的回应。“如果我们捕到的只有雄貂，我们就会继续让兽夹开着。”他说。如果雄貂过多，无法交配的话，它们就会四处游逛，很容易就被兽夹捕到。年轻的雄性过多会令其他貂的食物减少。“但是，我们一旦捕到雌貂，就会立刻停止下夹子。这意味着我们已经把多出来的貂都挑尽了，不能再碰剩下的了。这样一来，貂的数量不会过多，不会有哪一只挨饿，而且种群还能继续发展壮大。”

在冬末，当积雪依然很厚但白昼在慢慢变长的时候，莱昂内尔会把梯子从他车库的房梁上拖下来。他用带子系好雪鞋，然后跺着脚来到了丛林之中，肩上扛着梯子，背上的筐里装着锤子、钉子和废木材。他侦察出了正确的地点：最好是高大的、有树洞的老树，而且树洞的大小和形状都决定了能利用它的只有一种动物。他先把梯子稳稳地扎进雪地里，然后爬上去，斜靠在一根高处的枝条上，并在那里搭出一个平台。他会在天黑前赶回家，第二天再继续干。扛着梯子走在林中是非常辛苦的。弄好平台之后，他从冰箱中拿出一个白色的塑料桶，然后把它放到木柴炉子边解冻。

---

* 原文为 sports，这里可能是指劳动工具。——译注

整个夏天，莱昂内尔都会担任钓鱼向导，带人们到位于他出生地的偏远湖泊与河流那里去。他开玩笑说，现在他是给自己打工，并且给他的公司起了个名字叫“多看少做公司”——不错的商业计划。当他和他的“老伙计”*把抓到的鱼掏干净的时候，他会把鱼的内脏收集到大白桶中，然后在冰箱中冻起来。他还听到过客人的窃窃私语：“他冬天肯定吃炖鱼肠。”

第二天，他用雪橇拖着大桶，向着比陷阱线还远好几英里的地方再次出发。他在每棵有平台的树下搭好梯子爬上去，姿势当然比不上鼬那么优美灵巧，而且只能用单手爬。（你肯定不想把鱼肠全洒在自己身上。）然后，他会从桶里铲出一大坨腥味扑鼻的东西放在平台上，再跋涉到下一棵树。

就像很多食肉动物一样，貂繁殖得很慢，这使得其数量很容易减少，尤其是人类还要开发利用它们。雌貂的怀孕期长达九个月，而且在三岁后才会开始生育。她们会生下一到四个幼崽，并且会视食物的多少来决定养育几个。莱昂内尔说：“我会在年轻的貂妈妈分娩前最后几个星期把这些鱼肠放上去。如果你把它放在别的动物都够不到的地方，这些貂妈妈就能吃到额外的大餐了。这能让她们有力量来照顾宝宝，养活更多的孩子，尤其是遇上下了春雪这样的情况。”他温柔的声音让我觉得他就像一位热心的邻居，给被困住的人送来热乎的砂锅菜。这跟我想象中下夹子的猎人完全不一样。“嗯，”他面色微红地说道，“这些小貂照顾了我，我也得照顾它们。”

我们受到的教诲是，如果你对自己的索取有所回馈的话，收获就是光荣的。无法回避的事实是，莱昂内尔的照顾会令更多的貂来到他的陷阱线。另一个无法回避的事实是，这些貂都会殒命。投喂貂妈妈并不是利他主义；这是对这个世界的运转规律，对我们之间的联系的深深的尊重，是让生命流向生命。他所施与的越多，他能索取的就越多，而且他为了施与所走的路比他索取时还要多好几英里。

我被莱昂内尔对这些动物的爱意和尊重所感动，他对它们的需求了如指掌，对它们的关怀也从话语中流露出来。他爱自己的猎物。他活在这样的矛盾之中，并且通过实行光荣收获的信条来为自己解决这一矛盾。但是，无法回避的事实是，貂皮很可能会成为某个大富大贵之人奢华的外套，说不定就穿在萨德伯里的矿主身上。

这些动物会死在他的手上，但首先它们会活得很好，而这也部分归功于他的援手。我曾在毫无了解的情况下谴责他的生活方式，但这种生活方式保护了森林，保护了湖泊与河流，从中受益的不仅是他自己与毛皮兽，还有森林里所有的成员。当收获的过程不仅能供养索取者，也能维持施与者生存的时候，它就是光荣的。如今，莱昂内尔还是一位有天赋的教师，他被邀请到各地的学校，与大家分享自己关于野生动物和环境保护的传统知识。他正在回馈其他生命赠送给自己的东西。

那些在萨德伯里办公室里穿着貂皮大衣的家伙很难想象莱昂内尔的世界，也根本无从设想居然会有这样一种生活方式，要求他们只取自己所需的东西，要对自己的索取有所回馈，要反哺这个养育了他们的世界，要给野外树冠上兽穴里正在哺乳的动物母亲送去美餐。但他们应该学习这一切，除非我们想要更多的荒地。

乍一看，这些关于狩猎与采集的规矩很迷人，但却已经不合时宜了，它们的意义已经随着野牛繁盛的时代一起消逝了。但是，野牛并没有灭绝，实际上，在记得它们的人的照料下，它们的种群正在恢复。随着人们想起，那些有益于土地的东西同样有益于人，光荣收获的规则也在稳步回归。

我们需要行动起来，开展修复，不仅要让被污染的水和退化的土地恢复原样，还要修复我们和世界的关系。我们需要让生活方式恢复光荣，这样，当我们行走于世界之中，就不必再因为愧疚而目光闪躲，我们可以高高地抬起头来，接受大地上其他生灵的敬意。

我很幸运能够拥有阔叶葱、蒲公英嫩叶、驴蹄草，如果我能比松鼠捷足先登的话，还能拥有碧根果。不过这些只是菜肴上的点缀，主菜大多还是来自我的园子和超市，这一点和别人没有什么不同，特别是那些生活在市中心而不是乡村里的人。

城市就像是我们动物细胞内的线粒体——它们是消费者，需要遥远绿地上自养生物的光合作用产物的喂养。我们固然可以哀叹，都市居民没有什么办法来对土地进行直接的回馈，然而，虽说都市人或许和他们所消费的东西的源头隔绝开了，但他们依然可以通过自己使用金钱的方式来进行回馈。虽说挖阔叶葱和挖煤的画面也许早已从我们的视野中消失了，但是作为消费者，我们的钱包里依然保留着一件回馈自然的有力工具。我们可以把钞票用作礼尚往来的间接货币。

也许我们可以把光荣收获看做一面镜子，照出我们购买行为的本质。我们在镜中看到了什么呢？这次购买是否配得上被我们消费掉的生命呢？美钞变成了一位代理人，代表着把手插在泥土中的收获者，它可以用来支持光荣收获，也可以用来反对。

提出这个论点很容易，而且我相信，在这样一个过度消费于方方面面威胁着我们健康的时代，光荣收获的原则一定能引起巨大的共鸣。但是，我们也许会过于轻松地把责任的重担丢给煤炭公司或房地产开发商。而我们自己呢？购买他们销售的产品，与这套可耻的收获沆瀣一气的我们自己呢？

我住在乡间，在那里种了一个大园子，从我邻居的农场里买鸡蛋，从旁边的山谷里买苹果，在自家休耕撂荒的几英亩地里摘野莓和野菜。我拥有的很多东西都是二手或三手的。我趴在上面写作的桌子曾是某个人放在路边的一张精致的餐桌。不过，虽说我烧木头取暖，回收垃圾或制作堆肥，还做过无数其他负责任的事，若是对我自己的房子来一次诚实的调查的话，大部分东西依然够不上光荣收获的标准。

我想做个试验，看看一个人是否能一边在这种市场经济中生存下来，一边依然遵守光荣收获的规矩。于是，我带上购物清单出发了。

实际上，我们本地的超市还是很容易让人记得自己的选择，记得要让土地和人类互惠互利的咒语的。他们与农民有合作，让普通人也承担得起本地有机产品的价格。他们也热心于“绿色的”和回收再利用的产品，因此我可以毫无惧色地把我买的卫生纸拿到光荣收获的镜子前接受检视。当我睁大双眼在货架中穿行的时候，我发现，虽然“奇多”牌玉米片和“叮咚”牌巧克力蛋糕在生态学上依旧来源成谜，但大部分食物的来源是很明确的。尽管我对巧克力那源源不断的需求依然让人无法放心，但对于这里的大多数商品，我还是能用钞票来当做生态选择的货币的。

我对那些除了有机、自由放养、公平贸易的沙鼠奶以外什么都不吃的食品传教士没什么耐心。我们每个人都只能尽力而为；光荣收获不仅关乎食材，也关乎人与食物的关系。我的一位朋友说，她每周只买一件绿色产品——这是她力所能及的，因此她就这么做了，“我希望用我的钱来投票”。我有的选是因为我有足够的可支配收入来选择“绿色”而不是价格相对低廉的东西，而且我也希望这种方式能让市场走上正途。在美国南部的食品荒漠中，人们并没有这样的选择机会，不平等所体现的可耻要比食品供应中的可耻深重得多。

我在农产品区停下了脚步。在一个发泡胶盘子上放着，被塑料膜裹着，被每磅 15.5 美元的价签标着的，竟然是野阔叶葱。塑料膜压在它们身上：它们看着就好像被困住而窒息了一样。我的脑中响起了警钟，让我警惕着本应当做礼物的东西竟被当成了商品，还有随之而来的这种思维方式。出售野葱的行为使它们成为了单纯的物件，贬低了它们的身价，哪怕每磅 15.5 美元也太低。野生的东西不应该拿来售卖。

下一站是商场，这个地方我是无论如何都想躲着走的，但今天为了试验我必须走进这头巨兽的腹中。我在车里坐了好几分钟，试图唤醒自己在进入树林前的那种协调和展望：善于接受、勤于观察和心怀感激。但是，我要获取的是一批新的纸和笔，而不是野葱。

在这里也要跨越一堵石墙，那就是商场的三层大厦，旁边是一片同样死气沉沉的停车场，有乌鸦栖在立柱上。我穿过那堵墙，脚下的地板是坚硬的，我的足踵踩在人造大理石的瓷砖上，发出咔嗒咔嗒的声响。我停了下来，聆听周围的声音。这里既没有乌鸦的叫声也没有棕林鸫的啼鸣，只有被设置成字符串的经过怪异删减了的老歌的旋律，回荡在通风系统的嗡鸣声中。灯光是昏暗的荧光灯，还有几盏在地板上投下光斑的聚光灯，这样就能更好地突出每家店铺特有的色彩，虽说它们的商标已经像穿过森林的血根草丛一样容易辨认了。就像在春天的林中一样，在我走过的时候，这里空气的味道也是由各种气味一块块拼凑而成：这边是咖啡，那边是肉桂面包，再往前是一家香薰蜡烛店，而在这一切之下是美食广场的中式快餐店弥漫的强烈味道。

在大厦这一翼楼的尽头，我侦测到了我的“猎物”的栖息地。我很容易就找到了路，因为我多年来一直到这里“收获”书写用具。在店铺入口的地方有一摞鲜艳的红色塑料购物篮，把手是金属的。我拿起了一个，再次变成了那个提着篮子的女人。在卖纸的货架上，纸张的“物种多样性”呈现在我面前——宽横线的、窄横线的、影印纸、信纸、螺旋装订纸、活页纸——全部都按照品牌和用途安放在一模一样的小方块里。我看到了我想要的东西——我最喜欢的标准拍纸簿，它是淡黄色的，就像是毛叶黄花堇菜盛放的花朵。

我站在它们面前，努力凝聚起心神，想把光荣收获所有的规则付诸实践，但是我无法摆脱嘲讽的刺痛感。我尝试着在这一摞纸中感知那些树木，并向它们致意，但是，它们的生命是在离这个架子如此遥远的地方被取走的，这里只有依稀的回响。我思考着收获的方式：它们是被皆伐（clear-cut）的吗？我想到了造纸厂的恶臭、污水、二噁英。幸运的是，这里还有一摞标着"再生纸"的，于是我选了这一摞，并为这点特权多付了些钱。我停下来考虑这种黄色的染料会不会比漂白剂更有害。虽然心存疑虑，但我还是像往常一样选择了黄色的。它和绿色或紫色的墨水搭配起来是那么好看，就像花园一样。

我又漫步到了另一个货架边，这里卖的是笔，或者像商家所归类的那样："书写工具"。这里的选择更多，我完全无从了解它们是从哪里来的，只知道它们都是某些石油化工原料合成的产物。在完全看不到这些产品背后的生命的情况下，我该如何给这次购买带来光荣，让我的金钱成为光荣的货币呢？我久久地站在那里，甚至引来一位店员问我是否在寻找什么特定的东西。我估计自己看上去就像个商店扒手，正打算要用我的小红篮子盗窃一件"书写工具"。我倒是很想问问他："这些东西是从哪里来的呢？它们是用什么东西做的？哪一种产品生产过程中所使用的技术对地球的伤害最小呢？我能带着与挖掘野葱的人同样的心态买这些笔吗？"不过，我想他大概会用他鲜艳的店员帽子上的小耳机叫来保安，所以我只是选了自己最喜欢的那种，那种笔的笔尖在纸上划得很舒服，而且有紫色和绿色的笔芯。在收银台结账时，我参与到了互惠的行为中，为这些文具刷了信用卡。我和店员都对彼此说了谢谢，却不是对树说的。

我努力让这一切行得通，但是我在林中感到的那种灵魂的搏动，在这里完全感觉不到。我明白了为什么互惠的信条在这里行不通，为什么这座金碧辉煌的迷宫仿佛在嘲笑着光荣收获的原则。答案太明显了，只是我没有看到，我太执着于搜寻商品背后的生命了。我找不到它们是因为这里根本就没有生命。这里出售的每样东西都死了。

我买了杯咖啡，坐在长椅上，注视着这里的场景在我面前展开，并且在大腿上放着打开的笔记本，尽我所能地收集着证据。脸色阴沉的少年们想买来自己的个性，表情哀伤的老人独自坐在美食广场中。连植物都是塑料的。我之前从来没有以这样的方式购物，从来没有对这里正在发生的一切有过如此清醒的认识。我想我之前一定是匆匆地来，赶紧买完东西，然后又匆匆离去，把这一切都隔离在思绪之外了。但如今我是以敏锐的感官在扫视整个地方。我的感官接纳着T恤衫，接纳着塑料耳环，接纳着iPod。接纳着伤害人的鞋子，接纳着伤害人的错觉，还有堆积如山的无用之物，它们正伤害着我们的孙辈依然拥有美好的绿色大地的机会。光是把光荣收获的理念带到这里就让我感觉受到了伤害；我觉得自己应该保护它们。我真希望自己能把它们像一只小小的、温暖的动物一样捧在手心里，保护它们不要受到其对立面的攻击。但我知道，它们比这更强大。

但是，反常的并不是光荣收获，而是这座商场。就像阔叶葱不能在树木被砍光的森林中生存一样，光荣收获也无法在这个栖息地中生存。我们建造了一处伪境，一座生态系统的“波将金农庄”*，以此来制造幻觉，仿佛我们消费的东西是从圣诞老人的雪橇后面掉出来的，而不是从大地中掠夺来的一样。这种幻觉让我们想象自己唯一能做出的选择就是挑选各种品牌。

回到家后，我洗掉了野葱上最后一点黑色的泥土，并切下了长长的白色的根。我们把另一大把野葱放在了一边没洗。孩子们切着纤细的球茎和叶子，并把它们全都放进了我最喜欢的铸铁平底锅里，放上了比通常应该吃的量多得多的黄油。煎野葱的芳香充满了整个厨房。仅仅呼吸一下都是良药。呛人的辛辣很快就消散了，残留的香味可口而回味绵长，还带着点腐叶和雨水的味道。土豆野葱汤，野葱焗饭，甚至简简单单的一碗野葱就足以滋养人的身心。在星期天我的女儿们要离去的时候，我很高兴她们童年森林的一部分可以跟她们一起踏上旅程了。

晚餐之后，我带着那一篮没洗过的野葱来到了森林中，打算

---

* 原文为 Potemkin village。格里戈里 · 波将金是叶卡捷琳娜大帝的宠臣，他为了使沙皇对自己的领地留下好印象，不惜工本地在她巡视经过的路旁搭起舞台布景，展现出一座座富足的农庄，遮住破烂的茅草屋。等到沙皇离去，这些“农庄”也会立刻消失，然后出现在沙皇巡视的下一站。后人常用“波将金农庄”来比喻粉饰太平的表面文章。——译注

把它们种在我的池塘上方那一小块地里。收获的过程如今逆转了过来。我请求大地允许我把它们带到这里，允许我把泥土掘开，以迎接它们的到来。我找到了肥沃潮湿的凹地，把它们一个个舒服地包在了泥土中，篮子渐渐空了，而不是渐渐填满。这片林子是次生林，从很久以前就悲哀地失去了自己的野葱。原来，在农业开垦结束、森林重新生长之际，虽然树木回来了，但下层植物并没有回归。

从远处看，退耕之后的新林子显得很健康；回归的树木显得又粗又壮。但是，在内部有些东西却不见了。四月雨并没有带来五月花。没有延龄草，没有北美桃儿七，没有血根草。甚至在长达一个世纪的重新生长之后，这些退耕林还是贫瘠的，而仅仅一墙之隔，未经砍伐的森林却到处鲜花怒放。由于生态学家还不清楚的原因，草药不见了。也许是小环境的问题，也许是种子传播的问题，但清楚的是，随着土地被交给玉米，这些老药草原本的栖息地在一连串意想不到的结果中遭到摧毁。土地对于药草来说再也不友好了，而我们不知道为什么。

沿着山谷的天女林地从未被犁过，因此它们依然保持着全部的光彩，但大多数其他的树林都失去了自己的枯枝落叶层（forest floor）。长满了阔叶葱的林子已经成了凤毛麟角。如果只凭时间和运气的话，我那片被采伐过的森林中的阔叶葱和延龄草很可能永远也恢复不了。在我看来，带它们翻过那堵墙是我的责任。多年来，这种重新引种的做法已经为我的山坡带来了四月时一片片生机盎然的绿色，并且孕育了新的希望，那就是有朝一日阔叶葱会回到它们的故乡，而在我变成一个老太太的时候，我能用近在手边的材料做出一顿庆祝春天到来的大餐。它们给予我，我给予它们。对于吃的一方和被吃的一方，互惠都是一项丰厚的投资。

我们今天需要光荣收获。但它就像阔叶葱和貂一样，成了出现在另一个地域、另一个时代的珍稀物种。它源自我们的传统知识。这种互惠的道德观已经随着森林一起被砍伐殆尽了，公正之美已经被用来换取更多的物质了。我们创造了一个既不适合野葱也不适合光荣收获生长的文化和经济环境。如果大地不过是没有灵魂的物质，如果生命不过是商品，那么光荣收获之道也同样死去了。但是，当你站在万物萌发的春天的森林中时，你就会知道，事情并非如此。

在有灵魂的大地上，我们能听到召唤我们去喂养貂妈妈、去亲吻饭粒的声音。野阔叶葱和传统的理念正处于危险之中。我们必须移植它们、养育它们，让它们有朝一日能回到自己的故乡。我们必须带它们翻过那堵墙，恢复光荣收获的传统，让这些良药回归。

编结茅香

作为大地母亲的秀发，茅香在传统上是要编结起来的，以表达人们对她的关爱。以茅香编成的三股辫，是善意和感激的象征。

追随纳纳博卓的脚步：成为本地人

浓雾包裹着大地。这里只有这块屹立在即将降临的黑暗中的岩石，随着潮起潮落，海浪发出雷声般的轰鸣，提醒着我自己在这座小岛上的栖身之处是多么脆弱。我几乎感到，站在这些冰冷潮湿的岩石上的不是我自己的双脚，而是她的；天女在创造出我们的家园之前，就是落在这么一片立锥之地上，独自面对着寒冷黑暗的大海。当她从天界落下之时，龟岛就是她的普利茅斯岩，她的埃利斯岛。万民之母最初也是一位移民。

我也是这里的新来者，在这块大陆的西沿，我不了解此处的陆地是如何在海潮与雾气中出现又消失的。在这里没有人知道我的名字，我也不知道他们的。没有这种最基本的彼此认同，我觉得自己仿佛会随着其他的一切一起消失在浓雾中。

传说，造物主聚集了四大神圣元素，把生命吹入其中，并赋予它原初之人的形象，然后把他放到了龟岛上。这是所有受造之物中的最后一个，这第一个人被给予纳纳博卓之名。造物主向着四个方向念诵了这个名字，于是所有其他生灵都会知晓来者是谁。纳纳博卓一部分是人类，一部分是玛尼多（一种强大的灵），他是生命力量的人格化，是阿尼什纳比文化的英雄，而且也是教给我们如何做人的伟大老师。作为原初之人的纳纳博卓和作为人类的我们自己都是大地上最后到来的新客人，是学着寻找自己道路的“年轻人”。

我能想象他在最一开始遇到的情况，谁也不认识他，他也同样不认识别人。我在一开始也是这片坐落于海边的黑暗潮湿的森林中的陌生人，但是我找到了一位长老，我的巨云杉奶奶就在那里，她那宽阔的膝盖上能容得下许多孙辈。我作了自我介绍，告诉她我叫什么，从哪里来。我从袋子里拿出烟草献给她，并询问我能不能到她那里拜访一次街坊们。她让我坐下来，而她的树根之间正好就有这么一块地方。她的树冠高耸于整个森林之上，她摇曳的枝叶不停地向邻居们低语着。我知道她终会帮我把我的话语和名字传播在风中。

纳纳博卓不知道自己的父母和来历——他只知道自己被安置在一个已经住满了植物、动物、风和水等各种居民的世界之中。他也是个移民。在他到来之前，世界已经在这里了，平衡而又和谐，大家都在完成自己在造化中的使命。与某些人不同的是，他明白，这里并不是“新世界”，而是一个在他到来之前就已经存在的很古老的世界。

在巨云杉奶奶那里，我坐的地方铺着厚厚的针叶，并因数百年来积攒的腐殖土变得柔软。这些树如此古老，我的一生比起他们只不过是鸟儿的一曲啼啭。我怀疑纳纳博卓也像我一样，行走的时候带着敬畏，经常抬头望向树冠，所以时不时就会绊倒。

造物主给了作为原初之人的纳纳博卓一些任务，那就是他获得的初始的指导*。阿尼什纳比长老艾迪·本顿－巴奈优美地讲述了这个关于纳纳博卓最初工作的故事：漫步于这个被天女的舞蹈赋予生命的世界中。他得到的指导是，要以“每一步都是在向大地母亲致意”的方式行走，但他并不太懂那是什么意思。幸运的是，虽然没有“前人”的足迹，大地上却已经有了可以遵循的道路，这是那些已经在这里安家的生命留下的。

我们可以说，初始指导发生的时间是“很久很久以前”。因为在一般的思维模式中，历史划出了一条“时间线”，仿佛时间是以永远一致的步伐、只朝一个方向行进的。有人说时间是一条河流，我们只能踏入一次，因为它正在笔直地向着大海流去。但是，在纳纳博卓的族人的心中，时间却是环形的。时间并不是不舍昼夜奔流到海的河流，而是大海本身——潮起又潮落，雾霭上升，成云致雨，落到另一条河流中。一切过去的事物都会在未来重现。

在线性时间的模式中，你听到纳纳博卓的故事也许是在历史的神话传说之中，这是对很久以前的过去和事物由来的叙述。但在循环的时间之中，这些故事既是历史也是预言，是尚未到来的时代的故事。如果时间是一个转动的圆的话，那么历史和预言就会在某处交会——“最初之人”的足迹既在我们身后，也在我们前方。

拥有着作为人类的一切能力和所有缺点，纳纳博卓尽其所能

---

* 这段传统的教诲参见艾迪·本顿－巴奈（Eddie Benton-Banai）的《祖父之书》（*The Mishomis Book*）。

地依照初始指导行事，并且努力成为新家园的原住民。我们依然在努力实践他的遗风。但是，教诲一路上被磨损得支离破碎，很多已经被遗忘。

在哥伦布之后已经过了这么多代，某些最有智慧的原住民长老却依然对来到我们岸边的人们感到大惑不解。他们望着大地上的收费站说:“这些新民族的问题是他们不是两只脚都踏在岸上的。一只脚还在船上呢。他们似乎不知道自己是否会留下来。”一些当代的学者也观察到了同样的现象，他们在社会的诸多病态和残酷无情的物质至上的文化中看到了无家可归和没有根基的过去所造成的恶果。美国被称为“第二次机会之乡”。为了人类和大地，“第二个人”的当务之急是把殖民者的方式放到一边，成为一个本地人。但是，美国作为一个移民国家，在这里生活的人们还能学着以一种“我们要留下来”的方式生活在这里吗？还能学着把两只脚都踩在岸上吗？

当我们真正成为了某个地方的原住民的时候，当我们终于把它当做自己家园的时候，会发生什么呢？指引道路的故事在哪里呢？如果时间真的会自己回转，也许“最初之人”的旅程能够为“第二个人”提供指引旅途的足迹。

纳纳博卓的旅程先是把他带向了初升的太阳，带向了白昼开始的地方。他一边行走，一边担心自己应该怎么吃东西，此时的他已经饥肠辘辘。他该怎样找到办法呢？他思考着初始的指导，明白了自己生活所需的全部知识都展现在大地中。他作为人类的任务并不是要控制或改变世界，而是向世界学习自己该如何做人。

瓦布农（wabunong）——也就是东方——是知识的方向。我们每天都会向东方致以谢意，感谢我们拥有学习和重新开始的机会。在东方，纳纳博卓得到了这样一条教诲：大地母亲是我们最有智慧的老师。他了解了“塞玛”（sema），也就是神圣的烟草，以及如何用它把自己的想法传达给造物主。

在继续探索大地的时候，纳纳博卓被给予了一项新的责任：去了解万物之名。他仔细地观察它们如何生活，并和它们交谈，了解它们拥有什么样的天赋，并以此来窥见它们的真名。当他能叫出别人的名字，对方也能在他经过的时候喊出他的名字时，他立刻就有了归属感，不再孤单了。时至今日，我们在彼此打招呼的时候依然会说：“博卓（Bozho）！”

今天，远离枫之国的邻居们，我看到了一些我认得的物种，还有很多我不认识的，于是，我就像当年“原初之人”可能做过的那样四处行走，初次拜访了大家。我努力关闭了自己科学家的思维，并用纳纳博卓的思维给它们命了名。我注意到，某些人一旦给事物贴上了学名的标签，就再也不去探索对方究竟是谁了。但带着刚刚创造出来的名字的我却观察得更仔细了，看自己想得对不对。所以，今天它不是巨云杉（*Picea sitchensis*），而是“覆盖着苔藓的强壮手臂”；在另一边的植物不是北美乔柏（*Thuja plicata*），而是“如翼的枝条”。

很多人不知道这些亲戚的名字；实际上，他们连见都没怎么见过他们。名字是我们人类建立关系的方式，不仅是我们彼此之间的关系，还有与整个有生命的世界的关系。我努力想象了一下，如果终生不知道身边的植物和动物的名字，这样的人生会是什么样子呢？考虑到我的身份和职业，我并不知道那是一种什么样的体验，但我想那将会有些恐怖和让人迷失方向吧——就仿佛在一座异国的城市迷了路，认不得街上的路标一样。哲学家把这种孤寂和隔绝的状态叫做“物种孤独”（species loneliness），这是一种深沉而不可名状的悲哀，它产生于和造化的其他部分的疏远，产生于关系的丧失。人类对这个世界的主宰权愈是增加，我们就变得愈发孤独、愈发寂寞，因为我们已经无法再去拜访我们的邻居了。难怪造物主交给纳纳博卓的第一项任务便是命名。

纳纳博卓一边在大地上行走，一边把名字分给了所有见过的生灵，他是阿尼什纳比族的林奈。我很喜欢想象他们两人走在一起的样子。瑞典植物学家兼动物学家林奈穿着深橄榄绿色的外套和羊毛裤子，额头上歪戴着高耸的毡帽，胳膊底下夹着植物采集箱；一旁的纳纳博卓全身赤裸，只穿戴着缠腰布和一根羽毛，胳膊底下夹着鹿皮袋子。他们一起漫步，一边讨论着事物的名字。两人在指出叶子形状的优雅、花朵无与伦比的美丽时，都是那样的热情高涨。林奈解释了他的《自然系统》(*Systema Naturae*)，这是一套用来演示万物如何彼此关联的框架。纳纳博卓激动地点头：“是的！我们也是这样的！我们说：‘大家都是彼此关联的。’”他解释说，当初，一切生灵都说同一种语言，彼此都能理解对方的意思，所以一切的造物都知道彼此的名字。林奈看上去对此若有所思。“我最终不得不把一切都翻译为拉丁文，”他说的是二名法，“我们在很久以前就失去了其他共同语言。”林奈把自己的放大镜借给了纳纳博卓，让他可以看清花瓣微小的组成部分。纳纳博卓送给了林奈一首歌，让他可以看到它们的灵魂。于是两人都不孤单了。

在向东的旅程结束之后，纳纳博卓的脚步又把他带向了南方（zhawanong），那里是诞生和成长之地。春天，乘在暖风之上的绿色从南方而来，覆盖了整个世界。在那里，南方的神圣植物齐兹格（kizhig），也就是雪松，与他分享了她的教诲。她的枝条是良药，能够净化和保护她怀中的生命。纳纳博卓把齐兹格的枝条戴在身上，以便时时提醒自己，成为原住民意味着要保护大地上的生命。

本顿-巴奈讲道，遵循着初始指导的纳纳博卓还有一项任务，那就是向他的哥哥姐姐们学习如何生活。在他需要食物的时候，他便留意动物在吃什么，并仿照它们的样子吃东西。鹭教会了他如何收集野稻。一天晚上，他在溪边看到了一只尾巴上有环形斑纹的小动物正在用小巧玲珑的双手仔细地浣洗着食物。于是他想：“啊，我也应该只把干净的食物吃到身体里。”

纳纳博卓也接纳了许多植物的建议，得到了植物分享给他的礼物，并学会了要一直以最大的尊重对待他们。毕竟，植物是最先出现在大地上的生命，并且拥有悠长的时光来了解事物。所有的生灵，动物和植物，一起把他需要知道的一切教给了他。造物主告诉过他，事情会是这样的。

纳纳博卓的哥哥姐姐们还给了他如何制作生存所需的新东西的灵感。河狸向他展示了如何制作斧子；鲸鱼以自己的身体形状启迪他如何制作独木舟。他曾得到教诲，如果他能把大自然教给他的课程与他的善良和才智相结合的话，他就能发现对未来的人有用的新事物。在他的努力下，蜘蛛奶奶的网变成了渔网，他还按照松鼠在冬天的经验制造了枫糖。纳纳博卓学会的课程是原住民的医学、建筑学、农学等科学知识与生态学思想的神话根源。

而随着时间的循环，科学与技术也走上了纳纳博卓的道路，开始向着原住民科学靠拢——仿生学的建筑师开始把目光投向大自然，去寻找设计的模型。通过尊重大地上的知识，以及照料知识的守护者，我们开始成为这个地方的原住民了。

纳纳博卓迈开自己修长强健的双腿，往四个方向漫游。他一边走一边大声歌唱，忽略了鸟儿示警的鸣叫，直到一头灰熊向他示威时，他才吃了一惊。从那之后，每当他靠近别人的领地时，他都不会贸然闯入，仿佛全世界都是自己的私宅似的。他学会了静静地坐在树林边上，等待对方的邀请。本顿-巴奈叙述说，然后纳纳博卓会站起来，并对当地的居民这样说："我并不是想要玷污大地的美，也不是要打扰我的兄弟完成使命。我只是请求得到通过的许可。"

他看到从积雪中怒放的花朵，与狼对话的渡鸦，还有照亮草原夜晚的昆虫。他对它们能力的感激之情越来越深，他开始领悟到，拥有天赋就是肩负责任。造物主赋予棕林鸫唱出美妙歌曲的能力，同时也给了它为森林唱响晚安曲的责任。在深夜里，纳纳博卓感激于闪闪发亮、为他指引道路的星辰。在水下呼吸，飞翔往返于地球的两端，在土中挖出洞窟，能治愈病痛……每种生灵都拥有自己的天赋，每种生灵都肩负自己的责任。他想到了自己空空的双手。他必须依赖世界才能照料自己。

我从海岸边高耸的悬崖上向东望去，面前的群山上是边缘被砍伐得参差不齐的森林。朝向南边，我看到河口筑起了长堤和大坝，鲑鱼再也无法从那里洄游了。在西边的视野中，拖网渔船正在搜刮着洋底。而在北边的远方，大地正在被撕裂以开掘出石油。

假如这些“新人类”学到了动物会议（council of animals）教给“原初之人”的东西——绝不能伤害造化，绝不能打扰其他生灵的神圣使命，那么，鹰就会俯瞰到完全不同的世界，鲑鱼还会挤在一起溯流而上，旅鸽依旧能够遮蔽天空。狼、鹤、内哈勒姆人（Nehalem）、美洲狮、莱纳佩人（Lenape）、原生林还会在这里，万物都在履行着自己的神圣使命。而我会讲波塔瓦托米语。我们都能看到纳纳博卓当初所看到的一切。这个方向承载的想象并不太多，它蕴藏的满是心碎。

在这样的历史背景下，邀请移居者成为一个地方的原住民，就仿佛是邀请他们破门而入、进来狂欢的免费入场券一样。也许有人会认为这是在公开邀请自己拿走所剩无几的东西。移居者能够被信任吗？他们会追随纳纳博卓，让自己行走的“每一步都是在向大地母亲致意”吗？在希望的光辉背后，阴影中依然坐着悲哀与恐惧。它们企图合力关上我的心扉。

但我需要记住，这也是移居者的悲哀。他们同样再也不能在向日葵与金翅雀共舞的高草草原上漫步了。他们的孩子也永远失去了在枫树舞会上歌唱的机会。他们也不能在溪中喝水了。

在向北的旅程中，纳纳博卓找到了草药老师。他们给了他维英伽什克并教给他同情、善良与治愈之道，即便对于那些犯下严重错误的人也是一样，又有谁从不犯错呢？成为原住民意味着要让治愈的循环包含一切造物。编成长辫子的茅香为旅行者提供保护，纳纳博卓把一些茅香放进了包里。一条充满茅香芬芳的道路会将所有需要被宽恕的人带到原谅与治愈之地。茅香不会只把礼物送给一部分人。

当纳纳博卓来到西方时，他看到了许多吓人的东西。大地在他的脚下颤抖。他看到烈火吞噬着大地。“穆什柯德瓦什克”（mshkodewashk），即鼠尾草，这种西方的神圣植物帮助他摆脱了恐惧。本顿－巴奈告诉我们，“司火者”本人来到了纳纳博卓身边，说道：“这和你的小屋中温暖你的火是一样的。一切力量都具有两面性，既是创造的力量也是毁灭的力量。我们必须认清这两面，而只把我们的天赋用在创造的那一面。”

纳纳博卓于是了解到，在存在于万物的两面性中，他还有一位孪生兄弟。就像他本人投身于维持事物间的平衡一样，那位孪生子则致力于制造不平衡。对方了解创造与毁灭之间的相互作用，并把它摇晃得像波涛汹涌的海面上的小船一样，让人们失去平衡。他发现，可以利用力量产生的傲慢来释放无止境的生长，这种不受限制的、癌细胞一样的创造最终将导向毁灭。纳纳博卓发誓会在行走时保持谦卑之心，以平衡他孪生兄弟的傲慢。这也同样是那些追随他脚步的人们的任务。

我坐到了巨云杉奶奶的身边开始思考。我并不出身于此，只是一个怀着感激和尊重的陌生人，心中带着关于我们如何才能成为某个地方的人的疑问。但是她却欢迎了我，正如我们听到的故事中西方的大树温柔地照料了纳纳博卓一样。

即便是坐在她静谧的树荫下，我的思绪也依然纠结。就像我的长辈那样，我也希望能够找到一种方式，让移居者真正成为某个地方的原住民。但我却绊倒在了词语上，从定义上来说，移民就不可能成为原住民。原住民这个词是与生俱来的。不论经过多长时间、付出多少关爱，也无法改变历史或取代灵魂深处与土地的交融。追随纳纳博卓的脚步并不能保证把“第二个人”转化为“第一个人”。但是，如果人们并不觉得自己是“本地人”的话，他们又怎么能进入令世界更新延续的深层次互惠之中呢？这种东西能学得会吗？老师又在哪里？我想起亨利·里克尔斯（Henry Lickers）长老的一席话：“你知道的，他们来到这里，觉得自己靠着改造土地就能发财。所以他们挖出矿藏，砍倒树木。但真正有力量的是土地——在他们改造土地的时候，土地也在改造着他们，教育着他们。”

我在那里坐了很长时间，最终，巨云杉奶奶的枝叶间流泻出来的风声带走了一切话语，我感到自己沉浸在倾听之中——沉浸在月桂的清音、桤木的交谈、地衣的低语中。我必须要记得——就像纳纳博卓那样——植物是我们最古老的老师。

我从巨云杉奶奶树根之间落满柔软针叶的角落起身，回到了小径那边，然后在自己的足迹前边停下了。我之前被大冷杉、剑蕨和沙龙白珠这些新邻居弄得眼花缭乱，竟然径直从一位老朋友身边走过去了。我没有认出他，也没有向他打招呼，这让我有些尴尬。他从东海岸一路走向西海岸，来到了这里。我的族人管这种叶子圆圆的植物叫“白人的足迹”。

它不过是矮矮的一圈叶子，紧贴着地面，没有值得一提的茎干。这种植物是与第一批移民者一起到来的，并且随着他们来到了各个地方。它沿着林中的道路，沿着马车辙印和铁道一路颠簸，就像一条努力接近主人的忠犬。林奈把它命名为“*Plantago major*”，即大车前，又称车前草。它拉丁学名中的“*Plantago*”一词指的是脚底板。

一开始，原住民并不信任这种随着这么多的麻烦一起到来的植物。但是，纳纳博卓的族人知道万物都有自己的使命，我们绝不能干扰其实现。当“白人的足迹”遍布龟岛已成定局之后，他们就开始了解它的天赋了。春天，在夏日的暑热把它的叶子变得粗硬之前，它可以充当一锅美味的青菜。把它碾碎或嚼成糊状，能够很好地应付割伤、烧伤，尤其是昆虫叮咬。在认识到这些药用价值之后，大家就为它的无处不在而高兴了。这种植物全身都是宝。那些小小的种子是治疗消化系统问题的良药。叶子可以快速止血，并在防止感染的情况下促进伤口愈合。

这种睿智而慷慨、忠诚地追随着人们的植物，成为了植物社群内一位可敬的成员。它是个外国人，一位移民，但是在做了五百年好邻居之后，这种事早已被人们抛在脑后。

我们的移民植物老师们提供了许多模型，展示了怎样才能在新大陆不受人欢迎。葱芥会污染土壤，使本地物种死亡。柽柳会耗尽所有的水。像千屈菜、野葛和旱雀麦这样的外来入侵物种有着殖民者的习性，喜欢占据别人的家园，毫无节制地生长。但是车前草与它们不同。它的策略是变得对人有用，是安身于狭小的地方，是与门口庭院里的其他生物共处，是帮人疗伤。车前草是如此流行、如此协调，我们都认为它是土生土长的了。它从植物学家那里赢得了专门送给成为了我们自己人的植物的美名。车前草并不是原生的，而是"归化的"（naturalized）。我们也用这个词形容成为了我们国家公民的出生于外国的人。他们保证维护我们国家的法律。他们或许也会维护纳纳博卓的初始指导。

也许分配给"第二个人"的任务是不要学野葛的榜样，而要遵循"白人的足迹"的教导，要努力归化于当地，摆脱移民的思维方式。归化于当地意味着要以这样的方式生活，要把这片土地当成哺育自己的土地，把这里的溪水当成你饮用的水，塑造你的身体，填满你的心灵。归化于当地意味着了解这片土地就是你的祖先的安眠之所。这里是你将要倾注天赋、履行责任的地方。归化意味着要在乎你的孩子的未来，要照料大地，因为我们的生命、我们一切亲人的生命皆有赖于它。而事实也的确如此。随着时间的流逝，也许"白人的足迹"正跟在纳纳博卓的脚步之后。也许车前草会在回家的道路边长成一排。我们可以跟着它前行。"白人的足迹"，慷慨而治愈，它的叶片长得多么靠近大地，它的每一步都是在向大地母亲致意。

银钟花的声响

我从来就不想住在南方，但是当我丈夫的工作把我们带到这里来的时候，我也只好按部就班地研究起了这里的植物，并在满心渴望着火红的枫树的同时，努力和浅褐色的橡树培养感情。虽然我并没有太多家的感觉，但至少我可以帮我的学生们建立起植物学上的归属感。

为了完成这个微不足道的目标，我把我的医学预科生们带到了本地的一个自然保护区。在那里，沿着山坡一路往上看去，森林呈现出不同颜色的"彩带"，标志着从泛滥平原到山顶上带状分布的不同物种。我让学生们提出一两个假说来解释为什么会存在这种令人称奇的图案。

"这都是因为上帝的安排，"一个学生说道，"你知道的，就是大设计呗？"十年来，我所受的教育都把唯物主义的科学当做解释世界运行的基本规律，这个答案实在令我难以接受。在我的家乡，这样的答案就算没引得大家哄堂大笑，至少也会让人翻白眼，但在这个小组中，学生们只是点头称是，或至少是容许了。"这是一个很重要的方面，"我小心地说道，"但是科学家对于植被在地上的分布，比如为什么枫树在一个地方而云杉在另一个地方，是有不同解释的。”

在“圣经带”授课是我正在努力适应的工作内容。我仿佛是一个长了两只左脚的舞者，跌跌撞撞地在跳舞。“你们有没有想过，这个世界是怎样搭建得这么美的？为什么这些植物长在这里，不长在那里呢？”从他们礼貌的茫然表情看来，这个问题于他们算不得什么要紧的问题。他们对生态学全然漠不关心的态度使我痛苦。对我而言，生态学的知识是一曲天籁，但对他们而言，这不过是医学预科教育的又一门必修科目。与人类无关的生物的故事难以引起他们的兴趣。一个无法看到土地、不懂得博物学、不了解自然力量之优雅流动的人怎么可能学好生物呢？我无法理解。大地是如此厚赐我们，我们至少要回报以关注。因此，对福音派教义没什么热情的我就着力于唤醒他们的科学之魂了。

每个人的目光都落在我身上，等着看我的失败。为了证明他们是错的，我关注了每个微小的细节。校车在办公楼前盘桓，而我再一次检查起自己的清单：地图准备好了，宿营地定好了，十八副双筒望远镜，六台显微镜，三天的食物，急救包，还有一摞摞印着图表和植物学名的材料。院长说带学生们进行野外考察的费用太高了。我说不带他们去的代价才是真高。不论这些旅行者们愿意与否，我们终于出发了。校车组成的队伍沿着公路向前行驶，穿过产煤区那些被削平了的山头和被酸液染成红色的溪水。投身于健康领域的学生难道不该亲眼看一看这幅景象吗？

在高速公路上几个小时的车程，给了我足够的时间去思考怎样才能以足够的智慧在第一份工作中考验院长的耐心。学校已经在为财政的事情头疼了，而我不过是一个一边完成毕业论文，一边教几门课的兼职讲师。我把两个宝宝留在家里让她们的爸爸带，这样才能向别人的孩子介绍他们不怎么在乎的东西。这所难进的小型学院在美国南方之所以享有盛名，就是因为它能成功地把学生们送进各大医学院。因此，“蓝草*贵族”（bluegrass aristocracy）的子女们被送到这里，踏上他们通往特权人生的第一步。

为了配合医学院这一伟大使命，院长每天早上都会仪式性地披上白大褂，就像牧师披上法衣一样。他桌上的日程表上只有行政会议、预算审查和校友聚会，但实验室的白大褂是固定装备。虽然我从没看到他真的进过实验室，但他会对一个像我这样穿着法兰绒衬衣的科学家心怀疑虑也是不足为奇的。

生物学家保罗·埃利希（Paul Ehrlich）曾说生态学是“颠覆性的科学”，因为它拥有的力量会令我们重新思考人类在自然界中的位置。迄今为止，这些医学院的学生多年来都在研究同一种生物：他们自己。我有整整三天来颠覆这一切，让他们的注意力从智人暂时转向与我们共享这颗星球的其他六百万个物种身上。院长表达了自己对资助这次“单纯的露营旅行”的担心，但我告诉他说，大烟山（Great Smoky Mountains）是生物多样性的重要保护区，并承诺这将是一次完全合规的科学探索之旅。我甚至差点没忍住要补充一句：我们还会穿上实验室的白大褂呢。他叹了口气，并在

* 美国肯塔基州又被称为“蓝草之州”。——译注

申请书上签了字。

作曲家阿隆·科普兰（Aaron Copland）是对的，阿巴拉契亚之春是一首舞曲。林子舞动着野花的色彩，点缀着白色轻雾般的山茱萸和粉红泡沫般的紫荆，渲染着奔涌的溪水和深邃而庄严的群山。但我们到这里是来工作的。我在第一天早上从帐篷里钻出来的时候手里就拿好了书写夹板，脑子里装好了要讲的内容。

我们的宿营地在山谷里，山脉在我们的头上延展开来。早春的大烟山是弥漫着各种颜色的百衲衣，仿佛一张地图，每个国家都有不同的颜色：淡绿色的是刚刚长出新叶的白杨，灰色的是仍在休眠的橡树，干枯玫瑰色的是枫树上初生的嫩芽。一丛丛炽烈的粉红色是紫荆，一道道白色标出了山茱萸花的位置，还有一条条暗绿色的铁杉构成的曲线，就像制图师的钢笔一样描绘着河道的萦回。在教室的黑板上，我曾用白色粉笔画过温度、土壤和生长季节的梯度图表。而现在，我们眼前山坡展示出了此次野外考察之旅的彩色地图，抽象的图表呈现为缤纷的花朵。

从生态学角度来说，沿着山坡一路攀登就等同于走去加拿大。温暖的谷底给我们的感觉就像是佐治亚州的夏天，而海拔五千英尺的山顶气候却与多伦多相仿。“带上保暖的衣服。”出发前我曾叮嘱学生们。海拔每上升一千英尺就相当于向北走一百英里，也因此又倒退回了春天。山坡下部的山茱萸热烈地绽放着，宛若在新生的叶子间腾起了一片乳白色的云雾。在上坡的过程中，它们就像倒放的延时摄影一般，从盛开的花朵回到了紧锁的、尚未被温暖唤醒的花蕾。到了半山腰上，生长季变得过于短暂，山茱萸一下子就消失了，取而代之的是另一种更能耐受晚季霜冻的树——北美银钟花。

我们在这张生态地图上漫游了三天，从北美鹅掌楸和渐尖木兰组成的峡谷密林到峰顶，穿越了各个海拔的区域。苍翠的峡谷是野花的花园，野姜和九种不同的延龄草构成了一块块闪闪发光的园地。学生们原原本本地把我告诉他们的话写了下来，把我心中想要他们看的东西誊写为纸上的一张清单，脸上却没有什么兴趣。他们频繁地问我植物学名的拼法，让我觉得自己好像置身于一场林中的拼字大赛。院长一定会满意的。

三天来，我将"愿望清单"里的物种和生态系统一一打钩，来证明我们这趟旅行是正当合理的。我们以亚历山大·冯·洪堡（Alexander von Humboldt）般的热情绘制出了植被、土壤和温度的地图。到了晚上，我们便就着篝火的亮光画出图表。中海拔的橡树－碧根果群落，粗糙的砾石土——有了。高海拔地区风速增大，植物变得矮小——有了。物候随着海拔高度而变化——有了。本地特有的蝾螈，生态位的多样化——有了。我是那么迫切地希望他们能够看看自己身体之外的这个世界。我时刻注意着不要浪费教学的机会，并在安静的树林中塞满了知识与数据。当天晚上我钻进睡袋里的时候，我意识到自己说得下巴都疼了。

这是件苦差事。在我登山的时候，我喜欢保持安静——只是观察，只是在那里。而在这里我需要不停地讲，需要不停地指出各种东西，需要在脑子里准备讨论的问题。需要做一名老师。

我只搞砸了一次。我们越接近山顶，路就变得越陡峭。面包车在之字形急转弯的道路上吃力地攀爬，与强风搏斗。没有柔美的枫树和粉红泡泡一样的紫荆了。在这个高度，冷杉树下的积雪才刚刚融化。俯瞰大地，我们能够看到这条北方针叶林带是多么狭窄，就像是细细的一缕加拿大的环境一路南下，系到了北卡罗来纳州的这座山上，即使最近的云杉—冷杉林也在它北边数百英里之遥，它只不过是冰封北国那个时代的遗迹。今天，只有这些高高的山顶能够复制加拿大的气候，它们成了云杉与冷杉家园一般的避难所，是南方阔叶林海洋中的几座孤岛。

对我来说，这些北方针叶林同样有种家的感觉，在清新的冷空气中，我从讲课的束缚中解脱开来。我们在树中潜行，呼吸着树脂的芬芳。针叶构成的软垫、匍枝白珠、岩梨、草茱萸——这些来自我家乡的熟人一起为森林的地面织了一层柔软的地毯。它们让我刹那间明白了，当我远离了自己的家乡，在别人家的森林里教书时，我的内心是多么地流离失所。

我在苔藓的毯子上躺下，并以一只蜘蛛的视角上了一课。在这些高高的山峰上生活着濒危的漫山小疣蛛（spruce-fir moss spider）最后的种群。我并没有期待这些医学预科生对它们有一丝一毫的在乎，但我必须为蜘蛛们发声。从冰川淹没这里而后又退去的时代起，它们就守在这里了，一代又一代在长满苔藓的岩石间结网，度过自己微小的一生。全球变暖是这块栖息地和这些动物所面临的最主要的威胁。随着气候变暖，这座北方针叶林的孤岛也终将和它所承载的诸多生命一起融化，永不归来。来自更温暖海拔的昆虫和疾病已经在攻城略地了。如果你住在峰顶，那么当热空气上升的时候，你是无路可逃的。它们可以乘着蛛丝飘走，但又能飘到哪里呢？没有避难所了。

我用手抚过一块长满了苔藓的岩石，同时思考着生态环境的解体和那只拉着松掉的线头的手。"我们没有夺走它们家园的权利。"我想。也许是因为我激动得把这句话大声说了出来，又或者我的眼神显出了狂热，一个学生突然问道："这是您的宗教信仰什么的吗？"

自从有学生质疑我在演化方面的教学之后，我就学会了小心翼翼地对待这些问题。我感到他们的目光全都落在了我的身上——他们是虔诚的基督徒，每个人都一样。于是我支支吾吾地表示我爱这片树林，并开始解释原住民的环境哲学和对造化的其他成员的亲近之情，但是他们疑惑地看着我，我只好停了下来，开始讲解附近一丛正在形成孢子的蕨类植物。在我生命中的那一刻，在那个环境下，我觉得我没有办法解释这套万物有灵的生态学，这是一套与基督教、与科学都相去甚远的学说，我确定他们是不会理解的。除此之外，我们来这里是为了研究科学。我刚刚应该回答一声"是"就完了。

走完了那么多里路，讲完了那么多堂课以后，终于到了星期天下午。工作完成了，山爬过了，数据收集了。我的医学预科生们一个个都又脏又累，他们的笔记本里记满了超过一百五十种人类以外的生物以及它们不同分布区背后的机制。我能给院长交上一份不错的报告了。

我们在夕阳金色的余晖中往山下的面包车那里走去，途中穿过了一个花架，四周满是银钟花垂下来的花枝，一串串花朵仿佛珍珠般的灯笼，由内而外地发着光。学生们一声不响，我猜是累的。已经完成任务的我心情愉快，注视着雾蒙蒙的光线斜照在群山上，这正是大烟山公园最负盛名的美景。在我们走进这个奇异的地方的时候，一只隐夜鸫正在阴影中歌唱，一阵微风在我们身边洒下了白色的花瓣雨。我突然感到如此悲伤：在这一刻，我知道自己失败了。我没能传授自己还是一个寻找着紫菀与一枝黄花的秘密的年轻学生时就渴望获得的那种知识，那种比数据更深刻的科学。

我给了他们太多的信息，所有那一切的模式和过程多得密不透风，竟遮掩住了最重要的真理。我失去了机会，我带他们走过了每一条道路，却独独漏掉了最重要的那一条。如果我们不教给学生要把世界看成一件礼物，并回报以礼物的话，人们又怎么可能去在乎小疣蛛的命运呢？我教给他们的全是这一切如何运作，却没有告诉他们这一切意味着什么。我们待在家里读些关于大烟山的文章也没有什么不同。实际上，我才是那个放下偏见、把白大褂穿到荒野里的人。背叛这个词太沉重，而我独自把它背在了身上，我一下子感到疲惫不堪。

我转过头来，看到学生们正走在我身后的登山径上，这是一条铺满花瓣的小路，笼罩在轻纱般的光线中。不知道是谁忽然唱起了歌，那么安静的环境中，最初几个音符是如此熟悉，它们开启了你的喉咙，不容拒绝地呼唤着你歌唱。“奇异恩典，何等甘甜。”他们的声音一个个地加入进来，歌声在长长的影子里回响，一阵洁白的花瓣雨洒落在我们的肩上。“我罪已得赦免；前我失丧，今被寻回。”*

我感到惭愧。他们的歌声道出了我用心良苦的课程所没能讲述的一切。他们走啊走，一边走一边增加着和声。他们理解和谐的方式是我所不能理解的。我在他们逐渐增高的声音中听到了倾泻而出的爱和对造物主的感激，与天女落在龟岛上初次唱起的歌没什么不同。从他们对这首古老圣歌的对待中，我明白了懂得奇迹从何而来并不重要，重要的是奇迹本身。我现在知道了，在我狂热的努力和学名的清单之外，他们并没有错过这一切。“曾经盲目，今又得见。”他们确实看见了。而我也看见了。就算我忘了我所知的每一个属和种，我也绝不会忘了那一刻。不管是全世界最差的老师还是全世界最棒的老师，没有谁的声音能盖过北美银钟花和隐夜鸫的声音。最终的话语权属于瀑布的湍流与苔藓的静默。

作为一个头脑被科学的傲慢殖民的狂热的年轻博士，我一直在自我欺骗，认为自己才是唯一的老师。但是大地才是真正的老师。我们作为学生所需要的就是用心。关注也是与生命世界礼尚往来的方式，我们付出注意力，并用睁大的双眼和开放的心灵接受礼物。我的工作不过是引他们来到现场，并让他们准备好聆听。在那个雾霭蒙蒙的下午，群山给学生们上了一课，而学生们也给我这个

---

* 歌词来自美国一首乡村福音歌曲 *Amazing Grace*，中文翻译为《奇异恩典》，又作《天赐恩宠》。——译注

教师上了一课。

那天晚上在我开车回家的时候，学生们要么在睡觉，要么在昏暗的手电光下学习。那个星期天的下午永远改变了我的教学方式。人们说，当你准备好了的时候，良师就会到来。而如果你忽视了它的存在，它就会冲你讲得更大声。但你必须很安静才能听得到。

环坐圈中

布拉德（Brad）穿着乐福鞋和马球衫来到了学校的野外工作站，来上民族植物学的课。我看着他在湖岸边乱走，徒劳地寻找着手机信号，好像他真的需要跟谁打电话似的。“大自然确实是伟大，”我带他在这附近四处游览时，他如是说道，但这里的偏远令他不安，“这里除了树什么都没有。”

大多数来到克兰伯里湖生物研究站（Cranberry Lake Biological Station）的学生们都洋溢着热情，但也总有一些人心中只想着跨过自己的毕业门槛，在不通网线的世界里坚持五个星期就好。年复一年，学生们举止的变化很好地反映了人类和自然关系的变化。曾经，他们来到这里的动机是重温童年野营、钓鱼和在林子里疯玩的经历。而今天，虽说他们对荒野的激情并没有消失，但他们表示自己的想法来自《动物星球》或《国家地理》频道。客厅以外真实的大自然越来越频繁地让他们大吃一惊。

我企图安抚布拉德说，林子很可能是这世界上最安全的地方。我承认当我来到城市里的时候也有同样不安的感觉，那是一种不知道如何才能照顾好自己的轻微的恐慌——城市里除了人什么都没有。但我也知道，这种转变是很困难的：我们离湖对岸有七英里，中间没有道路相通，连一截人行道也没有，而且面前的任何一个方向都完全被荒野包围，一天才能走得出去。这里离最近的医院有一个小时车程，离最近的沃尔玛有三个小时车程。“我是说，你要是需要点什么东西可怎么办呢？”他说。我想，他很快就会发现答案的。

在这里待上短短几天之后，学生们就变成了野外生物学家。他们熟悉了设备和专业术语，这份信心让他们神气十足。他们不断地学习新的拉丁学名，并用它们来彼此整蛊。在我们生物站的文化里，晚上打排球时，如果你的对手冲着在岸边鸣叫的翠鸟喊出“*Megaceryle alcyon*！”（带鱼狗的学名），那么你漏接一个球是完全情有可原的。对于开始区分整个生命世界中的不同个体，开始在织好的森林中分辨各种线头，开始与大地的身体寻求协调的人来说，这些知识是非常棒的。

不过我也发现，当我们把科学仪器放到他们手里的时候，他们就不那么信任自己的感知了。而当他们把更多的精力用于背诵拉丁学名时，他们用来观察生命本身的时间就更少了。学生们在到来的时候已经了解了很多关于生态系统的知识，能分辨出的植物也多得令人印象深刻。但是，当我问到这些植物是如何照料了他们的时候，他们却说不出来。

于是，在民族植物学课堂的一开始，我就倡导大家集思广益，列出了人类的各种需求，以便发觉阿迪朗达克山的植物们能够满足其中的哪些。这是一份熟悉的清单：食物、房屋、热、衣服。我很高兴氧气和水也排在前十以内。有些学生学过马斯洛的人类需求层次理论，所以没有止步于生存，而是涵盖了“更高”层次的东西，比如艺术、陪伴和精神性。这当然引发了一些可疑的喜剧，讲的是一群用胡萝卜来满足人际需求的人。我们把这些观察暂时放到一边，从房屋这一条开始——我们要动手建造我们自己的教室。

他们选好了位置，在地上标出了几何图形，采伐来小树并把它们深深地插在泥土中，于是，我们就有了由枫树的木杆整整齐齐排列成的十二英尺高的圆圈。这份工作很费力气，让人汗流浃背，一开始几乎是大家独立完成的。不过，当圆圈做好，要把小树的顶端绑到一起构成拱形的时候，团队协作的重要性就渐渐体现出来了：个子最高的人抓住树梢，体重最重的人把它往下拽，身形小巧的人爬上去把它们扎好。每一个拱形的完成都需要人们去建造下一个拱形，于是维格沃姆小屋（wigwam）渐渐地成形了。小屋本身的对称结构使得每个错误都十分明显，学生们把它绑起来又解开，直到把它弄好。林子里充满了他们清亮的声音。当最后一对木杆也系好之后，大家一边看着自己的成就一边安静下来。它看起来就像是一个倒扣的鸟巢，一个用粗木条编成的巨大的篮子，拱顶的形状仿佛乌龟壳。你会希望到里边去的。

我们十五个人都能在里边找到舒服的地方坐下来。就算屋架上还没有遮盖，这里给人的感觉也很舒适。我们如今已经很少住在圆形的房屋之中了，这里没有墙壁也没有角落。不过，原住民的建筑总是小而圆，模仿着鸟巢与兽穴、兔子挖的洞与鲑鱼产卵的浅滩、卵与子宫的模样——仿佛“家”的概念存在某种通用模式似的。它的形状利于防雨，也可以分散积雪的重量。它可以高效地采暖，而且十分防风。除了现实上的考虑，依照教诲生活在圆圈中这一做法还有文化上的含义。我告诉学生们，开门的位置永远要朝向东方，他们立刻就明白了这样做的好处，因为这里盛行的是西风。迎接黎明的好处暂时还不在他们的考虑范围之内，但是太阳会告诉他们的。

这间维格沃姆小屋的简陋框架还不足以完成教学。它还需要用香蒲垫子来做墙，用云杉根扎好的桦树皮来做屋顶。还有很多工作要做呢。

我在上课前见到了布拉德，他看起来还是那么郁闷。我想让他高兴起来，就告诉他说：“我们今天就要到湖的另一边去购物啦！”在湖对岸的镇子里有家小商店，名叫“海洋商厦”（Emporium Marine），这种你在踩出来的小径边上发现的杂货店总是会有你恰好需要的那种东西，鞋带啦，猫粮啦，咖啡过滤器啦，“饿汉”牌炖肉罐头啦，还有佩托比斯摩药水*。但那里并不是我们的目的地。今天，我们是要去沼泽购物。长满香蒲的沼泽与“商厦”有共同之处，但我觉得把它比作沃尔玛超市更贴切，因为这两者都会占据好几英亩土地。

---

* 原文为Pepto-Bismol，这是一种粉红色的药水，主要成分是碱式水杨酸铋，可以治疗胃部不适、上吐下泻等。——译注

曾经，沼泽的名声并不好，那里有狡猾的野兽、疫病、瘴气和各种各样令人厌恶的东西，后来人们才意识到了它的价值。如今我们的学生会歌颂湿地的生物多样性与它们的生态功能，但这依然不意味着他们想要亲自走到沼泽中去。当我解释说在水里采集香蒲最有效率的时候，大家都一脸怀疑地看着我。我向他们保证在这样的纬度不会有剧毒的水蛇，不会有流沙，一般来讲，鳄龟一听到我们靠近就潜到深水里去了。不过我没敢大声说出“蚂蟥”这个词。

最终，他们都跟我下水了，而且没把筏子打翻就安然下了船。我们像鹭鸟一样在沼泽里跋涉，只是没有鹭鸟的优雅与平衡。学生们在草和灌木构成的漂浮的小岛间蹑手蹑脚，要先确保脚下踩到了实处才会把重心移向下一步。如果他们在以往的人生中尚未学会这一点的话，那么今天的经历将会让他们明白，所谓的坚实不过是一种幻觉。这里的湖底铺着几英尺厚的悬浮的泥浆，其坚实程度跟巧克力布丁差不多。

克里斯（Chris）一副天不怕地不怕的样子走在前边开路——老天保佑。他像一个五岁的孩子一样，一边咧着嘴笑，一边无所谓地站在齐腰深的水沟里，胳膊肘闲适地搭在一丛莎草形成的小丘上，仿佛那是一把扶手椅。他之前从没这么干过，却鼓励其他人也这么做。他对那些坐在倒木上摇摆不定的同学们建议道：“就随它去吧，放轻松，很好玩的。”娜塔莉（Natalie）一边叫着“和你内心的麝鼠合为一体吧！”，一边跳入水中。克劳狄娅（Claudia）往后退了一步，以躲避四溅的泥水。她很害怕。克里斯像一位举止优雅的门童，英勇地向她伸出手去，带她进入泥中。忽然一长串泡泡在他身后浮现，并随着响亮的汩汩声打破了水面。他泛着泥光的脸一下子红了，并在全班的注视下调转了脚步。另一大串臭烘烘的气泡在他身后冒出，全班同学都笑了起来。很快每个人都踩在了水里。在沼泽里行走释放出一串串这样的笑料，这是因为我们每走一步就会不可避免地释放出甲烷，也就是沼气。在大多数地方，水有大腿那么深，不过，时不时就会传来一声尖叫——然后是一阵笑声——那是某位同学发现了齐胸口深的洞。我希望这个人不是布拉德。

要拔香蒲的话，得潜入水下，摸到植物的底部，然后用力一拽。如果湖底的沉淀物比较松软，或你的力气比较大的话，你就能把整棵植物连“根”拔起。问题在于，你没办法知道什么时候它就会突然折断，或者你尽了最大努力想把它拔出来，它却突然弹开了，只留下你坐在水里，耳朵眼里流着泥汤。

这些“根”实际上是香蒲的地下茎，是真正的战利品。虽然从外边看上去是棕色的、纤维粗大，但它们的内部其实是白色的、充满淀粉，几乎和土豆差不多，而且，把它在火上烤熟以后，味道也很不错。如果把切好的地下茎泡在清水里，你很快就能得到一碗白色的淀粉糊，可以晾干得到淀粉，也可以用来熬粥。有些地下茎会在末端长出坚硬的白色新芽，这个器官可不仅仅是有点像生殖器而已，它负责的是水平方向上的繁殖。这些生长点可以把香蒲扩散到整个沼泽。它们激起了人类各个层次的需求，有些同学以为我没看见，就拿香蒲寻了开心。

香蒲就像是巨型的草：它没有明显的茎，只有一圈圈叶子以同心圆的方式裹成一束。单片叶子无法抵御风和波浪，但集合起来的叶子却很健壮，水下密密匝匝的地下茎网络把它们牢牢地固定在原位。在六月收割的话，香蒲有三英尺高。而如果你等到八月的话，叶子就有八英尺长了，每片叶子都差不多一英寸宽，从叶子的底部到轻柔摇曳着的尖端都有彼此平行的叶脉，使其更加强壮。这一条条环状的叶脉本身就被强韧的纤维所环绕，这一切都是为了支撑整棵植物。另一方面，这棵植物也支撑起了人类的生活。香蒲叶是最容易获得的植物纤维来源，把它撕开然后拧好，就能成为我们的线或绳索。回到营地之后，我们就会给维格沃姆小屋制造绳索和能用来编织的细线。

没过多久，我们的筏子上就装满了一捆捆香蒲叶，看上去就像热带河流上的一列筏运船队。我们把它们拉到岸边，然后开始给它们归类，再把它们洗干净。我们把每棵植物都进行了拆分，把叶子从外向内一片片拆开来。娜塔莉刚开始剥叶子就把手中的东西扔到了地上，“哎哟！全是黏糊糊的！”她一边说，一边在泥裤子上搓着手，好像这样有用似的。如果你把叶子的底部分开，一块块香蒲胶就会像清澈的水性黏液一样在叶间呈现出来。乍一看似乎很恶心，但你很快就会明白它的手感有多好。我经常听到草药师说‘毒物附近必有解药”，相应地，虽然采集香蒲肯定会让你被太阳晒伤且浑身痒痒，但能治疗这种不适的解药就藏在这种植物的体内。香蒲胶澄澈、清凉又干净，不仅消暑而且抗菌，是沼泽版的芦荟胶。香蒲用它来抵御微生物，并在水位下降的时候用它来让叶子底部保持湿润。这些特性不仅保护了植物，也保护了我们。在香蒲胶的作用下，被阳光晒伤的部位一下子就感觉舒缓了，很快，学生们就都在身上涂满了这些黏液。

香蒲还演化出了其他特性，能完美地适应在沼泽里的生活。它泡在水里的叶片底部依然需要氧气来呼吸，因此，它们就像潜水员带上氧气瓶一样，用海绵状的、充满了空气的组织来装备自己，这是大自然的发泡纸。这些白色的细胞叫做通气组织，肉眼就能看得见，它们在每片叶子的底部形成了可以浮在水面上的一层小垫子。香蒲叶上还包裹着一层蜡状的东西，这是一道形同雨衣的防水屏障。不过，这层“雨衣”的作用却是反过来的——它把水溶性的养分阻隔在植物内部，不让它们渗到周围的水中去。

这些当然都对植物有好处，也对人有好处。香蒲叶在修长、防水的同时，塞满了一个个彼此隔绝的泡沫状的细胞。原先，人们会用香蒲叶编结或缝成精美的席子，来覆盖夏天的维格沃姆小屋。在干燥的天气下，香蒲叶很快就会皱缩，彼此间形成空隙，让清风可以从中吹拂进来，给整座小屋透气。到了下雨的时候，它们又会吸水膨胀，把空隙堵上，让整张席子具有防水的功效。香蒲还可以用来制作精美的床席。它表面的蜡质可以隔绝地上的湿气，通气组织不仅触感松软，同时也阻隔了地上的东西。在睡袋下边垫上几张柔软、干爽、带有新鲜稻草味道的香蒲席子能让你一整晚都舒舒服服的。

娜塔莉一边用手指挤压柔软的叶子一边说：“这简直像是它们特地为我们准备的一样。”香蒲演化出来的适应性与人类的需求竟然如此一致，确实令人惊讶。在某些原住民的语言中，这种植物的名字翻译过来就是“照顾了我们的那些生灵”。香蒲在自然选择的过程中发展出了一套复杂的适应性特征，增加了自己在沼泽中生存下来的机会，人类是专心致志的学生，他们从植物身上借鉴答案，这也增加了他们生存的几率。植物适应，人类采纳。

随着我们剥下的叶子越来越多，香蒲秆也越来越细，就像剥下层层的玉米衣，露出里边的玉米棒一样。在香蒲的中心位置，叶片与茎几乎合为一体，这是一根柔软的白色髓质柱体，大约像你的小指那么粗，又像鲜嫩的西葫芦那么脆。我把这根香蒲芯掰成一截一截的，分给了全班同学。在我带头吃下自己的那份之后，学生们才敢一边打量周围的人，一边小心地咬上一口。片刻过后，他们都急切地自己剥起了香蒲秆，并像竹林里的大熊猫一样饥肠辘辘地大嚼起来。香蒲芯有“哥萨克芦笋”的别名，生吃有点像黄瓜的味道。它可以用油煎了吃、煮了吃，或像这群饥饿的、午餐的便当早已消化完的大学生一样，直接坐在湖岸上生吃。

回到沼泽的另一边后，我们很容易就能看到自己刚刚采收香蒲的地方。那里就像是巨大的麝鼠留下的工作现场。学生们随后展开了有关自身需求的热烈讨论。

我们的购物船已经装满了用来制衣、编垫子、拧成绳和建房子的香蒲叶。还有一桶桶的香蒲秆芯和地下茎，分别用来作为蔬菜和碳水化合物的能量来源——人类还需要什么呢？学生们把我们船上载的货物和他们列出的人类需求清单做了对比。他们注意到，虽说香蒲堪称多才多艺，但是毕竟有几项是它无法填补的：蛋白质、火、光、音乐。娜塔莉希望在这张清单上再加上煎饼。“卫生纸!”克劳狄娅说。布拉德则把 iPod 列为自己的必需品之一。

我们在“沼泽超市”的通道中找寻其他产品。学生们开始假装自己真的在沃尔玛中购物了。兰斯(Lance)自告奋勇扮演起了“沃尔沼”(Wal-marsh)超市门口的迎宾员，这样就不用再涉水往里去了。“煎饼?在五号过道，女士。手电?在三号过道。抱歉——本店没有 iPod。”

香蒲花看上去几乎不像是花。大概五英尺高的香蒲秆顶端隆起了一个绿色的圆筒，其腰部一下子收拢，干脆利落地分成了两半，上边的是雄花，下边的是雌花。香蒲花靠风来传播花粉，泡沫般的雄花会突然绽放，向空气中释放出一阵颜色像硫黄一样的花粉云。煎饼队的同学们在整个沼泽里寻觅这些“灯塔”。他们轻轻地把一个小纸袋套在香蒲秆上，把袋口收紧，然后摇晃。在纸袋的底部就会留下大概一勺的明黄色粉末，同时可能也会有同样多的虫子。花粉(和虫子)几乎是纯粹的蛋白质，这是一种高品质的食物，正好可以弥补船上那些淀粉质地下茎的不足。把虫子挑出来后，花粉就可以放到饼干或煎饼中，为它们增添营养价值和美丽的金黄色。并不是所有的花粉都装进了袋子，学生们回到岸上的时候，每个人身上都装点着扎染般的一块块黄色。

香蒲秆上的那一半雌花看上去就像一条细细的穿在扦子上的绿色热狗肠，里边紧紧地排列着等待花粉的子房。我们把它们放在少许盐水中煮熟，再把它们在黄油中浸透，然后就可以像拿玉米穗一样握住香蒲秆的两端，把未成熟的花像吃烤串一样咬下来了。味道和口感都像极了菜蓟。晚饭吃香蒲烤串。

我听到一声大叫，然后看到空气中飘浮着一团团柔毛的云雾，于是我知道学生们已经来到“沃尔沼”的三号过道了。每朵小小的花在成熟之后都会结出附带“绒羽”的种子，构成了人们熟悉的香蒲模样——茎秆末端好似有一根漂亮的褐色香肠。在每年的这个时候，冬日的寒风就会把它们吹得像棉絮一样。学生们把它从秆上扯下来，塞进麻袋里，准备用它垫枕头或铺床。我们的老祖母对这片茂密的沼泽也定然是心存感激的。在波塔瓦托米语中，香蒲的名称之一就是“bewiieskwinuk”，意思是“我们把婴儿包裹在里边”。它柔软而温暖，吸水性强——既可以保暖也可以当尿布。

埃利奥特（Elliot）回头呼唤我们道：“我找到手电筒了！”传统上，裹着凌乱柔毛的香蒲秆可以蘸上动物脂肪后点燃，成为耐用的火炬。这种茎秆本身就极为笔直光滑，就像车床加工出来的木钉。我们的族人收集它有很多用途，包括制作箭杆或用来钻木取火的钻头。在生火包中，一捧香蒲的柔毛总会用来充当火绒。学生们四处搜寻它们，并把自己淘到的商品带回了船上。娜塔莉依旧在附近跋涉，她大声说她接下来还要去“全沼超市”（Marsh-alls）。克里斯还没有回来。

乘着柔毛的翅膀，种子可以飞到很远的地方去建立广阔的新领地。只要有充足的阳光、丰富的营养和潮湿的土地，香蒲可以在几乎所有种类的湿地上生长。位于陆地和水中间的淡水沼泽是地球上最多产的生态系统之一，堪比热带雨林。人们因为香蒲而珍视“沼泽超市”，但那里同时也有丰富的渔获和猎获资源。鱼儿要在浅滩产卵，青蛙和蝾螈比比皆是。水鸟把巢建在茂密草丛的荫蔽之中，候鸟寻找香蒲生长的沼泽，来作为旅程中歇脚安身的地方。

因此，对这片丰饶土地的渴求造成了湿地面积百分之九十的锐减也就不足为奇了，同步锐减的还有靠湿地维生的原住民。香蒲同时还是土壤的建造者。当它死去的时候，叶子和地下茎都会回归于沉积物。所有没被吃掉的东西都会躺在水下，而在无氧的水中，植物的躯体只有一部分会分解，剩下的会形成泥炭。它富含养分，而且有海绵一样的储水能力，这就使它成为了种植卡车作物（truck crops）的理想之选。人们一向把沼泽斥为“荒地”，并把它们排干辟为农用。所谓的“淤泥农场”是在排干了的沼泽底部的黑色泥土中耕犁，曾经支撑了全世界最高生物多样性的地方现在只能供养一种作物。在某些地方，原先的湿地被简简单单地铲平，成了停车场。这才是对土地真正的荒废。

在我们努力给筏子卸货的时候，克里斯沿着岸边走了过来，他把手背在身后，脸上挂着诡秘的笑容。“给你的，布拉德。我找到你要的 iPod 啦。”他手里拿了两个干了的乳草果荚，并把它们放在眼眶上，然后眯起眼睛把它们固定住：eye pod。*

在这脏兮兮的、日光灼人的、充满欢笑而且没有遭遇蚂蟥的一天接近尾声时，我们的船上高高地堆起了各种材料，可以用来制作绳索、铺床、保温、照明、食用、取暖、建房屋、防水、制鞋、制造工具和治病。在我们划船回家的时候，我不知道现在布拉德还

* eye pod 意为“眼睛上的荚”，与 iPod 谐音，这里是个冷笑话。——译注

会不会担心我们“有什么需要可怎么办”。

几天后，我们的手指已经被采香蒲和编草席磨得粗糙了，而我们也终于可以聚在有香蒲席子做墙、只有几缕阳光能照进来的维格沃姆小屋中，坐在香蒲垫子上了。不过，小屋的穹顶依然朝天开着口。我们被亲手编织并搭建的教室环抱着，每个人都舒舒服服地坐在一起，感觉自己好像变成了篮子里的一个苹果。房顶是最后一步，而且天气预报说有雨。我们手头已经有成堆的桦树皮等待着成为我们的屋顶了，于是我们再次出发，前去收集最后一种材料。

我过去总是按照自己受教育的方式来施教，但现在我把全部的工作都交给了别人。如果植物是我们最古老的老师，为什么不让它们来上课呢？

我们从营地出发，在走过长长的一段山路之后，大家用铁锹铿然作响地敲击着岩石，鹿虻正在无情地折磨我们汗湿的皮肤，处在树荫下的感觉就如同泡进了凉水。我们一边敲打着，一边把背包放在路边，在长满青苔的寂静中休息片刻。空气中弥漫着避蚊胺和不耐烦的气息。也许学生们已经感受到了他们在挖树根时身上留下的那一圈被蚋叮咬的痕迹，也就是当你四肢着地时上衣和裤子之间的那道缝隙，那里的皮肤是没有防护的。他们会损失一点血，但他们接下来的体验依然令我羡慕，那就是初心。

这里森林的地上满是云杉的针叶，它们呈铁锈般的红褐色，堆得又深又软，其间偶尔点缀着浅色的枫叶或黑色的樱桃叶。在阳光能穿透厚重的树冠照到地上那寥寥无几的光斑里，蕨类、苔藓和匍匐的北美蔓虎刺熠熠生辉。我们来这里收集“沃太普”（watap），也就是白云杉（*Picea glauca*）的根。这是五大湖区原住民的文化基石之一，它强韧得足以缝合桦树皮，并且制作筏子和维格沃姆小屋，同时也富有弹性，可以用来编织漂亮的篮子。其他种类的云杉根也可以用，不过，寻找白云杉那泛着白霜的叶子和略带辛辣的、猫一样的味道，绝对是值得的。

我们在云杉中穿行，试图寻找正确的地点，同时随手折断那些可能会刺到眼睛里的枯死的树枝。我希望他们学会解读森林的枯枝落叶层，培养出X光一样的视觉，能够穿透表面看到底下的树根，不过，这种直觉是很难提炼成一道公式的。成功几率最大的地方是两棵云杉之间，地面越平越好，同时要避开石头多的地方。附近有朽木是好事，有一层苔藓也是个很棒的迹象。

在收集树根的时候，单纯地往下挖是不行的，除了一个洞之外什么也得不到。我们要摒弃仓促的做法。慢才是一切。“我们要先给予，然后才索取。”不管面对的是香蒲、桦树还是树根，学生们都已经习惯了这收获之前的仪式，纪念光荣收获。有些学生闭起眼睛加入我，有些则意识到自己应该赶紧翻背包找铅笔。我向云杉低声诉说着我是谁，以及为什么到这里来。我的话语中，部分是波塔瓦托米语，部分是英语，我请求它们允许我们在这里挖掘。我问它们是否愿意与这些亲爱的年轻人分享自己唯一所能给予的东西：它们的身体和它们的教诲。我请求的不仅是树根，还有之外的一些东西，而我则留下了一点烟草作为回馈。

学生们倚着铁锹围在我身边。我扫开轻薄的落叶层，闻着它陈年烟丝一样的香气，然后拿出小刀，在半腐层上切开了第一道口子——其深度不足以割断森林的血管或肌肉，只是在表皮上浅浅地划了一道。接着，我把手指伸到切口底下，然后往上一提。土壤上边的那一层剥落下来，我把它放到一边存好，等我们弄完之后再铺回去。一条没怎么见过天光的蜈蚣惊慌地跑了出来。一只甲虫钻到地下寻找掩护。把土壤翻出来就像是一次小心翼翼的解剖，学生们也同样为机体的有序之美和它们彼此支撑共同运作的和谐而惊叹。这就是森林的脏腑。

在黑色腐殖质的映衬下，各种色彩就像黑暗潮湿的街道上的霓虹灯一样鲜明。黄连那多汁的根在地下纵横交错，呈现仿佛校车一般的橘黄色。长叶菝葜那如同铅笔一样粗的奶油色的根连成了网，把所有植株都联结在了一起。克里斯立刻说道："这看起来就像一幅地图啊！"那一条条不同大小、不同颜色的"道路"确实很像地图。粗壮的红色树根构成的是州际公路，我也不知道它们源于何处。我们拽了拽其中一根，几英尺外的一丛蓝莓随之轻轻震颤。北美舞鹤草的白色块茎之间连着透明的细线，就像是村子之间的县级公路。一片呈扇形的淡黄色菌丝从一团暗色的有机物中延伸出来，就像是一条条死胡同。一大团稠密的褐色根须来自一株年轻的铁杉，仿佛构成了一座繁华的都市。现在，学生们都把手伸了过来，沿着各色的线条追根溯源，努力把根的颜色与地上的植物对应起来，以解读这张"世界地图"。

学生们以为自己曾经见过土壤。他们在自家的花园挖过地，种过树，手里抓过刚翻的土壤——温暖、松软，等待着播种。但是，那一把孱弱的土壤只不过是森林土壤的贫弱亲戚，就像一磅汉堡之于整片牧场。后者有着盛开的花朵、漫步的牛群，到处都是蜜蜂和车轴草，还有草地鹨和土拨鼠，以及一切把它们结合在一起的东西。后院的泥土就像是搅碎的肉：它也许很有营养，但它已经被同质化了，来源再也无法辨认。人类通过耕耘制造了农业土壤，而森林土壤是通过一张很少人有机会目睹的互利关系网来创造自己的。

把那层草本植物的根小心地移走之后，底下呈现出来的泥土黑得就像是没加牛奶的早餐咖啡。这就是腐殖质，它潮湿又绵密，黑色的粉末丝滑得如同研磨最精细的咖啡粉。土壤没有什么"脏"的。这种柔软的黑色腐殖质甜美而洁净，你会觉得自己可以用勺子把它舀起来吃掉。我们不得不把这丰美的土壤掘开一些，来寻找树根并理清它们的关系。枫树根、桦树根和樱桃树根都太容易断了——我们要的只有云杉根。云杉根，你一摸就知道它的不同：它们紧绷而有弹性。你可以像弹吉他弦一样地拨动它，它会在地上铮铮作响，其强韧一至于此。这些才是我们在寻找的东西。

用你的手指沿着它划过，往外一拽，就能把它从地里拉起来，并引领你往北边去，于是你在那个方向上清出一条小沟，想把它放出来。但此后，它的路径就与另一条由东边来的根交叉了，后者笔直而明确，好像它明白自己要去往哪里似的。所以你又到那里去挖掘。挖了一会儿，又出现了第三条根。没过多久，地上就会像熊刨过一样。我回到第一条根，把它的一端切下来，然后把它从其他的根底下传过去，往上拽、往下穿，往上拽、往下穿。我从支撑着森林的框架上解下了一根单独的线，但我也发觉，要想在不干扰其他线索的情况下把它抽离出来是不可能的。十多条树根都暴露在外，而你需要做的是选择其中一条，把它完整地扯出来而不切断，这样，你就会拥有一条了不起的、连续不断的长线了。这可不是件容易的事。我让学生们分散去收集树根，去解读土地，看它在什么地方道出了“根”这个字。他们散到林中各处，笑声在暗淡的凉意中闪着明媚的光。一时间，他们呼唤着彼此，大声咒骂着那些趁自己忘了把上衣塞进裤子里而叮咬他们的小虫。

他们分散开来，这样就不会全都挤到一个地方去收割了。纠结的树根网络大多和地上的树冠一样大。收割一点树根并不会对树木造成什么实质性伤害，但是我们依然应当小心地修复自己造成的破坏。我提醒他们要填上我们挖出来的沟，要把黄连与苔藓放回原处，并在收割结束后把水瓶里剩下的水都浇到它们蔫了的叶子上。

我留在自己的那一小块地，专注于手头的树根，耳边学生们的谈笑声渐渐归于寂静。我偶尔会听到附近传来一声沮丧的咕哝，或是某个学生被泥土溅到脸上时发出的气急败坏的声音。我知道他们手里在干什么，也知道他们心里在想什么。挖云杉根会带领你去往另一个地方。地下的地图会一遍遍地问你，要的是哪条根？哪一条路风光明媚？哪一条是死胡同？你选好一条漂亮的树根，一路小心翼翼地挖着它，但它却突然钻到岩石底下，让你再也找不着。此时你会放弃这条途径而去选择其他树根吗？树根四处延展的样子也许确实像一幅地图，但是，只有当你知道自己要去往何方的时候，地图才能有所帮助。有些树根会分叉，有些会折断。我看着学生们的脸，他们正处于童年和成人之间。我想，这些纠结的选择正在对他们讲话：你会选择哪条路？——这难道不是永远需要面对的问题吗？

没过多久，一切交谈声都消失了，长满青苔的寂静降临了。唯有穿过云杉的风声的絮语，以及一只冬鹪鹩的啼啭。时间流逝，比他们习惯的五十分钟的课堂都要长得多。依然没有人说话。我在期待着。空气中有种特殊的能量，一种嗡鸣声。然后我听到有人在歌唱，声音低沉又满足。我感到笑容渐渐在我的脸上蔓延开，我长舒了一口气。这种事每次都会发生。

在阿帕契人（Apache）的语言中，土地与思想这两个词是同源的。收集树根的过程在泥土的地图与我们思想的地图之间架起了一面镜子。我想，事情就这样发生了，在寂静中，在歌唱中，在插进泥土的手中。在这面镜子的特定角度下，道路将交会，我们便找到了回家的路。

近期的研究显示，腐殖质的气味会对人类产生生理上的影响。呼吸着大地母亲的气息会刺激人体内催产素的分泌，这种化学物质正是增进母亲与孩子，还有恋人之间的纽带的物质。被这样一双充满爱意的胳膊拥抱着，难怪我们用歌声来回报。

我还记得自己第一次挖树根时的经历。我来寻找原材料，把它转化成篮子，但被转化的却是我自己。错综的图案，交织的色彩——地底下已经有一个篮子了，而且比我能制作出的任何一个篮子都更坚固、更美丽。云杉与蓝莓、鹿虻与冬鹪鹩，整个森林都装在这片像山一样大的野生、天然的篮子中。它也大得足以装下我。

我们回到登山小径会合，展示自己挖到的树根。男孩子们互相吹嘘着自己的那卷才是最大的。埃利奥特把他的那卷放在地上展开，然后躺在旁边——树根从他的脚一直延伸到举过头顶伸直了的指尖，足有八英尺长。“它正好穿过一根朽木，”他说，“所以我也跟去了。”“嗯，我的也是，”克劳狄娅说道，“我觉得它是在追寻养分。”他们中大部分人的树根都是短短的一截，但是故事却长得多：差点被当成石头的沉睡的蛤蟆，很久以前用来生火的烧过的木炭，还有突然折断、溅了娜塔莉一身泥的树根。“我特别喜欢做这件事。我不想停下来，”娜塔莉说，“那些树根就好像在那里等着我们似的。”

我的学生在收集完树根后总会变得有所不同。他们身上多了些温柔又开放的东西，仿佛产生于拥抱着他们而他们之前却没有意识到的臂膀。通过他们，我想起了向作为馈赠的世界敞开怀抱意味着什么，沐浴在“大地会照顾你，所需的一切尽备于此”的认知中意味着什么。

他们还显摆了自己收集树根的双手：往上黑到了胳膊肘，往下黑到了指甲缝里边，中间黑满了手上的每一条掌纹，双手就像是举行仪式时的海娜手绘一样，指甲则像满是茶渍的瓷器。克劳狄娅像陪伴女王喝茶一样翘着小指头：“快看！我这可是特制的云杉根美甲。”

在回营地的路上，我们停在溪边清洗树根。我们坐在岩石上，把云杉根和我们的双脚都泡到溪水中。我向他们演示了如何在木棍上劈出一道楔形的缺口，然后把它当成钳子，来给树根剥皮。粗糙的表皮和肉质的皮层剥落下来，就好像一只脏袜子从白皙纤细的腿上脱了下来。处理好的树根像奶油一样洁净又细腻。它可以像一条线绳那样缠住你的手，但在干燥后又会像木头一样坚硬。它的气味很干净，有云杉的味道。

把树根从地下解开之后，我们坐在溪流边开始编织第一个筐。在初学者手中，它们显得歪歪扭扭的，但它们还是承载住了我们。它们也许并不完美，但我相信它们是重新编织人与大地之间的纽带的开端。

维格沃姆小屋的屋顶工程进展得很顺利，学生们坐在彼此的肩上，从而够到顶上的框架，并用云杉根把桦树皮系在上边。在拔香蒲和压木杆的过程中，他们已经想起了我们为什么需要彼此。编席子的过程是乏味的，在没有 iPod 的情况下，有人开始讲故事来为大家解闷，歌声也响了起来，这让大家的手指继续飞舞，仿佛学生们回忆起了这些场景似的。

在大家一起度过的时光里，我们建好了教室，享用了香蒲烤串和烤香蒲藕，还吃了花粉煎饼。我们被蚊虫叮咬的地方也得到了香蒲胶的舒缓。还有绳索和筐子等待我们完成，于是我们环坐在维格沃姆的圆墙之内，一边编织一边聊天。

我向他们讲道，有一次，莫霍克族长老与学者达瑞尔·汤普森（Darryl Thompson）在我们编织香蒲筐的时候与我们坐在一起，他说："看到你们这些年轻人也来了解这种植物，我真是太高兴了。

她给了我们生活所需的全部。”香蒲是一种神圣的植物，其身影也出现在莫霍克族的创世神话中。实际上，莫霍克语中的“香蒲”一词与波塔瓦托米语中的这个词很类似。他们的语言也提到了摇篮板中的香蒲，不过却带着一种可爱得令我热泪盈眶的扭转。在波塔瓦托米语中，这个词的意思是“我们把婴儿包裹在里边”；而在莫霍克语中，它的意思是，香蒲用自己的馈赠包裹住了人类，就好像我们是她的婴儿一样。在这个字中，我们被大地母亲抱在了她的摇篮板中。

我们该对这份丰厚的关怀做出怎样的回馈呢？知道了她把我们抱在怀里，我们是不是也能分担她的重负呢？在我反复思考着如何才能把这个问题问出口时，克劳狄娅插了一句，她的评论正好是我的想法：“我没有不敬或别的意思，我觉得在摘取之前先问问植物的意见，然后把烟草送给它们是件好事，不过这样就够了吗？我们拿走的东西可太多了。我们不是假装在香蒲商场里购物吗？但是我们拿完东西就这么走了，并没有付钱。仔细想来，我们这算是偷了沼泽商场的东西吧。”她说得对。如果香蒲就是沼泽中的沃尔玛，那么当我们满载着赃物的筏子划走时，出口处的安全警报一定会滴滴作响的。在某种意义上，除非我们能找到通往互惠原则的途径，否则我们就是拿走了东西而没有付钱。

我提醒他们，烟草并不是物质上的礼物，而是精神上的，它承载着我们至高无上的问候。多年间，我就这个问题问过几位长老，他们的答案不尽相同。有人说，感激就是我们唯一的责任。他提醒我们，认为我们有能力回报大地母亲所给予我们的东西，这本身就是一种傲慢。我非常尊敬这份“edbesendowen”，也就是这种观点本身具有的谦卑。但是对我而言，我们人类除了感恩之心以外，还有别的东西可以回馈。抽象的互利哲学很美，但要实践它却比较困难。

手上忙碌的时候，思想就容易放飞，我们的手指忙着编织香蒲的纤维，而学生们则就这个观点将话题发散开来。我问他们，我们能把哪些东西送给香蒲或桦树或云杉呢？兰斯对这个想法嗤之以鼻："它们只不过是植物。我们能利用它们是件好事，但是这并不意味着我们对它们有什么亏欠。它们就在那里。"其他人叹了口气，一起看向了我，等着我做出反应。克里斯打算攻读法学，所以他顺理成章地接过了对话。他说："如果香蒲是'免费'的，那么它们就是一份赠与，我们需要做的只有心怀感激。你并不会为礼物付钱，只有心怀感激地接受它。"但娜塔莉提出了异议："就因为它是一份礼物，我们就不负任何责任了吗？你总应该回赠一些东西的。"不管它是一份礼物还是一件商品，你都欠下了一笔未偿还的债务。前者是道义上的，后者是法律上的。因此，如果我们要遵守道德的话，难道我们不应该为自己获取的一切而对植物多少做出一点补偿吗？

我喜欢听他们探讨这样的问题。我相信在沃尔玛购物的人一般不会停下来思考他们是否亏欠生产了一切商品的大地。在我们编筐劳作的时候，学生们思绪飞扬，放声大笑，而他们也想出了一连串的点子。布拉德建议设立一种许可证制度，让我们为自己索取的东西付费，这笔钱将上交给州政府，促进湿地的保护。有几个孩子提出的办法是激发人们对湿地的喜爱，在学校里举办宣讲会来介绍香蒲的价值。他们还提出了防御措施：我们可以保护香蒲免遭其他物种的威胁，以此来报答香蒲，我们可以组织人来除掉入侵物种，比如芦苇和千屈菜。我们也可以参加城市规划委员会会议，来为湿地保护发声。可以去投票。娜塔莉承诺会在自己的公寓里添一个雨水收集桶来减少水污染；兰斯发誓下次父母让他干活的时候，他一定不会再往草地里施肥了，以防止水土流失。还有人说我们可以加入"鸭子无限"组织*或大自然保护协会。克劳狄娅保证自己回去要编几个香蒲杯垫，并把它们作为圣诞礼物送给每个人，这样大家就会在使用杯垫的时候记得去珍爱湿地了。我本来以为他们会哑口无言的，但他们的创意使我惭愧。他们要回赠给香蒲的礼物就像香蒲送给他们的一样丰富多彩。这就是我们的工作——去发现自己有什么能够给予的。了解自己天赋的本质，明白如何利用它们为世界造福，这不正是教育的目的吗？

在我听他们说话的时候，我听到风中传来另一阵低语，它来自摇曳的香蒲丛和云杉的枝干，提醒着我们关怀并不是抽象的。每当我们直接体验生灵世界，我们的生态同情之圈就会扩大，而缺乏这种体验时，我们的同情心也会萎缩。如果我们不曾在齐腰深的沼泽中跋涉，如果我们不曾踏过那些林中小径，不曾在自己身上涂满舒缓肌肤的黏液，如果我们不曾制作云杉根的篮子，不曾享

---

* 原文为 Ducks Unlimited，于 1937 年在美国田纳西州成立，是一个旨在保护湿地以及水鸟栖息地的非营利组织。——译注

用香蒲煎饼，大家又怎么会争论自己能够向自然回赠什么样的礼物呢？在学习互惠原则的过程中，双手是通向心灵的道路。

在课程的最后一天，我们决定在维格沃姆小屋中睡觉，于是，我们在暮色降临之际把睡袋沿着小径拖了过来，然后在篝火边纵情地欢声笑语，直到很晚。克劳狄娅说："明天就要离开这里了，真难过啊。当我不能睡在香蒲上的时候，我一定会怀念这种和大地紧密相连的感觉的。"大地给了我们所需的一切，不只在维格沃姆小屋里才是如此，但要记住这一点需要付出真正的努力。彼此的认同、感激和礼尚往来的原则，在布鲁克林的公寓里和在桦树皮的屋顶下一样重要。

当学生们开始离开篝火，三三两两打着手电，一边说着悄悄话一边往回走的时候，我感觉大家在准备着什么"阴谋"。我还没来得及想到那会是什么，他们就排好队，在篝火旁像唱诗班一样拿起了临时准备的歌片儿。"我们有件小礼物送给你！"他们一边说，一边开始唱起了自己创作的赞歌，歌词里边充满了疯狂的押韵："穿上登山靴，把云杉根挖掘"，"沼泽的苇草，人类的需要"，"香蒲火炬之光，照耀在我门廊"……歌曲的高潮部分是这样唱的："无论我漂泊到何方，只要与植物在一起就是故乡。"再也没有比这更完美的礼物了！

当天夜里，我们大家都在维格沃姆小屋中把自己裹成了毛毛虫，慢慢进入梦乡的过程不时被笑声和对话的片段打断。一想到"生态交错区"和"火烤香蒲茎"根本押不上韵，我也忍不住咯咯地笑了起来，笑声在睡袋间荡起了涟漪，就像池塘里的波纹。我们最终迷迷糊糊地睡着了，这时，我感到我们大家都被笼罩在了桦树皮屋顶的穹顶之下，而它则映照着上边那繁星闪耀的天穹。深夜的静谧降临，我所能听到的只有学生们的呼吸声与香蒲墙的私语。我感到自己是个好妈妈。

当清晨的阳光洒进东边的门扉时，娜塔莉第一个醒了过来，她蹑手蹑脚地迈过其他人，然后去到了屋外。透过香蒲墙那狭长的缝隙，我看到她举起双臂，向新的一天道谢。

火烧喀斯喀特角

“那更新之舞，那创造世界之舞，总是舞蹈在事物的边缘，在峭壁上，在浓雾笼罩的海岸边。”

——厄休拉·K. 勒吉恩（Ursula K. Le Guin）

在比浪花更遥远的地方，它们感受到了它。在任何筏子都无法企及的地方，在大海深处，它们体内有什么东西在扰动着，以骨头和血液构成的古老钟表告诉它们：“时间到了。”它们包裹在银鳞之下的身体本身就是在大海中旋转的罗盘指针，是指向故乡的水中之箭。鱼群来自各个方向，它们的路径汇聚得越来越近，变得越来越窄，大海仿佛成了它们的漏斗。最终，它们银色的身体跃出了水面。当初来自同一片产卵地的伙伴重又回到大海，浪迹天涯的鲑鱼们回家了。

这里的海岸线布满了无数的小海湾，岸上包裹着浓雾，一条条雨林的河流把它分割成许多部分，在这种地方很容易就会迷路，因为路标常常会消失在浓雾中。岸边的云杉十分茂密，它们黑色的长袍掩盖着家的迹象。长老们说，筏子会在风中走失，然后在陌生的沙嘴上搁浅。当船消失得太久，他们的家人就会来到海滩上，在浮木间点燃一团火焰，这是一座呼唤他们安全回家的灯塔。当筏子终于靠近，满载着来自大海的食物时，这些海上的猎人就会受到大家载歌载舞的欢迎，他们会看到家人充满感激和喜悦的脸，这是从危险的旅程归来得到的最好慰藉。

同样，人们也在准备着迎接自己兄弟的到来，它们用自己的身体当做筏子，带来了食物。人们眺望着，等待着。女人们往自己最好的舞会礼服上又缝了一行象牙贝*。他们为欢迎宴垒起桤木的柴堆，也磨尖了越橘木的扦子。他们修补好了渔网，他们练习了古老的歌。但他们的兄弟依然没有到来。人们来到岸边，远望着大海，寻找着鲑鱼到来的迹象。它们会不会是忘了？会不会是在大海中徘徊，迷失了方向？会不会是担心留在家乡的人不欢迎自己？

雨下得很迟，水位很低，森林里的小径变得干燥而尘土飞扬，黄褐色的松针不停地落下，掩埋了它。连雾气的滋润也没有了，海岬上的草原已经焦黄。

在远方，在冲激的海浪之外，在筏子能到达的地方之外，如墨的黑暗吞噬着光明，它们正浑然一体地移动着。那是一个鱼群，它们既不向东也不向西，直到大家明确方向。

于是，在夜幕降临时，他手里拿着一捆东西上了路。他把煤放到一个雪松树皮和拧过的草搭成的窝里，然后点燃它，用嘴把火吹旺。火苗舞动起来，然后平息下去。随着草渐渐融为黑色，烟朦

---

* 原文为 dentalia shell，这是掘足纲软体动物的壳，其形状就像小小的象牙。美洲原住民会把它们排列起来缝好，既可以作为装饰品也可以用作货币。——译注

朦胧胧地聚在一起，火焰从草叶中涌出，爬上一根又一根的草茎。在整片草场上，其他人也在做相同的事，在草中点上一圈噼啪作响的火，火苗汇聚，越烧越旺，白色的烟在渐渐暗淡的光中袅袅升起，吐纳翻滚，喘息着覆盖斜坡，最终，火光交相辉映，把夜晚点亮。这是一座带领他们的兄弟回家的灯塔。

他们在焚烧海岬。火焰乘风飞翔，直到被森林潮湿的绿色壁垒阻挡。这座火焰的高塔闪耀在浪花上方一千四百英尺的地方：黄色、橘色和红色，一块巨大的光斑。燃烧的草原上烟雾升腾，在黑暗的夜空中，烟柱的白色不停翻滚，而它下部是鲑鱼一样的粉色。它们的意思是说："来吧，来吧，我亲爱的兄弟。回到你们生命开始的河流。我们为你们举办了欢迎的宴会。"

在海上，在比筏子能划到的更远的地方，在漆黑的海岸上出现了一点针尖般的光，这是黑暗中的一根火柴，跃动发出召唤。白色的烟柱飘下海岸，与浓雾混在一起，下方便是广袤黑暗中的一点火花。是时候了。作为一个整体，它们向东而来，向着海岸和故乡的河流而来。当它们一闻到自己出生的溪流的味道，就会在旅途中停下来，并在逐渐变得平缓的潮水中休息。在它们上方，在海岬上，一座光芒四射的火焰之塔映在水中，亲吻着发红的浪尖和闪闪发光的银鳞。

到了日出的时候，海岬已变得灰白相间，仿佛被新雪覆盖了一样。一缕冷却的灰烬飘落到了底下的森林中，风吹来了烧过的草的强烈味道。但没有人在意，大家都站在河边，唱着欢迎之歌，这首赞歌是献给那些逆流而上的鱼儿的。这时，渔网依然晒在岸边，长矛依然挂在屋里。吻部如钩的先行者可以安然通过，引导其他同类，并向它们上游的亲眷传达消息，那就是人类心中充满了感激与敬意。

它们结成很大的鱼群绕过营地，在溯流而上的路上不受任何打扰。只有在鱼儿们安全通过的四天之后，最为德高望重的渔人才会取走"第一条鲑鱼"，并仔细地料理它以作仪式之用。它会被盛在铺着蕨叶的雪松木的厚木板上，在隆重的典礼中端到宴会上来。然后人们就会享用神圣的食物——鲑鱼、鹿肉、根和浆果——这个顺序遵照的是它们在这片流域的位置。他们在仪式中传递着杯子，敬拜着把一切联结在一起的水。他们排成长队跳起舞，用歌声向一切馈赠表达感谢。鲑鱼的骨头会被放回河里，头朝着溪水上游，这样它们的灵魂就能追上大家了。它们注定要死去，正如我们每个人都注定要死去，但在那之前，它们用古老的誓言把自己绑在了生命之上，要把生命传递下去，再传递下去。在这么做的过程中，世界本身得到了更新。

之后人们才会撒下渔网，设下鱼梁，收获这才开始。每个人都有任务。长老提醒着拿着长矛的年轻人："只取走你需要的，让剩下的过去，这样，鱼就永远都会有。"当晾鱼架满了，冬天的食物已经充足的时候，他们也就停止了捕鱼。

因此，在青草干枯之时，秋天的奇努克鲑鱼* 会以传奇般的数

* 原文为 chinook salmon，又译作帝王鲑。"奇努克"这个名字来自俄勒冈州的一个原住民部落。这种鲑鱼可以长到 1.5 米长，在大海中生活三四年，然后洄游到它们出生的河流产卵。——译注

量到来。有一个故事是这样讲的：当鲑鱼第一次到来时，他在岸边得到了黄花沼芋的问候，而后者多年来一直让人们免于饥饿之苦。“兄弟，谢谢你多年来一直在照顾我的族人。”鲑鱼说，然后他给了黄花沼芋一份礼物——一张马鹿皮毯子和一根战棍——然后把他放到了柔软湿润的地面上，让他得以休息。

河中的鲑鱼是如此丰富多样——奇努克鲑鱼、查姆鲑鱼*、粉红鲑与科霍鲑鱼**——保证了人们不会挨饿，森林也是一样。它们从河流入海口向内陆游了许多英里，为森林带来了亟需的营养：氮肥。产完卵后，精疲力尽的鲑鱼的尸体会被熊、鹰和人拖到森林中去，于是树木和臭菘都得到了肥料。科学家在进行了同位素分析后，发现古代森林的树木里氮元素的来源可以一直追溯到海洋。鲑鱼哺育了大家。

等到春回大地，海岬就又变成了一座灯塔，而这次它闪耀的是绿色的强光，那是新草的碧绿。被焚烧过、变成了黑色的土壤温度上升得很快，它敦促着幼苗向上生长，青草得到了有肥力的灰烬的滋养，为马鹿和它的幼崽在西加云杉的幽暗密林中提供了一片青翠欲滴的草场。随着季节的推移，草原上撒满了野花。治疗师会不辞路途遥远，爬到山上采集他们需要的草药，它们只生长在这里，长在山里他们所谓“永远有风吹过的地方”。

海岬从岸边突出来，而大海在它底部卷起白色的浪花。这个

---

* 原文为 chum salmon，即大麻哈鱼。chum 这个词来自奇努克语，意思是“有斑点的”。——译注

** 原文为 coho salmon，也叫银鲑。coho 这个名称可能来自萨利什语。——译注

地方适合远眺。往北边，是布满岩石的海岸。往东边，层层叠叠的山峦上覆盖着青苔披拂的雨林。往西边，是无垠的大海。而往南边，是河流入海口。一片广阔的沙洲在海湾的入口处横亘出一道弧线，把海湾包围起来，迫使河流只能从一条狭小的通道穿过。能左右陆地与海洋如何相遇的一切力量都写在了这里，写在了沙子与水中。

在头上，为人们带来远见的鹰乘着从海岬中升腾而起的热气翱翔。这是一片神圣的土地，想要来此登高远望的人需要做出牺牲，独自斋戒数日，而这里也是青草献身于烈火的地方。它们为鲑鱼、为人类做出了牺牲，为了听到造物主的声音，为了梦想。

关于这片海岬的故事只留给我们一些片段。了解它的人在知识得以传递之前就已经不见了，死亡来得如此彻底，许多讲述者已经永远被留在了过去。但是，草原在讲述者们消失很久之后，依然保留下来了关于火的仪式的故事。

在 19 世纪 30 年代，一场瘟疫的飓风席卷了俄勒冈的海岸，病菌传播的速度比有篷的马车还要快。天花与麻疹降临到了原住民头上，他们对这些疾病毫无抵抗力，就像草无力抵抗火。等到 20 年后牧场主们到来的时候，大多数村庄已经沦为了鬼城。移居者们的日记记录下了他们在发现密林中竟然存在着草原时的惊讶之情，这正好能够供他们放牧牲畜。然后，他们就迫不及待地把自己的牛群牵到了原住民的青草上育肥。这些牛一路上毫无疑问是沿着地上已有的道路行进的，这就把植物更坚实地踩进了土中。它们的到来也阻止了森林的扩张，给草施了肥，多少完成了已经遗失了的火的工作。

越来越多的人来到了这里，来夺走奈切尼（Nechesne）的土地，而他们想要更多的草场来放牧自己的荷斯坦奶牛。在这些地方，平整的土地是很难遇到的，于是他们把贪婪的目光投向了河口的咸水沼泽。

河口位于各种生态系统的交界点，兼具河流、海洋、森林、土壤、沙地和阳光，是一切边缘的边缘，在众多湿地之中，它拥有最高的物种多样性和最强的生产力。它是各种无脊椎动物的繁殖场。在茂密植被和沉积物的海绵之中充满了大大小小的水渠，正好让来来去去的鲑鱼穿过这段水网。河口是鲑鱼的育婴场，不管是从产卵地刚孵化出来几天的鱼苗，还是努力适应咸水的正在长肉的二龄鲑，都依赖于这里。鹭、野鸭、鹰和贝类都可以在此生活，但奶牛却不行——这片草海对它们而言太过潮湿。因此，人们建起了长堤来把水排干，他们把这种工程叫做“围垦造陆”，将湿地变成了草场。

筑堤把河流从一个毛细血管般的系统改造成一道笔直的水流，催促着河水赶紧入海。这对奶牛来说也许是件好事，但对幼小的鲑鱼来说却是灾难，如今，它们在毫无准备的情况下就被仓促地冲进了大海。

对于在淡水中出生的鲑鱼而言，转向咸水环境生活是对体内化学物质的重大挑战。一位鱼类生物学家曾把这种急剧的转变比作化疗。鱼儿需要一个逐渐转变的过渡区域，一个某种意义上的中转站。河口含盐分的水，在河流和海洋之间提供缓冲的湿地，是鲑鱼生存的关键角色。

罐头工厂带来的利益下，鲑鱼捕捞量激增。但是，再也没有人向归来的鱼儿致敬，没有人会保证逆流而上的先头部队可以安全通过。雪上加霜的是，上游建起的大坝让河流变得根本回不去了，牛群的放牧和工业化的林业让鲑鱼的产卵地一减再减，直至消失。商业化的思维让几千年来都在为人们提供食物的鱼儿濒临灭绝。为了保证财源，人们建起了鲑鱼孵化场，养出了工业化的鱼儿。他们觉得自己可以在没有河流的情况下制造出鲑鱼。

多年来，大海里的野生鲑鱼再也望不到海岬上的火光了。但它们与人类有着契约，并且向臭菘承诺了要好好照料他们，所以它们又回来了，但每次的数量都更少。而那些归乡的鱼也不过是回到了一间空荡荡的房子。再也没有歌声，也没有铺着蕨叶的桌板，只有黑暗和孤独。海岸上不再有欢迎它们回来的光亮了。

根据热力学定律，万物都会有去处。那么，这种饱含爱意、彼此尊重的关系，还有人类和鲑鱼之间彼此的关爱又去了哪里呢?

道路从河流那里遽然上升，变成了陡峭的台阶。在努力迈过巨大的西加云杉根时，我的双腿仿佛在燃烧。苔藓、蕨类和针叶树重复着羽毛状的图案，绿色复叶组成的棋盘状花纹如同木版印刷，出现在离我越来越近的森林之墙上。

枝条拂过我的肩膀，并把我的视野压缩在双脚和脚下的路上。在这条小径上行走使我开始内省。在头上如此狭小的穹庐下，我的思绪在心中那幅满是各种清单与回忆的画卷上忙不迭地奔走。我只能听到自己的脚步声、雨裤摩擦的窸窸窣窣声和自己的心跳声，然后，我来到了一座横跨溪流的小桥边，在这里，泉水歌唱着飞流直下，溅起了一片细碎的水雾。它打开了我对森林的视野：一只冬鹪鹩在耳蕨上冲着我啁啾不止，一只腹部橘黄的蝾螈在我面前的路上爬过。

当我沿着小径越爬越高，进入了山顶下方那一圈有着白色树干的桤木林中，云杉的阴影也最终让位给了地上斑斑点点的阳光。我知道前边等着我的是什么，所以想走得更快一点，但是，这段过渡区的风景实在是太迷人了，我强迫自己放慢脚步，细细体会这份期待，品味空气中的变化和微风中的升力。直到最后一棵桤木也从小径边上消失，仿佛是放了我自由一般。

小径深深地嵌入草原的土地中，在金色的草中黑得显眼，它遵循着自然的轮廓，就好像在我之前，数百年来人们的双脚都踏足于此一样。这里只有我，草原，天空，还有两只乘着热气流翱翔的白头海雕。在登上山顶的那一刻，我一下子把自己释放在了豁然开朗的光和空间以及从身边掠过的风中。我的头颅仿佛在一瞬间着了火。关于这个崇高而神圣的地方，我无法向你言说更多了。风吹走了一切语言。甚至思想也像在海岬上空游荡的几缕纤云一样消散了。这个地方只有存在本身。

如果我不曾知道这个故事，如果火光不曾点燃我的梦幻，我也会像其他人一样来此登山，照下几张美景的照片。我会赞美金黄的沙洲那环抱着海湾的巨大的镰刀形曲线，还有那些拍打在岸上的蕾丝缀边一样的浪花。我会在小山旁伸长脖子，眺望河流如何从海岸山脉的黑暗阴影中出发，并在远处的咸水沼泽中划出一条蜿蜒的银线。我会像其他人一样，慢慢地走向悬崖，望着一千英尺下拍打着海岬底部的浪潮，感受这令人目眩的峭壁带给我的悚然。我会倾听海湾里回响的海豹的吼声，看着宛若美洲狮毛皮一般的草海在风中泛起涟漪。天空一直延伸向远方。还有大海。

如果我不曾知道这个故事，我会写下一些野外记录，在野外手册上查询珍稀植物的信息，然后拿出午餐便当来吃。不过，我可不会像我旁边那位远眺者一样拿出手机打电话的。

我只会站在那里，在不知名的情感中让泪水流下我的脸颊，那种情感既像是欣喜又像是悲怆。为这闪耀的世界的存在而欣喜，为我们所失去的一切而悲伤。草会记得它们被烈火吞噬的夜晚，熊熊的烈焰照亮了不同物种相敬相爱的归乡之路。今天又有谁会记得这一切的含义呢？我跪在草丛中，能听到悲伤的声音，就仿佛大地本身在为它的人民哭喊一般：回家吧，回家。

这里总会有其他的徒步者。我想，当他们放下相机，站在海岬上，带着那种期盼的眼神，凝望着大海，竭力聆听风之上的声音时，这也许就是意义所在。他们看起来就像是在努力回忆爱这个世界应该是什么样子的。

我们在爱人和爱土地之间给自己设置了一套荒唐的二分法。我们知道爱一个人是有作用、有力量的——我们知道它可以改变一切。但是一提到热爱土地，我们表现得就仿佛这完全是一件内在的事情，在头脑与心灵之外没有一点效力。但是，喀斯喀特角高高的草原揭示了另一个真相：在这里，对土地的爱有种积极行动的力量，它是看得见的。在这里，火烧海岬的仪式在人类和鲑鱼之间、人类彼此之间，还有人类和精神世界之间建立了联系，而它同时也创造了生物多样性。仪式之火把森林转化成了绵延的海滨草原，在黑暗如雾的森林基底中创造出了几块开阔的栖息地，犹如孤岛。焚烧创造了海岬上的草地，它们是依赖于火的物种的家园，这在地球上其他任何地方都是找不到的。

在各方面都有相似之美的"第一鲑鱼典礼"回响在世界的每座穹顶下。这些爱与感激的盛宴并不仅仅是内心的情感表达，而是在关键的时刻把它们释放出来，免遭捕食，从而在实质上改善了鲑鱼洄游的道路。将鲑鱼的骨头放回水中，是为了让营养回归到生态系统中去。这些典礼从实际上表达了敬意。

燃烧的灯塔是一首美丽的诗，但它是一首深深地写在大地上的诗。

> 人们爱着鲑鱼，
> 正如烈火爱着草，
> 亦如光焰爱着大海上的黑暗。

今天，我们只会把它写在明信片（"喀斯喀特角的景色摄人心魄——真希望你也在这里"）还有购物清单上（"买鲑鱼，1.5 磅"）。

典礼会集中人的注意，于是注意就变成了意图。如果人们站在一起，在自己的社区面前郑重宣告一件事的话，它就会让你们负起责任来。

典礼超越了个人的界限，在人类之外产生了共鸣。这种表达尊敬的行为有很强大的现实意义。这些是颂扬生命的典礼。

在许多原住民社区中，我们典礼盛装的边缘已经被时间和历史解开，但织物本身依然强韧。但在主流社会中，典礼却似乎已经消亡。我想，这可能有许多原因，比如快得发疯的生活节奏，比如社区的解散。人们感觉典礼是组织严密的宗教强加于参与者身上的人造之物，而不是我们主动选择的欢乐庆典。

那些依然存在的典礼——生日、婚礼、葬礼——都只关注我们自己，是我们个人转变的纪念仪式。也许最有普遍性的是高中的毕业典礼。我很喜欢我们这个小镇举办的毕业典礼，在那个六月的夜晚，整个社区的人都会盛装打扮，把会堂坐得满满的，不论你自己家有没有毕业的孩子。在大家共同的情感中，一种共同体的感觉油然而生。大家都为这些走上台来的年轻人骄傲。有些人感到如释重负。恰到好处的乡愁与回忆。我们赞美这些丰富了我们生活的美好的青年，我们尊敬他们的努力与克服了诸多困难的成就。我们告诉他们，他们就是我们对未来的希望。我们鼓励他们走出去探索这个世界，并祈祷他们最终回到故乡。我们为他们鼓掌喝彩，他们也为我们鼓掌喝彩。每个人都掉了眼泪。然后狂欢开始了。

因此，至少在我们这个小镇里，我们知道它并不是一场空洞的仪式。典礼是有力量的。我们大家的美好祝愿着实让年轻人燃起了离家闯荡的信心，给了他们力量。典礼让他们想起了自己来自哪里，以及对这个一直支持着自己的社区负有什么样的责任。我们希望典礼能鼓舞他们，正如我们希望塞在毕业贺卡里的支票真的能帮他们走向世界。这些典礼同样颂扬了生命。

我们知道如何为彼此举行这个仪式，而且我们也做得很好。但是，请想象一下这幅场景：我们站在河边，当鲑鱼们列队而来，进入它们的河口礼堂的时候，我们心中也涌起了同样的感受。我们为它们而起立，感谢它们一直以来在各个方面丰富了我们的生活，歌颂它们克服了各种困难之后的成就；并且告诉它们，它们是我们未来的希望；我们鼓励它们走向世界，去闯荡，去生长，然后祈祷它们将来还会归乡。接着盛宴开始。我们是否能让自己的庆贺与支持的对象从我们本身的物种扩大到需要我们的其他物种身上去呢？

许多原住民的文化传统依然能够认得他们举行典礼的地点，而他们庆祝的焦点往往是其他物种或季节轮替中的事件。在殖民者的社会中，延续到今天的典礼与土地无关；它们事关家庭与文化，是可以从原先的国家带到这里的价值观。在原先的国家，献给土地的典礼无疑是存在的，但在迁徙的过程中，它似乎无法保存下来。我认为让它们在这里重生是一种智慧，是与这片土地缔结纽带的方式。

为了在世界中产生效用，庆典应当是有来有往的共同创造，它的本质是有机的，社区创造庆典，庆典也缔造社区。庆典不应该是对原住民文化的挪用。但在当今世界，创造出新的庆典太难了。

我知道有些城镇会举办苹果节或是“驼鹿狂欢”（Moose Mania），尽管食物很美味，不过这些庆典都比较倾向于商业化。像周末赏野花或圣诞观鸟这样的教育类活动都是在向正确的方向迈进，但它们缺乏与人类以外的世界的积极互惠关系。

我希望能穿着自己最好的衣服站在河边。我希望用我最大的声音尽情歌唱，然后和其他的一百个人一起跺脚，让水面因为我们的欢乐泛起波纹。我希望为世界的更新而舞蹈。

今天，在鲑鱼河河口的岸上，人们再次来到了溪流边，等待着，观察着。他们的面孔焕发着期待的光彩，有时又因关切而凝重。他们穿的不是最华丽的盛装，而是高筒橡胶靴和帆布背心。有些人拿着渔网涉水走来，还有的人带着桶。人们时不时地为自己发现的东西而欣喜地高呼大喊。这是另一种形式的“第一鲑鱼典礼”。

从1976年开始，美国国家森林局和俄勒冈州立大学领导的许多伙伴组织就开展了一项对河口的恢复工作。他们的计划是移除所有的河堤、水坝与挡潮闸，并再一次地让潮水去到它们本应去的地方，去完成它们的使命。这个团队希望这片土地能够回想起如何成为一个河口，于是他们努力拆除了人类一座又一座的建筑。

许多生态学家终生研究成果的累积，实验室里无数个小时的投入，身在野外遭受的毒辣曝晒，在严冬的冻雨中搜集来的数据，还有迎接新物种奇迹般归来的美妙夏日共同指导了这一计划。我们野外生物学家的生活目标是：有机会在户外与其他物种接触，它们一般比我们要有趣得多。我们必须站在它们的角度，并且聆听它们的声音。波塔瓦托米的故事提醒我们，当初所有的植物和动物，包括人类，都曾经说同一种语言。我们彼此间可以分享自己的生活是什么样的。但这种天赋已经消失不见，而我们格外缺乏它。

由于我们无法说同一种语言，所以我们作为科学家的工作就是把整个故事尽可能完整地拼起来。我们无法直接问鲑鱼它们需要什么，因此我们通过实验来询问它们，并认真聆听它们的答案。我们半夜不睡，在显微镜下观察鲑鱼耳石中的年轮，以便搞清它们对于水温有什么样的反应，这样我们才能修正它；我们还会做实验，研究水中的盐度对入侵野草的生长具有怎样的影响，这样我们才能修正它。我们测量、记录和分析的方式也许看上去毫无生气，但对我们而言，这却是用来窥测我们以外的物种那神秘难懂的生活的通道。带着敬畏和谦卑进行科学研究，是一种与人类以外的世界进行互惠的有力举动。

我从没见过哪个生态学家是因为热爱数据或对统计学的 p 值感到好奇才来到野外的。这些不过是我们用来跨越物种障碍的途径，让我们暂时溜出自己的皮囊，披上鱼鳞、羽毛或枝叶，尽可能全面地去理解其他生物。科学可以是一条与其他物种建立亲密与尊敬的关系的途径，能够与之媲美的只有传统知识的传承者所做出的观察。它可以是一条亲情之路。

这些胸怀一片赤诚的科学家同样是我的族人，他们手中那些在盐水泥沼中溅上泥点、填满了一行行数字的笔记本，是写给鲑鱼的情书。他们用自己的方式为鲑鱼点亮了灯塔，召唤它们回家。

在河堤与水坝得到清除后，土地真的回忆起了应该如何当好咸水沼泽。水回忆起了应该如何把自己分配给沉积物中细小的排水沟。昆虫回忆起了应该在哪里产卵。今天，河流那自然萦回的曲线已经得到了恢复。从海岬上看去，河流的形状就仿佛是一棵沧桑的扭叶松虬结盘曲的枝条，背景是摇曳的莎草。沙堤与深水池塘回旋着金色和蓝色的图案。在这个重获新生的水世界中，每道曲线中都有幼小的鲑鱼在栖息。唯一的直线是曾经的河堤的界线，它提醒着我们河流曾怎样受到干扰，如今又怎样复苏。

“第一鲑鱼典礼”不是为了人类举办的，而是为了鲑鱼自身，为了造化那一切熠熠生辉的领域，为了世界的更新。人们明白，当生命被赠予自己时，自己所接受的是非常珍贵的馈赠。典礼是一种用珍贵的东西作为回赠的方式。

当季节交替，海岬上的草变得干枯之时，准备工作就开始了：他们修补渔网，组装工具。他们每年都会在这个时候到来。他们把所有传统的食物集中在一起，毕竟要保证研究团队的食物供给。所有的数据记录器也被调试好了。万事俱备。穿着长筒防水靴的生物学家们乘着小船来到河面上，把网撒向河口已经恢复好的水渠中，为它把脉。如今他们每天都会来检查，会下到岸边，眺望大海。鲑鱼还是没来。于是等待的科学家们打开自己的睡袋，关上了实验室的仪器。只有一个例外：显微镜的灯依然是开着的。

鲑鱼在浪花之外聚集，品尝着故乡的水。它们看到了在海岬的黑暗中发出的光。有人留了一盏灯，这在黑夜中点燃了一座小小的灯塔，召唤着鲑鱼们回到故乡。

种下草根

莫霍克河岸边的一个夏日：

“Én:ska, tékeni, áhsen”，弯腰、拔起，弯腰、拔起。“Kaié:ri, wísk, iá:ia’k, tsiá:ta”，她站在齐腰深的草丛中呼唤着她的孙女。她每弯一次腰，背上的包袱就变得更大。她直起身来，揉了揉后腰，然后向夏日碧蓝的天空仰起了头，乌黑的发辫在她背部的曲线上晃动。崖沙燕在河水上空呢喃。从水面上吹来的微风拂动着草地，也带来了她的脚步所散发出的茅香的芬芳。

四百年后，一个春天的早晨：

“Én:ska, tékeni, áhsen”。一，二，三；弯腰、挖掘，弯腰、挖掘。我每弯一次腰，背上的包袱就变得更小。我把我的泥铲插进柔软的土地中，然后来回摇晃。它刮到了地下埋着的一块石头，于是我把手指插进去，将它掘出来，然后把这块石头扔到一边，留下一个苹果大小的洞，足以容纳草根。我用手指在麻袋裹着的一团纠结在一起的东西中摸索，终于分出来单独的一缕茅香根。我把它放进洞中，在它周围撒上土，向它说了欢迎词，然后把土夯实。我直起身来，揉了揉酸痛的后腰。日光在我们周围倾泻而下，温暖着青草，释放着它的芬芳。红色的小旗在微风中飘动，标记着我们这几块样地的界线。

“Kaié:ri, wísk, iá:ia’k, tsiá:ta”。在比记忆更古老的年代里，莫霍克人就在这条河谷中居住了，如今，河谷以他们的名字命名。在那个时候，河里到处都是鱼，春天的洪水会带来淤泥，让他们的玉米地更加肥沃。茅香在岸上繁荣生长，它在莫霍克语中叫做“wenserakon ohonte”。这种语言已经在这里消失几百年了。莫霍克人被一拨又一拨的移民取代，从纽约州北部这条丰沃的河谷被赶到了国境线的边缘。曾经占据主流地位的豪德诺硕尼（易洛魁）联盟的伟大文化如今缩在了保留地的偏僻一隅。率先为诸如民主、妇女平等和伟大和平法则等理念发声的语言，如今变成了濒危物种。

莫霍克人的语言和文化并不是自己消失的。政府处理所谓“印第安人问题”的政策就是强制同化，他们把莫霍克人的孩子们送到宾夕法尼亚州的卡莱尔（Carlisle），这里的学校宣称自己的使命就是“灭印第安以救人”。发辫被剪掉了，原住民的语言被禁止了。女孩们被训练着做饭、洗衣服，并在星期天戴上白手套。茅香的芬芳被营地洗衣房里肥皂的气味取代。男孩子们学习运动项目和定居于农村的生活中有用的技能：木匠活儿、种地，还有如何掌控口袋里的钱。政府想要打碎土地、语言和原住民之间的关系，而且几乎成功了。但莫霍克人称自己为“卡尼恩科哈”（Kanienkeha）——意为“燧石之民”——燧石可不会那么容易地熔化在美国这座大熔炉中。

在摇曳的青草上方，我还能看到另外两个人低头朝向大地。一个人用红色的印花大手帕扎着一头闪亮的乌黑卷发，那是丹妮拉。她从跪着的姿势站起身，我看到她在标记地里的植物数量……47，48，49。她头也不抬地在写字板上做着笔记，把背包甩到后面，然后继续干活。丹妮拉是一名研究生，为这一天，我们已经计划了好几个月。这项任务是她的毕业论文实验，她十分紧张，想把它搞好。在研究生院的登记表上，我是她的教授；但我一直告诉她，植物才是她最伟大的导师。

在田野的另一边，特雷莎（Theresa）向上看去，同时把她的发辫甩到了肩膀后边。她的T恤衫上写着"易洛魁长曲棍球队"，她把袖子卷起来，小臂上溅的都是泥点子。特雷莎是一位莫霍克族的编篮匠，同时也是我们研究团队不可或缺的一员。今天她从工作中请了一天假，与我们一起跪在泥地里，此时的她笑得嘴都合不拢了。在感受到我们的精神有点萎靡时，她唱起了数数歌来让我们振作起来。"Kaié:ri, wísk, iá:ia'k, tsiá:ta"，她高声道，然后我们一起数了植物的行数。一共有七行，未来它们将成为七个世代。我们把这些草根埋进地里，欢迎茅香回家。

尽管有卡莱尔，尽管背井离乡，尽管遭到了四百年的围攻，总有一些东西没有消失，有一些坚如燧石的心没有投降。我并不知道是什么支撑了这些人，但我相信这些东西承载于语言之中。语言通过那些扎根于此的人幸存下来。在这些遗存之中，感恩献词每天都会被用来问候新的一天："让我们把心灵合而为一，向大地母亲致以问候和感谢，她用诸多馈赠滋养了我们的生命。"在一切其他的东西都被夺走后，正是这种坚如磐石的信念支撑了他们：要带着感恩之心与世界互惠互利。

到了18世纪初期，莫霍克人不得不逃离自己在莫霍克河谷的故乡，定居在横跨美国和加拿大边境线的阿克维萨斯尼。特雷莎便来自阿克维萨斯尼一个传承悠久的编篮匠家族。

篮子的神奇之处在于它的转化过程：在旅程的起点，它是一株完整的活生生的植物，然后它变成了一根根劈开的木条，而最终又回归完整，成为了一个篮子。它告诉我们，塑造这个世界的力量具有创造和毁灭的二重性。一道道木条一度被分开，然后又重新编织成了一个新的整体。篮子的旅程也同样是人们的旅程。

黑梣树和茅香在地上是邻居，它们都扎根于河边的湿地中。而在莫霍克人的篮子中，它们又重新当起了邻居。茅香编成的辫子织进了黑梣树的木条中。特雷莎记得她童年的许多时光都有茅香陪伴，她们把一根根茅香的草叶拧得紧实而均匀，让它们展现出闪耀的光泽，然后编成辫子。同样被编进篮子里的，还有妇女们聚在一起时讲的故事和欢笑声，同一个句子里混杂着英语和莫霍克语。茅香在篮子的边缘盘绕，然后穿过盖子，这样一来，哪怕是空篮子也装满了大地的芬芳，它在人和大地之间、语言和身份认同之间织起了纽带。编篮子同样带来了经济上的保障。一个懂得如何编篮子的女人是不会挨饿的。编茅香篮子几乎成了莫霍克人的同义词。

传统的莫霍克人向土地诉说感恩献词，但今天圣劳伦斯河一带的土地已经没什么值得感激的了。当保留地的一部分被水电站淹没后，重工业一哄而上，来利用廉价的典礼和方便的水路运输。美国铝业公司、通用汽车公司和同拓纸业并不会通过感恩献词的透镜来观照世界，阿克维萨斯尼也成了全国污染最严重的社区。捕鱼为生的人家再也不能吃自己捕到的鱼。阿克维萨斯尼妇女的母乳中含有大量的多氯联苯和二噁英。在工业污染之下，遵循传统的生活方式变得危险，人与土地之间的纽带受到了威胁。始于卡莱尔的一切终于要在工业毒素的影响下“大功告成”了。

汤姆·波特又名萨科魁尼温夸斯*，是熊族的一员。熊以保护人类、守护医药的知识而闻名。就像它们一样，二十年前，汤姆和一群伙伴也带着治愈的心思出发了。在小的时候，他一直听着自己的祖母重复一段古老的预言，那就是有朝一日，会有一小群莫霍克人回到他们莫霍克河畔的故乡。在1993年，这个“有朝一日”到来了，汤姆和朋友们离开了阿克维萨斯尼，回到了祖先在莫霍克河谷的故土。他们的愿景是在老地方创造一个新社区，远离多氯联苯和水电站。

他们在卡纳邱哈雷克（Kanatsiohareke）的四百英亩林地和农场中定居下来。这个地名是从这片河谷还遍布着长屋的时代流传下来的。在研究这片土地的历史时，他们发现，卡纳邱哈雷克是古代熊族村庄的旧址。如今，旧的回忆被织进了新的故事。在河湾那里，一座谷仓和几座房屋依偎在峭壁脚下。充满淤泥的肥沃土壤

---

* 原文为 Sakokwenionkwas，意为“胜利者”。——译注

直冲到河岸上。曾经遭到砍伐和荒废的山丘又长出了一棵棵笔直的松树和橡树。峭壁的裂缝中，一处强大的自流井有力地喷涌着水流，填满了一个长满青苔的澄澈池塘。那里光可鉴人，即便是最严重的旱灾也无法影响到它。这片大地讲着更新的语言。

在汤姆和其他人到达的时候，这些房屋处在一种悲凉的失修的状态中。多年来，数十位志愿者齐心协力修好了房顶，换掉了窗户。宽敞的厨房再一次在节日充满了玉米汤和草莓饮料的香味。老苹果树中间建起了一座用来跳舞的凉亭，让人们有了可以重新学习和庆祝豪德诺硕尼文化的地方。这里的目标是“逆转卡莱尔”：卡纳邱哈雷克会把被夺走的东西归还给人们——他们的语言、他们的文化、他们的灵性、他们的身份认同。失落一代的孩子们能够回家了。

在重建房屋之后，下一步就是语言的教学了。汤姆的反卡莱尔口号是“治愈印第安以挽救语言”。不仅在卡莱尔，遍及全国的其他传教士学校里，只要教师一听见孩子们讲母语，就会敲打他们的指关节——这还是最轻的呢。寄宿学校的幸存者们不会教自己的孩子们反映他们出身的语言，好让孩子们不要再受罪。于是，语言随着土地一起衰落了。说得流利的人寥寥无几，而且大多数也已经年逾七十。这种语言在灭绝的边缘摇摇欲坠，就像失去了栖息地，无法繁育后代的濒危物种一样。

如果一种语言消亡了，词语以外的很多东西也就随之失去了。语言是理念的栖身之所，它们并不存在于任何其他的地方。它是我们用以观照世界的透镜。汤姆说，即便是数字这样基本的词语都渗透着好几层内涵。我们在茅香地里用来清点植物的数字同样回应着创世神话。“Én:ska”代表“一”。这个词是在祈求从天界翩然下落的天女，她独自“一”人落到了地上。但她并不是孤独的，她的子宫中正在孕育着另一个生命，所以有两个人。“Tékeni”表示“二”。天女生下了一个女儿，而她的女儿后来又生下了一对双胞胎儿子，于是有了“三”——“áhsen”。豪德诺硕尼人每次用自己的语言数到三的时候，都是在重申自己与造化的联系。

植物也是重新编织土地与人之间的联系时不可或缺的一部分。如果一个地方供养了你，哺育了你的身体和灵魂，它就成为了你的家园。要重新创造家园，植物就必须回归。在我听到了卡纳邱哈雷克的归乡计划时，我心中浮现出了茅香的样子。我开始寻找能把它们带回老家的办法。

在一个三月的早上，我到汤姆家里去谈在春天种下茅香的事。我肚子里装满了关于实验性修复的计划，却忘了自己。不请客人吃饱饭可是不能开始工作的，于是我们一起坐下来享用了一顿丰盛的煎饼早餐，上面浇着香浓的枫糖浆。汤姆身穿红色法兰绒衬衫站在炉前。这是一个体格强健有力的男人，头发中夹杂着几缕花白，虽然他已经七十多岁了，但脸上并没有什么皱纹。就像峭壁下的泉眼源源不断地涌出清水一样，他滔滔不绝地讲着故事、梦想和笑话，好似枫糖浆的香气一般温暖了整个厨房。他用笑容和故事填满了我的盘子，他的话语中交织着古老的教诲，就像谈论天气一样自然。心灵与物质编织到了一起，就像黑梣树与茅香。

“波塔瓦托米人怎么样了？”他问道，“你们也离家很远了吧？”

我只需要一个词来回答他：卡莱尔。

我们边喝咖啡边聊，话题渐渐转向了他对卡纳邱哈雷克的梦想。在这片土地上，他看到了一座繁忙的农场，人们在此重新学习如何种植传统的食物，还有一处可以举行典礼以纪念四季轮替的地方，让“先于一切之词”能够响彻。他讲了很久为什么感恩献词是莫霍克人与土地之间关系的核心。我想起了那个一直萦绕心头的问题。

在“先于其他一切之词”的结尾，在大地上的一切都得到了感谢之后，我问道：“你知不知道有哪一次是土地反过来向你们说谢谢的呢？”汤姆沉默了一秒，然后往我的盘子上堆了更多的煎饼，并把枫糖壶放到了我面前。再也没有比这更好的答案了。

汤姆从桌子抽屉里拿出了一个带流苏的鹿皮小包，并在桌上铺了一块柔软的皮子，然后把一堆光滑的桃核噼里啪啦地倒在上边，这些桃核一面被涂成黑色，另一面是白的。他吸引我们加入赌局，猜猜一掷之下有多少会是白的，多少又会是黑的。他赢来的筹码越堆越高，而我们的则越来越少。在我们摇晃着桃核并把它们倒出来的时候，他告诉我们，当初这种游戏的赌注可大了。

天女的两个孙子一直在相互斗争，他们一个要创造世界，一个要毁灭世界。如今，他们的斗争来到了游戏的赌局上。如果所有的桃核都是黑的那面朝上的话，那么一切被创造出来的生命都会毁灭；如果所有的桃核都是白面朝上的话，那么美丽的大地就能继续存在。他们玩了一次又一次，但都没有结果。终于，到了最后一轮。如果所有的桃核都是黑面朝上，一切就都完了。创造了世间一切美好的孪生子把自己的意志传达给了他创造的所有生灵，请求它们的帮助，希望大家一起站在生命这边。汤姆告诉我们，在最后一轮，当桃核在空中翻滚的时候，造化的全部成员都齐声呐喊，为了生命发出了最强音。把最后一枚桃核变成了白色。选择永远存在。

汤姆的女儿也加入了游戏。她手里拿着一个红色的天鹅绒包，然后把里边的东西都倒在了鹿皮上。是钻石。锋利的切面投射出彩虹般的光彩。所有人纷纷发出惊叹，而她只是微笑着看着我们。汤姆解释道，这些是赫基默钻石，是一种美丽的石英结晶，像水一样澄澈，同时比燧石还要坚硬。它们本来埋在土里，偶尔会因河流的冲刷而现身，是大地的一份祝福。

我们穿上外衣走到了外边的田野里。汤姆在小牧场停了下来，并把苹果喂给了身形高大的比利时马。一切都那样安静，河水沿着岸边流淌。如果方式适当的话，5号公路、铁轨和河对岸的I-90国道几乎都看不见了，却能依稀看到易洛魁人的白玉米地和水边的草地，妇女们正在那里采摘茅香。一弯腰，一拽；一弯腰，一拽。但我们所漫步的田野却既不是茅香地也不是玉米地。

在天女第一次播种这些植物的时候，茅香在这条河边茁壮生长，但今天它们的身影已经不见了。就像莫霍克语被英语、意大利语和波兰语取代了一样，茅香也被各种外来的植物挤走了。对于一种文化而言，失去一种植物所造成的威胁就像失去一种语言。没有了茅香，老祖母不会在七月带孙女来到草地上。那么，她们的故事又会怎样呢？没有了茅香，编的篮子又会怎样呢？那些要用到篮子的典礼又会怎样呢？

植物的历史如此密不可分地与人的历史交织在一起，与创造和毁灭的力量交织在一起。在卡莱尔的毕业典礼上，年轻人必须要宣誓："我再也不是印第安人。我会放下弓和箭，把我的手放在犁上。"犁和牛给植被带来了巨大的改变。正如莫霍克人的身份认同与他们所使用的植物紧密相连，想要在此安家的欧洲移民也是一样。他们带来了自己熟悉的植物以及与犁相伴相随的杂草，它们一起取代了本土的植物。植物反映着文化的变迁与土地所有权的改变。今天，这片田野密密麻麻地挤满了外来的植物，当初采摘茅香的人根本不认得它们：偃麦草、梯牧草、车轴草、雏菊。一大拨入侵的千屈菜沿着泥沼蔓延。要想在这里恢复茅香，我们必须让殖民者们松松手，为原住民的归来开辟一条道路。

汤姆问我需要怎样才能把茅香带回来，才能创造出让编篮匠得以再次找到材料的草地。科学家们并没有把太多精力投入对茅香的研究，但是编篮匠们知道，它可以在各种条件下生长，不论是湿地还是干燥的铁轨旁。它在日照充足的地方茂盛生长，尤其喜欢湿润、开阔的土壤。汤姆弯下腰，捧起了一把泛滥平原上的泥土，让它从指间筛下。除去那一层密密麻麻的外来物种之外，这里似乎是个种茅香的好地方。汤姆瞥了一眼停在车道上那辆苫着蓝色防水布的老旧法尔毛拖拉机，问道："我们上哪儿能弄到种子呢？"

茅香的种子有一点很奇怪。这种植物在六月初长出花茎，但它结出的种子却很难种得活。如果你种下一百颗种子，运气好的话也许能长出一株植物来。茅香有它自己的繁殖方式。破土而出的每根碧绿闪亮的草叶都会生出一根细长的白色地下茎，蜿蜒着穿过土壤。整条地下茎上遍布着芽，可以生出幼苗并出现在阳光下。茅香的地下茎能生长到离母株好几英尺远的地方。这样，这株植物就能随心所欲地沿着河畔旅行了。当土地完整的时候，这确实是优秀的策略。

但是，这些柔软的白色地下茎却没有办法穿过公路或停车场。当一块地上的茅香因农耕而失去的时候，它是无法通过外来的种子得到补充的。丹妮拉再次造访了许多历史上有茅香生长记录的地方，其中一半以上的地方都已难觅茅香的芳踪了。茅香衰落的主要原因似乎是发展，湿地被排干，原野被转化成了农地与道路，本土的种群被消灭了。外来物种大举进入，同样会挤走茅香——植物重演了其人民的历史。

我在大学后边的苗圃里一直种着一丛茅香，等的就是这一天。当初我跑到遥远的地方，到处寻找能把这种植物卖给我们的种植者，好把这块苗圃建立起来，最终，我找到了加利福尼亚的一家机构，他们还有一些。这看上去很奇怪，因为正常来讲茅香在加州是没有自然分布的。当我问他们种苗来自哪里的时候，我得到了一个令人惊讶的答案：阿克维萨斯尼。这是个征兆。我把它们全部买了下来。

在灌溉和施肥之下，苗圃里的茅香长得十分茂密。但培育和恢复之间依然有不小的距离。恢复生态学依赖于众多其他因素——土壤、昆虫、病菌、食草动物、竞争。对于要在哪里生长，植物似乎有自己的想法，而不按照科学的预测来行事，因为茅香还有另一个层面的需求。最茂盛的茅香丛是得到编篮匠照料的那些。互惠互利是成功的关键。如果茅香得到照料和尊重，它就会生长繁荣；但如果这段关系不复存在，植物便会凋萎。

我们在此思考的不仅仅是生态学上的恢复，更是对植物和人类之间关系的恢复。在如何恢复生态系统这方面，科学家已经取得了进展，但我们的实验却只关注了土壤酸碱度和水文学——只关注物质，却忽略了精神。也许，我们可以从感恩献词中找到如何将这两者编织到一起的指引。我们梦想着有朝一日土地会向人们道谢。

我们回身向房子走去，一边想象着来年能够举办的编篮子培训班。也许特雷莎可以担任老师，带着她的孙女走进那片她自己曾帮忙种植的原野。卡纳邱哈雷克开了一个礼品商店，来为整个社区的工作筹款。店里满是书籍和美丽的艺术品，镶着珠子的莫卡辛鹿皮鞋，鹿角雕，当然，还有篮子。汤姆打开门锁，我们走了进去。椽子上挂着茅香，为静止的空气渲染了清新的味道。什么样的语言才能捕捉那股气息？那是母亲抱住你的时候，她刚刚洗过的秀发芳香，是夏日悄然变成秋天时惆怅的味道，是回忆的味道。这种味道让你不禁闭上眼睛沉浸片刻，然后继续沉浸下一个片刻。

在我小的时候，从来没有人告诉过我，就像莫霍克人一样，波塔瓦托米人也把茅香尊为四种神圣植物之一。从没有人告诉过我，它是大地母亲身上生长出的第一种植物，我们把它编成辫子是在向她表达我们的爱意和关怀，就像为我们自己的母亲编辫子一样。

故事的传递者没有办法在支离破碎的文化地图中找到一条通向我这个后人的路。这个故事早已在卡莱尔被窃走了。

汤姆走到书架前，挑了一本厚厚的红皮大书，把它放在了柜台上。那是《宾夕法尼亚州卡莱尔印第安工业学校（1879—1918）》。书后列出了一长串姓名，一页又一页：夏洛特·大树（莫霍克族），斯蒂芬·银踵（奥奈达族），托马斯·药马（苏族）……汤姆把他叔叔的名字指给我看。“这就是我们做这一切的原因，”他说，“撤销卡莱尔的影响。”

我知道，我祖父的名字也在这本书中。我用手指划过长长的一列名字，最终停在了“阿萨·沃尔（波塔瓦托米族）”这个名字上。当年那个在俄克拉何马州捡碧根果的年仅九岁的男孩被送上火车，穿过大草原来到了卡莱尔。奥利维尔这个名字写在阿萨的下面，他是我的伯祖父，那天他跑回了家，但是阿萨没能逃走。我的祖父属于失落的一代人，再也没办法回到故乡了。他尝试过，但在卡莱尔待过之后，去哪里都不合适了。于是他参了军。他没有回到家人身边，回到印第安保留地，而是定居到了纽约州北部——就在离这条河不远的地方——并在移民者的世界中养育了后代。在那个汽车还很新奇的年代，他成了一名技术高超的机械师。他总是在修理出故障的车，总是在修修补补，努力让东西重新变得完整。我想，同样的需求也在推动我在生态修复方面的工作，那就是让事物变得完整的需求。我想象着他在打开的汽车引擎盖旁边忙碌的侧影，他在油腻的抹布上擦着一双棕色的大手。在大萧条期间，人们蜂拥进了他的车库。付给他的报酬——如果有的话——

往往是鸡蛋或是自家菜园里的萝卜。但是，总有一些东西是他无法修复的。

他并没有讲太多关于那段时间的事，但我一直想知道，他会不会想起萧尼（Shawnee）的碧根果林，他的家人住在那里，唯独少了他一人，少了这个失落的男孩。姑祖母们给我们这些孙辈寄过几个盒子：莫卡辛鹿皮鞋、一个烟管、一个鹿皮娃娃。它们都被原封不动地放在阁楼上，直到有一天，我们的祖母充满爱意地把它们拿出来给我们看，然后柔声告诉我们："要记得你们是谁啊。"

我想，他达成了他们教给他去追求的东西，给了孩子和孙辈更好的生活，过上了他们教给他去尊敬的美国式生活。我的思想感谢他的牺牲，但我的心却哀悼着那个本可以给我讲述茅香的故事的人。在我的一生中，我一直感受着这份失落。在卡莱尔被偷走的东西成了我心里的一个悲哀的结，它像石头一样埋在我的内心深处。我并不是一个人。那本红皮大书的书页上出现的所有名字，其背后的家庭都经受着这样的哀伤。土地和人之间的联系被撕裂了，过去和现在之间的联系被撕裂了，这痛楚就像是至今不曾痊愈的严重骨折一样。

宾夕法尼亚的卡莱尔市以它的历史自豪，而它也确实在岁月的侵蚀中保存得很好。为了庆祝建城三百周年，人们严肃而诚实地审视了它的历史。整座城市的起点是卡莱尔军营，这是独立战争时士兵们的集合地。在那个时候，联邦印第安事务局还是陆军部的一个分支机构，后来，同一栋建筑成了卡莱尔印第安学校，成了大熔炉底下的火。在这座斯巴达式的简陋军营中，当初拉科塔族、内兹珀斯族、波塔瓦托米族和莫霍克族的孩子们的那一排排铁丝床已经被优雅的军官宿舍取代，门前是盛放的山茱萸。

为了纪念建城日，所有失落的孩子们的后代都受到了邀请，回到卡莱尔参加他们所谓的“记忆与和解典礼”。我们家的三代人一起来到了这里，还有好几百名来自其他家庭的成员，大家一起聚在卡莱尔。大多数人是第一次看到这个在家族历史中被轻描淡写，或根本没有提及的地方。

这座城镇盛装打扮，每扇窗户上都悬挂着星条图案的彩旗，主街上的横幅宣告着即将到来的三百年庆典游行。一切都很可爱：窄窄的砖砌街道，还有修复好的散发着殖民时代魅力的玫瑰色砖房子。锻铁栅栏和黄铜牌匾上的日期纪念着它们的古老。卡莱尔竟以热心保护美国文化遗产而全国闻名，真是咄咄怪事，这个地方在印第安地区象征着杀害文化遗产的刽子手，令人不寒而栗。我在营房中沉默地走过。原谅无处可寻。

我们在公墓集合，那是栅栏围起来的一小块四方形的地，里边有四行墓碑。并不是每个来到了卡莱尔的孩子都能离开。在这里化为尘土的，曾经是在俄克拉何马、亚利桑那、阿克维萨斯尼诞生的孩子。雨后清新的空气中传来鼓声。焚烧鼠尾草和茅香的香气把这一小群人包裹在了祈祷中。茅香是治愈的良药，是唤起善意和同情的火把，它来自我们共同的母亲。神圣的治愈之言在我们周围升起。

被偷走的孩子们。被撕裂的纽带。我们失去的东西沉甸甸地悬浮在空中，与茅香的气息交融在一起，提醒着我们曾经遭受过所有桃核都黑面朝上的威胁。一个人可以选择通过愤怒和自我毁灭的力量来减轻那份失去带来的哀伤。但万物都有两面，有白色桃核也有黑色，有破坏也有创造。如果人们为生命大声呐喊，桃核的赌局也会有不同的结局。因为悲痛同样可以通过创造，通过重建被夺走的家园来缓解。那些碎片，就像黑梣树的篾条一样，可以重新编织成一个新的整体。正因如此，我们来到这里，跪在河畔泥土中，手上带着茅香的芬芳。

在这里，当我的双膝跪于泥土之上，我找到了属于自己的和解仪式。一弯腰，一挖；一弯腰，一挖。现在，随着最后一株植物安好了家，我的双手也变成了泥土的颜色，我向它们悄声说着欢迎，然后夯实了它们周围的泥土。我抬头看了看特雷莎，她正在专心地移植最后一捆植物。丹妮拉正在写下最后几行笔记。

白昼行将结束，余晖渐渐变成金色，照在我们新种的地里那修长的茅香叶片上。如果从恰到好处的角度看去，我仿佛能看到几年后漫步于其中的妇女。一弯腰，一拽；一弯腰，一拽。她们的包袱变得越来越丰厚。河流对这一天的祝福萦绕在我心中，我自言自语地低声念诵了感恩献词。

走出卡莱尔有很多条路——汤姆的路，特雷莎的路，还有我自己的路——这些道路在此交会。我们可以通过把草根放进地里而让自己的声音加入众生的呐喊，把黑色的桃核变成白色。我可以把埋在心里的那块石头拿出来种在这里，从而修复土地，修复文化，修复我自己。

我将泥铲深深地插进泥土之中，它碰在了一块岩石上。我刮掉这块石头上的泥土，把它撬了起来，好给草根腾出地方。我差点就把它扔在一边了，但它在我的手中轻得离谱。我停了下来，凑近了端详它。这块石头差不多像鸡蛋那么大。我用沾满泥的拇指擦掉了上边的土，一块玻璃般的表面露了出来，然后是一个又一个其他的切面。它即便在泥土下也闪着光，澄澈如水。有一个面显得粗糙又模糊，仿佛遭到了时间和历史的磨损，但其他的面却光华璀璨。一道光从中穿过。它有棱镜的作用，这道光在其中发生折射，从这块埋藏地底的石头中投射出彩虹。

我把它浸在河里洗净，然后叫丹妮拉和特雷莎来看。我把它放在手里摩挲，三个人都目瞪口呆，惊叹不已。我也不知道我该不该留着它，但是一想到要把它放回原处，我就心烦意乱。既然找到了它，我就不能失去它。我们收拾起工具，朝着房子走去，向这一天告别。我张开手掌，把这块石头拿给汤姆看，然后向他表达心中的困惑。他说："世界就是这样运行的，礼尚往来嘛。"我们给予大地以茅香，而大地给了我们一块钻石。他的脸上闪过一道笑容，然后把我的手指合拢，握住了那块石头。"这是送给你的。"他说。

脐衣：世界的肚脐

冰川漂砾散布在阿迪朗达克山脉上，花岗岩巨石落得到处都是，当初推动它们的冰川已经融化成水，退回了北方。这些地方的花岗岩属于斜长岩，是地球上最古老的岩石之一，很难风化。大多数砾石已经让它们的旅程打磨圆润了，但有些依然高高地耸立着，棱角尖锐，这块像自动倾卸卡车一样大的石头就是其中之一。我用手指在上边抚过。它有着石英的脉络，顶端如刀刃般锋利；它的边缘异常陡峭，无法攀爬。

一万年来，这位长者静静地坐在湖畔的林间，森林来了又去，湖水涨了又退。而在这一切的时光之后，它依然是后冰河时代的一个缩影，在那个时候，世界是一片寒冷的荒原，遍地碎石。在夏季炙烤的烈日和冬天肆虐的风雪轮流造访之下，这个世界中没有了泥土，也没有了树木，冰碛把这里打造成了生命先驱者的禁区。

英勇无畏的地衣自愿来到这里扎根安家——当然，这只是文学修辞，它们根本没有根。在没有土壤的时候，这是一大优势。地衣没有根，没有叶，没有花。它们是最基本的生命形式。它们的繁殖体宛若纤尘一般，落入光裸的花岗岩表面只有针尖那么大的裂缝或小坑，随后就此安下身来。这里的微地貌可以挡风，而且提供了一个肉眼看不见的小水洼，能在雨后蓄积水分。不多，但也足够了。

几百年来，几乎与岩石本身没有区别的一层灰绿色的外壳在缓慢地打磨岩石，那就是地衣，一层由最基本的生命构成的外衣。岩石表面峻峭，并且毫无遮挡地暴露在湖上刮来的大风中，上面无法积累任何土壤，它的表面就是冰河时代的最后遗迹。

我有时会来这里，只为置身于这些古老的存在之间。这些巨砾的边缘点缀着看上去颇为杂乱的棕绿色褶皱，那就是美国脐衣*（*Umbilicaria americana*）——美国东北部最为壮观的地衣。与那些小小的、硬壳状的祖先不一样的是，这种地衣的叶状体——也就是它的身体——能够伸展到张开的手掌那么大。最大的测量记录甚至超过了两英尺宽。小的地衣聚集在大的身边，就像小鸡雏围着鸡妈妈一样。这个魅力超凡的生灵拥有很多名字，其中最常见的名字是“岩百叶”，有时它也被叫做“橡叶地衣”。

雨水无法在这些垂直的表面上停留太久，所以在大多数时间里，这块巨砾的表面都是干燥的，地衣也皱缩起来，变得松脆，让岩石看上去像结了痂一样。没有叶和茎的它们不过是一块呈不规则圆形的叶状体，仿佛一块破破烂烂的棕色小山羊皮的碎片一样。在干燥的情况下，它的上表面是带着鼠灰色调的褐色。叶状体的边

---

* 这种地衣为石耳科脐景天属生物，属名 *Umbilicaria* 有“肚脐”的含义。“美国脐衣”并非它的中文正式名，而是译者根据其学名的直译，以使上下文更加连贯。——译注

缘乱糟糟地卷起来，露出黑色的底面，那里松脆而有纹理，就像烤焦了的薯片。它的中心部位靠着一根短柄牢牢地固定在岩石上，就像是一把伞柄非常短的雨伞。这根短秆，或说它的脐，从下边把叶状体黏合在岩石上。

地衣所栖身的森林拥有丰富的植物景观，但地衣本身却不是一种植物。它们混淆了个体的概念，因为一块地衣并不是一种生物，而是两种：一种真菌与一种藻类。这对伴侣的差异相当之大，然而它们却如此紧密地结成了共生关系，让它们的结合体成为了一种全新的有机体。

我曾经听一位纳瓦霍族草药学家讲，她认为某些特定种类的植物之间存在“婚姻”关系，因为它们是长久的伴侣，而且毫无疑问地依赖着对方。地衣就是一对伉俪，它们组成的整体大于各部分的简单相加。我的父母马上就要庆祝结婚六十周年了，他们之间似乎也存在这样的“共生关系”。在这段婚姻之中，给予和索取之间存在着一种动态平衡，施与者和接受者的角色每时每刻都在交换。两者致力于用共同的优缺点创造出一个整体，一个“我们”，它超越了夫妻的界限，进入家庭与社区。某些地衣也是这样，它们共同的生命造福了整个生态系统。

所有的地衣——无论是细小的壳状地衣还是庄严的脐衣——都是互利共生的产物，是双方都能从中得到好处的伴侣关系。在许多美国原住民的婚俗中，新娘和新郎都要送给对方一篮篮礼物，这在传统上代表着双方对婚姻的一项项承诺。一般而言，女方的篮子里要装上来自菜园或草地的植物，表示她愿意为丈夫准备吃的;而男方的篮子里会装着肉或动物皮毛,承诺他会靠狩猎来养家。这些礼物是植物性食物和动物性食物，分别是自养生物和异养生物，而藻类和真菌同样为了它们共同组成的地衣联盟带来了自己独特的礼物。

藻类的一方是一大批单细胞，它们像祖母绿一样熠熠生辉，同时还拥有光合作用的能力，这是一种能把光和空气转化为糖的珍贵的炼金术。藻类是自养生物，也就是可以自己制造食物，它为全家烹饪美食，是生产者。藻类可以制造产能所需的所有糖类，但它并不擅长寻找自己所需的矿物质。它只能在湿润的情况下进行光合作用，但它没有保护自己不被风干的能力。

真菌的一方是异养生物，也就是“要靠别人来养”，它不能自己制造食物，必须依赖别人获取的碳。真菌专精于溶解物质并释放里边的矿物质以供自己使用，但它不能制造糖类。真菌的“婚礼篮”中装满了特殊的化合物，比如酸和用来把复合材料分解为简单成分的酶。真菌的身体是由精致的细丝构成的网，可以到外边去搜寻矿物质，并通过自己巨大的表面积吸收这些分子。共生关系让藻类和真菌都能参与到糖类和矿物质的互惠交换之中。由此产生的有机体的行为就好像二者是一个单一的整体，它们也因此拥有了一个合称。在传统的人类婚姻之中，伴侣们可能会通过改名来表示他们是一个整体了。同样，地衣也不是用来命名某一种真菌或藻类的。我们是把它们作为一个新的存在、一个跨物种的家庭来命名的，它本身也确实如此:“岩百叶”。

在脐衣中，藻类的一方一般都来自于同一个属，在独居或没有

“地衣化”的时候，它们叫做共球藻（*Trebouxia*）。真菌的一方一般都是子囊菌门的成员，但具体哪个物种则不确定。真菌的一方似乎相当忠诚——尽管关于这一点的看法见仁见智——它们永远会选择共球藻作为藻类伴侣。然而，藻类一方就有点随便了，它们很愿意和各种真菌勾搭。我想，我们也都见识过这种婚姻。

在它们共同的结构中，藻类的细胞像绿色的珠子一样包裹在菌丝织成的纤维里。如果把叶状体横向切开的话，你会发现它就像一块四层的蛋糕。最上边的是皮层（cortex），摸上去就像蘑菇的顶端，手感光滑，像皮革一样。它是真菌产生的细丝，也就是由菌丝紧密交织而成的，作用是保持水分。暗淡的棕褐色调好似天然的遮阳伞，遮住了强烈的阳光，保护了位于下方的那层藻类。

在真菌的屋顶下边，藻类形成了一层截然不同的髓层（medulla），而菌丝则把自己紧紧地包裹在藻类的细胞外围，就像是一条搂住对方肩膀的手臂，或是一个充满爱意的拥抱。实际上，有些菌丝穿透了那些绿色的细胞，仿佛细长的手指伸进了小猪存钱罐一样。这些“真菌扒手”自作主张，拿走了藻类产生的糖分，把它分配给整株地衣。据估计，真菌拿走了高达一半的藻类生产的糖，也许还要更多。我也见过这样的婚姻，其中一方吸走的比其给予的要多得多。有些研究者认为，与其说地衣是一段幸福的婚姻，不如说它是一种交互寄生（reciprocal parasitism）。有人形容地衣是“发现了农业的真菌”，它用自己菌丝构筑栅栏，捕获并圈养了能够进行光合作用的生物。

在髓层的下方，是一团松散地缠绕在一起的真菌菌丝，它的目的是留住水分，让藻类能在更长的时间内继续生产糖分。最底下的一层像煤一样黑，长满了尖刺状的假根，这是一种微小的毛发状突起，能帮助地衣黏着在岩石上。

真菌与藻类的共生关系模糊了个体与群落的界限，这吸引了一大批研究者的关注。有些配对已经完全特化了，它们根本无法离开彼此而单独生存。在已知的真菌里，有将近两万种只能作为“专有成员”生活在地衣的共生关系中。其他种类则可以选择是自由地生活还是与藻类一起组成地衣。

科学家们对藻类和真菌的婚姻是如何产生的很感兴趣，因此他们企图确定是哪种因素导致了这两种生物合而为一。但是，当研究者们把这二者一起放在实验室里，提供不论对于真菌还是藻类而言都最为理想的条件时，它们却冷脸对着彼此，然后在同一个培养皿中继续自己的独身生活，就像完全柏拉图关系的室友。科学家们大惑不解，于是开始徒劳地改变环境，一会儿改变这个因素，一会儿又改变那个，然而地衣还是没有出现。只有当他们大幅削减周遭的资源，创造出艰苦难熬的条件时，这二者才会拥抱彼此并开始合作。菌丝只有在迫不得已时才会缠绕藻类，而藻类只有在陷入绝境时才会欢迎这种入侵。

如果景况还不错，附近的资源尚且充足，那么单独的物种也能活得下来。但是，当条件恶劣、生活艰难的时候，便只有宣誓互利互惠的队伍才能让生命延续下来。在资源紧缺的世界里，彼此联结、互相帮助成为生存的关键。地衣如是说。

地衣是机会主义者，只要有资源，它们就会高效地加以利用，没有资源也能苟且偷安。一般而言，你所见的脐衣都又干又脆，就像一片枯叶；但它远没有死去，只是在等待。它与生俱来的非凡生理机制足以帮自己安然度过旱灾。就像与它分享同一块岩石的苔藓一样，地衣具有变水性（poikilohydric）：它们只有在潮湿的情况下才能进行光合作用和生长，但是它们并没有调节自身水分平衡的能力——它们体内的水分含量依照环境的湿度而变化。如果岩石是干燥的，那它们也是一样。一场大雨就能改变这一切。

最初的雨滴噼噼啪啪地打在岩百叶那僵死的表面上，使它立刻变了颜色。泥土一样的棕色叶状体上洒满了土灰色的波尔卡圆点，那是雨滴的印迹；而在下一分钟，它们的颜色就会继续变深，成为灰绿色，仿佛一幅有魔法的图画在你眼前展现。接着，随着绿色的面积不断扩大，叶状体开始像被肌肉牵引着一样动了起来，水分在它的组织内不断充盈，它开始伸展，变得具有弹性。短短几分钟内，它就能从一块干燥的硬痂变成一块柔软的绿色皮肤，像你的手臂内侧一样光滑。

当岩百叶复原之后，你就能明白"脐衣"这个名字的由来了。脐衣叶状体的柔软表皮在固定于岩石上的地方会产生一个凹陷，小小的细纹从它的中心辐射而出，看起来和肚脐一模一样。有些是完美而精致的小小肚脐，就像小宝宝的肚子，让你几乎愿意去亲吻它；而另一些则松弛而遍布皱纹，就像曾经怀过小宝宝的老妇人的肚皮一般。

脐衣生长在垂直的表面上，因此顶端的地衣会比积聚水分的底部更容易干燥。当叶状体干枯时，它的边缘就会卷起来，由外而内形成一个浅浅的集水槽。随着地衣越长越大，它也会逐渐变得不对称，底下的那一半有时会比上边的那一半大百分之三十，这是由于水分积聚在下边，使得这部分可以继续进行光合作用并不断生长，而上边的那部分却干枯僵死了。这个水槽也同样会积聚脏东西——地衣版的肚脐垢。

我凑近看去，发现还有很多叶状体宝宝散布在岩石上，这些是差不多橡皮大小的棕色圆盘。这是一个健康的种群。这些年轻的小家伙可能来自它们父母身上掉下来的碎片，不过从它们完美对称的样子看来，它们更有可能来自一种叫做粉芽（soredia）的特殊繁殖体——这是一种菌丝包裹着藻类细胞，以便共同传播的小东西，这样，两位伴侣就再也不会分开了。

甚至这些微小的叶状体上也会有肚脐般的凹陷。这古老的存在，这颗星球上最初的生命形式之一，竟也是由脐带连接在大地上的，多么恰如其分啊！藻类和真菌的婚姻诞生出的地衣是大地之子，是由石头滋养的生命。

人类也受到脐衣的滋养，从它的名字“岩百叶”就可见一斑。通常而言，岩百叶被归于救荒食物，但它的味道并不坏。我的学生和我每个夏天都要煮一锅。每个叶状体都需要好几十年才能长这么大，所以我们会把自己的收割限制在最小的范围内，只要够尝尝滋味就好了。我们首先会把叶状体在清水中浸泡一夜，清除上面堆积的沙粒。这盆水同样洗掉了地衣用来“啃食”岩石的强酸。我们把泡过地衣的水倒掉，然后把地衣煮上半个小时，即可得到一锅相当美味的地衣浓汤。由于富含蛋白质，它在放凉之后会像法式清汤一样凝成冻，其味道带点岩石和蘑菇的风味。至于叶状体本身，我们把它切成一条一条的，其味道就像筋道的意大利面。如此一来，整锅东西就是相当可口的“地衣汤面”了。

脐衣的成功往往会害了它自己。积累蕴藏着毁灭。地衣会逐渐在周围积累薄薄的一层碎屑，这也许是它们自身脱落的残渣，也许是灰尘，也许是落下来的针叶——森林的废料。这些聚集的有机物可以保持岩石的赤裸表面所无法保持的水分，然后这个土壤的积聚层逐渐就会变成苔藓和蕨类的栖息地。在生态演替的法则之下，地衣完成了自己的使命，为其他生命奠定了基础；如今，其他生命到来了。

我知道有一整片峭壁上面都覆满了地衣。水从悬崖表面的裂缝中滴下来，四周树木环绕，为苔藓创造了一片阴凉的天堂。地衣在更早的时候来此“殖民”，而后森林才变得茂密而湿润。今天，它们看上去就像是一片岩石上的露营地，到处都是软塌塌的帆布帐篷，有些已经撕裂了，屋顶的轮廓褴褛不堪。当我用放大镜扫视最老的那片岩百叶时，我发现它身上结满了藻类和其他硬壳状的就像微型藤壶一样的地衣。还有一些则有着滑腻的绿色裂缝，蓝藻在那里安了家。这些附生植物会遮挡阳光，阻碍地衣的光合作用。一大团枕头般的灰藓吸引了我的视线，它在沉闷的地衣上显得如此鲜明。我沿着岩架走过去，欣赏着它皮草般奢华的轮廓。而在苔藓底部，有什么东西伸了出来，像枕垫周围的花边一般，那是一朵脐衣的叶状体边缘，它几乎已被苔藓吞没。它的时代已经终结了。

地衣在一身之内结合了生命的两大途径：一是以建立为基础的所谓的草牧食物链，二是以分解为基础的腐生食物链。生产者与分解者，光明与黑暗，给予者与索取者把彼此抱在怀里，同一张毯子的经线与纬线如此紧密地交织在一起，根本不可能分清给予和索取。地衣，这大地上最古老的生灵之一就是从互惠中诞生的。我们的长老分享过这样一段教诲，说这些岩石，这些冰川漂砾是最年长的老祖父，是预言的承载者，也是我们的老师。有的时候我会坐在它们当中，在世界的肚脐上放空自我。

这些古老生物的生存方式本身就承载着教诲。它们提醒着我们，互利共生能产生多大的力量，分享物种各自所拥有的天赋是多么了不起的事。平衡的互惠让它们能在最严酷的条件下茁壮生长。它们的成功不是以消费和增长来衡量的，而是以优雅的长寿和单纯来衡量的，世界在它们身边变化，而它们恒久不变。而现在，世界又在发生变化。

虽然地衣可以供养人类，人们却还没有回报给它们相应的照顾。脐衣与其他很多地衣一样，对空气污染高度敏感。如果你能够发现脐衣，你就可以知道自己正在呼吸最纯净的空气。二氧化硫和臭氧等大气污染物会立刻杀死它。如果它不见了，一定要当心。

事实上，在不断加剧的气候混乱中，脐衣这个物种和它所处的整个生态系统正在我们的眼前消失。同时，其他栖息地类型显现出来。冰川不断消融，数千年来不见天日的土地暴露出来。在冰雪的边缘，新开垦的土地正在形成，那是一片乱糟糟的岩石冰碛，严酷而寒冷。如今，脐衣被认为是第一批在后冰河时代开拓领地并且定居的物种之一，正如一万年前大地荒芜而赤裸时一样——那也同样是个气候剧烈变化的时代。我们的原住民草药学家说，在植物来到你身边时，要多加注意：它们带来了你需要了解的东西。

几千年来，这些地衣一直履行着自己形成生命的责任，而在从地球历史的眼光看来不过是弹指一挥的短暂时光里，我们却制造了巨大的环境压力，颠覆了它们作为引路人的工作，亲手制造了荒芜。我想地衣能够存活下去。只要我们聆听它们的教诲，我们也一样能得以存续。但如果我们没有这么做的话，我可以想象到，在我们一意孤行的迷思把我们变为化石记录之后，脐衣也会覆盖我们这个时代的石头废墟，带有褶皱的绿色皮肤会装点上倾圮的权力殿堂。

岩百叶、橡叶地衣、脐衣……我听说，脐衣在亚洲还有另一个名字：石耳。在这片几乎万籁俱静的地方，我想它们在聆听：听着风声，听着隐夜鸫的叫声，听着雷声，听着我们疯狂滋长的贪欲。石耳啊，你能听到我们在明白自己的所作所为之后而感到的痛苦吗？如果我们不能领会构成你身体的互助的婚姻所承载的智慧，那么你所开拓的严酷的后冰川世界就很可能变成我们所要面对的未来。而当我们把自己嫁给大地时，你或许也同样能听到欢乐的颂歌，这就是我们的救赎所在。

原生的孩子们

我们迈着轻快的步伐，一边畅谈一边在高低起伏的花旗松之间穿行。然后，在某个看不见的边界，温度骤然下降，我们来到了盆地。交谈停止了。

树干带有沟槽的大树从苔绿色的草地上拔地而起，树冠消失在森林中弥漫的雾气和朦胧的银色暮光中。地面上铺着柔软的针叶，点缀着太阳的光斑，还散布着巨大的倒木和一团团蕨类。树苗的枝叶缝隙里，阳光倾泻而下，而它们的老祖母则矗立在阴影中，带着条状突起的树干直径足有八英尺。这样的场景令人如同置身于大教堂一般，在本能的敬意之下，你只想保持安静，因为一切言语都是徒劳无益的。

但这里也不是一直如此安静。小女孩们曾在这里嬉笑聊天，她们的老祖母们拿着歌唱棒坐在附近，看护着她们。一道长长的、箭一样的伤痕沿着树干一路往上，有三十多英尺长，在最高处的第一层枝条那里渐渐收窄，露出暗淡的灰色。当初剥下这条树皮的人得抓着手里的那条“树皮缎带”一路后退，直到走上身后的山坡，才能把它撕下来。

在那个时代，古老的雨林从加利福尼亚北部一直延伸到阿拉斯加东南部，把高山和大海连接在一起。在这里，浓雾滴落成水。在这里，来自太平洋的湿润空气随山峰抬升，化作每年多达一百英寸的降雨量，浇灌着地球上无与伦比的生态系统。这里有全世界最大的树。那是在哥伦布启航之前就已经诞生的树。

而树只是一个开始。这里的哺乳动物、鸟类、两栖类、野花、蕨类、苔藓、地衣、真菌和昆虫的物种数量都令人惊叹。要介绍这里难免要多用几个“最”字，因为这里本就是地球上最了不起的森林之一，多少个世纪以来这片森林里都熙熙攘攘地住满了生灵，巨大的倒木和挺立的枯木在死后孕育出了更多生命。林冠是一座多层的雕塑，拥有在垂直方向上的复杂性，从最低处的森林地面上的苔藓到高高挂在树梢的披拂的地衣，数百年来的风倒木、疾病和风暴也在这一层结构留下了不少缝隙，使它显得参差不齐。这种表面上的混乱掩盖了它们彼此间的紧密联结之网，织就这张网的是真菌的菌丝、蛛丝和银色的水流。在这片森林里，“单独”这个词是没有意义的。

太平洋西北岸的原住民几千年来都过着自给自足的生活，他们一只脚踩在森林里，一只脚踏在海岸上，采集着来自两边的丰富资源。这片多雨的土地是鲑鱼、常青的针叶林、越橘和剑蕨的土地。这片土地上生长着能制造大量瓦片、填满我们篮子的树，这种树在萨利什语（Salish）中叫做“财富制造者”，又称“柏树妈妈”。不论人们需要什么，柏树都乐意给予，从摇篮板到棺木，她承载着我们的一生。

在这样潮湿的气候中，一切都很容易腐坏，防腐的柏木就成了理想的材料。这种木材易于加工，而且能浮在水面上。巨大、笔直的树干可用于制造海船，能坐得下二十个桨手。船中的每样东西都是柏树的馈赠：桨、鱼漂、渔网、绳索、箭和鱼叉。桨手甚至还穿戴着柏木制成的帽子和披肩，它们又暖和又柔软，可以抵抗风雨。

妇女们沿着小溪和低洼地带一边唱歌一边在熟悉的道路上行走，寻找着适合每一种用途的树。她们会充满敬意地请求柏树来满足自己的需要，并且为自己获得的每一份馈赠献上祷告和礼物。她们把楔子打入一棵中龄柏树的树皮中，然后揭下来一条手掌那么宽、二十五英尺长的“树皮缎带”。她们只会在一圈树皮中剥下很窄的一条，这样就能确保树的伤痕可以很快愈合，不会造成什么负面影响。这段窄条经过干燥和捶打，将分成很多层，内侧的树皮有着缎子般的柔软和闪闪发亮的色泽。而把树皮用鹿骨细细切碎后，就能得到一团毛茸茸的柏木“羊毛”了。婴儿一出生就会被裹进这种毛被窝里。这些“羊毛”还可以织成温暖而耐用的衣服和毯子。一家人可以坐在用外层的柏树皮编成的垫子上，睡在柏木床上，用柏木盘子来装东西吃。

树的每个部分都得到了利用。绳子般的枝条可以劈开来制造工具、篮子和鱼栅。柏树长长的根须在挖出来洗净、剥光之后，可以分成一条条细长强韧的纤维，然后织成著名的锥形帽或仪式用的头饰，彰显戴帽子的人的身份。在那众所周知的冷雨绵绵的冬季，在那恒久的黄昏雾霭中，是谁照亮了房屋？是谁温暖了房屋？

从弓钻到火绒，都要仰赖我们的柏树妈妈。

当疾病来袭时，人们也会请求她的帮助。从层层叠叠的枝叶到富有弹性的枝条再到根部，她身上每个部分都能入药；她周身还遍布着一种强大的灵性的力量，同样可以治疗人的身心。传统教诲讲道，柏树的力量是如此伟大、如此富有流动性，一个值得治愈的人只要靠在树干的怀抱中，树的力量就能流到这个人的体内。当死亡到来时，柏木将伴逝者安息。一个人生命中最初和最后的拥抱都是在柏树妈妈的臂弯之中。

就像原生林拥有丰富的复杂性一样，在它们脚下诞生的原生文化也是如此。有些人把可持续性等同于生活水平的下降，但是海岸原生林中的原住民却是全世界最富裕的人群之一。他们合理地利用和照料着极为多样的海洋与森林资源，避免对任何资源的过度开发，与此同时，艺术、科学和建筑的美丽花朵在他们之间绽放。这里的繁荣带来的不是贪婪，而是盛大的冬季赠礼宴传统：人们举行仪式，把物质财富馈赠给别人，直接反映了土地对人们的慷慨。财富意味着拥有足够的可以馈赠他人的东西，社会地位依靠慷慨给予得到提高。柏树教导人类如何分享财富，而人类学会了。

科学家把柏树妈妈叫做北美乔柏（*Thuja plicata*）。她们能长到二百英尺，是古代森林里庄严的巨人之一。她们并不是最高的树，但是那带有条状突起的庞大腰身围度足有五十英尺，堪与北美红杉的胸径匹敌。树干从带着凹槽的底部开始逐渐收窄，包裹在色如浮木的树皮中。她的枝条形态优雅地低垂着，尖端却遽然扬起，如同飞鸟，片片柏叶宛若绿色的翎羽。

走近来看，你会发现这些微小而重叠的叶子盖满了每根枝条。它的种加词“*plicata*”形容的就是这些叶子彼此重叠的样子。这种紧紧编在一起、闪耀着金绿色光彩的样子让树叶看起来就像是茅香的小小发辫，仿佛这种树本身就是由善意织成的。

柏树有求必应地供养着人们，而人们也报以感激和回馈。今天，在这个柏树被误当做木材堆置场上的商品的时代，礼物的观念也几乎消失了。我们这些承认自己有所亏欠的人应该怎样做出回报呢?

弗朗兹·多尔普（Franz Dolp）逼着自己在荆棘中奋力前行。黑莓的枝条纠缠着他的袖子，美洲大树莓灌丛拉住他的脚踝，仿佛在威胁着要把他从近乎垂直的山坡上拽下去。不过在这片八英尺高的棘刺面前，掉也掉不到哪儿去，只会像《野兔大冒险》（*Br'er Rabbit*）中荆棘地里的兔子兄弟那样。在纠缠的荆棘之间，你很快就会失去方向感；唯一的道路是往上，通往峰顶。清出一条道路是第一步。没有路，其他一切都是免谈。因此他继续向前，同时挥动着手中的大砍刀。

弗朗兹又高又瘦，身穿户外长裤和橡胶长筒靴——这样的打扮在这片泥泞、满是荆棘的地方很常见——头戴一顶黑色的棒球帽，帽檐拉得低低的，一双属于艺术家的手戴着工作手套。他是个懂得如何劳作的人。当天晚上他在日志中写道：“这项工作我应该二十岁就开始的，不该等到五十岁才做。”

整个下午他都在努力劈出一条上山的道路，他在灌木丛中头也不抬地砍着，只有在刀刃碰到荆棘丛中藏着的障碍物，发出铿的一声时，他的节奏才会停下来：那是一根巨大的倒木，有肩膀那么高，看样子像是北美乔柏。早年间，木材厂只处理花旗松，所以他们会把别的树扔在地里烂掉。但北美乔柏是不会腐烂的：它在森林地面上能待上一百年，也许还会更长。这根木头就是已经消失了的森林的孑遗，它是一百多年前被砍倒的。它实在太大了，很难从中间锯开，而且绕过去也很远，所以弗朗兹只是让小路又拐了个弯。

在老柏树几乎消失殆尽的今天，人们又想要得到它们了。他们在原先的皆伐地搜寻着剩下的倒木。他们管这种做法叫“找瓦片”，因为这样的倒木可以做成价格昂贵的柏木瓦片。它的纹理笔直，可以直接劈成瓦片。

这些老树待在大地上的一生之中，所经历的事情着实令人惊讶。先是受人尊崇，接着又被拒绝，之后几乎遭到灭绝，再然后，有人抬头看去，发现它们不见了，于是又希望它们回来。

“我最称手的工具是鹤嘴锄，这一带的人们称它为马多克斯。”弗朗兹写道。凭借它锐利的边缘，他可以斫断树根，平整道路，挫败藤槭的前行——虽然只是暂时的。

在与密不透风的灌木丛又搏斗了好几天之后，他终于打通了通往峰顶的路。从那里看过去，玛丽峰一览无余，这是最好的奖赏。“我还记得我们到了某个地方，品味成就时的那种欢欣。之前在山坡上的那几天实在难受，天气也很不好，让人感觉一切都无能为力，现在我们终于可以放声大笑了。”

弗朗兹的日志记录了他站在峰顶俯瞰时的印象，那是一片百衲被一样的景观，绵延的风景被打得支离破碎，变成了一个个“林业管理单位”：死板的棕色多边形，灰绿相间的一块块土地，旁边是方形或楔形的“花旗松小树的密植林，就像修剪过的草坪一样整齐”，山上的一切就像是一块支离破碎的玻璃，每块碎片都涂上了不同的颜色。只有在玛丽峰的峰顶上，在保护区的界线之内有一片连绵的森林，远远看去纹理粗糙、色调多样，这是原生林的标志，是森林曾经的样子。

“我的工作源自一种深深的失落感，”他写道，“对于本应处在这里的东西的失落感。”

海岸山脉第一次开放伐木是在19世纪80年代，当时，这些树是那么高大——高达300英尺，胸径50英尺——当时的老板都不知道该拿它们怎么办。最后，两个穷小子被派去啃这块硬骨头。他们用的是一种细长的、需要双人操作的横切锯，拉了好几个星期才放倒这么一个庞然大物。这些树帮人们建设了西部城市，随着城市不断扩张，人们对它们的需求也越来越大。在那段日子，他们总是说：“这些原生林你永远也砍不完。”

当链锯最后一次在山坡上轰鸣的时候，弗朗兹正在距离这里几小时车程的农场里和妻子、儿子们种着苹果树，心里想的是苹果酒。作为一位父亲，一位经济学专业的年轻教授，他正投身于家政学。他的梦想是在俄勒冈州拥有一处环绕着森林的田产，就像他小时候住过的地方那样，然后在那里终老。

他所不知道的是，在他养牛和养娃的时候，一丛丛黑莓正在阳光充足的地方生长，而那里后来成为了他在肖特波奇溪（Shotpouch Creek）岸边的新土地。它们要完成自己的使命，盖住农场里光秃秃的树桩，抹去伐木的链锯、轮子和铁轨留下的遗迹。美洲大树莓把自己的棘刺和一卷卷带刺的铁丝网缠到了一起，而苔藓为水沟中的旧沙发重新铺上了绒面。

而正当他的婚姻在自家农场中遭遇不幸、开始走下坡路的时候，肖特波奇的土壤也在经受同样的过程。桤木来到了这里，想要把土壤固定住，然后是枫树。这片土地的母语来自针叶林，如今却只会讲讲细长的硬木的俚语了。它成为松柏林的梦想早已消逝，遗失在了灌木丛无止无休的混乱之下。笔直又缓慢的生长在多刺而迅速的蔓延之下没有什么赢面。当他开车离开那座曾宣誓“直到死亡把我们分开”的农场时，那位女士一边向他挥手告别一边说：“希望你的下一段梦想的结果比上一段美好。”

在日志中，他写道：“（我）犯了个错误，不该在农场被卖掉之后故地重游。新的主人把它们全砍了。我坐在树桩和翻滚的红色尘土之间，嚎啕大哭。在我离开农场，搬到肖特波奇之后，我意识到，创造一个新家不仅仅意味着建一座小屋或是种一棵苹果树而已，还需要对我的治愈，以及对这片土地的治愈。”

因此，这是一个饱经创伤的男人，继续在饱经创伤的土地上生活。

这块地处于俄勒冈海岸山脉的核心位置，也是当年他的祖父靠着几块薄田建立家园的地方。家族的老照片上有一栋简陋的小屋和几张阴沉的面孔，四周除了树桩什么也没有。

他写道："这四十英亩将是我的归隐地，是我通往荒野的退路。但它根本不是什么原始质朴的荒野。"他选择的地方很靠近地图上的一个地点，叫做"烧了的树林"。也许叫它"被剥了头皮的树林"更妥当。这块地被一系列的皆伐剃了个干净，最早受害的是庄严的原生林，然后是它的子孙。不等这些森林长回来，伐木工就会再次扑向它们。

在土地被砍伐干净之后，一切都改变了。阳光突然就充足了。地面被伐木的设备碾出巨大的伤口，土壤的温度升高，腐殖质覆盖之下的矿物质暴露在外。生态演替的时钟被重置，警铃在大声鸣响。

在经受狂风、滑坡和火灾的漫长历史中，森林生态系统演化出了一套应对严重干扰的机制。演替早期的植物物种立刻入场，开始了损害控制。这些植物被称为机会主义者，或先锋物种，它们的适应机制使其得以在干扰之后繁荣生长。因为像光和空间这样的资源都很充足，它们生长得很快。在这里，一块荒地几周之内就会消失。这些植物的目标是尽快地生长和繁衍，因此对它们而言，长树干简直是自讨苦吃，不如把一切资源都用来在最细弱的枝条上疯狂地长叶子，长出更多的叶子。

成功的关键在于比你的邻人获取更多的东西，而且要更快。在资源似乎无穷无尽的时候，这种生存策略是奏效的。但是先锋物种——就像人类开拓者一样——需要的是清理过的土地、个体的主动性，还有大量的后代。换言之，机会主义物种的机遇窗口期是很短暂的。一旦树木到场，先锋物种的日子也就屈指可数了，所以它们用自己光合作用产生的财富来制造更多后代，让鸟儿带着它们前往下一块皆伐地。因此，很多先锋物种都很高产：美洲大树莓、接骨木、越橘、黑莓。

先锋物种产生的群落建立于无限生长、蔓延和对能量的高消耗之上，它们尽其所能地快速吸收资源，通过竞争的手段从别人那里抢来地盘，然后继续前往下一个地方。当资源不可避免地发生短缺时，合作与促进稳定的策略——这一策略在雨林生态系统表现得最为突出——就会得到演化的垂青。这种互利共生的关系在原生林里体现得尤为深广，这样的生态体系就是为了长远发展而设计的。

工业化的林业，对资源的开采，还有其他方方面面的人类活动像美洲大树莓的棘刺一样四处蔓延，吞噬着大地，损害着生物多样性，并把生态系统简化为贪得无厌的人类社会的需求。五百年间，我们终结了原生的文化与原生林的生态系统，代之以机会主义的文化。开拓者的人类社区，就像先锋植物群落一样，在再生的过程中有着重要的作用，但是长期来看，他们却不可持续。当容易获取的能量即将用尽时，平衡与更新就成了唯一的出路，于是早期和晚期演替系统中产生了互利的循环，彼此都为对方开启了一扇门。

原生林的生态功能与它的美一样突出。在资源匮乏的条件下，不可能出现无控制的生长狂热或对资源的浪费。森林结构的“绿色建筑”本身就是高效的楷模，在多层的林冠中，层层叠叠的树叶最大限度地捕获了太阳能。如果我们想要寻找一种能自我维持的群落模型，那么我们需要的一切答案都在原生林中，或在由它们滋养、与它们共生的原生文化中。

弗朗兹的日志中记载了这样一幕，当他把眺望到的远处原生林的碎片和肖特波奇的荒地——在那里古代森林的唯一遗迹是一棵老柏树的树桩——进行比较时，他便知道自己已经找到了肩负的使命。这里与他心目中的世界相去甚远，他发誓要治愈这个地方，把它变回应有的样子。“我的目标就是种出一片原生林。”他写道。

但是，他的野心不止于物质上的修复。正如弗朗兹所写的：“重要的是要与土地和它上边的一切生灵发展出一种个人的关系，并依托这种关系开展修复。”在与土地共事的过程中，他写下了他们之间不断增长的爱恋：“我仿佛找到了自己失落的那部分。”

在园圃和果树之后，他的下一个目标是建一座房子来纪念他所追寻的自足与简单。他的理想曾经是用柏木建造一间小屋——美丽、芬芳、防腐，而且有象征意义——也就是坡顶上伐木工留下的那些。但是，一再的砍伐已经索取了太多。因此，他只能满怀愧疚地买来了小屋所需的木材，“同时下定决心一定要种出更多的柏树，以弥补为了供我使用而遭到砍伐的那些”。

柏木轻盈、防水而且气味怡人，同样是雨林原住民钟爱的建材。用柏树的倒木和木板建造的柏木屋是这一地区的标志。这种木头可以被极其顺畅地劈开，在有经验的匠人手里，不需要锯子就能做出标准尺寸的木板。有的时候原住民也会为了木材而砍倒树木，但在更多的情况下，板材却是从自然死亡的倒木上取得的。尤其引人注目的是，柏树妈妈可以让人从自己活着的身体侧面取下木板。只要用石头或鹿角揳入矗立的大树中，一条长长的木板就会沿着笔直的纹理从树干上裂下来。这些木头本身是死去的组织，只作支撑之用，所以从一棵大树身上采伐几片木板不会威胁它的生存——这一举动重新定义了“可持续林业”的概念：不用杀害树木就能取得木材。

然而现在，工业化的林业决定了景观的塑造及其用途。为了拥有被指定为“材木地”的肖特波奇的土地，弗朗兹必须要为自己的新地产登记一份得到批准的森林经营计划书。他揶揄地写下了自己对于这片土地被归为“材木地，而不是森林地”的沮丧，仿佛锯木厂是一棵树唯一的归宿。弗朗兹在一片花旗松的世界里拥有一套原生的思想。

俄勒冈州林业部门与俄勒冈州立大学林业学院为弗朗兹提供了技术上的帮助，帮他推荐了能够清除灌丛的除草剂，并且准备了基因经过改良的花旗松以供他重新种植。如果你能消灭下层竞争，并保证足够光照的话，花旗松要比附近的任何其他树种都能更快成材。但弗朗兹并不想要木材。他想要森林。

“我对这个国家的热爱驱使我在肖特波奇买了地，”他写道，“我想在这里做正确的事，虽然我对‘正确’一词的含义并没有什么概念。光是爱一个地方还不够。我们必须找到治愈它的方法。”如果他使用了除草剂，那么唯一能在这化学物质之雨下幸存的就只有花旗松了，但他希望看到的是所有物种都能存活。他发誓自己要用双手来清理这片灌丛。

重新种植一片工业林是件能让人累断腰的工作。种树工人来到这里，拿着鼓鼓囊囊的一袋袋树苗在陡坡侧面作业。他们每走六英尺，就挖个洞把树苗戳进去，然后把土夯实。如是重复。只有一个物种，遵循同一个模式。但在那个年代，没有人知道应当如何种出一片天然林，因此，弗朗兹转向了他唯一的老师——森林本身。

弗朗兹先是观察了现存的寥寥几块原生林，记下了每个物种所处的位置，然后努力在自己的土地上复制它们的模式。花旗松生长在开阔向阳的地方，铁杉在阴面，北美乔柏喜欢光照较弱的潮湿土地。他并没有像权威人士建议的那样除去一棵棵年轻的桤木和阔叶槭，而是让它们留在原地，继续自己重建土壤的使命，并在它们的树冠下栽植耐阴的树种。每棵树都得到了标记，被画进了地图，并受到了照料。他坚持用手清理那些威胁着要把它们吞噬的灌丛，直到自己的后背再也撑不下去，必须动手术，他才雇用了一位好帮手。

久而久之，弗朗兹成了一位非常优秀的生态学家，他不仅在图书馆里阅读印刷于书本的资料，而且博览了森林这座天然图书馆所提供的更为精妙的信息。他的目标是把自己对于古老森林的想象与土地所提供的可能性匹配起来。

他在日志里清楚地写道，有几次，他怀疑自己的努力是否明智。他承认，不论自己做了什么，不论他是否扛着一袋袋树苗在山上攀登，土地最终还是会恢复成某种森林的。人类的时间与森林的时间并不相同。但仅仅是时间并不能保证他心目中的原生林一定能回来。当附近的景观全变成了皆伐地与花旗松的"草坪"所组成的马赛克画时，天然森林未必还能恢复旧貌。种子又该从哪里来呢？土地所处的条件会欢迎它们吗？

最后一个问题对于"财富制造者"的重生尤为关键。虽然身形巨大，北美乔柏的种子却非常小，它的果实非常精致，还不到半英寸长，其中产生的微小的种子随风飘荡。四十万颗种子加起来才有一磅重。尽管成年的北美乔柏有整整一千年可以用来繁殖，但在这些生长旺盛的森林中，如此微不足道的小生命几乎没有长成一棵新树的机会。

虽说成年的北美乔柏能够承受变化无常的世界施加在它们身上的各种压力，幼小的树苗却相当脆弱。北美乔柏比其他树种生长得更慢，所以它们很快就会超过它的高度，从它头顶偷走阳光——尤其是在火灾或砍伐之后，它几乎完全竞争不过那些更适应干燥开阔环境的物种。如果北美乔柏真能生存下来，除了要归功于它是西海岸最能耐受阴影的物种，还有一点就是，它算不得茁壮生长，只是在等待时机，等待着大风或死神在阴影中砸出一个洞。有了这样的机会，它们就会沿着短暂照射进来的阳光形成的光柱一步一步地爬上去，一直爬到林冠层。但大多数小树从来没有这样的机会。根据森林生态学家的估计，北美乔柏能够开始生长的机遇窗口可能在一个世纪内只有两次。因此在肖特波奇，自然的再引入是不可能的了。要想在修复的森林中拥有北美乔柏，弗朗兹必须采用人工种植的方式。

在知道了北美乔柏的所有特性，知道了它生长缓慢，竞争力低下，容易遭到食草动物的啃咬，且极难育苗之后，你可能会以为它要成为濒危物种了。实际上却不是这样。对此有一个解释是，虽然北美乔柏在高地难以与其他物种竞争，但它们能立足于冲积土、沼泽、水边这些其他物种难以站起身的地方。它们最喜爱的栖息地为它们提供了远离竞争的避难所。根据这个说法，弗朗兹小心地选择了溪边地带，并在那里密密地种上了北美乔柏。

北美乔柏所含有的独特化学物质让它拥有了作为药物的能力，既可以拯救生命，也可以拯救树木。它体内富含许多化合物，具有很强的杀菌效果，特别是可以抵抗真菌。美国西北部的森林就像所有的生态系统那样，特别害怕疫病的暴发，而其中最严重的就是松干基褐腐病，其元凶是一种本土的真菌——韦氏小针层孔菌（*Phellinus weirii*）。虽然这种真菌对于花旗松、铁杉和其他树种是致命的，北美乔柏却可以幸免于难。当褐腐病击倒别的树木后，北美乔柏就可以安然填补空缺，不必竞争了。生命之树得以在死亡之地幸存下来。

弗朗兹独自致力于让北美乔柏繁荣的事业已经有很多年了，终于，他找到了一个与他共度美好时光的人——他们的美好时光指的就是种树和砍灌木。弗朗兹与唐（Dawn）的第一次见面是在肖特波奇的峰顶上。在接下来的十一年里，他们种下了超过一万三千棵树，走出了许多条小径，每条小径的名字都印证着他们与自己的四十英亩土地之间的亲密感情。

美国国家森林局的土地一般都会被冠以“361号管理单元”这样的名字。在肖特波奇，这张手绘的小径线路图上却写着更加引人遐思的地名：玻璃峡谷（Glass Canyon），维尼格伦（Viney Glen），牛臀沙洲（Cow Hip Dip）。甚至每棵树——原始森林的每位遗民——都拥有自己的名字：怒枫、蜘蛛树、破树顶。在地图上，有一个词出现的频率非常高，那便是“柏树”：柏树泉、柏树休息站、圣柏、柏树家族。

“柏树家族”这个名字格外能表现北美乔柏通常以树丛的方式生长，就像一个家族那样。也许是为了对抗种子萌发的困难，北美乔柏在营养生殖方面堪称冠军。不论是一棵树的任何部分，只要落在潮湿的地上都能生根，这个过程和压条是一样的。低拂的枝叶可能会在潮湿的苔藓地上生根。富有弹性的枝条本身也能变成新的树——即便没有从原来的树上砍下也会如此。原住民很可能通过这种方式来帮助它们繁殖，从而照料柏丛。哪怕是一棵北美乔柏的幼苗，也能在饥饿的马鹿踩倒后重新理清枝条，从头开始。原住民称这种树为“长寿制造者”和“生命之树”，这样的说法是多么贴切啊。

弗朗兹的地图上最感人的地名之一是“原生的孩子们”。种树是出于信仰的举动。一万三千名信仰的见证者在这片土地上生活。

弗朗兹边研究边种植，再研究再种植，在这个过程中他犯了很多错误，也学到了很多东西。弗朗兹写道：“我是这片土地临时的管家。我是它的看管者。更准确地说，我是它的看护者。魔鬼隐藏于细节中，而且在每个转折点，魔鬼都把细节呈现在你眼前。”他观察着原生的孩子们对栖息地的反应，然后试图修正一切令它们痛苦的东西。“修复森林有点像照料花园。这是一种关于亲密关系的林业学。当我站在土地上的时候，很难做到不把周围弄乱。要么是再种一棵树，要么是砍条树枝，或是把以前种下的东西移植到更好的地方去。我把这个叫做‘预期性再分配归化’，唐管这个叫‘补锅’。”

北美乔柏的慷慨不只面向人类，还面向许多其他的森林居民。它那柔嫩低垂的枝叶是鹿和马鹿最喜欢的食物之一。你也许会认为躲在各种植物林冠下的幼苗可以隐藏起来，但是它们实在太美味了，食草动物会像找出藏起来的巧克力棒一样把它们挑出来。另外，因为它们长得太慢，它们会在很长一段时间里一直处在鹿能吃得到的高度。

“我的工作中到处都是未知，就好像林中到处都有阴影一样。”弗朗兹写道。他在溪边种柏树的计划是个好主意，但那里也是河狸们生活的地方。谁知道它们竟会把柏树苗当点心吃啊？他的柏树保护园被啃了个精光。于是他不得不重新种了一遍。这一次他加上了篱笆，可野生动物见状不过呵呵一笑。在用森林的方式思考之后，他又沿着溪边种上了一片柳树丛，这是河狸最喜欢的美餐，他希望这样一来它们就会放过他的柏树了。

“我绝对应该在开始实验之前先和老鼠、山河狸、北美短尾猫、豪猪、河狸还有鹿见个面商量一下的。”他写道。

这些柏树中的大多数如今是瘦高个儿的小年轻，全都弱不禁风的，还没有长成。在鹿和马鹿的啃咬下，它们显得更加笨拙了。纠结的藤槭悬在它们头上，它们必须努力向着光明奋斗，这里伸出一条胳膊，那里捅出一根枝条。不过，它们的时代正在到来。

在完成了最后的种植工作后，弗朗兹写道："也许我治愈了土地。但是，我从没有怀疑过实际上获益的是谁。这里的规则是互惠。凡是我所给予的，我都会获得回报。在这片肖特波奇河谷的山坡上，与其说我一直从事的是个人的林业修复，不如说是以林业为手段的个人修复。在修复土地的过程中，我修复了我自己。"

"财富制造者"，北美乔柏的这个名字是真的。她同样让弗朗兹变得富有，这份财富就是让他看着自己的心愿降临在现实世界中，就是送给他一份在时间的流逝中只会越来越美丽的给未来的礼物。

关于肖特波奇，他写道："这是个人的林业行为，但同时也是创造个人艺术的行为。我也可以说是在大地上画出了风景，或者说是谱写了一首轮回的曲子。寻找树木的正确分布的过程就好像是在给一首诗修改润色一样。我没有什么技术上的专精，所以'林务官'（forester）这个头衔我是受之有愧的，但我觉得我可以接受自己是一个作家。我在森林里工作、与森林共事，我是个从事林业工作的作家，用树木来书写。林业的实践也许在不断改变，但我从来没听说过木材公司或林业学校会把精通艺术作为一项专业资格要求。也许这才是我们所需要的。作为林务官的艺术家。"

在他待在这块地上的岁月里，他看着分水岭开始从受到伤害的长久历史中康复。他在日志里描述了在一百五十年后的未来他再次造访肖特波奇的穿越之旅，到那个时候，"庄严的北美乔柏已经占据了当初被桤木灌丛所覆盖的土地"。但他知道，目前为止，他那四十英亩不过是小树苗，而且是非常脆弱的小树苗。要想达到他的目标还需要许多双认真的手——还有认真的心和头脑。他必须想办法通过自己在土地和书页上创作的艺术，把人们的世界观转向原生的文化，让人与土地的关系发生更新。

原生的文化就像原生林一样，并没有被彻底终结。大地承载着它们的记忆，也承载着重生的可能。它们不仅仅是民族志或历史书上的一个概念，更是从大地和人类之间的互惠之中产生的一种关系。弗朗兹不仅向我们展示了种出一片原生林是可能的，还为我们展望了推广原生文化的可能性，这是对完整而且得到治愈的世界的愿景。

为了让这种愿景得到更深层次的延展，弗朗兹参与创立了“春溪计划”（Spring Creek Project），其“挑战是将环境科学的实践智慧、哲学分析的清晰性与文字的创造力和表达力结合到一起，从而找到新的方式来理解和重新想象我们与自然世界的关系”。他把林务员看做艺术家、把诗人看做生态学家的概念扎根在森林中，扎根在肖特波奇舒适的柏木屋中。那里已经成为作家们的灵感之源和隐居之地。这些作家可以成为修复关系的生态学家，就像美洲大树莓丛中的鸟儿，把种子带给饱经创伤的土地，让它做好准备迎接原生文化的新生。

小屋是艺术家、科学家和哲学家的聚集地，他们在那里互动交流，之后他们的作品会呈现在令人眼花缭乱的各种文化活动中。弗朗兹的灵感仿佛林中倒下的巨树，为其他人的灵感提供哺养。十年，一万三千棵树，还有无数受到鼓舞的后继的科学家与艺术家，让弗朗兹不再担忧。他写道：“如今我有了信心，在我退休的时刻到来之时，我可以退居一旁，让其他人通过这条道路走到一个非常特殊的地方。走向巨大的花旗松、北美乔柏和铁杉组成的森林，走向曾经的古老森林。”他是对的，也真的有很多人跟着他走上了那条道路，走上了那条在杂草丛生的灌木丛中开辟出来，通往“原生的孩子们”的道路。弗朗兹·多尔普在 2004 年开车去往肖特波奇溪的路上与一辆造纸厂的卡车相撞，不幸离世。

在他的小屋的门外，一圈年轻的柏树看上去就像一群女子，她们披着绿色的披肩，上面缀的珠子是反射阳光的晶莹雨滴。她们是优雅的舞者，衣服上羽毛般的流苏随着舞步轻轻摇摆。她们舒展枝条，围成一圈，邀请我们也参与到这重生之舞中。一开始，一代又一代作为袖手旁观者的我们笨手笨脚，终于，我们在磕磕绊绊中找到了节奏。我们记忆的深处保存着这些舞步，是天女把它传下来的，我们重新承担起了作为共同创造者的责任。在这里，在这片亲手栽植的森林中，诗人、作家、科学家、林务官、铲子、种子、马鹿和桤木都加入进来，和柏树妈妈一起围成圈跳舞，让原生的孩子们成为了现实。每个人都受到了邀请。不妨拿起铲子，一起跳舞吧。

见证这场雨

俄勒冈的雨在初冬时降临，它在灰色天幕中安稳而顺畅地落下，发出温柔的淅淅沥沥声。你也许认为雨落在地上哪里都是一样的，但实际上却不是这样。每个地方雨点落下的节奏和速度大不相同。雨滴会嗒嗒地打在沙龙白珠和北美十大功劳那闪亮的叶片上，这些纠结成一团的硬叶植物仿佛森林中的小军鼓，任由雨水敲击出细密的鼓点。杜鹃花叶又宽又平，雨点会啪的一声打下来，让叶片上下摇摆，在大雨中跳起舞来。在魁伟的铁杉树下，雨滴比较少，因为崎岖不平的树干会接住雨滴，让它们沿着树皮上的沟壑涓涓流下。雨点落在裸露的土壤上，在黏土上噼啪作响，而冷杉的针叶则会咕噜一声把雨点吞掉。

与之不同的是，雨滴掉在苔藓上却几乎是无声的。我跪在它们中间，沉浸在它们的柔软之中观察和倾听。雨滴落下的速度太快，我的眼睛只能追逐它的踪迹，却没办法赶上它的到来。最终，我把注视的目光聚焦在单独的一片苔叶上，终于看清了。雨滴的冲力让整株植物弯下腰去，但水滴本身却消失了。一切在静默中发生。水没有滴下来也没有溅出水花，但我可以看到水的前端在移动，在被喝掉的时候让茎的颜色暗了一下，然后便静静地消散在盖着鳞片的微小叶子中。

在我知道的大多数其他地区，水是独立的整体。它被包裹在有明确定义的界限之内：湖岸、溪岸、巨大礁石组成的海岸线。你可以站在它的边缘，说“那是水”，“这是陆地”。那些鱼和蝌蚪属于水的领域；这些树，这些苔藓，还有这些四脚兽是地上的生灵。但在这里，在这些雾气笼罩的森林中，这些界限仿佛也模糊了，这里的细雨如此绵密，如此恒定不变，与空气浑然一体，柏树也被密密地包裹在云中，只看得清轮廓。水在气态和液态之间好像没有明显的区别。树叶和我的发梢似乎只是被空气碰了一下，然后就滴下了水。甚至河流也并不尊重清晰的界线。“当心溪”（Lookout Creek）在主河道上跌跌撞撞，向下滑去，在那里，河乌在水池之间穿梭。不过，安德鲁斯实验林的水文学家弗雷德·斯旺森（Fred Swanson）却给我讲了关于另一条溪流的故事，那是当心溪的潜流，仿佛前者的影子，藏于溪流底下，在鹅卵石河床与古老的沙洲上潜行。这条宽广的、看不见的河在漩涡与浪花之下流淌，沿着山麓坡脚一直延伸到森林中。树根和岩石了解这条位于地下深处不可见的河，水和陆地的亲密程度超过我们的想象。我在聆听的正是潜流。

我在当心溪的岸边漫步时靠在了一棵老柏树上，我一边把背依偎在它的臂弯之中，一边努力想象着脚下的水流。不过，我能感受到的只有落在脖子上的水滴。每根树枝都被上边帘幕般的猫尾藓和它纠结的末端挂住的水滴压弯了。我的头发也一样藏满了水。

我抬起头的时候，苔藓和头发都映入眼帘。但我发现，猫尾藓上的水滴要比我刘海上的水滴大得多。实际上，苔藓上摇摇欲坠的水滴比我见过的任何水滴都大，而它们依然挂在原处，在重力的作用下膨胀饱满，停留的时间比我身上或树枝上以及树皮上的水滴长得多。它们摇晃着，旋转着，同时映照着整个森林和一个穿着明黄色雨衣的女人。

我也不知道我能不能相信自己看到的一切。我真希望自己能带一套游标卡尺过来，这样就能测量苔藓上的水滴是不是真的比较大了。所有的水滴当真生来平等吗？我也不知道，于是我用科学家制造假说的游戏来安慰自己。也许苔藓周围极高的湿度让水滴存在的时间加长了？也许雨滴在苔藓之中获得了某些特性，使得表面张力增加，更能对抗重力的下拉了？也许一切都只不过是错觉，就好比满月在地平线附近会显得更大一样。会不会是苔藓叶的微小令水滴显得更大了呢？又或者，水滴只不过是想多炫耀一会儿自己的晶莹剔透？

在这足以渗透一切的雨中待了几个小时以后，我突然感到自己浑身都已经湿透了，寒冷彻骨，通往木屋的那条小径就成了不小的诱惑。从那里我轻轻松松就能逃回温暖，喝到热茶，换上干爽的衣服，但我不能把自己放走。不管温暖是多么诱人，也绝对无法替代站在雨中，唤醒全部感官的体验——曾经，我的感官仿佛被囚禁在四壁之中，注意力都集中在自己身上，感受不到自身以外的任何事物。如今，当我的内心开始向外探寻，我就再也无法忍受在潮湿的世界里独自享受干燥的那份孤独感了。这里，在雨林里，我不想成为雨的旁观者，不想被动地受到保护；我希望成为这瓢泼大雨的一部分，我希望和脚下被压扁的黑色腐殖质一样被浸透。我希望自己能够像一棵披着蓑衣般的柏树那样，让雨水渗透我的树皮，让水分溶解我们之间的障碍。我希望感受柏树所感受到的东西，知道它们所知道的一切。

但我并不是一棵柏树，而且我冷得够呛。当然，也有一些可供我们这样的温血动物藏身的地方。肯定会有一些犄角旮旯的地方是雨水所碰不到的。我努力像松鼠一样思考并去找它们。我把头转向溪边一处凹陷的河岸上，但它的“后墙”上面淌着一条条细流，无法安身。大树倒下后形成的空洞也不行，虽然我很盼望那翻起的树根能抵挡一下雨滴。一张蜘蛛网挂在两条悬空的树根之间。即便是它也被占满了，成了一片丝质的、装了一勺水的吊床。一棵藤槭把腰弯得低低的，形成了一片垂挂着苔藓的拱顶，这让我又燃起了希望。我把猫尾藓的帘幕撩到一边，弯腰钻进了这个屋顶上铺着层层苔藓的小黑屋中。这里又安静又避风，大小刚好能容纳一个人。苔藓铺就的屋顶上像繁星闪耀一样透出点点天光，同时也漏进了雨。

在我返回那条小径的路上，一根巨大的倒木堵住了去路。它从山坡上倒下来，倒在了河中，枝条拖进水面上涨的激流，树冠搭在河对岸。从底下钻过去似乎比从上边过要容易一些，于是我跪下身来，用膝盖和双手着地。在这里我找到了干燥的地方。地上的苔藓呈现干燥的棕色，土壤是柔软的粉末状。倒木在头顶上方形成了一道一米多宽的屋顶，底下是楔形的空间，沿着斜坡一路落到溪边。我可以把腿伸开，斜坡的角度完美地适合我的后背。我把头枕在一团干燥的塔藓上，心满意足地舒了口气。我的呼吸在上方形成一团云，在那里，一簇簇褐色的苔藓依然附着在满是沟壑的树皮上，上边镶嵌着蛛网的花边和一丛丛地衣，自从这棵大树倒下，它们就再也没见过阳光。

这根倒木离我的脸有几英寸，重达好几吨。只有树桩那里断裂的木头连接处与溪对岸断裂的树枝支撑着它，让它不至于循着天然的角度，长眠在我的胸口。这些支点每时每刻都可能消失。但是，既然雨滴落下的速度那么快，大树倒下的速度又那么慢，此时此刻的我感觉还是很安全的。我的休息和它的下落是以不同的时间尺度来衡量的。

作为客观现实的时间对我来说从没有什么要紧。发生的事情才要紧。像分钟和年这些我们自己创造出来的时间单位，对小虫和巨柏而言又怎么可能具有相同的意义呢？两百岁对于树冠高耸、与雾气相缠绕的树木来说，不过是小年轻罢了。对于河流来说这不过是一眨眼的工夫，对于岩石来说则什么也不是。只要我们照顾得好，岩石与河流还有这几棵树的原班人马很可能在接下来的二百年里继续存在于此。但对我，对花栗鼠，还有被一束阳光照亮的聚成云雾的小飞虫而言，二百年后我们早已踏上新的旅程。

如果过去和想象中的未来有什么意义的话，这种意义也是当下赋予的。如果你拥有这世上全部的时间，你不会把它花在去别的地方上，而是待在你所在的地方。于是我伸展身体，闭上眼睛，听着雨声。

像垫子一样的苔藓让我浑身暖和又干爽，于是我翻过身来，用胳膊肘撑着身体，注视着外边这个潮湿的世界。在与我视线恰好平行的地方，雨滴重重地打在一块亮叶提灯藓（*Mnium insigne*）上。这种苔藓站直了身子，差不多有两英寸高。它的叶子又宽又圆，就像微缩版的无花果树。在它众多的叶片中，有一片吸引了我的目光，它的尖端很长，逐渐变细，和其他苔藓叶那圆圆的边缘迥然不同。这片叶子线状的尖端在移动着，其活跃方式一点也不像植物。这条线似乎牢牢地固定在了苔藓叶的尖端，那是它透明的绿色的延伸。但是，其尖端却在转着圈，在空气中摇摇晃晃，仿佛在寻找着什么东西。这让我想起了尺蠖的动作：它们立在自己的后足上，摇晃着长长的身体，直到触碰到附近的小树枝，然后把前足搭上去，放松脊背，弓起身体跨越中间无所凭依的空间。

但它并不是有许多脚的毛虫，而是一根闪光的绿色细丝，一根苔藓的细丝，像一段光学纤维元件一样从内部闪着光。正在我观察的时候，这条漫游的细丝够到了仅仅几毫米之外的一片叶子。它似乎先是在那片新叶上轻轻敲打了几次，然后仿佛安心下来一样，把自己伸过去，跨过中间的缝隙。它就像一条被拉紧的绿色缆绳，把长度拉到了原先的两倍以上。一时间，两株苔藓之间由这条闪亮的绿色细丝架起了桥梁，绿色的光像河水一样从桥上淌过，然后又消失在苔藓的绿意中。能够见到一种由绿光和水组成的“动物”，见到这种生灵伸出的细丝像我一样在雨中漫步，这难道不是一种神迹吗?

我在下方的河边驻足聆听。每一滴雨点的声音都消失在泛着泡沫的白色急流和岩石上悄然滑过的水帘之中。如果你不了解的话，你也许不会意识到雨滴与河流是亲戚，个体和集体竟有这么大的差别。我俯身于一池静水旁边，伸出手去，让雨滴从我的指尖滑落，只为再确认一遍。

在森林与溪流之间是一道卵石滩，这堆散乱的石头是在过去十年间被一场改变河流的洪水从高山上冲下来的。现在，柳树与桤木、荆棘与苔藓占据了这里，但这也会过去，河流如是说。

桤木的叶子落在鹅卵石上，它们干燥的边缘向上卷起，形成了一个个树叶杯。其中几个杯子里还蓄积着雨水，因为叶子中渗出单宁的缘故，雨水被染成了茶水一样的棕红色。中间还散落着被风吹得四处飞扬的一缕缕地衣。突然之间，我想到了验证我的假说所需的实验：原料正清清楚楚地摆在我眼前呢。我找来了两缕地衣，其长度和大小都相当，然后用雨衣里面穿的法兰绒衬衣吸干了其中的水分。我把其中一缕浸在树叶杯中棕红色的桤叶茶里，另一杯浸在一洼纯净的雨水中。我慢慢把这两缕地衣一边一个地拿了起来，然后观察地衣下方滴答落下的水滴。果然，两边的速度并不一样。普通的雨水会形成又小、流得又快的水滴，仿佛急着流走一般。但是泡过桤叶茶的水形成的水滴又大又重，并且悬挂很长时间，最后才被重力拉走。终于迎来了恍然大悟的时刻，一抹笑容在我的脸上荡漾开来。水滴的不同种类取决于水和植物的关系。如果说富含单宁的桤叶茶能够增加水滴大小的话，从苔藓的层层帘幕中渗透出来的水不是也可能含有单宁，形成我所见到的那种大而强韧的水滴吗？我在森林中学到的一件事就是，没有所谓的随机。一切都蓄满了意义，都因为与彼此的关联而显出色彩。

在新的卵石与旧的河岸相交的地方形成了一方静止的水池，笼罩于树荫下。这方水池与主河道并不相连，里边的水来自上涨的潜流，水面从脚下上涨，填满了这浅浅的洼地，雨过之后，夏天的雏菊一脸惊讶地被淹没到了两英尺深的水下。在夏天，这里是一处繁花盛开的隰皋，而现在不过是一片沉入水中的草场，讲述着河流是如何从水位较低、彼此交错的沟渠变成了冬天这种涨满河岸的水体。八月的它和十月的它是截然不同的两条河。你必须在岸边待上足够长的时间才能弄清这两者的区别。而只有待上更长的时间才会明白，河流在这片碎石到来前就已经在这里了，而在石滩消失后，它依然会存在。

也许我们不能了解河流。但水滴呢？我久久地伫立在这个静止的死水池旁边聆听着。它是反映落下的雨点的一面镜子，上面交织着细密而不间断的涟漪。我努力从万籁之中辨认出雨声的低语，然后发现我真的可以做到。它随着扑簌簌的声音到来，动作如此轻柔，从而只会融入玻璃般的水面，却不会破坏上边反射的影像。水池上方悬着从岸上伸出的藤槭枝条，还有低拂的铁杉，从卵石滩长出的桤木也向水边倾斜过来。水滴从这些树上落到池中，各自都有不同的节奏。铁杉敲出急促的脉动。水在每根针叶上聚集，但它们会先流到树枝尖端，然后才形成一条涓涓细流落下，发出稳定的“滴、滴、滴”的声音，在底下的水面上画出一条点划线。

枫树枝洒下水滴的方式又截然不同了。枫树上掉下来的水滴又大又沉。我看着它们慢慢成形，然后又陡然落在池水表面。它们坠下的力道相当大，水滴发出深沉又空洞的一声："咕咚"。反弹的力量让水的表面跳跃起来，看上去就好像它从底下喷发了一样。在枫树的底下有零零星星的几声"咕咚"。为什么这些水滴和铁杉上滴落的如此不同呢？我走近来观察水是怎样在枫叶上运动的。水滴并不是在茎上的随便哪里都会形成。它们大多出现在往年的芽痕位置，那里有小小的隆起。雨水均匀地盖在光滑的绿色树皮上，然后像被水坝挡住了一样在芽痕后聚集。水滴渐渐膨胀、聚集，然后漫过这道小小的堤坝，溢了出来，它在空中翻腾着，变成一大滴落在底下的水面上。"咕咚"。

雨点发出淅淅沥沥的声音，从铁杉流淌而下时传来"滴、滴、滴"的声音，自枫树坠落时敲出"咕咚"一声，而流经桤木时则缓慢地呈现"啵"的一声。桤木上的水滴奏出和缓的音乐。细密的雨丝要花很长时间才能穿透桤木树叶那粗糙的表面。这些水滴不像枫树上的水滴那么大，不会溅起水花，但是会在水面上泛起涟漪，形成一圈圈同心圆。我闭上眼睛，倾听雨的声音。

反射着天光的池面上交织着雨滴的签名，它们当中的每个成员都有自己独特的步伐和回响。每一滴雨水似乎都因其与生命的关系而得到了改变，不论它们遇到的是苔藓还是枫树和冷杉的树皮，抑或是我的头发。而我们却认为这不过是一场单纯的雨，就好像所有雨丝不过是同一个事物，好像我们了解它们一样。我想苔藓比我们更了解雨，枫树也是。也许根本就没有雨这种东西：只有无数个雨滴，各自都有自己的故事。

在我倾听着雨的时候，时间消失了。如果时间是由事件之间的周期来衡量的，那么桤木水滴的时间与枫树的水滴就是不同的。这片森林里交织着各种不同的时间，就像池塘表面点缀着各种不同的雨滴泛起的涟漪一样。冷杉的针叶像细雨一样淅淅沥沥地频繁落下，粗大的树枝“咕咚”一声坠落，大树带着雷鸣一般的声响轰然倒塌。这种事相当少有，除非你把时间当做一条河流。而我们却认为这不过是单纯的时间，好像所有时刻不过是同一个事物，好像我们了解它们一样。也许根本就没有时间这种东西：只有许多个时刻，各自都有自己的故事。

我能看到自己的脸反射在摇摇欲坠的水滴中。这个小小的鱼眼镜头让我看起来额头奇大、耳朵奇小。我想我们人类也确实如此，想得太多、听得太少。关注，意味着承认我们需要向自己之外的智慧学习。聆听与见证创造了一种面向世界的开放心态，让我们之间的隔阂在一滴雨点中消融。雨滴在柏树的梢尖涨大，我伸出舌头接住了它，就像领受了祝福。

焚烧茅香

茅香编成的辫子会在典礼上焚烧，营造出一种仪式性的烟雾，这种烟雾以善意和怜悯笼罩着人们，从而治愈人的身体和心灵。

温迪戈的足迹

在一个冬日的晴天，我独自在雪地中行走，只能听到外套摩擦发出的窸窸窣窣声，雪鞋发出的柔软的吱嘎声，以及树木在严寒的天气下心材冻裂发出的来复枪一样的爆鸣声。此外还有我自己心脏的跳动声，它把灼热的血液泵到了我的手指间，它们在连指手套里仍然被冻得刺痛。在风暴的间隙，天空蓝得让人心疼。雪原闪闪发亮，仿佛打碎的玻璃。

最近的一场暴风雪让这些漂流物固定下来，仿佛冰封海面上的浪潮。之前，我的足迹中填满了粉红和金黄的影子，但现在，随着天光逐渐暗淡，它们变成了深蓝色。我旁边是狐狸的足迹、田鼠的隧道，还有白雪上喷溅的鲜艳红色，镶在鹰的翅膀印出的痕迹中。

大家都饿了。

当风再次刮起的时候，我能闻到更多的雪正在到来，几分钟内，飑线（squall line）就在树顶上咆哮了，它裹挟着雪花，像灰色的帘幕一样直直地打在我的身上。我想在天色完全变黑之前找地方躲一躲，于是沿着脚印往回走，而脚印已经开始淡去。我仔细看去，发现我的每个脚印中都有另一个不是我踩出来的印迹。我扫视着渐渐袭来的黑暗，想从中找到一个身影，但是雪太大了，无法看清。树木在涌起的乌云下猛烈地摇摆着。我身后响起了嚎叫声。也许只是风声。

温迪戈（Windigo）正是在这样的夜晚出没。你可以听到它在暴风雪中搜寻猎物时发出的绝非此世所有的尖啸。

温迪戈是我们阿尼什纳比人传说中的一种怪物，北方森林的寒夜中流传着有关它的可怕传说。你可以感受到它在你的身后潜行，仿佛一个巨大的人，有十英尺高，白如冰霜的毛发从它颤抖的身体上垂下。它的胳膊就像是树干，脚有雪鞋那么大，它能轻易地穿过饥荒时节的暴风雪，尾随着我们。当它在我们身后喘息的时候，它呼出的腐肉般的恶臭污染着雪的清澈气味。它没有皮肤的口中挂着黄色的利齿，因为它已经在饥饿中嚼烂了自己的嘴唇。最能说明它本性的是，这种怪物的心脏是冰做的。

人们在篝火边讲述温迪戈的故事，为的是吓唬小孩子不要去做危险的事，免得被这种欧及布威族传说中的恶鬼吃掉——或更糟。这个怪物不是熊也不是嚎叫的狼，它不是自然界的野兽。温迪戈不是生出来的，而是造出来的。温迪戈是变成了食人怪物的人类。它的啃咬会把受害者也变成食人怪。

当我从越下越大的暴风雪中归来，脱掉结了一层冰霜的衣物时，家中的柴炉里生着火，还有一锅煨得咕嘟咕嘟的炖菜。但对我的族人而言，事情并非一直如此，当初，风暴会淹没整个小屋，食物也没有了。他们把这段时间叫做饥饿月，这是积雪太厚，鹿消失不见，仓库空空的时间。这是长老离家去打猎却一去不还的时期。当吸吮骨髓再也不能维生的时候，婴儿也将一去不还。在漫长的饥荒时节，绝望就是唯一的汤。

冬天的饥馑对于我们的族人来说是一种现实处境，特别是在小冰期，冬季格外漫长而严酷的时候。有些学者认为，温迪戈的神话在毛皮贸易的年代传播得也很快，在这一时期，过度狩猎使村子陷入了饥馑。人们对冬季饥荒的恐惧始终萦绕不去，具象化成了温迪戈那冰封的饥饿与豁开的咽喉。

当饥饿和与世隔绝的疯狂在冬天小屋外沙沙作响的时候，在风中尖啸的怪物温迪戈的故事强化了食人的禁忌。一旦屈从于这样的冲动，啮骨之人就注定要像温迪戈一样永远流浪了。据说温迪戈永远不能进入灵的世界，而是要经受永恒的饥渴的折磨，它的本质是永远无法得到满足的饥饿。温迪戈吃得越多，就会变得越贪婪。它在渴望中尖啸，它的思想就是无法得到满足的渴求所带来的折磨。它被吞噬的欲望吞噬，同时糟蹋着人类。

但是温迪戈不只是用来吓唬孩子们的神话中的怪物。我们可以通过创世神话来瞥见一个民族的世界观：他们如何理解自身，把自己置于世界中的什么位置，以及他们追求的是什么样的理想。同样地，一个民族集体的恐惧和他们最深切的价值也反映在他们创造的怪物的面貌中。温迪戈从我们的恐惧和失败中诞生，它是我们心中把自己的生存看得比什么都重的欲望的化身。

用科学体系的术语来说，温迪戈是正反馈回路的例子，也就是一个实体的改变会促使该系统中另一个相关实体发生类似的改变。在这个例子中，温迪戈饥饿程度的增加导致了它进食的增加，而进食的增加只会令它的饥饿更加酷烈，最终陷入无法控制的吞噬一切的疯狂之中。不论是在自然环境还是人工环境中，正反馈都会不可避免地导致变化的发生——有时是增长，有时是破坏。但是，当增长打破平衡的时候，你也很难说出它和破坏有什么区别了。

稳定平衡的系统一般都是典型的负反馈回路，在这样的系统中，一个组成部分的改变会引起另一个部分发生相反的改变，因此它们能够抵消掉彼此的变化。如果饥饿导致了进食的增加，进食导致了饥饿的减少，饱足就是可能的了。负反馈是一种交互的模式，各种力量的相伴相生，创造出了平衡与可持续性。

温迪戈的故事旨在激起听众心中的负反馈回路。传统的教育是要强化孩子的自律意识，从而建立屏障以抵挡过度索取的诱惑，防微杜渐。古老的教诲承认我们每个人心中都有温迪戈的本性，因此故事中才创造了这个怪物的形象，让我们得以知道为什么我们应该畏惧自己贪婪的一面。这就是为什么像斯图尔特·金这样的阿尼什纳比长老总在提醒我们，要想了解我们自己，一定要承认生命具有两面性——既有光明的一面，也有黑暗的一面。要看清黑暗，承认它的力量，但不要喂养它。

这头野兽被叫做吃人的恶灵。根据欧及布威学者巴西尔·约翰斯顿的说法，“温迪戈”这个词本身的意思就是“脂肪过多”或“只考虑自己”。作家史蒂夫·皮特（Steve Pitt）写道：“温迪戈曾经是人类，然而其自私自利完全盖过了自控力，终于，他们永远也不会得到满足了。”

虽然称呼可能不同，不过约翰斯顿和其他很多学者都指出，如今蔚然成风的自我毁灭行为，比如沉溺于饮酒、药物、赌博、技术等等，都显示着温迪戈仍然活着，而且横行于世。皮特说，在欧及布威的道德观中，“一切过度放纵的行为都是自我毁灭，而自我毁灭的行为就是温迪戈”。而正如温迪戈的啃咬具有传染性一样，我们也非常清楚自我毁灭行为的恶果，它总会拖累许多其他的受害者，这些受害者不仅是我们人类的家庭，同时还有人类以外的世界。

温迪戈原本的栖息地是北方的森林，但过去几个世纪以来，这个范围已经大肆扩张了。正如约翰斯顿所说，跨国企业中已经孳生出了新品种的温迪戈，它贪得无厌地蚕食着地球的资源，“不是为了满足需求，而是为了贪欲”。只要你知道如何去寻找，就会发现它的足迹遍布我们四周。

为了维修，我们的飞机不得不在丛林中一条短短的柏油路上着陆。这里处于厄瓜多尔亚马孙油田的核心位置，离哥伦比亚边界只有几英里。我们追随着像蓝缎带一样闪闪发光的河流，从连绵不断的雨林上空飞了进来。但是，清澈的河水却突然变成了黑色，我们下方生生出现了一道深渊，红色的泥土翻了出来，标记着输油管的路径。

我们的宾馆坐落在一条尘土飞扬的街道上，街角满是死狗和娼妓，无时无刻不在燃烧的烟囱把天空染成了永远的橘红色。门房给了我们房间钥匙之后提醒道，要记得用梳妆台抵住门，夜里不要离开房间。大厅里有一笼鲜红的金刚鹦鹉，它们两眼呆滞地望着外边的大街；而在街上，半裸的孩子们在乞讨，不到十二岁的男孩肩上挂着AK47步枪，站在毒贩的宅子外放哨。我们这一夜总算平安无事。

第二天清晨，在朝阳从雾霭蒙蒙的丛林上升起的时候，我们就坐飞机离开了这里。我们下方是纠缠在一起的城镇，四周环绕着彩虹般色彩缤纷的石化垃圾，多得数都数不清。温迪戈的足迹。

只要你去看，它们到处都是。它印在奥农达加湖的工业污泥之中。它同样印在俄勒冈海岸山脉那残忍地遭到皆伐而让泥土滚落河中的斜坡之中。你可以在为了开采煤矿而削平山顶的西弗吉尼亚看到它，在墨西哥湾海滩上渗着油污的脚印中看到它。你可以在整整一平方英里的工业化大豆田中看到它，在卢旺达的钻石矿里看到它，在塞满衣服的衣柜里看到它。到处是温迪戈的足迹，到处是无法满足的消费欲留下的痕迹。那么多东西都遭到了吞噬。当你在商场中行走时你可以看到它，当你注视着被用来开发房地产的农场时你可以看到它，当你注视国会的运作时你可以看到它。

我们都是共犯。我们都允许了使用“市场”来定义什么是价值，于是，重新定义下的公共利益似乎也开始取决于肆意挥霍的生活方式，这让销售者越来越富有，灵魂和大地却越来越贫瘠。

有关温迪戈的警示性故事出现在建基于公共财富的社会之中，

在这样的社会里，分享是生存的根本，贪婪会使得个人变成集体的威胁。在以前，自己占有太多而危害了社群的个人会首先得到告诫，然后受到排斥，如果贪婪的行为仍不停止的话，他们最终会被放逐。温迪戈的神话可能正是源自对这些被放逐者的记忆，他们注定要在饥饿与孤独中永世徘徊，向唾弃他们的人发泄仇恨。被逐出互惠之网是一种可怕的刑罚，你再也没有人可以分享，也没有人可以关心了。

我还记得有一次在曼哈顿的街上行走，一处豪宅的窗户里透出温暖的光，洒在了人行道上，照着一个男人在垃圾桶里翻找晚餐的身影。也许我们都被这种对私有财产的痴迷放逐到了孤独的角落。我们甚至接受了自我的放逐，把我们美丽的、独一无二的生命消耗在了赚更多的钱和买更多的东西上面，我们把物品填进自己的欲壑，却永远也喂不饱它。这是温迪戈欺骗我们的手段，它让我们认为占有能够满足我们的饥饿感，然而正是占有导致了我们的饥渴。

在更大的尺度上也是一样。我们似乎活在温迪戈经济学的时代，它为我们编造了需求，迫使我们过度消费。当初原住民努力限制的东西，如今这个认可贪婪的系统性政策却在要求我们释放它。

我的恐惧远不止承认我们每个人心中都有温迪戈。我的恐惧在于，似乎世界被里外倒转了，黑暗的一面变得仿如光明。我的族人曾经畏之如怪物的毫无约束的自私自利，如今却被吹捧为成功。我们需要崇拜的，是那些被我的族人视为不可原谅的东西。这套由消费驱动的思维伪装成了“生活质量”，但它却从内部吞噬了我们。这就仿佛我们受邀参加一场盛宴，但桌上的食物只会滋养我们腹中的空虚，胃袋里的黑洞根本填不满。我们放出了一个怪物。

生态经济学家认为，我们应该推行改革，建立服从生态原则与热力学限制的经济学。他们敦促人们拥抱这一激进的观念，那就是我们要想维持生活质量的话，必须要确保自然资产和生态系统服务可以持续。但是，各国政府却依然坚持着新古典主义的谬误，认为人类的消费是没有后果的。我们继续拥抱的经济系统是在一颗资源有限的星球上推行无尽的增长，就仿佛宇宙间已经为了我们废止了热力学定律一样。永恒的增长与自然法则根本不能相容，然而，像劳伦斯·萨默斯（Lawrence Summers）这样先后就职于哈佛大学、世界银行和美国国家经济委员会的著名经济学家却发表了这样的言论："地球的承载力在可以预见的未来内绝不可能到达极限。我们应该因为一些自然极限而为增长设下限制的想法是彻头彻尾的错误。"我们的领导心甘情愿地忽视了这个星球上所有其他物种的智慧与模式——当然，那些已经灭绝了的物种除外。完全是温迪戈的想法。

神圣之物与超级基金

在我屋后的泉水上方，一滴水珠正在苔藓枝上生成，它悬挂在那里，片刻的闪耀后，就放手落下。其他水珠滴滴答答地加入了这个过程，这只是山上淌下的几百道流水中的一小部分而已。它们在岩壁上水花四溅，飞流而下，越来越迫切地踏上旅程，汇进九里溪（Nine Mile Creek），最终流进奥农达加湖。我合拢双手，从泉水中掬了一捧水来喝。我知道这些水珠要遭遇什么，因此很为它们即将要踏上的旅程担忧，想把它们永远留在这里。但是，天下没有不流的水。

我的家在纽约州北部，这里的分水岭位于奥农达加族人祖祖辈辈居住的家园中，此处也是易洛魁或豪德诺硕尼联盟的中央之火。在奥农达加人传统的理念中，世界上的一切存在都拥有自己的天赋，而这项天赋同时也产生了对世界负有的责任。水的天赋是它能够维持生命的角色，它的责任是多种多样的：它让植物生长，为鱼儿和蜉蝣创造家园，而对今天的我来说，它送给了我一捧清凉的饮料。

这里的水有着独特的甘甜，它来自四周的群山，那是极为纯净、纹理极为细腻的石灰岩。这些山峦是古代的海床，是接近纯粹的碳酸钙，珍珠灰的色调中几乎不掺杂任何其他的元素。石灰岩壁中还隐藏着一些盐洞，这些洞窟就像水晶宫一样，里面布满了岩盐的方形结晶，如果泉水是从这里涌出来的，就没有这么甜了。奥农达加人用这些盐泉来给玉米汤和鹿肉调味，并用它保存一篮篮由水供养的鱼。那时，生活是美好的，水奔流不息，每天都完成自己的使命，忠于自己的职责。但人们与水不一样，我们没办法永远留心，偶尔也会遗忘。因此，豪德诺硕尼人有了感恩演讲，只要是聚会的场合，他们就提醒自己要向自然界的一切成员致以问候和感谢。对水，他们是这样说的：

> 我们向世界上一切的水致以感谢。我们感谢水至今依然存在，依然在履行着它的责任，维持着大地母亲怀中的生命。水就是生命，它解除了我们的干渴，为我们提供了力量，让植物得以生长，维持着我们大家的生命。让我们把心灵合而为一，以同一颗心，向水致以问候和感谢。

这些话语反映了人类的神圣使命。水被赋予了维持世界的责任，而人类也是一样。他们最重要的责任就是感激大地馈赠的礼物，并照料它们。

故事里讲，很久以前，豪德诺硕尼人真的忘了要心怀感恩地生活。他们变得贪婪、好妒，并开始彼此争战。冲突只会带来更多的冲突，终于，部族间的战争变得持续不断。很快，每个长屋都尝到了哀恸的滋味，但暴力仍在持续。大家都在遭受折磨。

在这个悲惨的时期，遥远的西边，一位休伦族（Huron）女子生下了一个男孩。这个英俊的少年长大成人，知道自己身负独特的使命。有一天，他向自己的家人解释说，他必须离开家，向东方的人传递来自造物主的消息。他用白石雕成了一条美丽的筏子，乘着它驶向远方，最后他停船靠岸，来到了互相争战的豪德诺硕尼人中间。在这里，他传达和平的消息，渐渐地，他赢得了“和平使者”的美名。一开始，很少有人注意到他，但是所有听了他的话的人都发生了转变。

他的生命处于危险之中，并因悲戚而变得沉重。和平使者与他的盟友们——其中包括真实的海华沙*——在忧患深重的时代呼吁着和平。多年来，他们流浪到一个又一个的村子，而交战的各部族首领也一个接一个地接受了和平的讯息。只有一人除外，那就是奥农达加族的首领塔多达荷（Tadodaho），他拒绝让自己的族人走上和平的道路。他的心中充满了仇恨，他的头发中盘着一条条毒蛇，他的身体因尖刻的话而变得扭曲。塔多达荷把死亡和哀伤带给了和平的使者们，但是和平的力量比他更强大，最终，奥农达加族也接受了和平的讯息。塔多达荷扭曲的身体恢复了健康，和平的使者们齐心合力梳通了他的头发，去掉了里边的毒蛇。他同样得到了转变。

---

* 海华沙（Hiawatha）是易洛魁联盟的创始人之一，他是莫霍克族或奥农达加族的领袖。历史上确有其人，不过他广为人知的另一个原因是诗人亨利·华兹华斯·朗费罗创作的诗篇《海华沙之歌》——虽然这首诗所描写的与历史上真正的海华沙有一定差别。

然后，和平使者把豪德诺硕尼五大部族的首领聚在一起，让大家同心协力。豪德诺硕尼联盟以一棵巨大的北美乔松为标志，称为“和平之树”，五根修长的绿色针叶联成一束，象征着五大部族的团结。和平使者单手就把这棵大树从土中拔起，让先前召集而来的酋长们把手中的武器扔到树坑里去。就在这个湖边，各部族同意要“埋藏战斧”，按照“伟大的和平法则”来生活，这一法则规定了人与人之间，还有人与自然之间正确的关系。四条白色的树根向四方伸展，邀请所有爱好和平的部族来到这棵树下，得到荫蔽。

伟大的豪德诺硕尼联盟就是这样诞生的，它是这个星球上存续至今的最古老的民主政体。就在这里，就在奥农达加湖畔，诞生出了伟大的律法。作为起了关键作用的部分，奥农达加族成了联盟的中央之火。从那时开始，塔多达荷这个名字就在联盟的精神领袖之间代代相传了。最后，和平使者在那棵伟大之树的树梢上放了一只高瞻远瞩的雕，让它提醒人们是否有危险正在逼近。许多个世纪过去了，雕一直尽忠职守，豪德诺硕尼人也安享着和平与繁荣。但另一种危险侵袭了人们的家园，那是一种完全不同的暴力。这只伟大的鸟儿一定叫了又叫，但它的声音却淹没在风云变化的旋涡之中了。今天，和平使者曾经行走的土地已经变成了超级基金场址。

事实上，在奥农达加湖畔排列着九个超级基金场址，今天的纽约州锡拉丘兹（Syracuse，又译雪城）就是在附近发展起来的。拜一个多世纪的工业发展所赐，当年北美洲最为神圣的湖泊如今却成了全美国污染最严重的湖泊之一。

被丰富的资源与汇入的伊利运河吸引而来的工业巨头为奥农达加的领地带来了“创新”。早期的日志记载，工厂的烟囱把空气变成了“令人窒息的恶臭”。厂商很高兴奥农达加湖就在触手可及的地方，可以用来充当垃圾倾倒场。几百吨工业废物被捣成浆，倾泻进湖底。不断壮大的城市也有样学样，把生活污水排了进来，让湖水愈发苦难深重。这些奥农达加湖的新来者就像做出了宣战一样，不过不是向彼此，而是向土地宣了战。

今天，当初和平使者所踏足、和平之树所矗立的土地完全不再是土地了，而是六英尺深的工业废物层。它会粘在人的鞋上，就像是幼儿园小朋友用来把剪出来的小鸟粘在手工纸做的树上的那些稠白的糨糊。这里没有多少鸟了，和平之树也早就被埋了。原住民甚至连湖岸熟悉的曲线也认不出来了。旧的轮廓被填充，废物层组成了一道超过一英里长的新的湖岸线。

有一种说法是，废物层形成了新的土地，但这是谎言。废物层其实就是旧的土地，只是化学成分被重新排列了。这种油脂一样的烂泥曾经就是石灰石、纯净的水和肥沃的泥土。旧的土地被压成齑粉、被提取精华，然后被从管道排出，这才形成了这块新的“陆地”。这种物质叫做索尔维废料，是根据制造它的索尔维集团*

* 索尔维集团是一家跨国化工集团，总部在布鲁塞尔，由比利时化学家欧内斯特·索尔维于 1863 年创立。他发明了氨碱法，也就是用石灰石与盐卤生产纯碱的方法，后世称之为索尔维法。这种方法产生的副产品氯化钙是被排入奥农达加湖的废物的主要成分。——译注

命名的。

索尔维法是化学上的重大突破，人们由此能够制造出纯碱，这种物质在其他的工业生产过程中扮演了核心角色，比如玻璃制造业，制造清洁剂、木浆和纸也要用到它。土生土长的石灰石在焦炭炉里熔化，然后和盐一起反应，生产出纯碱。这一产业推动了整个地区的发展，而化工产业也扩张了，把有机化学、染料和氯气的制造也囊括进来。一条条铁道线从工厂前稳步经过，把一吨又一吨的产品运送出去。管道向另一个方向铺去，倾倒着一吨又一吨的废物。

从地形学上来说，废物堆成的小山就是倒转了的矿坑——纽约州最大的露天矿坑，而且尚未开垦——在这里，石灰石被开采出来，大地在一个地方被掘开，挖出来的东西又掩埋了另一个地方的地面。如果时间能够像电影倒放那样回溯的话，我们就会看到这堆乱糟糟的垃圾把自己重新组装成郁郁葱葱的山岭和覆盖着青苔的石灰岩岩壁了。溪水可以转头流回山上的泉眼中去，盐可以回到自己地下的房间里，依旧闪闪发光。

想象出当时的场景实在太容易了，管子里第一次喷溅出了白粉般的浪花，就像是一只巨大的机械鸟的粪便一样。一开始，它喷了几下就停了下来，因为往回蔓延一英里多，连接着工厂内脏的"肠管"中还有空气。但是，它很快就调整好了状态，开始了稳定的流淌，埋葬了芦苇和灯芯草。青蛙和水鼬有没有来得及在被埋葬之前逃走呢？乌龟又怎么样了呢？它们动作太慢了，不可能逃过被镶嵌在湖底的命运。这是创世传说的逆转版本，在原本的故事中，世界是由乌龟驮在背上的。

最初，他们填埋了湖岸本身，把一吨又一吨的沉淀物排到水中，一团团白色的沉渣泛起，碧蓝的湖水成了白浆。然后，他们把管子的末端接到了附近的湿地中，就在溪水的边上。九里溪的溪水想必非常渴望能够违抗重力，扭头回到山上去，重归泉眼底下生满青苔的池塘。但它只能坚持完成工作，顺流而下，渗到废物层中，最后到达湖中。

注定降到废物层中的雨水也遇到了麻烦。一开始，水分会被极小的废物粒子滞留在白色的黏土中。然后，重力会渐渐把水滴拽下来，让它通过六英尺的淤积，到达底部，融入排水渠，而不是溪流中。雨滴在穿过白粉般的废物层时，会不可避免地履行自己的使命：溶解矿物质，带来本该滋养植物和鱼类的离子。在它到达堆积层底部的时候，水里的化学物质已经使得它像汤一样咸，像碱液一样具有腐蚀性了。它的美好的名字——“水”——已经丧失了。现在它叫做“浸取液”。从废物床中渗出的浸取液的 pH 值能达到 11，它会像管道清洁剂一样灼伤你的皮肤。普通饮用水的 pH 值是 7。今天，工程师们会把浸取液收集起来，与盐酸混合，来中和酸碱度。然后，它才会被排进九里溪，进入奥农达加湖。

水遭到了愚弄。它天真无邪地踏上旅程，想要完成自己的使命。它没有做任何错事，却遭到了玷污，它不再是生命的承载者，而是不得不去输送毒药。然而，它没有办法停下自己流动的脚步，凭借造物主赐予它的天赋，它必须去做自己不得不做的事。只有人类才有选择。

今天，你可以驾驶摩托艇在和平使者曾经摇桨的湖面上泛舟。在水的另一边，湖的西岸轮廓分明。明亮的白色峭壁在夏日的烈阳下闪闪发光，就像多佛白崖一般。但当你划近看去，你却会发现这些“峭壁”根本就不是岩石，而是一面索尔维废物构成的陡峭的墙。当你的小船在波浪中荡漾时，你可以看到墙上侵蚀出的一条条沟壑，原来天气也成了把废物混入湖水的共犯：夏日的烈阳把它苍白的糊状表面烤干，让风可以把它吹走，而冬天降到零度以下的酷寒又会让它板结、脱落，掉进水中。这个地方附近环绕着一片沙滩，但这里没有游泳的人，也没有码头。这片明亮的白色区域是一片废弃物构成的平原，多年以前它前面的挡土墙就倒塌了，于是这片区域也直上直下地落到了水中。固定住的废物铺成的一条白色的人行道一直从岸边延伸出去，几乎没到了水里。这段光滑的坡岸上不时会出现鹅卵石那么大的岩石，像鬼魅般地在水下时隐时现，与你所知的任何岩石都不一样。这些是核形石（oncolite），它们是碳酸钙的沉淀物，布满了整个湖底。核形石——结核般的石头。

堆积物在这片平原上隆起，就像一根脊椎，这是旧的挡土墙的遗迹。当初装着白色淤泥的生锈水管以怪异的角度向四处戳了出来。在这些淤积物与索尔维废物形成的平原交会的地方，出现了一股股的涓涓细流，让人莫名地想到泉水，但这里出现的液体却似乎比水更浓稠一些。沿着这些向湖中排去的“细流”，是一块块夏天也不会化的冰，那就是一片片盐晶，在它的下边就是汩汩冒泡的水，仿佛早春正在融化的溪流一般。如今，废物层每年仍会向湖中滤出数吨的盐。索尔维的继承者是联合化学公司（Allied

Chemical Company)，在它停止运营之前，奥农达加湖的含盐量是上游的九里溪的十倍。

这些盐分，这些核形石，还有这些废物都在阻碍有根水生植物的生长。而湖水正是依赖这些被淹没的植物通过光合作用来生产氧气。没有植物，奥农达加湖的深处就没有氧气，水底没有了摇曳的植被，鱼、青蛙、昆虫、大蓝鹭——整个食物链——就没有栖息地。虽然有根的水生植物处境凄惨，但是奥农达加湖中的浮游藻类却很兴旺。几十年来，都市生活污水所带来的高含量的氮和硫都在向湖中施肥，促进着它们的增长。众多藻类覆盖了水面，它们死去之后又沉入水底，藻类尸体的分解耗尽了水中的最后一点氧气，然后，湖水就开始散发出像夏天被冲上岸边的死鱼一样的臭味了。

幸存下来的鱼也不能吃。这里的渔业在1970年就因为汞的富集而被禁止了。据估计，在1946年到1970年之间，共有十六万五千磅的汞被排进了奥农达加湖。联合化学公司采用水银电解法，使用当地的盐卤水制造工业用的氯。如今我们知道，含汞的废水是剧毒的，而当时它是被直接排进湖中的。当地人还记得小的时候可以通过“回收”汞来赚到一笔可观的零用钱。一位岁数大的人告诉我说，那时候你可以拿把勺子来到废物层边上，然后把地上闪闪发光的小水银粒舀起来。小孩子会将水银装满一罐，再把它卖给公司，得到一张电影票钱。在1970年代，注入湖中的汞少得多了，但是之前的汞依然滞留在沉积物中，而一旦变成了甲基汞，它还能通过水生食物链进入循环。据估计，湖底有700万立方码的沉积物都已被汞污染了。

要在湖底取样的话，需要穿过这些淤泥，还有其中淤积的一层层被泄漏的气体、油脂和黏稠的黑色软泥。对这些湖芯的分析表明，它们之中集合了大量的镉、钡、铬、钴、铅、苯、氯苯、各种二甲苯、杀虫剂和多氯联苯。没有多少昆虫，也没有多少鱼。

在19世纪80年代，奥农达加湖特产的白鲑远近闻名，这种鱼现捕现杀，用浅盘子清蒸是最好的，再配上盐水煮的土豆。湖岸边的高级餐厅生意兴隆，观光客和游乐场的旅客络绎不绝，周日下午的野餐场地上，一个个家庭摊开毯子，分享着美食。还有一条有轨电车线路接通了这里与豪华宾馆，在两者之间运送着游客。著名的景点“白沙滩”上有一条长长的木滑梯，上边点缀着一串闪闪发光的煤气灯。度假者们可以坐小车从斜坡上一路飞驰向下，在下面的湖水中激起巨大的浪花。这个景点保证“能为女士们、先生们、各个年龄的小朋友们带来欢乐刺激的激流勇进”。但到了1940年，湖中就禁止游泳了。美丽的奥农达加湖！人们提起它时曾是那样的骄傲。但现在人们已经基本上不提它了，就好像它是家里一位死得极其耻辱的亲戚，再也没人会提起这个名字了。

你也许会认为这些有毒的湖水是接近清澈的，只是里边没有生命，但在某些地方，它往往是不透明的，里边有一团黑云一样的泥沙。这种浑浊来自湖水的另一条支流——奥农达加溪所带来的泥沙。它从南方汇入，一路上流经俯瞰着塔利谷（Tully Valley）的高耸山岭，流经山坡上的森林，流经农场，还有散发着甜美芳香的苹果园。

泥水一般来自于农场的水土流失，但在这里，泥浆却来自于底下——塔利泥沸泉（Tully mudboil）。在分水岭的高处，它像泥浆火山一样在溪水中喷射着，给下游送去一吨又一吨的松软沉积物。关于泥沸泉是否是天然的地质现象，学界有不同的观点。不过奥农达加的老人记得，就在不久之前，奥农达加溪还是清澈的，在溪水流经他们的领地时，他们甚至能借着灯笼的光来用鱼叉捕鱼。他们知道，在上游开始开采盐矿之前，溪中是没有泥水的。

在工厂附近的盐井枯竭之后，联合化学公司就采用了溶液采矿法来利用河源附近埋藏于地下的盐类沉积，他们先把这些沉积物溶解掉，然后用水泵把卤水沿着山谷送往几英里外的索尔维厂房。这条卤水管恰好通过奥农达加族剩余的领地，结果管道开裂了，井水遭到了破坏。最终，溶解的盐丘在地下崩裂，形成了许多大洞，地下水以极高的压强被喷涌而出。造成的喷井形成了泥沸泉，往下游流去，并在湖中注满了沉积物。这条溪水曾经是大西洋鲑的渔场，是孩子们游泳的地方，是社区生活的核心，如今却是棕色的，像巧克力奶一样。联合化学公司和它的继任者拒绝承认自己要为泥沸泉的形成承担责任。他们声称这是天灾。这是什么样的上天啊？

这些水体所遭受的一道道伤痕就像塔多达荷头发里的毒蛇一样多，必须先叫出它们的名字，然后才能把它们清理干净。奥农达加人祖先的领土从宾夕法尼亚的边界一直延伸到加拿大。这片土地镶嵌着富饶的林地、广阔的玉米地和清澈的湖泊河流，几个世纪以来一直在滋养着原住民。原本的领地也包括今天的锡拉丘兹城与奥农达加湖的神圣湖岸。奥农达加人对这些土地的权利受到两个主权国之间所订立的条约保护，那就是奥农达加国与美利坚合众国政府。但水比美国政府更忠实地履行了自己的责任。

当乔治·华盛顿在独立战争期间下令联邦军队消灭奥农达加人的时候，这个曾经拥有成千上万人口的民族在大约一年之间就锐减到了几百人。在那之后，每一条协议都遭到了破坏。纽约州政府对土地的非法掠夺使得奥农达加原住民的领土缩小到了区区4300英亩的保留地。今天，奥农达加族的领地并不比索尔维废物层大多少。对奥农达加文化的侵蚀也在继续。父母努力把孩子藏起来，躲避印第安事务官，但孩子们最终还是被带走了，送到类似卡莱尔印第安学校那样的寄宿学校去。当初“伟大的和平法则”（以下简称“伟大法则”）所使用的语言遭到了禁止。传教士被派遣到男女平等的母系氏族，告诉他们一直以来的做法是错的。长屋里为保持世界平衡而举行的感恩典礼遭到了法律的禁止。

人们眼睁睁看着自己的土地退化，而自己却无能为力。他们忍受着只能旁观的痛苦，但却从未屈服，从未交出自己照顾大地的责任。他们继续举行典礼尊崇大地，礼赞自己与它的关系。奥农达加人依然依照“伟大法则”的教训而生活，依然相信着为了回报大地母亲的馈赠，人类一族有责任照顾人类以外的各族，有责任管理土地。虽然他们对祖先的土地已经失去了所有权，但是他们的双手却注定要保护这里。于是，他们尽管无助，仍在睁大眼睛观察，看着陌生人掩埋了和平使者的足迹。他们注定要去保护的植物、动物和水都消逝了，但他们与大地的契约却从未破裂。就像湖泊上游的泉水一样，这些人只是在坚持做着他们天命注定要完成的事情，不论下游等待自己的将是什么样的命运。这些人继续向大地致以谢意，虽然这片土地的大部分已经没有多少值得人感谢的理由了。

一代代的哀悼，一代代的失落，但同时也有力量——这些人是不会屈服的。灵的力量在他们这边。他们有自己传统的教诲，也有法则。奥农达加是美国的一个异数，这支原住民从未屈服，从未放弃自己的传统政府，从未放弃自己的身份认同，从未放弃自己作为一个主权国家的地位。联邦法律已被它自己的作者忽视，但奥农达加人依然在按照“伟大法则”的教训而生活。

从悲痛和悲痛化为的力量中诞生出了行动。2005年3月11日，奥农达加族发起了公开的复兴运动，在联邦法院提出了诉讼，目标是收回他们失去的家园的所有权，让他们得以再次履行自己照顾大地的责任。曾经的长老逝去了，曾经的婴儿变成了新的长老，人们一直坚守着重获传统土地的梦想，但是他们没有法律上的发言权。司法的大厅几十年来都对他们紧闭大门。随着司法的氛围逐渐变化，原住民部落也能提出联邦诉讼了，其他的豪德诺硕尼民族也提出了收回土地的要求。这些索赔在实质上得到了最高法院的支持，裁决认为豪德诺硕尼的土地是被非法掠走的，人民受到了极大的冤枉。印第安人的土地是在违背美国宪法的情况下被非法“购买”的。纽约州被下令必须达成和解，虽然补救和赔偿难觅踪影。

有些部族在土地所有权的问题上接受了谈判，换取了现金补偿、土地收益或赌场的交易，以缓解贫困或确保他们剩余的领地上文化的生存。其他一些部族通过从愿意出售土地的卖家手里买断，与纽约州政府进行土地互惠信贷，或威胁起诉个人土地所有者来重新获得原来的土地。

奥农达加族采取了不同的手段。他们的要求是根据美国法律而提出的，但它的道德力量在于"伟大法则"的指令：为了和平，为了自然界，为了未来的世世代代而行动。他们并不认为自己的诉讼是关于土地所有权的，因为他们知道土地并不是财产，而是馈赠，是生命的维持者。塔多达荷·西德尼·希尔（Tadodaho Sidney Hill）说，奥农达加族的目标永远也不是把人逐出自己的家园。奥农达加人太理解流离失所的感受了，不会把这种痛苦施加到自己的邻人身上。相反，这次诉讼真正的名字应该是土地权利行动。这项行动从一开始就提出了印第安法律中前所未有的声明：

> 自时间的黎明开始，这片土地就一直是奥农达加族的家园。如今奥农达加人希望能实现彼此之间，以及和其他所有在此居住的人之间的和解。这一民族和它的人民，与土地之间存在独特的精神、文化与历史联系，这体现在伽雅纳沙戈瓦，也就是伟大的和平法则之中。这种联系远超联邦法律及州法律对所有权、财产权和其他法律权益的关切。奥农达加族人与土地是一体的，并认为自己是它的管理者。努力治愈这片土地，保护这片土地，并把它交给子孙后代，是本族领导人的责任。奥农

> 达加族提出这项诉讼是为了自己的族人，希望它能加快和解的过程，为所有居住在这一区域的生灵带来持久的公正、和平与尊重。

奥农达加人的土地权利行动希望达成的目标，是法律承认他们对自己家园的名分，而不是为了移走他们的邻居，也不是为了建设赌场，他们认为那些是对社区生活的破坏。他们的目的是为推进土地的修复争取一个必要的合法立场。只有在师出有名的情况下，他们才能确保矿产可以得到收回，奥农达加湖可以得到清理。塔多达荷·西德尼·希尔说："我们曾不得不在大地母亲遭受那一切的时候袖手旁观，但是从没有人倾听我们的想法。土地权利行动让我们有了发声的机会。"

在被告名单中居于首位的是纽约州政府，当初是它非法夺走了土地，此外，造成环境恶化的公司也被列入被告名单中：一家采石场、一家矿场、一家造成空气污染的发电厂，还有联合化学公司的继任者——霍尼韦尔国际公司——这一次它的名字更加甜美了。*

即便没有这次诉讼，霍尼韦尔公司最终也被追究了湖泊清理的责任，不过关于怎样处理这些污染的沉积物才能最好地确保自然的修复可以继续，却引发了激烈的辩论：是挖浚，是掩埋，还是把它留在原地呢？州一级的、当地的，还有联邦的环境机构都给出

---

* 霍尼韦尔国际公司（Honeywell Incorporated），1906 年由马克·霍尼韦尔（Mark Honeywell）创立。Honeywell 的字面意思是"蜜井"。——译注

了解决方案，开价也各不相同。各种不同的湖泊修复计划彼此竞争，与之有关的科学问题也很复杂，而每一个方案都提出了环境和经济方面的权衡。

在数十年的迟疑不决之后，霍尼韦尔公司终于不出所料地提供了它自己的清理方案：花费最少，获益也最小。公司已经商定了一个计划，那就是把污染最严重的沉积物挖出来，然后在废物层挖出一个密封的填埋区，把它们封在里边。这也许算得上一个良好的开端，但是，弥漫在沉积物中的一坨坨污染物覆盖了整个湖底，又会从那里进入食物链。霍尼韦尔公司的计划是把这些沉积物留在原地，在上面盖上一层四英寸厚的沙子，把它们与生态系统部分隔离。而即便这种隔离在技术上可行，本计划也只能掩埋湖底不到一半的面积，其他地方的污染物还会像以往一样进入循环。

奥农达加族的首领欧文·波列斯（Irving Powless）认为，这种解决方案就像是在湖底贴创可贴。创可贴对于小伤口而言是很好的，但是“医生不会给癌症患者开创可贴”。奥农达加族呼吁的是对圣湖进行彻底的清理。然而，如果没有法律上的名分，各方势力就不会在谈判桌上给族人一个平等的位置。

希望在于，当奥农达加人清理联合化学公司头发中的毒蛇的时候，历史本身也会变成预言。其他人都为清理计划的费用而争辩，奥农达加人却采取了坚定的立场，反对把经济置于福祉之前的惯常做法。奥农达加族的土地权利行动规定，须把彻底的清理作为归还的一部分，不接受任何折中的手段。分水岭地区的非原住民作为奥农达加国的邻居，以一种特殊的伙伴关系结为同盟，与奥农达加人一起呼吁对土地的治愈。

在法律争辩、技术辩论和各种环境模型之间，重要的是不要忘记这项任务神圣的本质：让这片污染最严重的湖泊重新配得上水的工作。和平使者的灵魂依然行走于湖岸边。这场法律诉讼关注的并不只是拥有土地的权利，而是土地拥有的权利，也就是保持完整和健康的权利。

部族主母奥德丽·谢南多厄（Audrey Shenandoah）明确了目标。这不是为了赌场，不是为了钱，也不是为了报复。“在这场诉讼中，”她说，“我们寻求的是公正。为水寻求公正，为四条腿的一族寻求公正，为有翅膀的一族寻求公正，它们的栖息地被夺走了。我们寻求公正，不只是为了我们自己，而是为了整个造化。”

2010 年春天，联邦法院下发了关于奥农达加族诉讼的裁决。该案被驳回了。

在盲目的不公面前，我们该如何继续？我们该如何履行治愈土地的责任？

我第一次知道这个地方的时候，拯救行动已经过去了很长时间。但甚至没有人知道。他们把这件事隐瞒了起来。直到有一天，一个标语出现了，它是那样突兀而怪异，不知从何而来。

HELP

绿色的黑体字母大得能当橄榄球场的标牌，而且它就在公路旁边。但即便那时，也没有人注意。

十五年后，我搬回了锡拉丘兹，我曾在这里求学，目睹这些字母逐渐枯黄，最终在这段繁忙的道路旁边凋零、消失。但是，我心中对那条消息的回忆并没有褪色——我要再去亲眼看看那个地方。

那是十月一个晴朗的下午，我没有课。我并不知道这个地方的确切位置，但我听过一些传闻。湖水的颜色是那样蓝，你几乎会忘记它其实是什么东西。我开车经过游乐场的后边，这里早就停业，变得荒凉。不过，下了环绕游乐场的土路之后，我发现这里的防盗门大开着，在风中摇晃，于是我开了进去。我的车是这个为几千人设计的停车场里唯一的车辆。

院墙之内的东西应该是不太可能画在地图上的，不过显示有一条大概是车道模样的东西延伸向湖的方位，所以我下了车，沿着它走去。我觉得把车锁在这样僻静的地方也没什么好担心的。我去去就回，肯定能赶上接我家的两个姑娘放学的。

我在地图上看到的“车道”不过是穿过芦苇丛的车辙印而已。这些芦苇的茎秆如此茂密地挤在一起，在两边形成了两堵墙。我听说每年夏天，来自纽约州大集市畜棚里的粪便都会被倾倒在这里。从蓝带乳牛和游乐场的大象的畜栏中清理出来的东西都会归结到这里的废物层。之后，城市也如法炮制，把一罐罐下水道中的污泥倒在这里。这些污水浇灌出的芦苇荡完全营养过剩，羽毛状的穗子高耸着，比我的头顶还要高出几英尺。我望向湖面的视线和我的方向感都丧失在了这片疯狂的茎秆中，它们彼此摩擦，来回移动，在风中轻轻摇曳，几乎可以催眠。“车道”先是向左分岔，然后又向右，成了一座没有任何路标的围墙迷宫。我感觉自己就像是一只芦苇迷宫中的小老鼠。我向似乎朝着湖那边的岔路走去，现在，我开始希望自己能带上指南针了。

湖岸上有大约1500英亩的荒地，即便是通常可以帮你指明方向的公路的声音也消失在了芦苇的沙沙声中。我后颈有点发凉：此处不宜独自久留。我自言自语起来，企图给自己壮胆。这里一个人也没有，完全没什么好担心的。谁会这么疯狂，竟要到这神弃之地来呢？藏在这里的只会是另一个生物学家，而我若看到同行开心还来不及。要么就是一个持斧行凶的杀人犯想来这里抛尸，在这片芦苇丛中，尸体永远也不会被发现。

我顺着小路走去，它弯弯曲曲，拐了个弯，这时我突然看到了一棵杨树的树梢。我在很远的地方就能听到它叶子的响动，这个声音是错不了的。这是个求之不得的路标。小径又拐了一下，我看到了这棵树的全貌，那是一棵高大的杨树，粗壮的树枝四处伸展，笼罩着道路。它最低的枝条上挂着一具人类的尸体。旁边，一根空的绞索在风中摇晃。

我尖叫着跑了，在极度恐慌和芦苇墙的包围之下，我看见路就钻。我的心脏狂跳不止，像没头苍蝇似的跑了又跑，然后像每部恐怖片的情节一样，我一头撞进了死路。在这个恐怖的场景中，我看到一个黑布蒙面的刽子手，他肌肉发达的手臂拎着一把鲜血淋漓的斧头。砧板上是用布蒙着的一具女尸，被砍下的头颅边垂着金色的卷发。我动弹不得。而他们也一动不动。

原来，这是从芦苇荡里切割出来的一个空间，营造出一个芦苇作墙的房间，就像博物馆里的透视画。房间里边是真人大小的人形，摆出凶案现场的样子。我放下心来，也出了一身冷汗。没有尸体。不过，这种刻意呈现出来的扭曲的场景比真正的尸体也好不到哪里去。更糟的是，我在芦苇迷宫里完全迷失了方向，我现在只求身处别的地方，最好是正在校车站那里接孩子。我一想到她们，就恢复了些理智，然后尽量蹑手蹑脚地移动，希望能躲开自己想象出来的撒旦邪教徒，不被他们察觉。

在我寻找出路的时候，我又遇到了另外几个嵌在芦苇荡里的"房间"：有的是带着电椅的监狱，有的是医院病房，里边是穿着约束衣的病人和不祥的护士，最后是一个打开了的墓穴，指甲很长的死尸正在往外爬。在这片怪异的芦苇丛中又走了很长的一段路之后，通往停车场的车道终于出现了。斜照的夕阳把影子拖得很长，我的车就在停车场的另一边。我摸了摸兜里的钥匙。还在。我应该能行。我看不见大门是开着的还是关着的。我回头望了最后一眼。路旁，一个字迹清晰的标语牌插在地里：

索尔维狮子俱乐部

干草车闹鬼游

10月24日—31日

晚上8点至午夜

我笑我自己傻。可后来我却哭了。

索尔维废物层——要激起我们的恐惧的话，这是一个多么合适的地点啊。我们应该怕的不是鬼影幢幢的芦苇荡，而是它底下的东西。土地被埋在六英尺厚的工业废物层底下。毒液滴进了奥农达加的神圣湖水和五十万人的家园中——这种死亡也许比斧头的劈砍缓慢，但却同样残酷。刽子手的脸隐藏不见，但我们知道它的名字：索尔维制碱公司、联合化学与染料公司、联合化学公司、联合信号公司，还有如今的霍尼韦尔公司。

对我而言，比这套屠杀的行为更加可怕的东西是允许它发生的那一套思维，人们认为在湖泊中灌满毒汤是可以的。不论这些公司叫什么名字，坐在办公桌后面的都是一个个活人，正是带儿子去钓鱼的父亲做出了让湖水中充满污泥的决定。是人类让这一切发生的，不是面孔模糊的公司。他们不是在受到威胁，在间不容发的情况下迫使自己的手签了字的，而是普普通通的商业行为。城里的人们也允许了这一切的发生。索尔维工人采访中讲的故事就很典型："我只是在完成自己的工作。我要养家，没有办法去关心废物层发生的事。"

哲学家乔安娜·梅茜（Joanna Macy）在文章中谈道，我们赋予自己遗忘的本领，以此来避免正视环境问题。她引用了心理学家R. J. 克里夫顿（R. J. Clifton）的观点，后者研究的是人类对重大灾难的反应："压抑我们对灾难的自然反应，是我们这个时代的一种疾病。拒绝承认这些反应导致了一种危险的割裂。它使我们理智上的计算与我们植根于生活母体的本能、情感以及生物特性彻底分开了。这种割裂会让我们被动地默许我们自身灭亡的前奏。"

废物层，这是一个被赋予了新名字的崭新的生态系统。我们用废物（waste）这个名词来指代“剩下的残渣”、“废弃物或垃圾”或“由活着的机体产生但无法被利用的物质，比如粪便”。更现代的用法是指代“制造业中不要的产品”，“被拒绝或被丢弃的工业产物”。因此，“废地”指的就是被丢弃的土地。作为动词，“waste”这个词的含义是“把有价值的东西变得无用”，“使减少、浪费、挥霍”。我在想，假如我们不再把它藏起来，而是在公路旁立个牌子，欢迎人们来到被定义为“覆盖着工业粪便的被浪费的土地”，公众对索尔维废物层的看法将会如何转变呢?

毁灭的土地往往被人们看做进步和发展引起的附带伤害。但是，早在1970年代，锡拉丘兹环境科学与林业学院的诺姆·理查兹（Norm Richards）教授就决定对废物层的生态功能失调开展研究。因其果敢和有勇气，他被人尊称为“风暴诺曼”。失望于当地官员的漠不关心，“风暴诺曼”把事情揽到了自己手里。他沿着我多年后踏上的同一条道路，溜进了被栅栏包围的湖岸，然后卸下了便携的园艺设备。他在废物层朝向公路那边的长长斜坡上推着后院草坪播种机，按照精心计算好的步数来回行走，把草籽和肥料播撒到地里。向北二十步，向东十步，然后再向北。几个星期之后，“HELP”（救命）字样就出现了，一共四十英尺长，用青草书写在光秃秃的斜坡上。废地的面积很大，足够容纳更长的一句话，但唯有“HELP”这个词才是正确的选择。土地被绑架、被捆绑、被堵住了嘴，它不能为自己发声。

废物层并不是唯一的。我的故乡和你的故乡的土地遇到的问题不同，遭受的化学物质侵害也不同，但我们都能说出这些受伤的地方的名字。我们将它们铭记于心。问题在于，我们应该如何回应？

我们可以选择恐惧与绝望。我们可以记录每一处环境破坏留下的伤疤，永远也不要走出那用生态灾难的一幕幕组成的干草车闹鬼游。每个房间里都是环境悲剧，是触目惊心的噩梦般的造型，在这单一种植的入侵植物丛中挖出来的房间里，在这全美国化学污染最严重的湖岸边。被石油粘住了羽毛的鹈鹕也可以置于某个房间中。是不是还可以有手持链锯的凶手站在遭到皆伐而水土流失的山坡上的场景呢？此外，还有灭绝了的亚马孙灵长类动物的尸体，被停车场取代了的草原，北极熊绝望地站在不断融化的浮冰上。

这样的景象除了带来悲伤与泪水之外还有什么用呢？乔安娜·梅茜写道，只有在我们能为这颗星球哀恸的时候，我们才能爱它——哀恸象征着灵魂的康健。但是，单纯地哀悼遗失的风景是不够的；我们必须把双手埋进土壤，才能让自己重新变得完整。即便这是一个受了伤的世界，它也依然在哺育我们。我选择欢乐而不是绝望，这并不是因为我要像鸵鸟一样把头埋进沙子，而是因为欢乐是大地每天给我的馈赠，而我必须回之以礼。

我们每天都淹没在人类如何破坏世界的信息中，而几乎从未听到过如何滋养它。因此，环保主义成了可怕预言与无力感的同义词也不足为奇了。我们为世界做正确的事的自然倾向已经被扼杀了，它本应激励我们行动，如今却孕育了绝望。人们失去了自己扮演的角色，再也不能参与到土地的福祉之中，我们与它的互惠关系变成了“禁止入内”的牌子。

我的学生们在了解到最近的环境威胁之后，总会很快地把消息传开。他们说，“如果人们知道雪豹正在走向灭绝就好了”，“如果人们知道河流正在消亡就好了”。如果人们知道……然后他们就会怎样？会住手吗？我尊重他们对人类的信心，但迄今为止这个“如果……就会……”的公式并没有起作用。人们确实知道我们集体破坏的后果，他们也确实知道攫取性经济带来的“报酬”，但他们不会住手。学生们变得非常悲伤，变得非常安静，以至于保护环境——保护这个给他们吃的、让他们呼吸、让他们畅想子孙后代的未来的环境——这一理念跌到了他们最关切的十个问题之外。有毒的垃圾倾倒场上的干草车闹鬼游，融化的冰川，关于末日计划的连篇累牍——它们打动着任何一个依然只听到绝望声音的人。

绝望是一种瘫痪。它剥夺了我们的主观能动性。它遮蔽了我们的双眼，让我们看不到自己的力量，也看不到大地的力量。对环境的绝望是一种毒药，每一滴都和奥农达加湖底的甲基汞一样有破坏性。但是，当土地在呼喊“救命”的时候，我们又怎能向绝望屈服呢？修复是绝望强有力的解毒剂。修复提供了实实在在的途径，让人类重新与人类以外的世界建立起积极的、有创造性的关系，让人类再次履行物质和精神上的责任。哀悼是不够的。仅仅停止作恶是不够的。

曾经，我们享用着大地母亲为我们慷慨呈上的盛宴，但如今，盘子已经空了，餐厅也一团混乱。如今，我们要开始在大地母亲的厨房里自己洗碗了。有人指责洗碗的人，但是每个在用餐后来到厨房的人都知道，有欢笑声的地方，就会有良性的对话，就有友谊的诞生。洗碗就像做修复工作一样，塑造着彼此间的关系。

当然，我们修复土地的方式取决于我们如何理解“土地”的含义。把土地仅仅视为地产，以及把土地视为生存经济的来源与精神的家园，这两种观念截然不同，由此促成的修复工作一定也大相径庭。为了自然资源的产量而修复土地，与为了文化身份而使大地得到更新是不同的。我们必须思考土地意味着什么。

这个问题和其他问题在索尔维废物层是可以解决的。从某种意义上说，这片废物层的“新”土地代表着一块白板，每种理念都可以写在上边，来回应那紧急的“救命”二字。可以采取干草车闹鬼游的静态画面的形式，把每种理念所代表的场景都生动地展现出来，分散在废物层的各处。这样，在奥农达加湖的一次旅行就可以让人们对土地应有的含义和修复工作应有的样子有大致的概念。

我们的第一站将来到这块“白板”本身，这块被倾倒在曾经绿草如茵的湖岸上的白色的、油腻的工业淤泥。在某些地方，它和刚刚喷出的那天一样光秃秃的，犹如一片白垩的荒漠。场景的立体模型应该包含一名正在铺设排污管的工人，在他身后是一位西装革履的老板。第一站的指示牌上写着：“土地是资本”。如果土地只是用来赚钱的工具，那么这些人就没有做错什么。

诺姆·理查兹那句“救命”的呼吁始于20世纪70年代。如果营养素和种子就足以把废物层重新变绿的话，那么城市已经给出答案了。城市污水在层层叠叠的工业废物层上流下，带来了植物生长所需的营养物质，也带来了污水处理厂排出的废液。结局就是噩梦般的芦苇荡，这里只有入侵的苇草形成的单一物种，高 10 英尺，密密层层，把其他所有形式的生命都排挤走了。这是我们旅程的第二站，站牌上写着："土地是财产"。如果土地只不过是私有财产，是"资源"的矿藏，那么你就可以随意处置它，然后弃之不管。

差不多三十年以前，把自己搞乱的东西埋起来就成了责任——这是一种把土地当做垃圾箱的做法。政策只规定了被采矿业和工业毁掉的土地必须得到植被的覆盖。在这种人造草皮的策略之下，矿业公司可以毁掉一片容纳着两百个物种的森林，然后在尾矿上靠着喷灌和化肥种出一片苜蓿，就算是履行法定责任了。一旦联邦调查员检查过并且签好字，公司就能树起"任务完成"的大旗，关掉洒水装置，然后溜之大吉。植被几乎在公司高管离去的同时就消失了。

幸运的是，像诺姆·理查兹这样的科学家和另一群人有更好的主意。20 世纪 80 年代初，当我在威斯康星大学求学的时候，经常在夏天的夜晚和年轻的比尔·乔丹（Bill Jordan）一起在树木园中的小径上散步。在那里，各种自然生态系统都在一块废弃的农地上就位，以致敬奥尔多·利奥波德（Aldo Leopold）的观点："明智地修补土地的第一步，便是保留这个机制中的每一个部件。"在那个时代，当像索尔维废物层这样的地方所造成的恶果终于为人们所理解的时候，比尔设想了修复生态学这一门完整的学科，生态学家将利用自己的技术和哲学来医治土地——不是通过把工业化的植被铺在地上，而是通过重建自然景观。他不曾向绝望屈服。他不曾把自己的理念束之高阁。他是生态修复学会得以成立的催化剂，也是学会的共同创始人之一。

在这样的努力之下，新的法律和政策要求修复的概念做出改进：修复后的地点不仅需要看上去像自然，而且也需要拥有功能上的完整性。美国国家科学研究委员会（National Research Council）对生态修复做出了如下定义：

> 使生态系统回归于接近其在干扰前的状态。在修复中，对资源的生态破坏将得到修补，生态系统的结构和功能将得到再造。单纯再造形式而无功能，或功能纯系人造，与自然资源并无相似之处，则不能被视为修复。生态修复的目标在于效仿自然。

如果我们回到干草车上，它将带我们来到修复实验的第三站，这里展示着有关土地是什么、意味着什么的另一个版本的答案。这一站从很远的地方就能看见，在一大片粉笔般的白色衬托之下，一块块鲜艳的绿色很是显眼。它们就像草地一样摇曳着，你可以听到风吹过柳枝的声音。这场景也许可以取名为“土地是机械”，放上负责开动机械的工程师与林务官的模型。他们站在旋转割草机的尖嘴前面，不停地种植一丛丛柳树的灌木，它们和芦苇一样茂密，而且也很难带来更高的多样性。他们的目标是重建这里的结构，特别是功能，以完成一个非常单一的目的。

这里所开展的工作，目的在于用植物作为解决水污染的工程方案。当雨水从废物层中渗过时，它会溶解高浓度的盐、碱，还有其他各种化合物，一起带到湖中。柳树是吸收水的冠军，它能把水分飞快地蒸腾到大气之中。这种理念就是把柳树当做绿色的海绵，当做一部拦截雨水、不让它渗进污泥的有生命的机械。额外的好处就是，柳树可以定期修剪，然后用作生物燃料蒸煮器的原料。植物修复是很有前途的计划，但是，无论其本意是多么良善，柳树那工业化的单一物种都不能完全满足真正的修复标准。

这种修补的核心是一种机械的自然观，认为土地是一部机器，而人类是使用者。在这种简化的、物质至上的范式之下，强加于土地的工程方案就很有道理了。但是，如果我们采取原住民的世界观又会如何呢？生态系统不是一部机器，而是享有自主权的生灵共同拥有的社区，是主体而不是客体。如果这些生灵才是机器的使用者呢？

我们可以爬回干草车上，去往下一个景点。第四站没有明确的标识。它从废物层最初覆盖的湖岸一直蔓延，逐渐变成了斑驳的一块植被。在这里，生态修复专家不是大学里的科学家，也不是公司里的工程师，而是资格最老、效率最高的土地修复师。那就是植物本身，它们代表着“自然母亲和时间父亲有限责任公司”的设计。

在多年前那次意义重大的“万圣节远足”之后，我感到自己已经可以完全放松地走在废物层上，一边悠闲漫步，一边观察正在进行的修复工作。我再也没见过尸体。不过问题也正在于此。因为生成了土壤的正是尸体，是它维持了营养的循环，促进了生命的繁荣。在这里，“土壤”是白色的虚空。

这里的废物层上有大片大片没有一点生命迹象的区域，但也有医治大地的老师，它们的名字就是：桦树与桤木，紫菀与车前草，香蒲、苔藓以及柳枝稷。在这最为贫瘠的土地上，在我们造成的伤口上，植物却并没有背弃我们；相反，它们来了。

一些勇敢的树在这里站住了脚跟，大多是能够忍耐这种土壤的杨树。也有一丛丛的灌木，几片紫菀与一枝黄花，但大多数是细弱零乱的普通的路边野草。被风吹到这个地方的蒲公英、豚草、菊苣与野胡萝卜在这里生长壮大。能够固氮的豆科植物旺盛地长起来了，还有各种车轴草，大家都来干活了。对于我来说，这片挣扎求存的绿色是在缔造和平。植物是最初的生态修复专家。它们运用着自己的天赋治疗土地，为我们指明方向。

想象一下，当初落在这里的植物婴儿在刚刚从种皮中探出身来，发现自己置身于悠长的世系中从没有哪位先祖经历过的废物层，这些幼苗该是何等震惊呢？它们中的大多数或死于干旱，或死于高盐，或死于曝晒，或因缺乏营养饥寒而亡，但仍有凤毛麟角的几棵存活下来，并且努力坚持住了。特别是草。当我把铲子探到一块草地下面时，我感觉土壤是不一样的。它底下的废物不再是滑腻的纯白，我手指间的东西是深灰色的，质地松脆。有根贯穿其中。土壤颜色变深是因为里边混入了腐殖质——废物得到了改变。是的，在它下方几英寸的地方依然是浓稠的白色，但表面的一层承载着希望。植物在完成自己的工作，在重建营养的循环。

如果你跪下身来，你就能看到地上的蚁穴，它比 25 美分的硬币大不了太多。蚂蚁堆在洞口的颗粒状土壤像雪一样白。它们用自己那对小小的上颚一粒又一粒地从地下搬运废物，并把种子和叶子的碎片搬到土壤里去。它们来来回回地穿梭。草用种子喂养了蚂蚁，而蚂蚁用土壤喂养了草。它们在彼此间传递着生命。它们了解彼此之间的联系；它们了解一个人的生命有赖于一切的生命。一片又一片叶子，一条又一条根须，树木们、浆果们、小草们都在共同努力着，这样，鸟儿、鹿和虫子也加入进来了。世界就这样创生出来。

灰桦点缀着废物层的顶部，它们毫无疑问是乘风到来的，然后偶然地栖身在水坑里的一团凝胶状的念珠藻中。在念珠藻泡沫那无私的保护之下，桦树得以依靠它输入的氮生长壮大起来。如今它们是这里最大的树了，但它们并不是孤独的。几乎每株桦树的正下方都有一丛小小的灌木。它们可不是普普通通的灌木，而是那些能结出多汁果子的矮丛：美国酸樱桃、忍冬、鼠李、黑莓。这些灌木在桦树之间那些光秃秃的空地上难觅踪影。桦树这条会结果子的“围裙”吸引着飞过废物层上空的鸟儿停留在它的树枝上，并在桦树的树荫下排泄出之前吃掉的种子。更多的果实引来了更多的鸟儿，它们排泄出了更多的种子，这些种子又喂饱了蚂蚁，如此循环。这样的互惠模式书写在整个大地上。这就是我尊敬这个地方的原因之一。在这里，你可以看到开端，看到生态群落得到建立的初步过程。

废物层重新染上了绿色。当我们不知道该怎么办的时候，土地却知道。不过，我希望废物层不要彻底消失——我们需要它来提醒我们自己能够做到些什么。我们有机会向它学习，明白自己是自然的学生，而不是自然的主人。最杰出的科学家也最能谦虚地聆听。

我们可以把这一幕叫做“土地是老师”或“土地是治疗师”。植物与自然的进程是唯一的指挥，我们能够越来越清楚地看到，土地扮演的角色是知识与生态观察力的可再生来源。人类的伤害创造出了一个新的生态系统，而植物在逐渐适应它，并为我们指明了一条医治创伤的路。这是植物的独创性与智慧胜过人类任何措施的明证。我希望我们能有足够的智慧，让它们继续完成自己的工作。修复是建立伙伴关系的良机，是我们伸出援手的机会。我们这边的工作还没有完成。

在过去的短短几年中，这片湖泊为我们提供了希望的迹象。工厂关闭了，分水岭的居民建起了更好的污水处理厂，而这里的水体也回应着这份关怀。这片湖泊的自然抵抗力体现在溶氧量的小幅增加和鱼类的回归之中。水文地质学家重新引导了泥沸泉的能量，于是它们运载的泥沙减少了。工程师、科学家和活动家把人类聪明才智的天赋用于保护水体，而水也完成了自己的使命。输入的污染物少了，湖泊和溪流似乎开始在水流通过的时候净化自身。在某些地方，植物开始在湖底栖身。鳟鱼又在湖中现身了，水质好转的新闻上了头版头条。有人在湖的北岸观察到了一对雕夫妇。水并没有忘记它的责任。水在提醒着人们，既然它可以善加运用自己治愈的天赋，我们也同样能够做到。

水本身的净化能力就是一种强大的力量，这让未来的任务更为重要。雕的出现似乎也显示了它们对人类的信念，不过，当它们在受伤的水中捕鱼时，它们又会怎样呢?

慢慢生长的各种野草组成的群落是修复工作的好伙伴。它们发展起了生态系统的结构和功能，慢慢地开始提供生态系统服务，比如营养循环、生物多样性和土壤的形成。当然，在自然生态系统中，除了繁衍生息之外就没有其他目标了。相比之下，生态修复专家设计出的工作计划却是向着"参照生态系统"迈进，也就是受到伤害之前的、原生的状态。

自告奋勇来到废物层上的后续群落是"归化的"，却不是原生的。它们不太可能发展成奥农达加族人祖祖辈辈见过的植物群落。最终的结果不会是那块原生的土地，上面熙熙攘攘地挤满了当初的植物。当联合化学公司还只是烟囱中冒出的一缕青烟时，这种景象就注定一去不复返了。在工业污染带来巨变之后，长满杉树的沼泽和野稻自然生长的水田很可能再也无法重现了。我们可以信任植物，让它们自己完成工作，但除了乘风而来的志愿者，新的物种无法跨越公路和一亩亩工业区来到这里。自然母亲和时间父亲或许能找人来帮忙推车，而一些英勇无畏的生灵志愿前往。

在这样的环境下依然能茁壮生长的植物群落，势必可以耐受高盐环境与被浸透的"土地"。很难想象由原生物种组成的参照生态系统该怎样生存下来。但是，在移居者到来之前的时代，这个湖的周围有着盐泉，它支撑了最罕见的内陆植物群落之一，那就是内陆的盐沼。唐·利奥波德（Don Leopold）教授和他的学生们用独轮手推车运来了已经消失的本土植物，并开展了种植试验，观察它们的生存和生长情况，以期自己能担任“助产士”的角色，重新创造出盐沼。我和这些学生一起前往那里，聆听他们的故事并看一看那些植物。有些死了，有些在苟延残喘，而有一些则茁壮生长。

我朝着看起来绿色最为浓密的地方走去；我闻到了某种萦绕在我记忆中的芬芳气息，然后它又消失了。我一定想象过这种味道。我停了下来，欣赏着一丛茂盛的加拿大一枝黄花和紫菀。在见证了土地重生的力量后，我们知道这里是有抵抗力的，在植物与人类的伙伴关系中诞生出了无限可能的迹象。唐的工作完全符合修复的科学定义：致力于生态系统的结构和功能，使其能提供生态系统服务。我们应当把这片初生的原生草场当做我们干草车旅程的第五站，这里的标牌上应写“土地是责任”。修复的含义因这里的工作而有了更高的标准，那就是为我们人类以外的亲戚们创造栖息地。

虽然这幅修复植被的图景可能显得很有希望，但它给人的感觉还不算完整。当我拜访那些拿着铁锹的学生们的时候，他们对种植的骄傲溢于言表。我问他们做这项工作的动机是什么，我听到的答案包括“收集足够的数据”、“制定解决方案”以及“写篇可行的论文”。没有人提到“爱”。也许他们害怕提到这个词。我参加过太多次学位论文答辩，其间委员会成员因为学生用“美”这个如此不科学的词来形容自己共事了五年的植物而嘲笑他们。“爱”这个词故而不太可能出现，但我知道它就在那里。

这熟悉的香味又在拽我的袖子了。我抬眼望去，目光所及是这个地方最鲜亮的那一抹绿，闪光的草叶在阳光下熠熠生辉：这棵植物在向我微笑，仿佛一位久别重逢的老友。是她——茅香——生长在我最难以置信的地方。但我本应该更了解她的。她试探性地穿过淤泥，送出根状茎，纤细的分蘖勇敢地踏上了征程。茅香是治疗土地的良师，是善意与同情心的象征。她提醒我们，并不是土地破碎了，而是我们和它的关系破裂了。

修复工作是治疗土地所必需的，但与土地的互惠关系才是长久的、成功的修复工作所必需的。就像其他深思熟虑的举措一样，生态修复可以视作一种礼尚往来，生态系统维持人类的生存，而人类履行自己照顾生态系统的责任。我们修复土地，而土地也修复我们。就像作家弗里曼·豪斯（Freeman House）告诫的那样："我们会一直需要科学的洞察力和方法论，但是，如果我们让修复的行为变成科学专属的领域，那么，我们就会失去它最伟大的前景，这无异于重新定义人类文化。"

我们也许不能把奥农达加分水岭修复成它在工业化之前的样子了。土地、植物、动物，还有它们在人类一族中的盟友在缓步向前，但最终是大地恢复了结构和功能，以及生态系统服务。我们也许会争论理想的参照生态系统的真实性，但真正的决定权在她手中。我们无法控制。我们能控制的是我们与土地的关系。大自然本身就是不断移动的目标，尤其是在这么一个气候急剧变化的时代。物种的构成可能会变化，但关系是不变的。这才是修复过程中最本真的一面。我们最具挑战性、回报最丰厚的工作正在于此，那就是修复一种充满尊重、责任和互惠，还有爱的关系。

原住民环保联盟（Indigenous Environmental Network）1994年的一份声明对此有着再恰当不过的表述：

> 西方的科学与技术虽然适用于目前这种规模的退化，但它作为观念和方法论的工具仍有自己的局限——它是修复实践的“头脑和双手”。原住民的精神与灵性才是引导头脑和双手的“心”……文化的复兴有赖于健康的土地和人类与土地之间的健康的、负责任的关系。人类对于土地的传统的照料之责一直保持了土地的健康，如今，这份责任需要扩大到修复工作上去。生态修复与文化和精神的修复是密不可分的，同时与精神上施以关怀、促进世界更新的责任也是密不可分的。

如果我们能通过对土地的多重含义的理解制订一份修复计划，那会怎样呢？土地是维持者。土地是身份认同。土地是食品店和药店。土地是联结我们和祖先的纽带。土地是道德上的责任。土地是神圣之物。土地是自我。

当我第一次来锡拉丘兹求学的时候，我第一次——也是唯一的一次——和一个当地的男孩交往。我们一起开车去兜风，我问他能不能带我去传说中的奥农达加湖，我还没去过那里呢。他勉勉强强地答应了，并拿这座城市的著名地标开着玩笑。但当我们到达了之后，他却不肯从车里下来。“太臭了！”他说，那副羞耻的样子就好像臭气的来源是他自己一样。我之前从没见过如此厌恨自己家乡的人。我的朋友凯瑟琳是在这里长大的。她告诉我，每星期去主日学校的时候，她们全家都要经过湖岸，经过熔炉斯伯钢铁公司（Crucible Steel）与联合化学公司，即便是在上帝的安息日，那里乌黑的滚滚浓烟也充斥着天空，一摊摊淤泥密布在道路两侧。当牧师讲到地狱里的烈火与硫黄的时候，她确信他说的就是索尔维。她觉得自己每周驱车前往教堂都是穿越了死荫的幽谷。

恐惧与嫌弃——我们内心的干草车闹鬼游——我们天性中最糟糕的一部分在湖岸上表露无遗。绝望令人扭头就走，令他们把奥农达加湖当做无可挽回的败局，一笔抹消。

确实，当你行走于湖岸边的时候，你会看到破坏之手的恶果，但你同样能看到希望：一粒种子落到小小的缝隙中，扎下根去，然后开始重新构建土壤。这些植物让我想起了我们奥农达加族的邻居，这些原住民面对的是令人畏缩的不公、巨大的敌意，还有与当初哺育他们的沃土大相径庭的环境。但植物与人民存活了下来。植物的族人与人类的族人依然在这里，依然履行着他们的责任。

虽然经历了各种法律上的挫折，奥农达加人并没有背弃他们的湖；相反，他们创造了治愈它的新途径，并把它书写在了自己的《奥农达加族对清洁的奥农达加湖的展望》中。这个有关修复的梦想依照的是感恩献词的古老教诲。这段宣言依次向造化的每种元素致意，为湖泊恢复健康提出展望并加以支持，从而同时治愈湖泊和人民。这是新的整体途径的典范，叫做“生物文化修复”或“互惠修复”。

在原住民的世界观中，完整而慷慨、足以维持它的伙伴们生活的土地才是健康的土地。在他们的理解中，土地不是机器，而是受尊敬的人类以外的族人所组成的社区，我们人类对这样一个社区是负有责任的。修复工作需要让土地重新焕发活力，不仅能够提供“生态系统服务”，而且能提供“文化服务”。在更新后的关系中，你可以在水里游泳，不必害怕触碰它。修复这段关系意味着当雕回来之后，湖中的鱼也安全可吃。人类自身也同样需要这些。生物文化修复提高了参照生态系统的环境质量的标准，这样，在我们照顾土地的同时，它也能再次照顾我们。

只修复土地，却不修复人与土地的关系，这样的举动是空洞的。只有关系才能做到持续，只有关系才能把修复好的土地维持下去。因此，把人和土地重新联结起来，就像重新建立适当的水文格局和清除污染物一样至关重要。这是医治地球的良药。

在九月末的一天，当土方机械正在奥农达加湖的西岸挖浚受污染的土壤时，另一些人在湖的东岸忙碌着——他们正忙着跳舞。我看着他们围成一圈，随着水鼓的节奏起舞。装饰着珠子的莫卡辛鞋、系着流苏鞋带的乐福鞋、高帮的胶底鞋、人字拖和漆皮鞋在地上拍打出各种节奏，为纪念水而跳着节庆的舞蹈。所有参与者都从自己的家乡带来了洁净的水，他们对奥农达加湖的祝愿也承载于装水的容器中。工作靴带来了山上的泉水，绿色的匡威帆布鞋带来了城里的自来水，粉色和服底下的红木屐从富士山一路带来了当地的神圣之水，这些洁净的水都混在一起，倒入奥农达加湖中。这场典礼也是生态修复，它在医治人与土地的关系，以水的名义激发人们的情感和精神。歌唱者、舞蹈者和演讲者登上湖边的舞台，激励大家参与到修复中去。信仰守护者奥伦·莱昂斯，部族主母奥德丽·谢南多厄，还有国际活动家珍·古道尔（Jane Goodall）都通过这场水的聚会加入了社群之中，赞美着湖泊的神圣，更新着人与水之间的圣约。在当初和平之树屹立的湖岸上，我们一起种下了另一棵树，来纪念与湖泊达成的和平。这里也应该成为修复之旅上的一个景点。第六站：土地是神圣之物，土地是社群。

自然主义者 E. O. 威尔逊（E. O. Wilson）写道："再也不会有比开启修复的时代更激动人心的使命了，我们得以重新编织依然陪伴在我们身边的美妙的生命多样性。"这样的故事在得到修复的一片片土地上积累着：鳟鱼游泳的溪水从淤泥中夺回来了，棕地变成了社区花园，草原从大豆田中恢复了，狼群在它们的旧领地嗥叫，小学生们帮助蝾螈过马路。凡是脉管还在搏动的人，在看到美洲鹤恢复了它们古老的迁徙路线时，内心怎能不受到鼓舞呢？诚然，这些胜利就像纸鹤一样小而脆弱，但它们却有激动人心的力量。在看到入侵物种时，你会手痒想把它拔起来，种上本土的野花。在看到废弃的大坝时，你的指头会颤抖，想把它炸掉，来恢复鲑鱼的洄游。这些都是对绝望之毒的解药。

乔安娜·梅茜谈到了"大转向"，她认为这是"我们这个时代最核心的冒险：从工业增长的社会转为维持生命的文明"。对土地和关系的修复推动了车轮的转动。“为了生命而做出的行动是会转变的。因为自身和世界之间的关系是相互的，并不是要先获得启蒙、得到拯救然后再行动的问题。在我们致力于医治大地的时候，大地也治愈了我们。”

这趟环湖之旅还没有结束，不过这幅场景已经安排好了。其中会有游泳的孩子和野餐的家庭。人们爱这片湖泊并照顾着它。这是举行典礼和庆祝的地方。豪德诺硕尼的旗帜在星条旗旁边飘扬。人们在浅水湾里钓鱼，而且珍重地收好自己的渔获。柳树优雅地弯下身，枝条上落满了鸟儿。一只雕立于和平之树的树梢。湖岸的湿地里满是麝鼠与水禽。原生的草原染绿了湖岸。在这幅画面旁边的标牌上写着“土地是家园”。

玉米之人，光之人

我们与大地之间的故事是书写在地上的，这比纸页上的故事更真实。它留存在那里。土地铭记着我们说过什么、做过什么。故事是修补土地还有我们和它之间的关系的最有力工具之一。我们需要挖掘一个地方存在过的旧的故事，同时创作出新的，因为我们是故事的创作者，而不只是讲述者。所有的故事都彼此相连，老故事的头绪中织出了新的故事。祖先的故事等待着我们用新的耳朵去聆听，其中之一就是玛雅人的创世故事。

据说，最初只有虚空。神圣的存在，也就是伟大的思想者，凭空想象出了整个世界，他们念诵什么东西的名字，什么就成为了现实。通过言词，世界上很快就充满了各种植物和动物。但是神灵依然不满足。在他们创造的一切美妙之物中，没有哪个是能清楚地说话的。它们能够歌唱或尖叫或咆哮，但是没有哪个能够讲述创世的故事、赞颂造化的伟力。因此，众神开始准备造人。

最初的人类是神灵用泥土塑成的。但众神对这个结果一点也不高兴。这些人一点也不漂亮；他们形容丑陋且畸形。他们不能说话——连走路都不利索，更不用说跳舞或唱神灵的赞歌了。他们如此易碎，如此笨拙，如此先天不足，甚至不能繁殖，最终在大雨中全化了。

于是神灵重新试着制造懂得尊敬、懂得赞美的人，能够养活别人、哺育别人。为了达到这个目的，他们用木头雕了一个男人，用芦苇芯雕了一个女人。啊，这些人可漂亮了，他们轻盈而强壮；他们能够说话，能够舞蹈和歌唱。他们也是聪明的人：他们学会了使用其他生灵——包括植物和动物——来达到自己的目的。他们制作了很多东西，农场、陶器和房屋，还做了网来捕鱼。通过自己精美的身体、精明的头脑和勤恳的工作，这些人生养众多，足迹遍及了整个世界，让世界上住满了他们的同胞。

但一段时间后，全知的神灵却发现，这些人的心灵是空虚的，没有同情心和爱。他们懂得歌唱与谈话，但他们的话语中没有对自己得到的神圣馈赠表达感恩。这些聪明的人类并不懂得感恩与关怀，而且把其他的造物逼上了如此的绝境。众神希望结束这场失败的人性实验，于是他们给世界送来了天灾，比如洪水、地震，而最要命的是，他们听任其他物种来反击。曾经静默的树木和鱼和黏土如今被赋予声音，能够对木之人表现出的无礼大声表达自己的悲伤和愤怒。树木反抗着人类施加于身的利斧，鹿反抗着箭矢，甚至地里的泥做成的瓦锅都起义来报复自己当初被粗暴地烧焦了。所有被滥用的造物都团结起来，为了自保而毁灭了木之人。

众神再一次尝试造人，而这一次他们选择的材料是纯粹的光，来自太阳的神圣能量。这些人类长得光芒耀眼，是太阳光的七倍那么亮，他们美丽、睿智，而且非常、非常强大。他们懂得太多，以至于他们认为自己是全知的。因此，他们并没有为自己的天赋而感谢造物主，而是相信自己与诸神平起平坐。众神了解到这些光之人所带来的危险，并再次安排了他们的退场。

于是，众神再次制造了人类，让他们正确地生活在自己所创造的美丽世界中，活在敬意、感恩与谦卑之中。神灵把黄白两筐玉米磨成细细的粉，掺上水，然后塑造出了玉米做的人。这些人以玉米酒为食，而且品格优良。他们能够跳舞和歌唱，他们也有语言，能够讲故事，并献上祈祷。他们的心中充满了对其他造物的同情。他们足够有智慧，懂得感恩。诸神吸取了之前的教训，为了保护玉米之人免受他们的前任——光之人——那种过度傲慢的侵蚀，众神在玉米之人的眼前蒙上了一层纱，模糊了他们的视线，就像哈气蒙住了镜子一样。这些玉米之人对维持了他们生命的世界充满了敬意与感恩——于是他们也就成了大地乐于供养的人。*

在所有这些材料中，为什么最终是玉米之人继承了大地，而不是泥之人、木之人或光之人呢？会不会是因为玉米做的人是经过转化的存在呢？归根结底，玉米不就是被万物之间的联系转化

* 改编自口头文学传统。

过的光吗？玉米的存在依赖于土、气、水、火这四大元素。而且玉米不仅仅是物质世界各种元素之间关系的产物，它还诞生于人类与世界之间的关系。这种我们所起源的神圣植物创造了人类，而人类也创造了玉米，它的祖先是墨西哥的类蜀黍，是伟大的农业创新把它变成了现在的样子。没有我们的播种和照料，玉米是不可能存在的；在这专性的共生之中，我们的存在结合到了一起。在这些造物的互惠之举中诞生出了一些独一无二的元素，是其他打算创造出可持续人性的尝试中所不具备的，那就是感恩，还有礼尚往来的能力。

我是把这个故事作为某种意义上的历史来阅读和欣赏的——它记录了很久很久以前，在人类知识的边缘，人类如何由玉米做成，并从此幸福地生活了下去。但是，在很多原住民民族的认知系统中，时间并不是一条河流，而是一个湖泊，过去、现在和未来都存在于此。因此，创世也是不断进行中的过程，而这个故事也不仅仅是历史——它同时也是存在的未来。我们是否已经成为了玉米之人？还是说我们依然是木之人？还是说我们是光之人，被自己的力量束缚着？我们是否仍未从与土地的关系中得到改造呢？

也许这个故事可以作为了解我们该如何成为玉米之人的使用说明。有人认为，囊括了这个故事在内的玛雅圣书《波波尔·乌》（*Popul Vuh*）不只是一部编年史。就像铃木大卫（David Suzuki）在《长老们的智慧》（*The Wisdom of the Elders*）中提到的那样，玛雅的故事可以理解为“ilbal”——这是一种珍贵的视觉工具，我们可以通过它来观察我们神圣的关系。他认为，这样的故事也许为我们提供了矫正视野的透镜。但是，虽然我们的原住民故事饱含智慧，而且我们也需要听这些故事，我却不是在鼓吹我们应该把它大包大揽地挪用过来。世界已经发生了变化，一个移民的文化必须书写自己与土地的故事—— 一个新的“ilbal”，但同时也受到这片土地上那些比我们早来很多年的长者的智慧的影响。

因此，科学、艺术和故事怎样才能给我们一个新透镜，让我们理解“玉米做的人”代表着怎样的关系呢？有人曾说，有的时候，事实本身就是一首诗了。这样，玉米之人便置身于一首优美的诗中，写这首诗的语言就是化学。第一节是这么写的：

> 二氧化碳加上水在有光和叶绿素的条件下，在生命那美丽的膜结合的机制里，变成了糖和氧气。

光合作用，换言之就是空气、光和水结合在一起，从虚空中变出了甜甜的糖类物质——组成红杉、水仙和玉米的物质。稻草中纺出了黄金，水变成了酒，光合作用是无机物的领域和有生命的世界之间的纽带，让无生命的物质拥有了生命。同时，它还给了我们氧气。植物给了我们食物和呼吸。

诗的第二小节与第一小节是一样的，只不过写的顺序倒了过来：

> 糖类与氧气在生命那美丽的、名叫线粒体的膜结构中，带

我们回到了原点——二氧化碳和水。

呼吸作用是我们得以耕种、舞蹈和说话的能量之源。植物的呼吸给了动物生命，而动物的呼吸也给了植物生命。我的气息就是你的气息，你的气息就是我的。这是给予和索取的伟大诗篇，描写着推动整个世界的互惠互助。这难道不是一个值得讲述的故事吗？只有当人类理解了维持他们生命的共生关系时，他们才能转变成玉米之人，才能拥有感恩和回馈的能力。

世界上最朴素的事实融会成一首诗歌。光变成了糖。蝾螈沿着地球放射出的磁力线找到了回到祖先居住的池塘的路。吃草的野牛分泌的唾液让青草长得更高。烟草的种子在闻到烟味时就会萌发。工业废料中的微生物能够破坏水银。这些难道不是我们都应该知道的故事吗？

传承这些故事的又是谁呢？在很久以前，传承着这些故事的是长老们。而在21世纪，第一个听到它们的往往是科学家。野牛和蝾螈的故事属于大地，但科学家是它们的翻译者之一，而且肩负着把这些故事传达给世界的重大责任。

但是，科学家传达这些故事的语言却总是把读者们排斥在外。追求效率和精确的惯例使得其他人很难读懂科学论文，说实话，我们也不太看得懂。这导致了严重的后果——科学家很难与公众在环境问题上进行对话，所有物种的民主更不知从何谈起。如果没有相伴而来的关怀的话，知识本身又有什么用呢？科学能给我们知识，但是关怀来自其他地方。

我觉得这么说是很贴切的：如果西方世界拥有“ilbal”的话，那就是科学。科学让我们看到了染色体的舞蹈，让我们看到了苔藓的叶片，还让我们看到了最遥远的星系。但是，它是否是像《波波尔·乌》一样的神圣透镜呢？科学让我们感知到了世界的神圣吗？还是扭曲了光线，让它变得模糊了呢？聚焦于物质世界却模糊了精神世界的透镜，是木之人的透镜。要转化成玉米之人，我们需要的不是更多的数据，而是更多的智慧。

虽然科学可以成为知识的来源和仓库，然而，科学的世界观却往往是生态的同情心的敌人。在公众的心中，这两者往往是同义词，但是，我们必须对这种透镜有所考量，以便把科学的实践以及它所孕育的科学的世界观区分开来。真正的科学会带领它的探寻者进入与自然无比亲密的境界，我们越是努力去理解人类以外的世界，越会充满惊叹与创造力。努力去理解其他的生灵以及其他和我们如此迥异的系统时常会令人感到谦卑，而对很多科学家而言，这是一种深刻的精神追求。

科学的世界观与此不同，在这种世界观中，科学是被放在文化的语境下解读的，而这种文化则利用科学和技术来强化简化论的、物质至上的经济和政治议程。我坚持认为，这种木之人所用的破坏性透镜并不是科学本身，而是科学的世界观，是主宰与控制的幻象，是把知识与责任相分离的思想。

我梦想着世界能以这样的故事作为透镜来引领：它扎根于科学启迪，以原住民的世界观为框架——这样的故事能够让物质和精神都有机会发声。

科学家特别善于了解其他物种的生活。他们能讲述的故事本身就具有价值，它承载着其他生灵的生活，每种生活都和智人的一样有趣，说不定更有趣。但是，虽说科学家有机会接触这些其他生灵的智慧，很多人似乎却相信他们接触到的智慧只属于他们自己。他们缺乏最基本的成分——谦卑。在众神做了关于傲慢的实验后，他们把谦卑给了玉米之人，而谦卑正是向其他物种学习所需要的品质。

在原住民看来，人类在各物种组成的民主政体中是较为次要的成员。我们是造化中的幼子，而作为幼弟我们必须向兄长们学习。植物最先来到世上，拥有很长的一段时间来认清一切。它们同时在地上与地下生活，固定着土壤。植物知道如何用光和水制造食物。它们不仅喂饱了自己，同时还创造了足够的食物来维持我们其他所有成员的生命。植物供养了社区中所有剩余的成员，是慷慨这一美德的楷模，它们一直在提供食物。如果西方科学家把它们看做自己的老师而不是自己的臣民，事情会怎样的呢？如果他们通过这一透镜来讲述故事又会怎样呢？

很多原住民相信，我们每个人都被赋予了特殊的天赋，被赋予了独一无二的能力。比如鸟儿能够歌唱，星星能够闪光。不过，在他们的理解中，天赋的本质是两方面的：既是馈赠也是责任。如果鸟儿的天赋是歌唱，那么它就肩负着用音乐来迎接白昼的责任。鸟儿有责任歌唱，而其余成员就可以收下歌声作为礼物了。

“我们的责任是什么？”这个问题或许也是在问：“我们的天赋

是什么？我们应该怎样使用它？”像“玉米之人”这样的故事引导着我们，要把世界看成一件礼物，同时思考我们应该如何回应。泥之人、木之人和光之人都缺乏感恩之心和从中流淌出的互惠精神。只有玉米之人，了解自己的天赋与责任从而得到改造的人，才在大地上持续活了下来。感恩是首要的，然而单纯的感恩还不够。

我们知道，其他生灵总有特殊的天赋，有人类不具备的本领。其他的生灵能飞翔，能在夜晚视物，能用利爪撕开树干，能制造枫糖浆。人类能做什么呢？

也许我们没有翅膀和叶片，但是我们人类确实拥有语言。语言就是我们的天赋和责任。我渐渐觉得，写作也是在与活着的大地进行礼尚往来。语言可以用来铭记老故事，语言可以用来讲述新故事，在这样的故事中，科学和精神再次合而为一，滋养着我们，让我们变成玉米之人。

附带损害

汽车在蜿蜒的山路上向我们驶来，车头灯远远地射出两道强光，穿透了夜雾。灯光的起起落落成了我们的信号灯，指引着我们不断冲到路上，一手抓起一只柔软的黑乎乎的动物。光柱在山梁的曲线和山坳里明明灭灭，我们在路上来回穿梭，手电筒的光点缀在人行道上。当引擎的声音传到我们耳朵里的时候，我们知道，在车开到山顶并向我们俯冲下来之前，只有再跑最后一趟的时间了。

站在路肩上，我能看到逼近的车里的人脸，那张面孔在仪表盘的荧光里显得发绿。车轮溅起水沫，那人直盯着我们。在四目交汇的那一瞬间，刹车灯变红了，仿佛司机脑海中的突触短暂地闪了一下。这道红光模模糊糊地透露出人们对雨夜中这样一条偏僻的乡间小路旁遇见的人类同胞的想法。我等着他们把窗子摇下来，问我们是否需要帮助，但是他们并没有停车。司机回头张望，刹车尾灯随着车的加速而暗淡下去。如果说汽车连为智人刹车都做不到，那么我们另一位在夜里过马路的邻居——斑点钝口螈（*Ambystoma maculata*）又能有什么希望呢？

暮色降临，雨点打在我家厨房的窗玻璃上。我能听到窗外大雁的声音，它们排成雁阵，低低地从山谷中飞过。冬日将尽。我在火炉边停了下来，一只胳膊上搭着雨衣，一只手搅拌着锅里的豌豆汤，升起的蒸汽凝成云雾，模糊了窗玻璃。在这样一个夜晚到来之际，我们很高兴手里能捧着一个暖和的杯子。

在我一头扎进壁橱收拾手电筒的时候，六点钟的新闻响起了。开始了——今夜炸弹落在了巴格达。我呆立在地板中央，一边听着，手里还拎着两双靴子，一双红的，一双黑的。在另外某个地方，另一位妇女眺望窗外，但那黑乎乎的不是春天归来的雁阵。天空中翻涌着浓烟，房屋被点燃，警铃在哀号。CNN 报道飞机出动的架次和投下的弹药的吨数，就好像棒球比赛中的得分表一样。他们说，附带损害（collateral damage）的水平依然未知。

附带损害是一个保护词，让我们不必去命名偏离路线的导弹造成的后果。这个词让我们掉转过脸，不闻不问，仿佛人为的破坏不过是不可避免的自然现象一样。附带损害的计量单位是打翻了的汤锅和哭泣的孩子们。我感到无助而心情沉重，于是我关掉收音机，叫家人来吃晚饭。收拾完碗碟之后，我们钻进雨衣，然后来到夜色中，沿着乡间小路向拉布拉多山谷（Labrador Hollow）驶去。

正当巴格达上空落下炸弹雨的时候，第一场春雨也落在了我们的山谷中。它柔和而坚定地穿透了森林地面，穿透了经历了一个冬天的风尘的落叶毯子，融化了躲藏在下面的最后一点冰晶。在积雪带来的漫长岑寂之后，雨点滴落和泼溅的声音令人欢欣。对于木头底下的蝾螈来说，第一场雨的啪嗒声听上去一定像是春天在重重地敲着它们头上的门。在六个月的麻木懒散之后，蝾螈僵硬的肢体渐渐恢复了弹性，尾巴挣脱了寒冬时的动弹不得。几分钟之内，它们的鼻子就会向上探出来，同时用腿推开寒冷的泥土，蝾螈们就这样爬进了夜色中。春雨冲掉了它们身上沾的泥土，把它们光滑的黑色皮肤洗得锃亮。大地回应着雨的呼唤，它苏醒了。

我们在路边停下，然后下了车，在风挡玻璃雨刷的嗖嗖声和除霜器的全速运行声中，外边的寂静令人惊叹。温暖的雨滴落在寒冷的土地上，地面升腾起雾霭，包裹着光秃秃的树。我们的声音在湿气中变得朦胧，我们的手电氤氲成了温暖的光晕。

在我们居住的纽约州北部，一群群大雁标志了季节的更替，它们喧闹着从过冬地飞往繁殖地。难得一见，却同样激动人心的是蝾螈的迁徙，它们离开冬天的洞穴，去往春天的池塘寻觅自己的伴侣。春天第一场温暖的雨，也就是温度在五摄氏度以上的足以浇透大地的雨，窸窸窣窣地敲打在森林的地面上。这时，它们从自己的藏身之处一齐出动，冲着外边的空气眨眨眼睛，然后就踏上了征途。这种动物的倾巢而出几乎无人看见，除非你恰好在一个春雨之夜待在池塘边上。黑暗保护它们免遭捕食者狩猎，而雨水让它们的皮肤保持湿润。数以千计的蝾螈步调一致地行动，就像一群慵懒的野牛。它们的数量在逐年下降，这点也和野牛一样。

拉布拉多池塘位于V字形的峡谷底部，就像它附近的姊妹——手指湖（Finger Lakes）一样，两旁耸立着陡峭的山坡，这是最近一次冰川留下来的。树木丛生的斜坡环绕着池塘，就像碗的内壁一样，各个分水岭的树林中的两栖类可以直接来到漏斗底部的水中。然而它们的路线被一条蜿蜒穿过山谷的公路截断了。池塘和附近的山坡是作为州级森林而受到保护的，但是公路上没有任何限制。

我们一边沿着废弃的道路行走，一边用手电筒来回扫视着人行道。今夜行动起来的并不只有斑点钝口螈：林蛙、牛蛙、青铜蛙、豹蛙还有美东螈都听到了春天的召唤，开始了它们一年一度的旅程。蟾蜍、拟蝗蛙、美东螈和一群群树蛙都满脑子想着交配。在我们的手电光中，它们跳来跳去、进进出出，整条路成了蹦蹦跳跳的马戏团。我的手电光照到了一只闪着金色光芒的眼睛。我向它靠近，那只拟蝗蛙先是呆立不动，然后又忽然跳走。在我们前方，青蛙们蹦蹦跳跳地过马路，这让公路仿佛有了生命，这里有两只，那里又有三只，大家都在去往共同的目的地——池塘。它们拥有惊人的弹跳力，几秒钟就过了马路。但是身躯沉重的蝾螈可就不行了，它们的肚皮拖在路面上。它们的旅程大约需要两分钟，而在这两分钟里，一切皆有可能发生。

我们一看到青蛙之中混入的那些笨重的身影，就会停下来，把它们一个个地捡起来，然后小心地放到路的另一边去。我们来来回回地穿梭在这短短的一段车道上，而每一次查看的时候，都会发现更多的蝾螈——大地释放出的蝾螈仿佛有沼泽上起飞的大雁那么多。

我用自己的手电光扫着路面，公路的中心线反射出明亮的黄光，与被雨浸湿、呈现出黑色的柏油路面对比强烈。在我眼角的余光里，仿佛有什么东西比夜色更加黑暗，人行道反射回来的影像突然缺了一块，它吸引着我的手电光重新回到那缺失的一点上。阴影化作了一条硕大的斑点钝口螈，它的体色就像路面一样黄黑相间。其形状如此简单，呈直角弯曲的四肢从身体两侧伸出来，然后以跌跌撞撞的机械动作爬过马路，身后拖着一条粗粗的尾巴，如同波浪一般左右摇摆。当它停在我手电筒的光斑中时，我伸手摸了摸它的皮肤，它的皮肤是黑蓝色的，就像凝固的夜空。它全身上下遍布着椭圆形的黄色斑点，边缘模糊，就像是在潮湿的表面洇开的颜料。它楔形的脑袋左右摇摆，口鼻圆钝，其上方是深黑色的眼睛，几乎与它的脸融为一体。从它大概七英寸长的身体和肿胀的侧面来看，我猜这条蝾螈是雌性的。它光滑柔软的肚皮本来是为了在湿润的落叶上滑行而生——我真不知道拖着这样脆弱的身体爬过柏油路是什么感觉。

我俯下身，用我的两根手指环住她前腿后面的位置，把她捡了起来。令人惊讶的是，我的手指几乎完全没受到什么阻力，感觉就像在捏起一根熟得发软的香蕉。我的指尖陷进了她的身体，又凉、又软、又湿。我轻轻地把她放到了路肩上，然后在裤子上擦了擦手。她头也不回地猛然冲过路堤，下到了池塘中。

雌性是最先到来的。她们的身体因为怀着卵而沉重。她们会滑进浅水，然后消失在池底腐烂的落叶中。在冷水中，这些身体丰饶而慵懒的姑娘们等待着男伴，而后者会在一天或两天之后经历同样的旅程，从山坡上前来。

它们从木头底下现身，穿过小溪，全部奔向同一个方向：出生的池塘。路线曲折回环，因为它们无法爬过障碍物。它们会一直沿着所遇到的木头或岩石爬，爬到它的尽头，然后绕过去，继续向池塘行进。有的时候，出生的池塘离过冬的地点有半英里之遥，但是它们能够毫无差错地定位到它。蝾螈有一套制导系统，足以与精确制导炸弹（smart bombs）媲美，而后者正在今夜飞向它们在伊拉克平民区中的目标。蝾螈们没有卫星，也没有微芯片的帮助，它们是靠磁力和化学信号来导航的，对于这种能力，爬行动物学家才刚刚开始了解。

它们寻找方向的能力部分归功于对地球磁场线的精确解读。在它们的大脑中，有一个小小的器官专门负责处理和磁力有关的数据，并引导着蝾螈回到它们的池塘。虽然在它们的路线上还有很多池塘和季节性水池（vernal pool），但是它们在返回出生地之前是不会停下脚步的，哪怕拼尽全力也要抵达那里。一旦它们接近目的地，蝾螈们认家的过程就很像辨认故乡河流的鲑鱼了：它们的鼻吻中有一条嗅腺，可以让它们依靠嗅觉来认路。它们追随着地磁信号找到出生地附近的地方，然后气味就会指引着它们回到家中。这就好比你在下了飞机之后，循着家里周末大餐那妙不可言的香气或妈妈身上的香水味来找回你童年的家。

在去年“山谷探险”的时候，我女儿求我跟上蝾螈，看看它们究竟去往哪里。我们打着手电跟了上去，只见那些两栖动物在柔枝红瑞木那鲜红的茎后边成双成对，或攀爬到无精打采的莎草丛上。它们在离大池塘很远的地方停了下来，待在季节性水池旁边。

这是地上的一方浅浅的水洼，到了夏天就会消失得无影无踪，然而每到春天，这里却会分毫不爽地灌满雪水，形成盈满水的马赛克镶嵌画。这些暂时性的水池太浅，寿命也太短，无法让吞食蝾螈幼体的鱼类栖身，也正因为此，蝾螈选择到这里来产卵。这些池塘的转瞬即逝成了新生儿安然避开鱼类的屏障。

我们跟着蝾螈来到了水池边，在这里，几片小小的冰凌依然沾在岸边。它们并没有迟疑，而是迈着坚定的步伐大步流星地踏入水中，然后就消失了。我女儿有些失望，她本想看着它们在水边悠然闲逛或是以肚皮先着水的姿势跳进水里。她用手电照向水面，想看看接下来发生了什么，但只有水底斑驳的落叶、几点亮光和黑暗。没什么可看的——直到我们突然意识到，那一块块光斑和黑暗根本就不是落叶，而是好几十条蝾螈身上的黑皮肤和黄色的斑点。光照到的每个地方都有蝾螈，池底覆盖了整整一层小动物。而且，它们正在动来动去，围绕着彼此旋转，就像共处一室的舞者。比起它们在陆地上的笨拙，它们在水中动作敏捷，游泳的姿势就像海豹一样优雅。尾巴轻轻一摆，它们就从光斑中消失了。

池塘像玻璃一样的水面突然从底下被打破了，仿佛有一股泉水正向上涌出，蝾螈聚在一起，而水面在喧闹扰动中震荡不已，闪耀着黄色的斑点。我们叹服地站在一旁，见证着它们的交配仪式，这是蝾螈的社交场合。多达五十只雄性和雌性蝾螈一起舞蹈着、翻滚着，它们已经过了太久的禁欲生活，在长达一年的时间里只能在木头底下孤独地吃虫子，如今，这是它们的狂欢和庆祝。泡沫从池底升腾而起，如同香槟酒一般。

与大多数两栖类不同的是，斑点钝口螈并不会把精子和卵子随意地抛在水中，任其进行大规模的受精。这个物种演化出了一种更合适的体制来保证精子和卵子的结合。雄性脱离集体的舞蹈，深吸一大口气，然后游到池塘底部，并释放出一个闪光的精子囊——这是装满了精子的凝胶状液囊，上边有一根柄，可以依附在植物的枝条或叶片上。然后，雌性也会离开集体舞，寻找这个四分之一英寸大小的液囊：它来回招摇，闪闪发亮，就像在水里吹起了一个铝箔气球。雌性会把精囊放到体腔内卵子已然等待着的地方。在那里，精子将安然从液囊中释放，让珍珠般的卵子受精。

几天之后，每条雌性都会产下凝胶状的一大堆卵，数量从100到200不等。新妈妈会守在卵的旁边，等它们孵化后便独自返回林中。新生的蝾螈宝宝会在池塘的保护下安全地度过几个月的时间，它们会渐渐完成变态，适应陆地上的生活。等到池塘彻底干涸，迫使它们离开的时候，它们的鳃已经彻底变成了肺，而它们也准备好自己觅食了。亚成体的蝾螈四处游荡，直到四五岁时，也就是发育至性成熟之后，才会返回池塘。蝾螈可以活很长时间。成年的蝾螈终生都可以参加一年一度的繁殖迁徙，但前提是它能平安穿过马路。

两栖类是这个星球上最脆弱的族群之一。湿地和森林的消失让它们成为了栖息地丧失的受害者，它们就是附带损害，是发展的代价，而我们不假思索就接受了这一点。另外，由于两栖动物通过皮肤呼吸，一旦有毒物质进入它们的身体与大气之间那层湿润的薄膜，它们就几乎没有能力滤除。即便它们的栖息地可以幸免于工业的破坏，它们所处的大气也未必如此。有毒物质遍布于空气和水中，酸雨、重金属还有合成的激素，最终都会跑到它们交配时所处的水中。如今，像六条腿的青蛙、身体扭曲的蝾螈这样发育异常的两栖动物在整个工业化的世界中都不罕见。

今夜，蝾螈受到的最大威胁来自飞驰而过的车辆，车里的人对轮胎底下发生的场景一无所知。身在车里，听着夜间广播，你根本不会察觉。但站在路边的话，你就会听到躯体爆裂的声音。你能听到那一瞬间，这样一个追随着地磁线、追逐着爱情的闪闪发光的小东西化为路上一摊红色污渍的那一瞬间。我们努力加快救助速度，但它们的数量太多了，而我们的人数太少了。

一辆绿色的道奇皮卡车飞驰而过，我们在路肩上往后退去。我认出了这辆车，它属于我的邻居，他在路的尽头有家奶牛牧场，但是他甚至没看我们一眼。我怀疑今晚他的思绪飘去了遥远的地方，心系着巴格达。他的儿子米奇（Mitch）驻扎在伊拉克。米奇是个好孩子，他是那种会一边友好地挥着手，一边把自家慢悠悠的拖拉机停在路边，好让别的车能够安全通过的孩子。我想他现在应该在开坦克吧。在他老家过马路的蝾螈们的命运似乎与他面对的场景完全无关。

然而今夜，当雾气把我们裹在同一张湿冷的巨毯中，其间的界限仿佛也模糊起来。在这条漆黑的乡村小路上的大屠杀和巴格达街头的残肢断体似乎真的产生了联系。蝾螈们、孩子们、穿着军装的农村小伙子们——他们并不是敌人，也不是需要解决的问题。

我们并没有向这些无辜者宣战，然而他们还是毫无两样地死去了。他们都是附带损害。如果是石油把儿子们送上了战场，也是石油推动着在这座山谷中咆哮飞驰的汽车引擎的话，那么我们都是共犯，士兵们、平民们还有蝾螈们的死亡，都因为我们对石油那不知满足的欲望连在了一起。

我们又冷又累，于是停了下来，从保温壶中倒了一杯热汤。它升腾起的热气混在夜雾之中。我们一边静静地小口抿着汤，一边听着夜晚的声响。突然之间，我听到了人语声，但附近并没有房屋。我看到其他手电筒的闪光在我们头顶的山坡上闪闪烁烁。我立刻关上了自己的手电，并盖好了保温杯盖子。我们退回了阴影中，看着手电光越来越近，有整整一队。谁会在这样一个夜晚跑出来呢？只有出来找麻烦的人吧，而我可不想成为被他们找上的麻烦。

有的时候，孩子们会把这条路当成喝酒和射啤酒罐子的去处。我曾经见过两个男孩子像踢毽子一样踢一只蟾蜍。想到这里，眼前的场景令我不寒而栗：到底是什么东西把他们招来了啊！手电光越来越近，至少有十几个人分散在整个路面上，就跟巡逻队一样。光柱在路上扫来扫去。随着他们走得越来越近，他们的手电光扫过的节奏变得非常熟悉。这简直和我们今夜的探险活动一模一样。然后，他们的声音穿过雾气传了过来。

“看，这里还有一只——是雌性。”

“嘿——我这里有两只。”

“再加上三只拟蝗蛙。”

我在黑暗中露出笑容，然后再次打开手电，走出去和这些弯下腰把蝾螈带到安全地带的人见面。我们见到彼此简直快乐得不行，在手电光组成的虚拟篝火旁边，我们握着对方的手摇了又摇，声音中也充满了欢笑。我给每个人都倒了杯汤，大家都因为松了一口气而高兴得晕头转向，一方面是因为知道了靠近的手电光是友非敌，一方面是因为发现自己的事业并不孤单。

我们都做了自我介绍，然后看了看对方在滴着雨滴的兜帽下的面孔。我们的同行者是大学里学习两栖爬行类学（herpetology）的一个班上的同学。他们都带着文件夹和防水笔记本来记录自己的观察。之前以为他们是在找麻烦的想法令我很难堪。无知令我们太容易在不了解的问题上妄下结论。

这个班的同学来这里研究公路对两栖动物的影响。他们告诉我们，青蛙和蟾蜍只需大约 15 秒就能过马路，所以大部分都能躲过汽车。斑点蝾螈却需要大约 88 秒。它们也许已经躲过了无数的天敌，活过了夏天的干旱，熬过了凛冬的严寒而没有被冻死，但是一切都会在 88 秒内结束。

学生们为斑点钝口螈所做的事不只是公路上的救援。公路管理处可以设立“蝾螈通道”，也就是让动物能够避开马路而穿行的特殊涵洞，但是这种涵洞相当昂贵，需要向官方说明其重要性。这个班级今晚的任务就是对过马路的两栖类进行一次“人口普查”，来估算从山上下到池塘中的动物的总数，还有它们当中死在公路上的成员数量。如果他们能收集到足够的数据，显示路杀会危害种群的生存能力，他们也许就能说服州政府行动起来。只有一个问题：要想获得对蝾螈死亡率的准确估计，他们必须同时计数成功穿过马路的以及没能过去的蝾螈。

原来，计算蝾螈的死亡很容易：他们开发出了一套系统，能够通过公路上留下的污渍大小来辨认那是什么物种的尸体，然后把它擦去，以免被重复计数。有的时候，死亡甚至会在没有被车撞到的情况下发生。蝾螈的身体太柔软了，哪怕是经过的车辆造成的压力波都会要了它的命。这些失踪的数字就成了死亡等式的分母——分子是那些确能成功穿越公路的动物数量。在一片漆黑之中，它们该怎样在延伸到远方的长路上找到可以成功穿过去的路口呢？

公路旁边，每隔一段距离就建有流动栅栏。每段流动栅栏的长度都和防雪栅栏差不多，大概八英尺长，上面有大约一英尺高的闪闪发光的铝制屋顶，就像沿着底部砌了一堵墙一样。蝾螈们钻不过去。遇到了这样的障碍物，它们会沿着流动栅栏爬，就好像那是一段木头或一块岩石一般。它们在黑暗中滑行着，用皮肤感受着栅栏，试图找到它的尽头。突然，地面消失了，它们掉进地下埋的塑料桶中，爬不出来了。学生们时不时就会过来清点桶中动物的数量，并在写字板上记录它们的物种，然后温柔地把它们放到栅栏的另一边，让它们爬向池塘。在夜色将尽的时候，这些流动栅栏"抓到"的蝾螈就为我们提供了安全穿过马路的动物的大致数量。

这些研究提供的数据也许会拯救蝾螈，虽然功在千秋，但是代价却在眼下。要想正确地开展研究，必须杜绝人类的干扰。当汽车驶来的时候，学生们不得不退后一步，咬紧牙关，眼睁睁看着这一切发生。我们出于好意的蝾螈拯救工作实际上令今晚的实验产生了偏差，因为我们减少了通常情况下会被撞到的蝾螈，这就使得事实上会发生的严重损失遭到了低估。这让学生们面临着道德困境。那些本可以救下的死者成了研究的附带损害——他们希望将来可以更好地保护这个物种，来回报它们的牺牲。

这套关于路杀的监测系统出自詹姆斯·吉布斯（James Gibbs）的研究项目，吉布斯是一位国际知名的保护生物学家，是保护加拉帕戈斯象龟和非洲胎生蟾蜍的领军人物。不过他同样关注这里，关注着拉布拉多山谷。他和他的学生们设立了流动栅栏，在路上巡视，并且彻夜不眠不休地清点蝾螈的数量。吉布斯承认，有时在雨夜，当他知道蝾螈们在移动——在面临死亡——的时候，他根本睡不着。他会披上雨衣，来到外边帮它们过马路。阿尔多·利奥波德说得对：自然主义者生活在满是伤痕的世界中，这伤痕只有他们自己才看得到。

夜色渐深，山上再也没有汽车闪耀着车灯盘绕而下了。到了午夜，哪怕行动最迟缓的蝾螈也能安然穿过马路了。于是，我们深一脚浅一脚地回到了车旁，开车回家。我们开得像蜗牛一样慢，免得我们的轮胎抵消了我们的成绩。我们小心翼翼，但我知道，我们和任何人一样有罪。

在穿过雾霭、驱车回家的时候，我们从收音机里听到了更多有关战争的新闻。一列列的坦克和布莱德雷战车正在伊拉克的乡间行进，它们穿过的沙尘暴就像此地遮住我们的夜雾一样浓。我不禁在想，在它们通过的时候，又有什么被碾碎在了车轮底下呢？在寒冷和疲惫之下，我打开了加热器，车里充满了湿羊毛的味道。

我的思绪又转回了我们今晚的工作和我们见到的好人身上。

是什么在今夜把我们吸引到了山谷之中呢？在这样一个雨夜离开温暖的家，帮蝾螈“摆渡”穿过马路的是什么疯狂的物种呢？把这一切叫做利他主义确实是很有诱惑力的，但实际上并不是。这其中并没有什么无私的成分。今夜施与者得到的奖励并不逊于接受者。我们就要抵达那里，见证这场伟大的仪式，并与一种和我们如此不同的生灵建立一段关系。

有人说现代世界的人类被一种巨大的悲哀所困扰着，他们称之为物种孤独，即与其他造物的疏远。我们用自己的恐惧、自己的傲慢，还有在夜晚中光芒耀眼的家制造了这种孤独。然而就在我们沿着这条公路行走的此刻，这些障碍却通通消融了，我们开始从这种孤独中解脱，并再次认识了彼此。

蝾螈看起来是如此“另类”，这些冰冷、滑腻的生物天生就徘徊在温血的智人的反感区内。它们令人惊讶的差异性（otherness）让我们今夜对它们的捍卫显得尤其不同寻常。两栖动物不像哺乳动物那般魅力十足，不会用小鹿斑比一样的大眼睛感激地回望着我们，很难激起我们心中那温暖、朦胧、足以引发保护欲的情感。它们让我们直面自己天生的异族恐惧症（xenophobia）——这种恐惧症的对象有时是其他物种，有时是我们自己，其发作的地点有时是这个山谷，有时是半个地球之外的沙漠。与蝾螈相处是对他者的赞歌，是治愈我们异族恐惧症的良药。我们每一次拯救这样一条滑溜溜、长满斑点的生灵，都是在证明它们存在的权利，在自己生命的自治领土上活着的权利。

把蝾螈带到安全地带同样帮助我们记起了互惠互利的契约，记起了我们对彼此负有的责任。作为这条道路上“交战区”的犯罪者，难道我们没有责任去医治我们造成的创伤吗？

新闻让我感到无力。我没有办法阻止炸弹的下落，也没有办法阻止汽车从这条路上呼啸而下。那超出了我的能力范围。但我能够捡起蝾螈。在今夜，我希望能洗清自己的名声。是什么把我们吸引到了这处偏僻的山谷？也许是爱吧，同样的东西吸引蝾螈离开了它们的栖身之木。也许今夜我们走上这条路是为了寻求赦免。

随着温度越来越低，单一的声音取代了热切的合唱，它清晰而又空洞——那就是青蛙古老的演讲。有一个词变得越来越清晰，仿佛它是用英语说出来的一样。“听哪！听哪！听哪！这个世界不只是你们不顾他人的通勤。我们也在这里，是你们的财富，你们的老师，你们的保安，你们的家人。你们对安逸有种奇怪的渴望，但也不应该给其他造物判死刑。”

> “听哪！”拟蝗蛙在车头灯的亮光中叫道。
>
> “听哪！”一个远离故乡、被困在坦克之中的年轻人叫道。
>
> “听哪！”一位家园如今变成了烧焦的废墟的母亲叫道。

这一切必须有个尽头。

我到家的时候已经很晚了，我无法入睡，于是我走上山坡，来到屋后的池塘边。这里的空气中同样回荡着它们的叫声。我想点燃茅香，让它如云般的烟雾清洗掉这种悲哀。但是雾气太浓了，火柴只在盒子上划出了一条红色的痕迹。事情也该如此。今夜不该有什么清洗；我更应该把悲哀披在身上，像一件湿透了的大衣。

"哇！哇！"一只蟾蜍在水边叫道。而我真的哭了。* 如果悲伤能够成为爱的门扉，那就让我们一同为这个被我们打得支离破碎的世界哭泣吧，这样，我们就能用爱来重新使它恢复完整了。

---

* 蟾蜍的叫声在英语中为"weep"，这个单词同样有哭泣之义。——译注

第七火焰之人

太多的东西都依赖于这堆火的光芒，它如此整洁地躺在冰冷的地面上，周围围着一圈石头。干枫木引火物垒成一个平台，上面铺着一层从冷杉底部折下来的小枝，再往上是切碎的树皮搭成的“窝”，等待着煤把它填满，上方还架着砍下来的松枝，它们支撑着彼此，让火焰向上燃烧。燃料够了，氧气够了。一切要素都就位了。但没有火星的话，这些不过是一堆了无生气的木棍。太多的东西都依赖于那一点点火星。

我们家族颇引以为自豪的一点就是，我们都学会了只用一根火柴就能点着火。我们的老师是我的父亲还有木头本身，而我们不用上课，只需要一边玩耍一边观察，模仿他在野地里舒舒服服的样子就学会了。他耐心地向我们演示怎样寻找正确的材料。我们观察着柴堆如何一点一点地搭起来，明白了什么样的构造才能喂饱火焰。他在一个漂亮的柴堆里放上了许多柴火，我们在树林里的很多个日子都是在砍木头、拖木头、劈木头中度过的。“柴火能让你身上暖和两回。”每当我们浑身发热、大汗淋漓地从树林里走出来的时候，他总会这么说。在这个过程中，我们学会了辨认各种树的树皮、木头，还有它们各自应当怎么烧、能起到什么作用：刚松的火焰最亮，用来照明，水青冈适合用来做放煤的“窝”，糖枫适合放在反射式烤炉里烤馅饼。

他从没把这话说得很直白，但生火可不只是森林知识这么简单——要想生一堆漂亮的火，必须得努力干活才行。标准是很高的：在他的柴堆里一片腐烂的桦木都不许有。“烧不着。”他会一边说一边把它拣出来扔在一边。他传授给我们关于植物群落的知识，教给我们怎样带着敬意来对待树木，这样，收集柴火便不会对林子造成伤害了。林子里伫立的枯树已经足够我们使用，这些木头已经风干，而且也“熟透”了。只有自然的材料才能变成一堆优秀的火，不能用纸，更不能——老天保佑不会发生这事——用汽油，而使用生材（green wood）不仅违反了道德，也不符合美学。不能用打火机。如果我们能生出理想的“一根火柴之火”，我们就能得到好一通夸奖，但如果我们需要用上一打火柴，他也会继续鼓励我们。到了某一时刻，一切都变得水到渠成，一点都不费力。我自己屡试不爽的秘诀是：在用火柴接触到火绒的那一刻，对着火堆唱歌。

父亲的生火教学中也融入了对森林给予我们的这一切的感激，还有人与人之间的责任。我们在离开露营地的时候，绝不会忘记给下一个从登山径攀爬至这里的人留下一堆木柴。要集中精力，要做好准备，要有耐心，这样第一次就能成功：生火的技术和价值观如此紧密地结合在一起，因此，生火对我们而言成了某种特定的美德的象征。

当你熟练地掌握了用一根火柴生火之后，下一个挑战就是用一根火柴在雨中生火，然后是雪中生火。有了小心收集的合适材料，还有对空气和木头的本性的尊重，你肯定能点得着火。这个简单的举动有如此强大的力量——只靠一根火柴，你就能让人们感到安全又快乐，把几个浑身湿透的可怜人变成欢乐的、想着浓汤和歌唱的一群人。你的口袋中有一件了不起的礼物，而妥善地使用它是一项重大的责任。

生火这件事与我们的先行者之间存在着如此生动的联系。波塔瓦托米——在我们自己的语言中，更准确的叫法是波德维瓦德米（Bodwewadmi）——这个词的意思就是“火之人”。这似乎意味着，生火是我们都应该掌握的一项技能，是我们应该与人分享的礼物。我开始觉得，要想真的了解火，我手上得有一把弓钻。如今，我在试着不用火柴生火了，我打算用古老的方法“变出”煤炭：用弓和钻，靠摩擦两根木棍来生火。

“Wewene”，我对自己说道。这句话的意思是：好的时机，好的方式。没有捷径可走。展开的方式必须正确，一切要素都应就绪，身体和心灵需要协调一致。当所有工具都准备得当，所有部分都组合协调的时候，它是那么简单。但如果事情没有理顺，就什么也做不出来。在各方力量获得平衡，彼此有来有往，达到完美之境之前，你可能会屡试屡败、屡败屡试。这些我都是知道的。但同时，哪怕你再需要火，你也必须抚平急迫的心情，稳住呼吸，这样你的能量才能变成那一团火，而不是让你自己着急上火。

在我们都长大成人，能够料理火之后，我父亲还确认了他的孙辈们也能只用一根火柴就点着火了。在他83岁的时候，他在我们的“原住民青年科学营”中教授生火的技巧，继续分享他传授给我们的课程。孩子们互相比赛，看谁的小火苗能够最快地烧过一条横在火圈上的绳子。有一天，在竞赛分出胜负之后，他坐在树桩上轻轻地拨动着火苗。“你们知道吗？”他问他们说，“火有四种。”我本来期待着他讲述关于硬木和软木的课程，但他的想法不一样。“第一种嘛，当然就是你们生的营火啦。你们可以在上边做饭，可以在旁边烤火取暖。在这里唱歌也不错——而且它能让郊狼不敢靠近。”

“还能烤棉花糖！”一个孩子叫道。

“完全正确。还能烤土豆，做薄麦饼，你用营火烹饪什么都行。谁还知道其他种类的火？”他问道。

“林火？”一个学生试探着问道。

“是的。”他说，“以前人们叫它‘雷鸟火’，林火是闪电点燃的。有时候它们会被雨水浇灭，但有的时候它们会变成巨大的野火。它们可能会变得特别热，烧毁附近几英里内的一切。没有人喜欢这种火。但是我们的族人学会了在正确的地点、正确的时间放比较小的火，这样，它们就会做好事而不是做坏事。人们是故意放这种火的，为了照料土地——帮助蓝莓生长，或是为鹿创造出草场。”他拿起一张桦树皮，接着说道：“看看你们生火用的这些桦树皮吧。实际上，纸桦的幼苗只能在火烧过之后的地方生长，所以我们的祖先会烧掉林子，给桦树腾出地方。”用火来创造生火材料的循环并没有在他们那里失传。“他们需要桦树皮，所以他们就用自己的火之科学来创造桦树林。火帮了很多植物和动物的忙。我们听说，这就是为什么造物主要把打火棒送给人类的原因——为了给大地带来美好的东西。你们经常会听人说人类能为大自然做的最好的事就是离它远远的，顺其自然。在有些地方这句话完全正确，我们也很尊重这一点。但是，我们也有责任照顾土地。人们经常遗忘的是，这也意味着参与——自然界依靠我们来做好的事。你要表达你爱它、关心它，不是靠把你爱的东西锁在栅栏后，你必须参与进去。你必须为世界的幸福做出贡献。”

“土地送给了我们那么多的礼物；火只是我们能够回馈的一种方式。在现代，公众认为火只有破坏性的一面，但他们忘了——或者不知道——当初人们是怎样把火用作创造性的力量。打火棒就像是大地上的一支画笔。你用它碰碰这里，轻轻地拍一拍，就为马鹿创造出了一片青青的草原；在这里轻轻扫两笔，烧掉一点灌木，橡树就会多结出一些橡子；在树冠下边点几下，它就会把树丛削薄，预防灾难性的大火；用火刷扫过溪边，到了明年春天，这里就会有一道茂密的黄柳林了；用它刷过青草地，那里就会染上糠百合的蓝；要想制造蓝莓，就让画笔上的颜料干上几年，然后再重复一遍。我们的族人们肩负着用火来把万物变得美丽、变得丰饶的责任——这是我们的艺术，也是我们的科学。”

原住民通过烧荒来维持的桦树林是各种馈赠的丰饶角：树皮可以用来做船，可以用来遮盖维格沃姆小屋，还可以用来做工具和篮子，做书写用的卷轴，当然了，还能做点火用的火绒。但是，这些不过是显而易见的礼物。纸桦和金桦都是一种叫做桦褐孔菌（*Inonotus obliquus*）的真菌的宿主，这种真菌会在树皮上暴发，形成瘤状子实体，这是一种大约垒球大小、表面带颗粒的黑色肿块。它的表面有很多裂缝，结着一层痂，上面疙疙瘩瘩地布满了像煤渣一样的东西，仿佛被火烧过一样。住在西伯利亚桦树林中的人把它叫做“查咖”（chaga），认为它是一种很有价值的传统药物。我们的族人把它叫做“什基塔根”（shkitagen）。

要想找到什基塔根并把它从树上取下来，是要颇费一番功夫的。但是，一旦把它切开来，就会发现这些子实体上遍布着金色和棕色的色调，其质地就像海绵状的木头一般，由细微的线条和充满了空气的孔隙构成。我们的祖先发现了这种东西令人惊叹的特性，不过也有人说它通过自己烧焦的外表和金色的内心向我们道出了自己的用途。什基塔根是可用来点火的真菌，是守火者，也是火之民族的好朋友。余烬只要落到了什基塔根中，就不会掉出来，而是在真菌的母体内闷燃，保存自己的热量。哪怕是最小的火星，不论它多么脆弱、多么容易消逝，只要能落在一方什基塔根上，就能被护住、被滋养。然而，随着森林遭到砍伐，灭火的举措危及依赖着烧过的土地而生存的物种，什基塔根也越来越难得一见了。

“好——还有哪些种类的火呢？”我父亲一边问，一边给脚边的火添了一根木柴。

泰欧托雷克（Taiotoreke）说道："还有圣火，就好比典礼上的那些。""当然！"我父亲说，"这些是我们用来传达祷告的火，可以治愈我们，是我们努力的回报。这种火代表着我们的生命，代表着我们从最初就一直拥有的精神上的教诲。圣火是生命与精神的象征，因此，我们有特殊的守火者来看护它们。"

"也许你不会经常看到其他这几种火，"他说，"但有一种火，你必然要每天照管。最难照顾的一种火就在这儿，"他一边说，一边用手指拍打着胸口，"你自身的火，你的精神。我们每个人体内都有这么一小团圣火。我们必须尊敬它，照顾它。你们就是守火人。"

"现在，要记住你们对所有这几种火都负有责任。"他提醒他们，"那是你们的工作，特别是对于我们男人而言。在我们的传统中，男人和女人之间是平衡的：男人负责照看火，女人负责照看水。这两种力量彼此平衡。我们需要这两者皆备才能生存。现在，有些关于火的东西是你们绝对不能忘记的。"

当他站在孩子们面前的时候，我能听到最初教诲的回响，我父亲今天传递的教诲正是当初纳纳博卓在他的父亲那里听到的。"你们要永远记得，火有两面性。每一面都非常强大。一面是创造的力量。火可以用在好的地方——好比你的炉台上或典礼中。你自己的心火也是一种向善的力量。但是，同样的力量也可能转向破坏的一面。火可以有益于土地，也能够毁灭。你自己的火焰也可能被用在邪恶的地方。人类这一族永远也不能忘记，要理解和尊重这种力量的两个方面。它们比我们要强大得多。我们必须学会小心行事，否则它们就会毁灭一切造物。我们必须创造出平衡。”

火对于阿尼什纳比人也具有另一个含义，对应着我们民族生命中的各个时代。“火”可以代表我们曾经居住过的各个地方，还有围绕着它们的大事和教诲。

阿尼什纳比的知识看守者承载着关于我们这个民族的全部叙事，他们就是我们的历史学家和学者。我们的故事从最初的起源开始，比殖民者从海上到来的时间还要早得多。他们同样承载着此后到来的东西，因为我们的历史与我们的未来不可避免地交织在了一起。这个故事叫做“七火的预言”，它因艾迪·本顿-巴奈和其他长老的分享而广为人知。

在“第一火焰”时代，阿尼什纳比人住在大西洋东岸。这个民族被授予强大的精神教诲，为了人类和大地，他们必须遵守这些教诲，因为他们彼此是一体的。但一位先知预言道，阿尼什纳比人将不得不西迁，否则就会在即将到来的巨变中遭到毁灭。他们必须找到“食物生长在水上”的地方，只有在那里，他们才能建起安全的新家。首领们留意了这个预言，并带着族人沿着圣劳伦斯河一路向西，深入内陆，一直到了靠近今天的蒙特利尔的地方。在那里，他们重新点燃了一路盛在什基塔根碗中的火焰。

一位新的导师出现在了族人之中，并建议他们继续向西行进，这样他们就能在一个大湖边安营扎寨了。人们相信了这个幻象并照办了，于是“第二火焰”时代开启：他们在休伦湖的岸边，即今天底特律的位置扎下营寨。但是，很快阿尼什纳比人就分裂成了三个族群——欧及布威人、渥太华人与波塔瓦托米人——他们遵照不同的路线在五大湖沿岸选择自己的家园。波塔瓦托米族向南方走去，从密歇根南部一直来到了威斯康星。不过，就像预言所说的那样，这几支队伍在几代人之后又在马尼图林岛重新合而为一了，产生出的联盟就叫“三火联盟”，并一直存续到了今天。在“第三火焰”时代，他们终于找到了预言中说的那个地方，在那里，“食物生长在水上”，他们也在野稻生长的地方建立起了新的家园。在枫树和桦树、鲟鱼和水獭、雕和潜鸟的照顾下，人们幸福地生活了很长一段时间。引导着他们的精神教诲让大家强大起来，共同在人类之外的亲人们的怀抱中繁荣昌盛。

在“第四火焰”时代，另一支民族的历史与我们的历史交织到了一起。人群中出现了两位先知，他们预言了浅肤色的人们将坐着大船从东方前来，但是对于之后的事情，他们看到的幻象却产生了分歧。道路并不明确，这对于未来而言是不可能的。第一位先知说，如果这些来自海外的殖民者带着兄弟友爱前来的话，他们就会带来伟大的知识。在与阿尼什纳比人的认知方式结合之后，这将会造就一个伟大的新民族。但第二位先知提出了警告。他说，那看上去仿佛是兄弟友爱的面孔实际上也许是死亡的面孔。这个新的民族可能是带着兄弟友爱前来，但他们也可能怀抱着对我们富饶土地的贪念。我们该怎样才能知道到底哪一张才是他们的真实面孔呢？如果鱼儿都遭到了毒害，水不能再饮用的话，我们就知道答案了。另外，殖民者也渐渐因为自己的举动而被称为“奇莫克曼”

(chimokman)，意思是“带着长刀的民族”。

预言最终成为了历史。先知警告人们，要当心那些穿着黑袍、拿着黑书的人，这些人满嘴都承诺着欢乐和拯救。如果人们背弃了自己的神圣之道，去追随这条黑袍之路的话，那么接下来的好多代人就要受苦受难。的确如此。我们的精神教诲在“第五火焰”时代遭到了埋葬，这几乎打碎了我们的民族之环(hoop of the nation)。在被赶到保留地的过程中，人们被驱逐出自己的家园，彼此分离。孩子们从父母身边被带走，去学习殖民者的那一套。他们的宗教遭到了法律的禁止，他们几乎丧失了古老的世界观。因为语言遭到了禁止，认知的宇宙在一代人之后就消失了。土地支离破碎，人民流离失所，古老之道随风而逝，甚至植物和动物也对我们背过脸去。预言中提到了这个孩子从长老身边被带走的时代：人们迷失了前进的道路和生命的意义。他们预言道，到了“第六火焰”时代，“生命之杯几乎变成了伤痛之杯”。然而，即便经历了这一切，依然有一些东西留存下来，一块尚未熄灭的煤炭。在很久以前的“第一火焰”时代，人们就知道了，让他们坚强的是精神生命。

他们说，有一位先知在现身的时候眼中有一道奇异而遥远的光。这个年轻人带给人们的消息是，在“第七火焰”时代，一支新的民族将带着神圣的使命出现。这对他们来说并不容易。他们必须要坚强，要下定决心干事业，因为他们正处在十字路口。

祖先们从远处摇曳的火光中望着他们。在这个时代，年轻人会回到长老身边请求教诲，却发现很多人什么也给不出来。“第七火焰”之人并没有前行；相反，他们得到的建议是转过身去，追溯那些把我们带到这里的足迹。他们的神圣使命就是沿着我们祖先走过的红色道路往回走，收集沿途散落的所有碎片。土地的碎片，语言的残迹，歌曲、故事、神圣教诲的片段——全都散落在那条路上了。我们的长老说，我们正生活在“第七火焰”时代。我们就是祖先提到的人，是要着手承担修复任务、重新点燃圣火并开启民族重生的人。

也正因为此，在所有的印第安领地中都掀起了语言与文化的复兴运动，它来自勇敢的人们的不懈努力，他们为典礼注入活力，召集了会说原住民语言的人重新授课，种下了曾经生长在这里的各种植物的种子，修复了原生的景观，让年轻人重归故土。“第七火焰”之人就行走在我们之中。他们用最初教诲的打火棒让人们恢复了健康，帮助他们重新开花结果。

“第七火焰”的预言向我们呈现了另一种关于我们正在经历的时代的景象。它告诉我们，大地上的所有民众都会看到，自己眼前的道路出现了分岔口。他们必须做出选择，决定将来要踏上什么样的道路。一条道路上生长着嫩草，柔软而青翠，你可以赤脚踏上这条路；另一条道路坚硬、焦黑，上边覆盖的灰渣会割伤你的脚。如果人们选择的是芳草萋萋的道路，那么生命就能得到维持。但如果他们选择的是灰渣之路，他们施加在大地身上的伤害就会反过来对付他们自己，并给大地上的一切民族带来痛苦和死亡。

我们确确实实是站在十字路口了。科学证据告诉我们，我们已经接近全球气候变化的临界点，这是化石能源的末日，也是资源枯竭的起点。根据生态学家的估算，我们需要七个地球才能维持我们创造出来的这种生活方式。然而，这种不知平衡、缺乏正义、没有和平的生活方式却并没有给我们带来满足。它们已经让我们在大规模的物种灭绝中失去了自己的亲人们。不管我们是否愿意承认，摆在我们面前的都是一道选择题，一个十字路口。

我并不完全理解这段预言以及它与历史的关系。但我知道，隐喻是讲述真相的方式，比科学数据深广得多。我知道当我闭上眼睛，想象我们的长老们曾经预见的十字路口时，它会像电影一样映在我的脑海中。

山巅是岔路口。往左边的路柔软又青翠，点缀着露珠，你愿意赤脚踏上去。往右边的是普通的道路。一开始很平缓，但这不过是假象，它很快就延伸到了你的视野之外，消失在了远方的迷雾中。就在地平线上方，它在高温下扭曲，裂成了参差不齐的残渣。

在山脚下的谷地中，我看到“第七火焰”之人正带着他们召集来的所有人一起向路口走来。他们随身带着的包裹里装着用于改变世界观的珍贵的种子。他们并不是要返回旧时的乌托邦，而是要找到能让我们走进未来的工具。太多的东西都被忘记了，但是，只要土地还在，只要人们还能得到教化，学会谦卑，学会倾听和学习，这些东西就不会遗失。在这条道路上，我们并不孤单，人类以外的族群也在帮我们。人类遗忘的知识，土地却还记得。其他生灵也想生存。这条路上排着全世界的人，分别代表医药轮中的四种颜色*；大家都明白选择就在前方，都拥有尊重与互惠的愿景，都带着超越人类世界的友谊。男人用火，女人用水，平衡会得到重建，世界会得到更新。他们彼此都是朋友与同盟，步调一致，排成了长长的一队，向着可以赤脚踏上的道路走去。他们带着什基塔根的灯笼，在光芒中循路而行。

当然，地上还有另一条有迹可循的道路。登高远眺，我能看到选择了那条路的人一边纵酒狂欢，一边引擎轰鸣地全速行驶，身后是飞扬的尘土，像公鸡尾巴一样高高地翘着。他们盲目地飞驰，甚至看不见自己碾过的是谁，也看不到自己加速通过的美好的绿色世界。恶霸们带着一桶汽油和一个火把大摇大摆地沿着这条路走了下去。我担心的是，哪一方会先到达路口呢？会是谁来为我们大家做出选择呢？我认出了那条正在熔化的路，那条灰渣铺就的道路。我以前见过它。

我还记得我五岁的大女儿被雷声惊醒的夜晚。我在抱着她彻底清醒之后才突然意识到，一月怎么会有雷声呢？窗外不是星星，而是一片摇曳的橘黄色，烈焰跳动，空气震颤不已。

我冲向婴儿床，抱起了小女儿，给我们三个都裹上毯子，然后跑到了屋外。不是房子烧起来了，是天空在燃烧。热浪在冬天光秃

---

* 在许多美洲原住民的文化中，医药轮（medicine wheel）是各种精神概念的隐喻。它有四种颜色：黑、白、黄、红，分别代表西、北、东、南四个方位，对应人的身体、思想、精神、情感四个方面，土、气、火、水四种元素，人的四种肤色，即黑、白、黄、红（也就是美洲原住民自身的肤色），等等。——译注

秃的田野里翻滚，如同沙漠里的热风。地平线上充满了夺目的光焰，把黑暗焚烧殆尽。我思绪狂飙：是飞机坠毁了？是核爆炸？我把两个小姑娘匆匆塞进皮卡车，然后跑回去找车钥匙。我唯一的想法是赶紧带她们走，到河边去，快点逃走。我尽可能镇静地开了口，语气平和，就仿佛我们穿着睡衣逃离炎狱这件事并没有什么值得恐慌的一样。“妈妈，你害怕吗？”在我一路开下公路的时候，一个小小的声音在我的胳膊肘边问道。“没有呀，宝贝儿。一切都会没事的。”可她一点也不傻：“那么，妈妈，为什么你要这么悄悄地说话呀？”

我们安全地开到了十英里外我朋友的家，在深夜敲响他的家门，来此避难。从他家的后院看去，火光暗淡了些，但依然闪着诡异的光。我们用热可可哄孩子们上了床，给自己倒了一杯威士忌，然后开始翻看新闻。一根天然气管线在离我们的农场不到一英里的地方爆炸了。疏散正在进行中，工作人员已经来到了现场。

几天之后，一切安定下来了，我们开车回到了现场。草场成了一座火山口。两座马厩彻底化为了灰烬。道路熔化了，在它消失的地方，是一溜边缘锐利的灰渣。

我只当了一晚上的“气候难民”，但那滋味已经够受的了。我们现在所感受到的气候变化带来的热浪并不会像那晚震撼我家的热浪一样势不可挡，然而它们却同样反季节。我从没考虑过那一夜我应该从燃烧的房子中带走什么的问题，但在这样一个气候变化的时代，这个问题是我们每个人都要面对的。有什么东西是你所深爱、不愿失去的呢？你要带着谁、带着什么逃往安全地带呢？

如今我不会对女儿撒谎了。我怕。今天的我和当时的我一样害怕，为了我的孩子们，也为了那美好的绿色世界。我们不能安慰自己说一切都会没事的。我们需要那些包裹中的东西。我们没办法逃到邻居家，而且我们也承担不起悄悄地讲话的后果。

我们一家第二天就能回家了。但是，被上升的白令海生生吞没的阿拉斯加小镇呢？田园被洪水淹没的孟加拉农民呢？还有海湾中燃烧着的原油。放眼望去，不论在哪里，你都能看到它的到来。珊瑚礁因为大洋变暖而消失，亚马孙森林中着起大火，俄罗斯寒冷的针叶林化为火海，释放出了一万年来积累的碳。这些都是那条烧焦的道路上的火。不要让它变成"第七火焰"。我祈祷我们还没有经过岔路口。

成为"第七火焰"之人意味着什么呢？这是否意味着我们要沿着祖先的路往回走，捡拾落在身后的东西呢？我们该怎样才能辨别出什么东西应该重新捡起，什么东西很危险，应该拒绝掉呢？什么才是有生命的大地真正需要的良药？什么是富有欺骗性的毒品呢？我们中没有谁能够认清每一样东西，更不要说把它们都带在身边了。我们需要彼此，有人带上一首歌，有人带上一个词，有人带上一件工具，有人带上一段故事，有人带上一个典礼，然后把它们都放进我们的包裹。这不是为了我们自己，而是为了我们尚未出生的后代，为了我们所有的亲人们。大家齐心合力，从过去的智慧中集齐未来的愿景，让共同的繁荣来塑造我们的世界观。

我们的精神领袖是这样解读这则预言的：是选择威胁土地与

人的物质至上主义的死路呢，还是选择“第一火焰”的教诲所承载的智慧、尊重和互惠所铺就的柔软的道路呢？据说，如果人们选择了那条青翠的道路，那么所有的种族都会一起前进，点燃第八道，也是最后一道火焰，那是和平与手足之情的火焰，铸造出很久以前预言中的那个伟大的民族。

假如我们能够远离毁灭，选择那条绿色的道路，事情会怎样呢？需要什么才能点燃“第八火焰”呢？我不知道，但我的族人长久以来都对火焰非常熟悉。也许在如何漂亮地生火的课程中，有可以帮到我们眼下处境的东西，这是从“第七火焰”中收集来的教诲。火不会自己产生。大地提供了原材料和热力学的定律。人类必须提供勤劳工作、知识以及把火的力量用在正道上的智慧。火星本身就是一个谜，但我们知道，在点燃火焰之前，我们必须收集火绒、集中精神、妥善行动，才能养成那一团火焰。

在手工生火的时候，很多东西都取决于植物——两块柏木，一块是容易弯折的木板，一根是笔直的木杆，它们来自同一棵树，为彼此而造就，一雌一雄。还有一张用条纹槭树枝制成的有弹性的弓，那是一个形状美观的手柄，上面绷着用夹竹桃纤维拧成的弓弦。握着它来回抽拉，一前一后，一前一后，木杆也跟着旋转起来，往它在木板中烧出的那个圆坑中钻去。

很多东西取决于你的身体，每个关节都要处在正确的角度，左臂环住膝盖、抵住胫骨，左腿弯曲，背部拉伸，肩膀绷紧，左前臂向下沉，右臂平稳地来回推拉，与右腿保持在同一平面中。很多东西取决于你的架构，你必须在三维空间中保持稳定，并在第四个维度中保持流畅。

很多东西取决于木杆在木板上的动作。它的运动要变成摩擦力，热量不断累积，钻头在圆坑里转呀转呀，烧出了漆黑而闪亮的空间。这个地方非常光滑，使得压力和热量在木头中烧出了细腻的炭粉，这些炭粉因为需要热量而聚集在一处，随后就会因自重从木板中的凹槽处落下，落到等待已久的火绒上。

很多东西取决于火绒。它可以是一团轻软的香蒲绒毛，也可以是柏树内侧的树皮，你要用手把它揉开，把纤维弄得松散，并混进它本身的木屑，也可以是撕成彩纸屑一样的黄桦树皮碎片。要把这些材料团成球形，就像柳莺巢的形状，让纤维松松地织在一起，这也是一个巢，火鸟会栖息在里边，生下煤炭的蛋。整个一团东西要裹在桦树皮的套筒中，两端开口，让空气得以流动。

好几次我都达到了这种境界，热量积累起来，香气扑鼻的烟雾开始从柏木纤维的小碗里升腾，氤氲着我的脸。就快了，我想，就快了，然后我的手一滑，锭子飞了出去，煤炭散落一地，我没能得到火，只得到了胳膊的酸痛。我和弓钻的斗争是寻求达到互惠的斗争，是寻求知识、身体、思想和精神可以共同达到和谐的斗争，是寻求利用人类的天赋为土地创造出一件礼物的斗争。缺的并不是工具——每样家伙什儿都在这里呢，但有些东西丢失了。我没有这种东西。我又聆听了一遍“第七火焰”的教诲：沿着道路往回走，收集沿途落下的东西。

于是我想起了什基塔根——真菌守火者。它看护着火星，令它不会熄灭。我回到了智慧所在的地方，回到了树林中，然后谦卑地寻求帮助。我放下了自己的礼物，作为我所得到的一切馈赠的回礼，然后我又试了一遍。

很多东西取决于火星，它在什基塔根的黄金中得到滋养，然后由歌声点燃。很多东西取决于空气，它要从火绒窝中穿过，力度不能太小，不然就没法让火苗烧起来，也不能太大，不然就会把火苗吹灭。那是风的呼吸而不是人的呼吸，它在造物主的呼吸中来回摇摆，拥抱着树皮与木屑，把热量传播开来。氧气是燃料所需的燃料。然后，烟就会带着甜美的芳香升腾起来，光芒迸发出来，你捧在手中的正是那一团火。

作为“第七火焰”之人，当我们走在道路上的时候，也应该寻找什基塔根，也就是看护着不灭的火星的人。我们要在整条道路上寻找守火者，我们要克服一切困难，带着感激和谦卑来向他们致意，他们身上带着火的余烬，等待着重新得到呼吸，得到生命。在寻找森林中的什基塔根和精神的什基塔根的时候，我们需要张开双眼，放开心灵：心足够开放了，就能拥抱我们人类以外的亲人，能够接纳我们自己所没有的智慧。我们需要信任美好的绿色大地的慷慨，她为我们准备了这份礼物，同时也要信任人类一族一定会报之以礼。

我并不知道“第八火焰”会怎样点燃。但我知道我们可以收集那些能够滋养火苗的火绒，我也知道我们可以成为承载火焰的什基塔根，正如它曾把火焰带给我们一样。难道点燃这团火不是一件神圣的事吗？有太多的东西取决于这一点火星。

战胜温迪戈

在春天，我会穿过草地，走向我的草药林。在这里，植物们会以毫无保留的慷慨送出它们的礼物。它们属于我，这不是通过契约达成，而是出于关怀。几十年来，我都会到这里来找它们，来聆听，来学习，来采摘。

林中的积雪已消融，代之以一片开着白花的延龄草，但我依然感到了一阵刺骨的寒冷。光线有些不同了。我爬过山岭，那里曾有一些难以辨认的脚印，跟在我去年冬天暴风雪时留下的脚印后面。我本应该想到这些足迹意味着什么。如今，我在它们的位置上找到了深深的车辙印，那是一辆穿过田野、直奔这里的拖拉机。花朵还在，与我有记忆以来的样子没什么区别，但是树都没了。我的邻居在冬天带来了伐木工人。

有那么多的方式可以实现光荣收获，但他却选择了相反的方式，只留下了患病的水青冈和几棵老迈的铁杉，它们没有作为木材的价值。延龄草、血根草、獐耳细辛、垂铃草、猪牙花、野姜还有阔叶葱，都在向着春天的太阳最后一次露出笑脸，到了夏天，失去了树荫庇护的它们就会被太阳烤死。它们相信枫树还会在那里，但枫树已经不在了。它们也相信我。到了明年，这里将遍布荆棘——葱芥与鼠李，这些是跟着温迪戈的足迹而来的入侵物种。

我害怕礼物构成的世界无法和商品构成的世界共存。我害怕自己没有力量从温迪戈的手中保护我所爱的一切。

在传说的时代，人们是如此惧怕温迪戈的幻影，他们努力想象出了各种能够打败它们的方法。如今，在我们的温迪戈思维铸就了如此可怕的破坏的情况下，我在想，我们古老的故事是否包含着能在今天继续引导我们的智慧呢?

也许我们应该效仿这些关于放逐的故事，让那些毁灭环境的人受到鄙视，不要成为他们的帮凶。在很多故事中，人们尝试把它们淹死、烧死或用各种各样的手段杀死它们，但温迪戈总会回来。有无数故事讲述勇者穿上雪鞋，穿过暴风雪，勇往直前，追踪并杀死温迪戈，免得它们再次肆虐的事迹，但这种野兽总会在暴风雪中逃脱。

有些人认为我们其实什么也不用做，因为贪欲、增长和碳排放的罪恶组合将使世界变得炎热，于是温迪戈的心会融化——一劳永逸。气候变化会毫不含糊地挫败这种建基于无尽的索取却不知给予的经济。但在温迪戈死掉之前，它还会带走很多我们珍爱的事物，用来为自己陪葬。我们可以坐等气候变化把整个世界和温迪戈一起拖入冰融化形成的泛着红色的泥潭中，或者，我们也可以套上雪鞋去追踪它。

在我们的故事中，如果只靠人类无法战胜它们的话，人们就会召来自己的捍卫者纳纳博卓，请求他成为对抗黑暗的光明，成为对抗温迪戈之尖啸的歌声。巴西尔·约翰斯顿讲述了一场人类和温迪戈之间的史诗战役，在这个故事中，人类一方出动了许多军团的战士，在英雄的带领下，大家奋战了许多天，战况异常激烈，人们用了各种武器、许多计谋还有巨大的勇气，终于把这只怪物包围在它的巢穴之中。但我注意到，这个故事的背景和我之前听到的所有温迪戈的故事都有所不同：你能从中闻到花朵的芬芳。这个故事里没有雪，没有狂风；唯一的冰来自温迪戈冰封的心。纳纳博卓选择了夏天来追捕这个怪物。战士们划着桨穿越没有冰的湖面，到达了温迪戈夏日蛰伏的岛上。温迪戈在冬天，在饥荒到来的时候最有力量。在温暖的和风中，它的力量便消退了。

在我们的语言中，夏天叫做“niibin”——意为丰饶之日——正是在这丰饶之日中，纳纳博卓打败了温迪戈。这就是能削弱过度消费的怪物的箭矢，是能治愈这种病态的良药：它的名字叫做“丰饶”。在冬天，在匮乏达到顶点的时候，温迪戈便无所顾忌地肆虐，但是当充裕占领主导地位时，饥饿就消退了，一同消退的还有这种怪物的力量。

人类学家马歇尔·萨林斯（Marshall Sahlins）在一篇文章中把没有多少财产的狩猎采集民族描述为原始的丰饶社会，他提醒我们：“不论拥有多少物质财富，现代资本主义社会终归是由匮乏的命题来支配的。经济手段的不足是这个世界上最富有的人的首要原则。”造成这种短缺的原因并不在于实质上物质财富的多少，而在于其所交换或循环的方式。市场体系通过阻塞资源与消费者之间的流动，人为地创造了这种短缺。谷物在仓中腐烂，而买不起粮食的饥民却在挨饿。结果是一部分人忍受饥馑，另一部分人因饕餮而生病。为了助长不公，维持了我们生命的大地遭到了毁灭。经济体系承认公司的人格却不承认人类以外的生灵的人格：这是温迪戈经济。

还有什么选择？我们该怎样到达那里？我也不知道确切的答案，但我相信，答案就蕴藏在我们"一碗一勺"的教诲之中，它讲的是，大地的一切礼物都盛在同一个大碗之中，一切都是用同一把勺子来分享的。这是共有经济的愿景，在这个愿景中，一切我们的幸福生活所需的基本资源，比如说水、土地和森林，都是大家所共有的，而不是商品化的。在妥善的管理之下，这种共有的理念维持的是丰饶，而不是匮乏。这些当代的替代经济体系有力地附和了原住民的世界观：土地不是作为私人财产，而是作为公有财产而存在，为了全体成员的利益，要带着尊敬和互惠的精神来照料它。

不过，虽然创造出新的体系来替代目前这种破坏性的经济结构是必要的，却依然不够。我们需要的不仅仅是政策的改变，还要有心的改变。匮乏与充裕既是经济的品质，也是思想和精神的品质。感恩之心会种下丰饶的种子。

我们中的每个人所出身的民族都曾经是原住民。我们每个人都可以重新成为感恩文化的一员，重建我们与有生命的土地的古老关系。感恩是温迪戈精神病的强力解毒剂。深刻意识到土地和彼此的馈赠是一种良药。感恩的实践让我们在面对商人们逐利的喧嚣时，仿佛听到了温迪戈胃里的咕噜声。在颂扬再生互惠的文化中，钱财意味着有足够的东西去分享，富裕是以彼此互惠的关系来计算的。此外，它还使我们快乐。

对大地给予我们的一切礼物抱有感恩之心，让我们鼓起勇气转过头去面对尾随我们的温迪戈，让我们拒绝参与到摧毁我们珍爱的大地、填饱贪婪者私囊的经济中，让我们呼唤一种与生命结盟，而不是与之对垒的经济学。这一切写下来容易，实践却难。

我伏倒在地，用拳头捶着地面，悲叹着我的草药林遭到了侵犯。我不知道该怎样才能打败那头怪物。我没有装满刀枪的武库，没有追随着纳纳博卓的战士们。我也不是一位武士。我是草莓养大的，它们的幼苗正在我脚边萌芽。我置身于堇菜和蓍草的花丛中，还有刚刚现身的紫菀与加拿大一枝黄花，以及在阳光下闪耀的茅香的叶片中。在那一刻，我知道我并不孤单。我躺在草地上，身边环绕的就是战士的军阵，它们确实支持着我。也许我不知道该做什么，但它们知道，它们一如既往地送出自己的礼物，送出药品，维持着世界。它们说，我们在温迪戈面前并非无计可施。要记得，我们已经拥有了自己所需要的一切。于是我们一起商量着对策。

当我站起来的时候，纳纳博卓出现在我身边，他眼神坚定，嘴角带着一抹恶作剧的坏笑。“你必须要像怪物一样思考才能打败他，”他说，“相似相溶。”他把目光投向树林边缘一排茂密的灌木，一边坏笑一边说道：“让他尝尝他自己的药。”然后，他走进了灰色的灌木丛中，随着一阵笑声，他的身影消失了。

我之前从没采集过鼠李，这种黑蓝色的野果会弄脏我的手指。

我努力离它远一些，但是它追着你不放。这是一种疯狂的入侵物种，出现在受到扰动的土地。它接管了森林，让其他植物得不到光线与空间，饥饿而死。鼠李还会毒害土壤，令其他物种无法生长，只剩下它自己，创造出“植物的荒漠”。你不得不承认，它是自由市场中的胜利者，是一段建基于高效和垄断，并创造出短缺的成功故事。它是植物界的帝国主义者，从本土物种手里偷窃土地。

我整个夏天都在收集植物，坐在所有为这项事业献身的物种身边，倾听和学习着它们的禀赋。我总要为伤风准备药茶，为皮肤准备药膏，但从不像这样。制作草药可不是件轻描淡写的事。它是一件神圣的责任。我房子的横梁上挂满了风干的植物，架子上摆满了装着草根树叶的罐子——以备冬天之用。

当它到来的时候，我穿上雪鞋走到了林中，留下了一道通往我家的不可能弄错的足迹。一绺茅香编成的辫子挂在我的门上。三股闪亮的草叶代表着思想、身体和精神的合一，这是让我们完整的三个要素。在温迪戈那里，这条辫子是散架的；这正是令他专事破坏的原因。这条辫子提醒着我，在我们编结大地母亲的秀发时，我们要想起一切送给我们的礼物，以及我们同时负有的照料这些礼物的责任。这样，礼物就得到了延续，所有人都有的吃。谁也不会饥饿。

昨天晚上，我的房子里满是美食和朋友，欢笑和光芒满溢而出，洒在了雪地上。我想，我在窗边看到了他走过的身影，他正带着饥饿窥探我们。但今天晚上，我独自一人，而风声渐渐紧了。

我举起了我的铸铁茶壶，这是我拥有的最大的一个壶，我把它放到炉子上，然后把水煮开。我在里边放上了一大把鼠李干，然后又放上了一把。果子溶解成糖浆般的液体，颜色黑蓝，质地如墨。我回忆着纳纳博卓的建议，一边祈祷一边把壶里的液体倒进了罐子里。

我往第二个锅里倒了一罐最纯净的泉水，然后在上边撒上了一个罐子里装的花瓣，以及另一个罐子里装的树皮屑。这些都是我精心挑选过的，它们各自都有自己的功效。我加上了一段根，添进了一把叶，还在金色的药草茶里放上了一勺野果，把它染成了玫瑰粉色。我把它放在火上慢慢地煮，然后坐在旁边等待。

雪在窗户上嘶鸣，风在树林中悲叹。他来了，像我估计的一样，跟踪着我的脚印来到了我家。我把茅香放进口袋里，深呼吸，然后打开了门。这么做的时候我很害怕，但我更害怕如果不开门的话会造成什么后果。

他在我上方出现，凝结着白霜的脸上是闪着红光的疯狂的眼睛。他露出黄色的獠牙，然后把他嶙峋的手伸向了我。我双手颤抖着往他沾满血污的手指间塞了一杯滚烫的鼠李茶。他吧唧着嘴，一饮而尽，然后咆哮着要更多——他饱受空虚之痛的折磨，永远想要更多。他把铁壶从我手里抢走，然后贪婪地大口大口喝了下去。滚烫的浆液在他的下巴上冻成了一道道黑色的冰柱。他把空了的壶扔在一边，再次向我抓来，但是，在他的手掐到我的脖子之前，他就掉转过身，夺门而出，步履蹒跚地走到了外边的雪地里。

我看到他弯下身子，剧烈地干呕起来。他那腐肉般的腥臭呼吸中混进了粪便的恶臭，鼠李让他的胃里翻江倒海。剂量很小的鼠李可以通便，剂量大的话就成了泻药，而整整一壶足以令他立刻上吐下泻。这就是温迪戈的本性：不论什么东西都要喝到最后一滴。于是，他吐出了钱币和煤泥，还有在我的树林中吃下的一团团锯末，一块块沥青砂，还有鸟儿小小的骨头。他吐出了索尔维废物，吐出了一整片水面浮油。等他吐完之后，他的胃部仍在翻腾，但吐出来的只有孤独产生的稀薄液体了。

他精疲力尽地倒在雪地上，就像一具散发着恶臭的尸体，但是，一旦饥饿填充了新的空虚，他就依然非常危险。我跑回房里，把第二个壶拿到他身边，放在了他四周雪融化的地方。他的眼睛闪烁着，但我听到他的胃在咕噜咕噜地响，于是我拿了一个杯子凑到了他的嘴唇边。他把头调转过去，仿佛那是毒药一般。我先抿了一口，向他保证这没有毒，同时也因为需要它的不仅是他。我感到这些草药都站在我的身边。然后他喝了，每次只抿一小口金粉色的茶。里边有柳树，可以平息欲望的焦热；有草莓，能够修复心灵；还有营养丰富的“三姐妹”浓汤，混进了用来调味的阔叶葱。药物进入了他的血液：有象征团结的北美乔松，带来公正的碧根果，赋予谦卑的云杉根。他还喝下了金缕梅的同情心、柏树的敬意、银钟花的祝福，这一切再用枫糖的感恩变得甜蜜。除非你了解了礼物的存在，否则你不会懂得回馈。他在它们的面前完全无助。

他的头颓垂了下来，杯子依然是满的。他闭上了眼睛。这服药只剩最后一个部分了。我不再恐惧。我在他身边坐下，坐在新绿的草地上。“让我给你讲个故事，”我一边说，冰一边从身边融化，“她像枫树的种子一般落下，踮着脚尖在秋风中旋转。”

尾声：返还礼物

绿底上多了几点红色，那是覆盆子在夏日的午后点缀着灌木丛。冠蓝鸦在这块草地的另一边啄来啄去，它的喙像我的手指一样染上了红色。我摘下覆盆子放到碗里，同时也送到口中。在荆棘丛底下，我伸手够着一串串悬挂的果实，在斑驳的树影间，有一只嘴角扬起的乌龟，它向着有野果落下的深处爬去，时而也会扬起头来，去吃更多。我不会去碰它的果子。大地拥有足够的果实，并且慷慨地让我们每个人都能得到满足，她在绿色中撒满了自己的礼物：草莓、覆盆子、蓝莓、樱桃、茶藨子——我们的碗都能装得满满的。“Niibin”，这是我们波塔瓦托米语中对夏天的称呼，意为丰饶之日。这也是我们部落聚会的时节，大家一起举行帕瓦舞会和典礼。

绿底上多了几点红色，这是毯子铺在树荫下的草坪上，上边堆满了礼物。有篮球，有卷起的伞，有佩奥特缝珠的钥匙链，还有密封塑胶袋装的野生稻米。大家排队挑选着心仪的礼物，而主人站在一旁，笑容满面。少年们被派来把选中的东西拿给坐在圈子中央的老人们，他们身体太弱，没办法在人群中穿梭了。“Megwech,

megwech"——"谢谢"的声音在我们身边此起彼伏。我前边是一个蹒跚学步的孩子，她被这份丰饶迷住了，抱了满怀的礼物。她妈妈弯下腰来，在她耳边小声说了几句。她犹豫不决地在原地站了一会儿，随后把所有的东西都放了回去，只留下了一把亮黄色的滋水枪。

然后我们跳起舞来。鼓声响起，演奏着赠礼歌，每个人都参与到舞蹈的大圈中，有人身着盛装，带着摇曳的流苏、摆动的羽毛、彩虹般的披肩，有人穿着 T 恤衫和牛仔裤。莫卡辛鹿皮鞋的舞步震撼着大地。每当环绕着我们的歌曲转换成致敬节拍时，我们都会在原地跳舞并把礼物举过头顶，摇晃手中的项链、篮子或毛绒动物，同时欢呼着赞美礼物和它们的给予者。在欢笑和歌声中，每个人都有所归属。

这就是我们传统的赠礼宴，是我们民族所钟爱的古老仪式，也是帕瓦舞会的常见特征。在外边的世界里，人们在庆祝生命中的重大活动时可以期待道贺的人给自己送来礼物。但在波塔瓦托米人的习俗中，这种期待是倒过来的。是被贺者给别人送出礼物，他们会在筐子里高高地堆上好东西，来与圈子里的所有人分享好运。

一般而言，如果赠礼的规模较小、比较私人化的话，那么，每一件礼物都会是自己手制的。有的时候，整个族群会一起工作一年，来为他们甚至不认识的客人制作礼物。在有几百人参加的部落间聚会中，毯子一般是蓝色的防水布，上边撒满了沃尔玛的折扣箱商品里溢出来的东西。不管礼物是什么，是黑梣木的篮子还是一个锅垫，情义都是一样的。这种仪式性的赠礼是我们最古老的教诲的回响。

慷慨的训诫既是道德上的，也是物质上的。对于平时生活与土地紧密相连，了解它在充裕和匮乏之间的波动的民族，对于将个人的幸福与集体的幸福紧密相连的民族，就更是如此了。如果我们把礼物全都私藏起来，我们就会因财富而笨重，因占有而臃肿，我们的身躯会变得无比呆滞，无法起舞。

有的时候确实有一些人——甚至是一整个家族——无法理解这一点，并且索取得太多。他们把拿来的东西堆在自己的草地椅旁边。也许他们需要它。也许不需要。他们不会起舞，只是孤独地坐着，看守着他们的物品。

在感恩的文化中，每个人都知道礼物是会沿着互惠的圈子循环的，它终究会回流到你的身边。这一次你有所施，下一次才能有所得。赠与的光荣与接受的谦卑是这个等式的两边。人们踏上从感恩到互惠的路径，踩倒的草形成了一个圆。我们在舞蹈时是围成一圈，而不是站成一条直线。

跳完舞以后，一个穿着草之舞的衣服的小男孩把他新得到的玩具小汽车扔在了一边，因为他已经玩腻了。他的爸爸让他捡起来，然后让他坐下，耐心地对他解释理由。一件礼物和你买的东西不一样，它在物质的界限外拥有自己的意义。你绝不能对礼物不敬。一件礼物对你是有所要求的。要善待它。等等。

我并不知道赠礼宴的起源，但我认为我们是从对植物的观察中学到它的，特别是那些野果，它们慷慨给予我们的礼物是精心包成的红色或蓝色的果实。我们也许会忘记是哪位老师教我们做这件事的，但我们的语言还记得：我们用来表示赠礼宴的词“minidewak”，意思是“他们用心给予”。而这个词的核心在于“min”这个词。“min”是“礼物”的词根，同时也是表示“野果”的那个单词。在我们的诗歌中，每当出现“minidewak”这个词，会不会就是在提醒我们要像野果一样呢?

我们的典礼上永远都有野果的身影。它们在木碗中把我们团结在一起。一个大碗和一个大勺在整个圈子中传递着，于是每个人都能尝到甘甜的滋味，都会记得这份礼物，然后说“谢谢”。它们承载着从我们的祖先那里流传下来的宝贵一课，那就是大地的慷慨是以一个碗和一把勺子的形式来到我们身边的。我们都在同一个碗里吃饭，大地母亲为我们把它装满。这不仅关乎野果，也关乎碗。大地馈赠的礼物是要分享的，但礼物并非无穷无尽。大地的慷慨并不是在邀请我们把一切都拿走。每个碗都有底。它要是空了，那就是空了。而且只有一把勺子，每个人能够享用的数量都一样。

我们该怎样把空了的碗重新填满呢?只有谢意就行了吗?野果告诉我们，不是的。当野果展开它们的赠礼毯子，把它们的甘甜无差别地赠送给鸟儿、熊和孩子们，交易并不会就此终止。它要求我们给出谢意以外的东西。野果信任我们会完成自己的那部分契约，把它们的种子播撒到新的地方，让幼苗成长，这不仅有利于野果，也有利于孩子们。它们提醒我们，一切繁荣都是相互的。我们需要野果，野果也需要我们。它们给予的礼物会因我们对它们的照料而得到增殖，而因我们的忽视而减少。我们受到互惠契约的约束，在这份协定下，责任是双方的，我们要供养那些供养了我们的生灵。这样，空碗就填满了。

但是，在这条线的某些地方，人们却抛弃了野果的教诲。我们不再耕种富饶，而是处处削减着未来的可能性。然而，这条通往未来的不确定的道路是可以被语言照亮的。在波塔瓦托米语中，我们提起土地时会说它是“emingoyak”，即给予我们的东西。在英语中，我们提起土地时会说它是“自然资源”或“生态系统服务”，就好像其他生灵的生命是我们的财产一样。就好像土地不是一碗野果，而是一个被掘开的矿坑，勺子变成了挖地的铁锹。

想象一下，在我们的邻居举办赠礼宴的时候，如果有人闯进了他们的家，然后肆无忌惮地想拿什么就拿什么，我们一定会为这种没有道德的行为而感到气愤。对大地也应该如此。大地免费提供了风能、太阳能和水能，但我们却挖开了大地的肌体，夺走了化石燃料。如果我们只取走她给予我们的东西，如果我们回馈了这份礼物，我们今天也就用不着担忧头顶上的大气层了。

我们都受到互惠契约的约束：植物的呼吸与动物的呼吸，冬天和夏天，猎物和掠食者，草和火，黑夜和白昼，生命与死亡。水明白这一切，云明白这一切。土壤和岩石知道，它们是在大地那永不止息的创造、毁灭与再创造的赠礼宴中舞蹈。

我们的长老说，仪式是让我们能够记得要去铭记的方式。在赠礼宴的舞蹈中，要记得大地是我们必须传给后人的一件礼物，正如它是交到我们手里的礼物一样。如果我们忘记了，哀悼之舞就成了我们需要的舞蹈。哀悼无家可归的北极熊，哀悼归于寂静的鹤鸣，哀悼河流的死亡和白雪的记忆。

当我闭上眼睛，让自己的心跳与鼓声相合的时候，我眼前出现了一幅愿景——人们意识到了世界那令人目眩的礼物，这在他们的人生中可能还是第一次。他们在毁灭的尖端摇摆不定时，第一次用全新的眼光看到了这一切。也许刚好赶上，也许已经太迟。这些礼物铺展在绿色的草地上，下面是棕色的土壤。他们最终会赞颂大地母亲的馈赠。如茵的苔藓，羽毛的斗篷，一筐筐玉米，还有一瓶瓶治病用的药草。银鲑，玛瑙海滩，沙丘。积雨云和飘飞的雪，一捆捆木头和一群群加拿大马鹿。郁金香。马铃薯。月神蛾与雪雁。还有野果。我希望听到伟大的感恩之歌飘扬在风中，这愿望比什么都迫切。我认为这首歌也许会拯救我们。然后，随着鼓声开始敲响，我们会一起跳舞，大家身着盛装，赞颂富有生命力的大地：高草草原的穗子随风波动，白鹭的羽冠上下晃动，蝴蝶的翅膀翩跹回旋，闪耀着珠宝般的光芒。当歌声暂歇、致敬的节奏响起时，我们都会把手中的礼物举起然后高声赞颂它，那也许是一条闪亮的鱼，一根开满繁花的树枝，或是一个星光灿烂的夜晚。

关于互惠的道德契约号召我们为大地给予的一切——为我们索取的一切——履行道德责任。现在轮到我们了，我们已经拖延了太久。让我们举办一场回馈大地母亲的赠礼宴吧，让我们为她铺开毯子，把我们自制的礼物高高堆起。请想象一下我们的那些书籍，那些画作，那些诗歌，那些精巧的机器，那些饱含同情的举动，那些超凡的理念，那些完美的工具。对一切馈赠的坚决捍卫。在这里，有为大地献上的各种礼物，是我们用思想、用双手、用心灵、用语言、用想象力制造的。不论我们的礼物是什么，都是我们受到感召而对大地做出的回馈。然后，我们就能一起为世界的更新而起舞。

以此回报呼吸的特权。

注释

关于对植物名字的处理

我们理所当然地认为人名的首字母应该大写。如果把人名写成“george washington”（乔治·华盛顿）就是剥夺了他作为人类的特殊地位。如果用大写的“Mosquito”来指代蚊子这种昆虫，就显得很可笑了。但如果说的是船舶的品牌，那就可以接受。大写传达了某种区别：人类和他们创造的物品是地位格外尊崇的存在。生物学家广泛采取的做法是不大写植物和动物的俗称，除非该名称中含有人名或正式的地名。这样一来，春天最早绽放的花朵就是“bloodroot”（血根草），而加利福尼亚林地中那粉色星星般的花朵就成了“Kellogg's tiger lily”（凯洛格百合）。这条语法规则看似微不足道，实际却表现了根深蒂固的人类例外主义的思想，也就是我们与身边其他的物种是不同的，而且比它们更为优越。在原住民的认知方式中，一切生灵都具有人格（personhood），而且同等重要，彼此之间没有高下等级之分，而是构成一个圆圈。因此，在这本书中，同时也在我的生活中，我都会打破这些语法上的陈规，自由地写下“Maple”（枫树）、“Heron”（苍鹭）和“Wally”（沃利），来表达他们是“人”（person），虽然不一定是人类；而当我写下“maple”、 "heron"和"human"的时候，我指的是一个范畴或者一个概念。

关于对原住民语言的处理

波塔瓦托米语和阿尼什纳比语是对土地和民族的反映。它们是鲜活的口头传统，在其悠久的历史中一直没有得到书写，直到最近才有所改变。目前出现了许多种不同的书写系统，尝试着把这门语言纳入规范的正字法中，但这门语言庞杂而且鲜活，有很多变种，到底该采用哪种作为标准还没有定论。波塔瓦托米族长老斯图尔特·金——同时也是这门语言的流利的使用者和教师——非常友善地帮我梳理了这门语言的基本用法，并建议我在拼写和使用上保持前后一致。在对这门语言和这一文化的理解上，我得到了他的指导，对此我感激不尽。许多阿尼什纳比语的使用者在书写自己的语言时都采用了菲耶罗系统（Fiero system）的双元音正字法。然而，大部分的波塔瓦托米语的使用者——也叫"去元音者"——并不使用菲耶罗系统。出于对使用者和教师们的尊敬，我在使用这些词汇时用的是他们原本教我的方式。

关于原住民的故事

我是听着身边的故事长大的，在我记事之前，我就一直是这些故事的聆听者。我的老师们把这些故事传递给了我，我希望能把它们继续传递下去，以此向我的老师们致敬。

长辈告诉我们，故事是有生命的，它们会生长，会壮大，会记忆，它们的本质不会变，但有时会穿上不同的外衣。它们会得到土地、文化和讲述者的塑造，因此一个故事可能会流传广泛，而有不同的版本。有的时候，人们只分享故事的一个片段，或者一个许多面的故事只有一面得到了展现，这取决于其目的。在这里分享的故事也是如此。

传统故事是一个民族的集体珍宝，很难像引用文献那样找到一个单一的来源。很多故事本来就不是为了公开分享而存在，我并没有将这些故事包括进来，但依然有很多故事是可以自由散播的，这样它们就能在更广阔的世界里完成使命。这些故事同样有很多版本，对于它们，我选择引用公开出版的来源作为参考，而同时我也承认，我在这里分享的版本是我听了很多次不同人的讲述之后确定下来的情节较为丰富的版本。某些故事是口头流传下来的，我不知道有没有已经发表的来源。在此我要向讲故事的人说一声“Chi megwech”（谢谢你）。

单位换算表

1 英寸 = 2.54 厘米

1 英尺 = 30.48 厘米

1 英里 = 1.61 千米

1 码 = 0.91 米

1 英亩 = 4046.86 平方米

1 美制加仑 = 3.78 升

1 蒲式耳 = 35.24 升

1 磅 = 0.453 千克

参考书目

Allen, Paula Gunn. *Grandmothers of the Light: A Medicine Woman's Sourcebook*. Boston: Beacon Press, 1991.

Awiakta, Marilou. *Selu: Seeking the Corn-Mother's Wisdom*. Golden: Fulcrum, 1993.

Benton-Banai, Edward. *The Mishomis Book: The Voice of the Ojibway*. Red School House, 1988.

Berkes, Fikret. *Sacred Ecology*, 2nd ed. New York: Routledge, 2008.

Caduto, Michael J. and Joseph Bruchac. *Keepers of Life: Discovering Plants through Native American Stories and Earth Activities for Children*. Golden: Fulcrum, 1995.

Cajete, Gregory. *Look to the Mountain: An Ecology of Indigenous Education*. Asheville: Kivaki Press, 1994.

Hyde, Lewis. *The Gift: Imagination and the Erotic Life of Property*. New York: Random House, 1979.

Johnston, Basil. *The Manitous: The Spiritual World of the Ojibway*. Saint Paul: Minnesota Historical Society, 2001.

LaDuke, Winona. *Recovering the Sacred: The Power of Naming and Claiming*. Cambridge: South End Press, 2005.

Macy, Joanna. *World as Lover, World as Self: Courage for Global Justice and Ecological Renewal*. Berkeley: Parallax Press, 2007.

Moore, Kathleen Dean and Michael P. Nelson, eds. *Moral Ground: Ethical Action for a Planet in Peril*. San Antonio: Trinity University Press, 2011.

Nelson, Melissa K., ed. *Original Instructions: Indigenous Teachings for a Sustainable Future*. Rochester: Bear and Company, 2008.

Porter, Tom. *Kanatsiohareke: Traditional Mohawk Indians Return to Their Ancestral Homeland*. Greenfield Center: Bowman Books, 1998.

Ritzenthaler, R. E. and P. Ritzenthaler. *The Woodland Indians of the Western Great Lakes*. Prospect Heights, IL: Waveland Press, 1983.

Shenandoah, Joanne and Douglas M. George. *Skywoman: Legends of the Iroquois*. Santa Fe: Clear Light Publishers, 1988.

Stewart, Hilary and Bill Reid. *Cedar: Tree of Life to the Northwest Coast Indians*. Douglas and MacIntyre, Ltd., 2003.

Stokes, John and Kanawahienton. *Thanksgiving Address: Greetings to the Natural World*. Six Nations Indian Museum and The Tracking Project, 1993.

Suzuki, David and Peter Knudtson. *Wisdom of the Elders: Sacred Native Stories of Nature*. New York: Bantam Books, 1992.

Treuer, Anton S. *Living Our Language: Ojibwe Tales and Oral Histories: A Bilingual Anthology*. Saint Paul: Minnesota Historical Society, 2001.

致谢

我要向以下诸位致谢：巨云杉奶奶的膝头、白柳的树荫、我睡袋下的香脂冷杉，还有凯瑟琳湾（Katherine's Bay）的那一片蓝莓；唱着歌伴我入眠的北美乔松，还有清晨唤醒我的黄连茶、六月的草莓和在兰花之间飞舞的鸟儿；屹立在我门前的枫树；秋天最后的覆盆子与春天最早的阔叶葱，还有香蒲、纸桦和云杉根，它们照料了我的身体和灵魂；承载了我的思想的黑梣；以及水仙、带露水的堇菜，还有紫菀与加拿大一枝黄花，它们依然美得让我屏住呼吸。

我要向以下诸位致谢，他们是我认识的最棒的人：我的父母，罗伯特·瓦塞·安科沃（Robert Wasay Ankwat）与帕特里夏·瓦瓦斯科内森·沃尔（Patricia Wawaskonesen Wall），他们给了我终生的爱和鼓励，他们带来了火星，并扇出了火焰；还有我的女儿们——拉金·李·基默尔与林登·李·莱恩，她们是我写作灵感的来源，同时也感谢她们亲切地允许我把她们的故事编织到我的故事中。我沐浴在爱中，它使得一切成为可能，对这份爱，我无论怎样感恩都不为过。Megwech kine gego（对此我非常感激）。

我很幸运得到了睿智又慷慨的老师们的指导，不论他们自己是否知道，他们都对这些故事贡献良多。我要向那些我一直聆听并学习他们的教诲的榜样人物说一声“Chi Megwech”(谢谢你),包括我的阿尼什纳比族亲戚斯图尔特·金、芭芭拉·沃尔(Babara Wall)、沃利·梅希高德、吉姆·桑德尔、贾斯汀·尼利、凯文·芬尼(Kevin Finney)、大熊·约翰逊(Big Bear Johnson)、迪克·约翰逊(Dick Johnson)还有皮金家族。我要对豪德诺硕尼的邻居、朋友和同事们说声“Nya wenha”(多谢),包括奥伦·莱昂斯、欧文·波雷斯、珍妮·谢南多厄、奥德丽·谢南多厄、弗丽达·雅克、汤姆·波特、丹·朗波特(Dan Longboat)、戴夫·阿尔奎特(Dave Arquette)、诺厄·普安(Noah Point)、尼尔·帕特森(Neil Patterson)、鲍勃·斯蒂文森(Bob Stevenson)、特雷莎·伯恩斯(Theresa Burns)、莱昂内尔·拉克鲁瓦(Lionel LaCroix)以及迪安·乔治(Dean George)。而对那些在会议上、文化聚会中、篝火旁和餐桌上遇见的我已经记不得名字的众多导师,我也要说声“igwien”(感谢)。你们的话语和行动就像落在沃土中的种子,而我的意愿就是以关爱和尊重来养育它们。对于那些没有察觉到的错误,我要承担全部责任,它们毫无疑问来自我自己的无知。

写作是一项孤独的实践,但我并非独自一人。许多人给予我温暖的激励和支持,并且一直在倾听,这是一份珍贵的礼物。由衷地感谢凯瑟琳·迪安·穆尔(Kathleen Dean Moore)、利比·罗德里克(Libby Roderick)、查尔斯·古德里奇(Charles Goodrich)、艾莉森·霍索恩·戴明(Alison Hawthorne Deming)、卡罗琳·塞尔维德(Carolyn Servid)、罗伯特·迈克尔·派尔(Robert

Michael Pyle)、杰西·福特（Jesse Ford）、迈克尔·尼尔森、雅尼娜·德贝斯（Janine Debaise）、娜恩·加特纳（Nan Gartner）、乔伊斯·霍曼（Joyce Homan）、迪克·皮尔逊（Dick Pearson）、贝夫·亚当斯（Bev Adams）、理查德·魏斯科普夫（Richard Weiskopf）、哈西·伦纳德（Harsey Leonard），还有其他提供了鼓励和批评意见的人。对于那些让我得以一路前行的朋友和家人，你们的温暖已经写进了书里的每一页。我特别要感谢多年来我亲爱的学生们，他们常常也是我的老师，而且让我对未来充满了信心。

本书的很多内容都是我住在蓝山中心（Blue Mountain Center）、西加艺术与生态中心（Sitka Center for Art and Ecology）和梅萨庇护所（Mesa Refuge）的时候完成的，这些地方的人们给了我悉心的照料。写作灵感同样来自我在“春溪计划”度过的时光，以及住在 H. J. 安德鲁斯实验林（H. J. Andrews Experimental Forest）参加“长期生态反思计划”（Long Term Ecological Reflections）时的经历。非常感谢那些为我提供独处空间和支持的人们。

我要向梅诺米尼民族学院热情的东道主说声“Waewaenen”（非常感谢），他们是麦克·多克里（Mike Dockry）、梅利莎·库克（Melissa Cook）、杰夫·格里尼翁（Jeff Grignon），还有学院里了不起的学生们，他们为这本书的完成创造了启迪灵感而又鼓舞人心的环境。

我要向我的编辑帕特里克·托马斯（Patrick Thomas）致以特别的感谢，感谢他对这部作品的信任，也感谢他的认真、专业和对我的耐心，是他把那些手稿一步步变成了这本书。

物种译名对照表

中文名称	原文*	拉丁名**
白胡桃	butternut	*Juglans cinerea*
白蜡窄吉丁	emerald ash borer	*Agrilus planipennis*
白云杉	white spruce (watap)	*Picea glauca*
斑点钝口螈	spotted salamander	*Ambystoma maculata*
北美翠柏	incense cedar	*Calocedrus decurrens*
北美鹅掌楸	tulip poplar	*Liriodendron tulipifera*
北美乔柏	mother cedar	*Thuja plicata*
北美乔松	white pine	*Pinus strobus*
北美桃儿七	mayapple	*Podophyllum peltatum*
北美舞鹤草	Canada mayflower	*Maianthemum canadense*
北美银钟花	silverbell	*Halesia carolina*
碧根果 / 美国山核桃	pecan (piganek)	*Carya illinoensis*
菜豆	pole bean	*Phaseolus vulgaris*
草莓	strawberry (ode min)	*Fragaria virginiana*
草茱萸	bunchberry	*Cornus canadensis*
茶藨子	currant	*Ribes*
长叶菝葜	sarsaparilla	*Sarsaparilla*
车轴草	clover	*Trifolium*
柽柳	tamarisk	*Tamarix*

* 括号中的词为北美原住民语言。——编注

** 这里列出的绝大多数拉丁名未在原书中出现，系译者翻译时所参考。——译注

雏菊	daisy	*Bellis perennis*
垂铃草	bellwort	*Uvularia*
莼菜	water shield	*Brasenia schreberi*
葱芥	garlic mustard	*Alliaria petiolata*
大车前	common plantain	*Plantago major*
大蕉	platano	*Musa × paradisiaca*
大冷杉	giant fir	*Abies grandis*
灯芯草	common rush	*Juncus*
番木瓜	papaya	*Carica papaya*
佛州春美草	spring beauties	*Claytonia virginica*
覆盆子	raspberry	*Rubus idaeus*
刚毛藻	*Cladophora*	*Cladophora*
刚松	pitchy pine	*Pinus rigida*
共球藻	*Trebouxia*	*Trebouxia*
旱雀麦	cheat grass	*Bromus tectorum*
黑梣	black ash	*Fraxinus nigra*
黑胡桃	black walnuts	*Juglans nigra*
黑莓（悬钩子属）	blackberry	*Rubus*
红花槭	red maple	*Acer rubrum*
胡椒薄荷	peppermint	*Mentha × piperita*
花旗松	doug fir	*Pseudotsuga menziesii*
桦褐孔菌	a tinder fungus (shkitagen)	*Inonotus obliquus*
黄花沼芋	skunk cabbage	*Lysichiton americanus*
黄连	goldthread	*Coptis*
黄柳	yellow willow	*Salix lutea*
灰藓	*Hypnum*	*Hypnum*
加拿大一枝黄花	goldenrod	*Solidago canadensis*
剑蕨	sword fern	*Polystichum munitum*
渐尖木兰	cucumber magnolia	*Magnolia acuminata*
接骨木	elderberry	*Sambucus*
金桦	yellow birch	*Betula alleghaniensis*

堇菜	violet	*Viola*
巨云杉	sitka spruce	*Picea sitchensis*
糠百合	camas	*Camassia*
阔叶葱	wild leek	*Allium tricoccum*
蓝梣	blue ash	*Fraxinus quadrangulata*
蓝莓	blueberries	*Cyanococcus*
蓝藻	blue-green algae	*Cyanobacteria*
柳枝稷	switchgrass	*Panicum virgatum*
芦苇	reed	*Phragmites australis*
驴蹄草	marsh marigold	*Caltha palustris*
马裤花	dutchman's-breeches	*Dicentra cucullaria*
马鹿	elk	*Cervus canadensis*
猫尾藓	*Isothecium*	*Isothecium*
毛酸浆	tomatillo	*Physalis philadelphica*
茅香	sweetgrass (wiingaashk, wenserakon ohonte)	*Hierochloe odorata*
美国白梣	white ash	*Fraxinus americana*
美国红梣	green ash	*Fraxinus pennsylvanica*
美国脐衣	rock tripe; oakleaf lichen	*Umbilicaria americana*
美洲大树莓	salmonberry	*Rubus spectabilis*
棉豆	lima bean	*Phaseolus lunatus*
萍蓬草	spatterdock lily	*Nuphar luteum*
亮叶提灯藓	*Mnium insigne*	*Mnium insigne*
匍枝白珠	wintergreen	*Gaultheria procumbens*
蒲公英	dandelion	*Taraxacum*
桤木	alder	*Alnus*
千屈菜	loosestrife	*Lythrum*
柔枝红瑞木	red osier	*Cornus sericea*
三色堇	pansy	*Viola tricolor*
三叶天南星	Jack-in-the-pulpit	*Arisaema triphyllum*
沙龙白珠	salal	*Gaultheria shallon*

山核桃	hickory	*Carya*
山茱萸	dogwood	*Cornus*
深梣	pumpkin ash	*Fraxinus profunda*
升麻	cohosh	*Actaea*
蓍草	yarrow	*Achillea millefolium*
蜀葵	hollyhock	*Alcea*
鼠李	buckthorn	*Rhamnus*
鼠尾草	sage (mshkodewashk)	*Salvia*
水绵	*Spirogyra*	*Spirogyra*
水青冈	beech	*Fagus*
水网藻	*Hydrodictyon*	*Hydrodictyon*
水芋	calla	*Calla palustris*
睡莲	water lily	*Nymphaeaceae*
丝兰	yucca	*Yucca*
梭鱼草	pickerelweed	*Pontederia*
糖枫	maple (anenemik)	*Acer saccharum*
梯牧草	timothy	*Phleum pratense*
铁杉	hemlock	*Tsuga*
团藻	*Volvox*	*Volvox*
巫婆榛（金缕梅）	witch hazel	*Hamamelis*
香蒲	cattail (bewiieskwinuk)	*Typha*
香睡莲	fragrant water lily	*Nymphaea odorata*
香脂冷杉	balsam	*Abies balsamea*
血根草	bloodroot	*Sanguinaria canadensis*
烟草	tobacco (sema)	*Nicotiana*
延龄草	trillium	*Trillium*
芫荽	cilantro	*Coriandrum sativum*
岩梨	trailing arbutus	*Epigaea repens*
偃麦草	quackgrass	*Elymus repens*
野葛	kudzu	*Pueraria montana* var. *lobata*

榆	elm	*Ulmus*
鸢尾	iris	*Iris*
月桂	laurel	*Laurus*
云杉	spruce	*Picea*
獐耳细辛	hepatica	*Hepatica*
纸桦	paper birch	*Betula papyrifera*
猪牙花	trout lily	*Erythronium*
紫茎泽兰	snakeroot	*Ageratina*
紫荆	redbud	*Cercis*
紫菀	aster	*Aster*

自然文库
Nature
Series

鲜花帝国——鲜花育种、栽培与售卖的秘密
艾米·斯图尔特 著　宋博 译

看不见的森林——林中自然笔记
戴维·乔治·哈斯凯尔 著　熊姣 译

一平方英寸的寂静
戈登·汉普顿 约翰·葛洛斯曼 著　陈雅云 译

种子的故事
乔纳森·西尔弗顿 著　徐嘉妍 译

醉酒的植物学家——创造了世界名酒的植物
艾米·斯图尔特 著　刘夙 译

探寻自然的秩序——从林奈到E.O.威尔逊的博物学传统
保罗·劳伦斯·法伯 著　杨莎 译

羽毛——自然演化的奇迹
托尔·汉森 著　赵敏 冯骐 译

鸟的感官
蒂姆·伯克黑德 卡特里娜·范·赫劳 著　沈成 译

盖娅时代——地球传记
詹姆斯·拉伍洛克 著　肖显静 范祥东 译

树的秘密生活
科林·塔奇 著　姚玉枝 彭文 张海云 译

沙乡年鉴
奥尔多·利奥波德 著　侯文蕙 译

加拉帕戈斯群岛——演化论的朝圣之旅
亨利·尼克尔斯 著　林强 刘莹 译

山楂树传奇——远古以来的食物、药品和精神食粮
比尔·沃恩 著　侯畅 译

狗知道答案——工作犬背后的科学和奇迹
凯特·沃伦 著　林强 译

全球森林——树能拯救我们的40种方式
戴安娜·贝雷斯福德-克勒格尔 著　李盎然 译　周玮 校

地球上的性——动物繁殖那些事
朱尔斯·霍华德 著　韩宁 金箍儿 译

彩虹尘埃——与那些蝴蝶相遇
彼得·马伦 著　罗心宇 译

千里走海湾
约翰·缪尔 著　侯文蕙 译

了不起的动物乐团
伯尼·克劳斯 著　卢超 译

餐桌植物简史——蔬果、谷物和香料的栽培与演变
约翰·沃伦 著　陈莹婷 译

树木之歌
戴维·乔治·哈斯凯尔 著　朱诗逸 译　孙才真 审校

刺猬、狐狸与博士的印痕——弥合科学与人文学科间的裂隙
斯蒂芬·杰·古尔德 著　杨莎 译

剥开鸟蛋的秘密
蒂姆·伯克黑德 著　朱磊 胡运彪 译

绝境——滨鹬与鲎的史诗旅程
黛博拉·克莱默 著　施雨洁 译　杨子悠 校

神奇的花园——探寻植物的食色及其他
露丝·卡辛格 著　陈阳 侯畅 译

种子的自我修养
尼古拉斯·哈伯德 著　阿黛 译

流浪猫战争——萌宠杀手的生态影响
彼得·P.马拉 克里斯·桑泰拉 著　周玮 译

死亡区域——野生动物出没的地方
菲利普·林伯里 著　陈宇飞 吴倩 译

达芬奇的贝壳山和沃尔姆斯会议
斯蒂芬·杰·古尔德 著　傅强 张锋 译

新生命史——生命起源和演化的革命性解读
彼得·沃德 乔·克什维克 著　李虎 王春艳 译

蕨类植物的秘密生活
罗宾·C.莫兰 著　武玉东 蒋蕾 译

图提拉——一座新西兰羊场的故事
赫伯特·格思里-史密斯 著　许修棋 译

野性与温情——动物父母的自我修养
珍妮弗·L.沃多琳 著　李玉珊 译

吉尔伯特·怀特传——《塞耳彭博物志》背后的故事
理查德·梅比 著　余梦婷 译

稀有地球——为什么复杂生命在宇宙中如此罕见
彼得·沃德 唐纳德·布朗利 著　刘夙 译

寻找金丝雀树——关于一位科学家、一株柏树和一个不断变化的世界的故事
劳伦·E.奥克斯 著　李可欣 译

寻鲸记
菲利普·霍尔 著　傅临春 译

众神的怪兽——在历史和思想丛林里的食人动物
大卫·奎曼 著　刘炎林 译

人类为何奔跑——那些动物教会我的跑步和生活之道
贝恩德·海因里希 著　王金 译

寻径林间——关于蘑菇和悲伤
龙·利特·伍恩 著　傅力 译

编结茅香：来自印第安文明的古老智慧与植物的启迪
罗宾·沃尔·基默尔 著　侯畅 译

魔豆——大豆在美国的崛起
马修·罗思 著　刘夙 译

图书在版编目（CIP）数据

编结茅香：来自印第安文明的古老智慧与植物的启迪 /（美）罗宾·沃尔·基默尔著；侯畅译 .—北京：商务印书馆，2023
（自然文库）
ISBN 978-7-100-21540-4

Ⅰ. ①编… Ⅱ. ①罗… ②侯… Ⅲ. ①植物—普及读物 Ⅳ. ① Q94-49

中国版本图书馆 CIP 数据核字（2022）第 151674 号

自然文库
编结茅香
来自印第安文明的古老智慧与植物的启迪
〔美〕罗宾·沃尔·基默尔 著
侯 畅 译

商 务 印 书 馆 出 版
（北京王府井大街 36 号 邮政编码 100710）
商 务 印 书 馆 发 行
北京新华印刷有限公司印刷
ISBN 978 - 7 - 100 - 21540 - 4

2023 年 1 月第 1 版　　开本 880 × 1230 1/32
2023 年 1 月北京第 1 次印刷　　印张 16⅛
定价：88.00 元